华夏意匠

——中国古典建筑设计原理分析

李允鉌　著

人类历史上一些很基本的技术正是从这块土地生长起来的，只要深入发掘，还可能找到更有价值的东西。

——李约瑟：《中国科学技术史》

图书在版编目（CIP）数据

华夏意匠：中国古典建筑设计原理分析/李允鉌著.
—天津：天津大学出版社，2014.2（2023.1重印）
　ISBN 978-7-5618-4197-6

　Ⅰ.①华…　Ⅱ.①李…　Ⅲ.①古典建筑－建筑设计－中国
Ⅳ.TU2

　中国版本图书馆 CIP 数据核字（2014）第 033858 号

版权合同：天津市版权局著作权合同登记图字第 02-2003-2 号
本书中文简体字版由香港广角镜出版有限公司授权天津大学出版
社独家出版

出版发行	天津大学出版社
地　　址	天津市卫津路 92 号天津大学内（邮编：300072）
电　　话	发行部：022-27403647
网　　址	publish. tju. edu. cn
印　　刷	廊坊市瑞德印刷有限公司
经　　销	全国各地新华书店
开　　本	210mm×285mm
印　　张	28.25
字　　数	1000 千
版　　次	2014 年 2 月第 2 版
印　　次	2023 年 1 月第 6 次
定　　价	140.00 元（平装）

序言

中国建筑学会建筑历史学术委员会副主任

华南工学院建筑工程系教授……………………………………………龙庆忠

中国建筑学会建筑历史学术委员会委员

华南工学院建筑工程系建筑历史教研室主任副教授……………………陆元鼎

　　我小时候在私塾读到《论语》上的"不知生，焉知死"，不明它的意义，后来听到农民在夜校念到昔时贤文上的"观今宜鉴古，无古不成今"，才悟到事物在发生、发展过程中是有所发生、有所发展、有所消亡的。同时，消亡了的东西，又部分地寄存在后来再生产的东西中。不管你怎么分类，那些共通的与特殊的东西总会貌似地存在着。

　　学习、研究和编写建筑史的，好像是"知死"，实际上是在"知生"。因为"死"了的东西不仅包含着它"生"的时候那种活泼生气，而且会影响或推动人们去再生产。这就是"知生"的必要和所以。同时，"死"或消亡的东西，又是再生产而来的。这消亡的东西，也会去再生产而延续下去。这是"无古不成今"的道理。若要"观今"之延续和再生产，最好的办法就是去"鉴古"，了解历史上的规律，吸取历史上的经验教训，那就可保证顺利地延续下去和善于再生产。

　　中国古建筑是古今都在东亚地区，由东亚人民产生的。它是一种赏心悦目的视觉艺术和清静环境，是古代养目、养心、养身、遂生的具体表现。它既具有几何构成又有模式表达和逻辑组成。这是出乎今西方人意料之外的。

　　这可能由于古代中原地区是得天独厚的温带地区，即所谓"华夏地区"。同时又南有热带、亚热带地区，北有寒带地区，西北有戈壁、沙漠，东南有黄海、东海、太平洋、南海，西南有崇山峻岭，东北有白山黑水，所谓"人杰地灵物华天宝之地"。不过，这里有地震，有台风，有风沙，有寒流，有大风雪，有洪水水患。这些地理气候等因素可能是使中国古建筑长期少变的主要原因。

　　另外，社会生产力和生产关系、科学技术、哲学艺术的发展才是促进中国古建筑从原始社会制经夏制、殷制、周制、春秋战国制、秦制、西汉制、东汉制、三国魏蜀吴制、两晋南北朝各地制、隋唐制、五代十国各地制、宋、辽、金制、元制到明制、清制及各地区制，这是中国古建筑主流。这主流在历代传到四裔、四海就又成了各种与当地人民建筑相融合的风格。

　　还有本土产生过儒教、道教，东汉前后有西域的西王母、南亚的佛教、西亚的波斯教、伊斯兰教、景教、摩尼教，中国形成一个亚洲宗教汇集之地。特别是儒教、佛教的影响最为深远、广泛。不过，这些影响似乎只影响到人的精神，而很少如同欧洲基督教、天主教之教堂建筑受影响之大，及南亚受伊斯兰教影响之大。也就是说，外来宗教建筑传到中国来，到后来都中国化了。

　　还有内战、外患之多，也促进了建筑材料、施工、建筑政策的发展，特别随着火攻、水攻战术的发展，建筑又受到多次破坏、烧失、拆迁重建之灾难，但较之西欧各国之迄今分裂，我国幸而早在秦代就形成全国统一，汉代也长期统一。以后，虽有三国、两晋、南北朝的分裂，到隋、唐又告统一。此后，又有五代、十国、宋、辽、金、西夏的分裂，但到元、明、清又告统一。这里要注意的是中国在历史上虽有分裂但建筑上的风格仍属统一。

由上面各种条件而论，我国是以汉族为主，各民族共同形成的建筑历史，是一件光辉的成就。而这，是经过与自然斗争即与寒暑风雪、地震台风、大沙暴、大洪水、大寒流做斗争，同时又要与内战外患中之火攻、水攻战术进攻的社会灾害做斗争，再加上科学技术、艺术、宗教、哲学等意识形态上的斗争，终于还是完成了本东亚地区的天文、地理、气象气候，山、河、湖、海等所应发生的建筑内容和其相应的形式和形式中的精神。

今允铄先生于编完《李研山书画集》后于1975年根据其建筑设计经验，从设计角度来著述一本探讨中国古典建筑的设计理论的书，名之曰《华夏意匠》。这是一本新体裁、新方法的著作。现在有这本著作出现，我看是会达到那种从设计角度要求学以致用的目的的了。本书最可贵之处，是在用现代建筑的观点和理论分析中国古典建筑设计问题，并希望能够较为系统地、全面地解决对中国古典建筑的认识和评价问题。允铄先生在本书中尽量引用中外古今有关文献著述以供讨论。同时他希望表达自己对建筑设计多年来积累的意见和体会，并对前人的有关著述中某些问题做出了一些讨论或提出不同论点，来请读者予以指正。这是符合百家争鸣的。本书又对中国古建筑术语作了注释，也会方便读者去阅读古籍；又特为读者做出提要，列于页边，这在题目章节分明外又添一提要，是方便人们去查阅的。本书插图丰富，排版醒目，是一本图文并茂的著作。特此推荐。

龙非了（龙庆忠）　1980年2月7日

中国位于亚洲东南部，土地辽阔，历史悠久，建筑遗产极为丰富。数千年来，中国建筑随着社会发展与建筑实践经验的不断积累，在城镇规划、平面布局、建筑类型、艺术处理以及构造、装修、家具、色彩等方面，久已树立一套具有民族特点的艺术理论与缜密完整的营造方法，从而形成东方建筑的一大体系，在世界建筑史中占有灿烂辉煌之一页。如北京的故宫、天坛，山西应县的木塔，江南的园林……既属中华民族优秀建筑遗产，亦为世界建筑文化艺术宝库的珍品。

有关介绍中国古典建筑特征及其光辉成就的书籍，近年出版问世者尚不多，且往往偏重于营造及历史文献考据。而建筑师李君允铄所著《华夏意匠》，则是一部较系统地论述中国古代建筑优秀遗产的知识性书籍。著者从建筑设计角度出发，对中国古典建筑的分类、设计原理与营造方法诸方面，均一一予以较全面介绍，并运用中外建筑对比方法进行分析，阐述其相互影响与渊源异同，立论有据，图文并茂，并有提示标题附于正文之侧，新颖醒目，对研究和热爱中华古典建筑的广大读者而言，李君新著乃一部有益之参考书也。

陆元鼎　1980年2月18日

目　录

卷首语

中国古代有关建筑的著述是非常稀少的。也许，这种状况已成为一种"传统"，至少也会成为影响后世的一种因素。事实的确如此，近代中国较为有价值的建筑学术或技术的专著同样未见丰富，大半个世纪以来仍然是寥寥无几，屈指可数。面对这样的事实，令人不得不发出如此的感叹：中国的建筑论著与中国人在建筑实践上有过的伟大成就和贡献竟然是那么毫不相称！

诚然，我们可以在各个方面找出极多的理由来说明中国古今建筑著述之所以稀少，各个时代有各自不同的情况，但是不管具体的条件如何，总的来说历代的社会似乎都没有存在过积极的、产生出版建筑著述的力量。即使到了今日，建筑业已成为比任何时候更重要的经济活动，可是我们仍然未见有较多的研究建筑的书籍，尤其在设计理论上显得更为薄弱。

在学术文化的立场上，写作和出版本书的意义首先在于填补这一个应该填补的空白。

"华夏"指的是古代的中国，"意匠"可作建筑的设计意念，《华夏意匠》意即"古代中国的建筑设计意念"。用这样的一个书名好像比较"简而雅"，可惜就是不那么通俗。

这是一本意欲用现代建筑的观点和理论来分析中国古典建筑设计问题的书。论述这一类专题要涉及的学术范围非常之广，除了直接相关的艺术和科技之外，无论历史、哲学、文学、政治、宗教等等也无一不与之有关，因此下起笔来就会自然而然地带来较为浓厚的学术意味。

笔者并不打算令这本书成为一本极为严肃的、枯燥的、语言无味的学究式之作，相反地力求取材和行文都能够生动活泼一些，尽量注意使它能够引起阅读的兴趣。为了方便更多人容易阅读，较为偏僻、少见的名词和术语都做出详细的解释或者注释，相信它同时也可能成为一本文化和技术基础知识的传播性读物。

全书的内容当然能够给那些意欲模仿中国传统形式的设计者们提供足够的参考资料和设计论据，不过更主要的目的却是希望能够较为系统和全面地解决对中国古典建筑的认识和评价问题，由此达到建立一个较为合乎实际、恰如其分的价值观念。在这个意义和目的上，就是设想它将会负起一定的历史文化任务。当然，这只不过是一种个人的意愿，借此而自我鼓励去完成这一件颇不容易完成的工作而已。其实，限于笔者的学识和能力，眼高手低在所难免，它绝不会真的成为那么成功的作品。

虽然，本书大量地引用中外古今有关的文献和著述，但是，它绝不只是一本"述而不作"的东西，其实它的精神和重点还是放在一个"论"字上。坦白地说，写作本书另一动机就是希望同时表达自己对建筑设计多年来积累的意见和体会。本着"独立思考"的精神，书中也对中外著名的学者如梁思成、刘敦桢、刘致平、李约瑟、伊东忠太等人有关的著述当中的某些问题都做出了一些讨论，或者提出不同的论点。当然，在这许许多多的大胆地畅抒己见当中肯定存在着不少的错误或者偏见，不当之处希望高明人士能不吝指正。

两位审阅过原稿的建筑师都提出过这样的意见：它应成为一本建筑师或美术设计师都应存有的工具书，以便碰到有关问题时可以随时查阅。于是，为了方便查阅，特地在内文之外添加了"提要"。

从年轻的时候开始，我就一直盼望能看到一本较为完整和系统地论述中国古典建筑的著作，而且心里老是觉得总会有人正在为此事而努力。当然，写这样的一本书，当时自己是想也不敢想的，只是预计教过我"中国建筑"这门课程的梁思成教授、龙庆忠教授等专家迟早会出版这一类的著述。1957年，刘致平教授编著了一本《中国建筑类型及结构》，可算属于这一类的书籍，但是似乎并不是自己想像中的那一个类型。

时间一下子就过去了二三十年，中国近代的建筑著述并不如预想中那么丰富。不知何故，我常常会想起或者可以以自己的力量来达到看到自己所盼望看到的作品的愿望。

1975年，我在欧洲参观了不少著名的西方古典建筑物，虽然它们大部分早在书本中熟悉，相见之下仍然还有另一番感受。回来之后曾以比较东西方建筑作为话题，写了一些游记在《广角镜》上面发表。也许是出于一时的兴奋，与该刊编辑部工作人员交谈时，我提及有过写一本有关中国古典建筑问题的书之设想，不料竟然得到他们的赞同和支持。他们不但让我将其资料室可供参考的书籍都搬回去，而且时相询问。于是"一时戏言"就成了"骑虎难下"之势。

平心而论，假如没有他们的督促和鼓励，这本书稿相信是不可能完成的。此外，取得一些专业人士的协助也是十分重要的事情，陈洪业建筑师供给我历年收藏得来的中外有关中国建筑的图籍，其中且包括了30年代中国营造学社的出版物，今日来说就是十分难得和珍贵的资料了。美术史家潘业先生给我提供了他数十年来珍藏的有关中国建筑的史料和典籍，因而很快就使我手上的参考资料达到近乎完善的地步。假如没有他们提供的珍贵资料，这本书即使能够写成，内容肯定也会是十分苍白的。

开始的时候，应该使用什么体裁问题使我伤透了脑筋，想了又想，写了又写，在摸索的过程中真不知浪费了几许笔墨和纸张。几个月过去了，结果还是难于下笔，其后，终于从李约瑟的《中国科学技术史》一书中得到了启发。为了学习他的治学方法和文风，我首先将他的原著第四卷第三分册房屋工程部分小心地译成了中文①，做完了这项工作之后似乎由此而得到了一种突破，体裁问题似觉已经迎刃而解，思想好像突然开朗起来，结果这样才可以振笔直书下去。

　　1976年的夏天，初稿终于完成了。当稿件交给出版社提意见的时候，自己很快就将它全盘否定，因为愈看愈觉得错误百出，无一是处，结果在秋天之后又重新从头至尾改写了一次。这一改写却把原来的规模扩大了，从十多万字变成了三十万字，也许是经过初稿写作之后，对要论及的问题有了更多的见解和体会。重写的工作量虽然较大，但是写起来就不像最初那样难于下笔，到了1977年的春天便再次脱稿。接着的工作就是大量绘制和选择插图，一本完善的建筑著作中的插图肯定应该占较大的比重。

　　本来计划可在1978年出书，因为广泛地征求有关学者、专家们的意见后进行了一些必要的修订，原定的计划就推迟了。"版面"的印刷设计本来已经做好了，因为添加便于查阅的"提要"又非重新来一次不可。幸而这是一本没有时间限制的作品。

著者　1978年中秋节

---

①　该书的中译本1975年时只出版了第一卷，至今为止原著的第四卷第三分册尚未见
　　有译本出现。

简短的说明和致谢

按照原定的写作计划，本来还准备编写"参考书目"、"索引"、"中国建筑史大事年表"等附录的。开始的时候，认为有了这些内容，全书会显得更为完善一些；后来，考虑到这本书并不能算是一本纯粹"学术性的研究论文"，多添枝节反而不美，因而就省却了。

有关的参考文献、著述，在行文中涉及或引述的都在注释中说明了。外文著作有译本者，引文均以译本文字为准；无译本者则由著者译出，在注释中则仍用英文列出书名及页码，以示与有译本的译文有别。这是一个责任问题，因此必须在此交待清楚。

全书共有图版577项，其中一项有数幅，大概连同装饰性插图约有600幅。专门为本书绘制的插图或图解共有75幅。至于照片方面，其中一部分为吴炳昌先生摄制，这是在他数以百计的国内各地旅行的照片中选出来的。大概有三分之二的图版是取自以往或近年来的中外有关出版物，正如很多类近的书籍一样，借用一些出版物的图片很难一一取得原出版社的同意，尤其是引用那些古籍或者多年以前的图籍。无论如何，在这里必须向所有对本书直接或间接提供一切资料的各个方面，无论个人或团体致以诚恳的谢意。

此外，参加本书初稿校阅及提供意见的有前香港建筑师学会会长李景勋、建筑师陈洪业、城市规划师周爽南、结构工程师陈汉坤等。正如李约瑟在他的《中国科学技术史》第一卷那样说的，本书任何错误和各位朋友无关。由于本书探索的领域涉及许多专业，假使没有他们可贵的批评，本书将会有更多的错误。

在另一方面，为了慎重起见，有关史料问题也曾向一些著名的文史学者和美术史家们请教并听取他们对各种问题的意见。最后，难得的是得到中国建筑学会建筑历史学术委员会副主任龙庆忠教授及华南工学院建工系建筑历史教研室主任陆元鼎先生为全书作了一次全面的审阅。业师龙老已届八十高龄，花了数月时间逐字逐句代为校正，并且亲笔为序。感激之情实在远非简单的道谢可以表达。龙、陆二位教授都是国内目前这方面有数的专家，如果说这本书没有出现可笑的错误，那么应该是和他们热情和负责地斧正所分不开的。

最后，有关本书的美术设计，承蒙留英美术设计家吴基泉先生、叶桂开先生与蒋任强先生提供宝贵意见，特此致谢。

第一章

基本问题的讨论

- 中国・传统・建筑
- 中国文化和中国建筑
- 中国建筑和西方建筑
- 木结构发展的历史原因
- 建筑的思想和政策
- 影响形制的特殊因素

中国现存最早的木结构建筑物——重建于唐德宗建中三年（公元782年）的山西五台山南禅寺大殿。（丁垚 摄）

中国·传统·建筑

在建筑学术和建筑历史的研究或者著述上，大体上流行着这样一种分类方法，即将世界建筑分成两大部分：一部分称为"西方建筑"，以欧洲建筑作为中心，将埃及和西亚古代的建筑作为历史的前期，现代建筑看作发展的结果；另一部分称为"东方建筑"，其中分为三大系，那就是中国建筑、印度建筑和回教建筑。

在前一个时期，就是说19世纪末至20世纪初的时候，在欧洲人的心目中，世界的"中心"和科技历史的"主流"在欧洲，自然，世界建筑的中心和历史的主流也在于西方建筑。他们笔下的建筑史称西方建筑为"历史传统的"，东方建筑为"非历史传统的"②。日本的建筑学者曾经提出过这个问题，说这是由于欧洲人对东方文化艺术的"无知"②。无论如何，一种除西方的历史传统以外，其他建筑对今日的建筑学术贡献不大的思想至今仍然十分普遍，包括好些东方人也毫不怀疑地将这种看法接受过来。

目前多数人仍然存有建筑发展以欧洲为主流的观念，还很少注意其他建筑体系的历史经验。

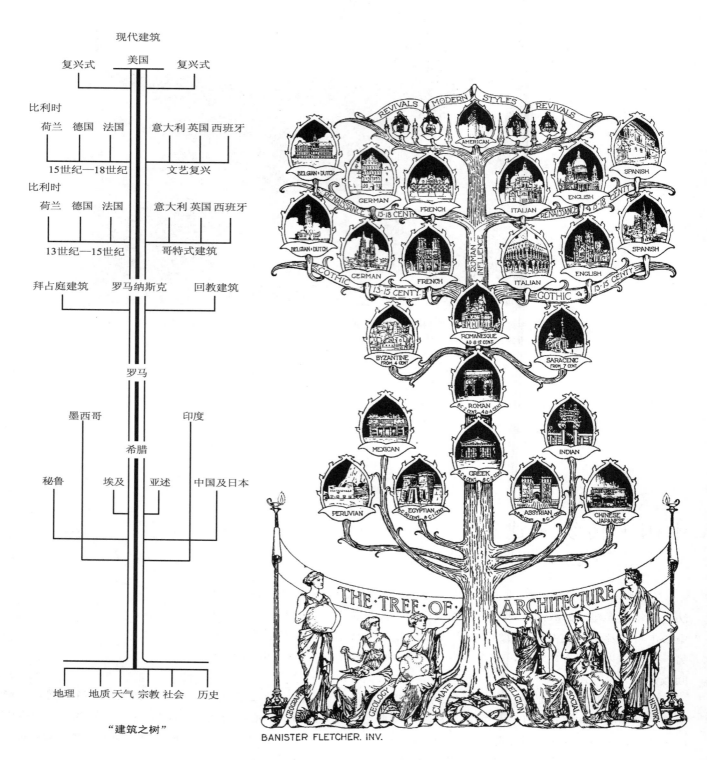

现代建筑

复兴式　美国　复兴式

比利时

荷兰　德国　法国　意大利 英国 西班牙

15世纪—18世纪　　文艺复兴

比利时

荷兰　德国　法国　意大利 英国 西班牙

13世纪—15世纪　　哥特式建筑

拜占庭建筑　罗马纳斯克　回教建筑

罗马

墨西哥　　　　　印度

希腊

秘鲁　　埃及　亚述　中国及日本

地理　地质 天气 宗教 社会　历史

"建筑之树"

BANISTER FLETCHER. INV.

　　原载于英国弗莱彻著的《比较法世界建筑史》一书中扉页的插图。它意欲表明世界建筑的发展源流。我们可以在图中看到，在西方建筑学者的观点中，中国及日本建筑不过被视作早期文明的一个次要的分枝而已。原图有此附注：这棵"建筑之树"表示各种建筑形式主要的成长或者演进过程，实际上只不过是一种示意图。因为较小的影响不能在这样的图解中表达出来。

12

近几个世纪以来，西方在建筑上发展很快，做出了很多的努力，取得了极大的成绩和贡献，这实在是无可否认的。但是世界建筑的发展绝不是"只此一家"，或者除此之外便无足轻重。也许是由于近一两个世纪受整个世界历史的影响，前一个时期"中国建筑"不足重视或一无可取的言论和偏见也曾经流行过一时；即使没有偏见，由于资料不足和缺乏深入的认识，或者用西方的建筑观点来套入中国建筑的表面现象，产生出种种误解和不大合乎实际的结论也是无可避免的事实③。

近年来，这些态度和观点有了显著的改变。西方人对西方以外的世界开始逐渐地有了认识，醒觉到吸取这些知识更有利于今后整个人类的科学和文化的发展。在较新的有关建筑学术和历史的著作中，非西方体系的建筑占据了较多的分量，而且有了前所不同的新的评价。在学术讨论上，东方的例子较多地成为引述和讨论的内容，开始有非此不足以全面概括问题的想法，再不是以前的言必称希腊、罗马的样子了。在建筑历史上，有人重新作过这样的分类：以各种建筑体系所产生的年代为序，将世界上曾经产生过的建筑体系对等地并列起来。目前，越来越多的人已经认识到，要真正地推动整个世界的科学技术和文化艺术往前发展，必须全面地立足于整个人类文明的丰富的长期的实践经验，以及所有伟大的成就上面。

> 现代文明实际上是过去的整个人类文明发展的成果，愈往高发展愈要求各种文化更为广泛的交流。

关于西方人对中国的科学技术和文化艺术的认识情况，英国著名的学者李约瑟(Joseph Needham)在他的名著《中国科学技术史》中有过清楚的说明：

"西欧人很自然地会从现代的科学技术来回溯过去，认为科学思想的发展起源于古代地中海各民族的经验和成就。我们可以从现有的大量文献中看到希腊和罗马的思想家、数学家、工程师和自然界的观察者们所奠定的基础。一些早期的著作，例如威廉·休厄尔(William Whewell)1837年所著的《归纳法科学发展史》，全都不自觉地透露出，作者们甚至连其他民族在人类认识自然环境的历程中同样有所贡献这一事实也不知道。"④

"当然，有一些欧洲的学者也早就已经模模糊糊地觉察到，远在欧亚大陆另一极端的这一浩瀚繁荣的文明，至少也和他们自己的文明一样地错综复杂和丰富多彩。"⑤

虽然，李约瑟说的是科学和技术史，但是同样的思想态度也表现在建筑史上面。在建筑学术研究上，建筑学者们所持的观点和立场很多时候也是与此十分相近的。

其实，我们也不必像日本的伊东忠太⑥那样过分地埋怨西方人对中国建筑"无知"和抱有"偏见"。事实上，关于这一门学问，东方人自己实在没有做过足够的工作。在历史上，中国并没有将建筑看成是一门独立的学问，因此虽然以古代文献丰富见称却没有流传下多少有关建筑的专业性的著作。在实物上，遗留下来15世纪之前的建筑物已经是屈指可数了，现存最古老的木结构建筑也不过是建于公元782年唐代的山西五台山南禅寺大殿及857年的佛光寺东大殿。总之，15世纪之前的古代建筑，并不像在欧洲尤其在罗马那样，人人都十分容易地到处可见。

> 在中国的学术传统上，建筑的技术和艺术并没有形成一门独立存在的学问。

"阻隔沟通东西方之间的围墙已经被打开了"——一幅西方古代书籍的插图。原文的标题为："哥格与麦哥终于将亚历山大的闸门打开而沟通世界"。哥格与麦哥(Gog and Magog)这两个名字源于伊朗的谈及未来世界的文学作品《亚波加里斯》(Apocalypse)中的人物；西方古代相传亚历山大大帝把极北和极东的疆土关闭起来。总的来说，欧洲人和中国人一样，他们也有来自于古代的以自己作为世界的中心的传统。

前一个时期中国对古代建筑的研究重点在于其所表现出来的形式和风格，较少对其设计作实质性的探索。

很不幸，在半个乃至一个世纪之前，面对西方的近代较为迅速发展的科学技术以及文化艺术，中国一些学者似乎多少失去了一些自信心，某些前辈专家也许或多或少地受到前一时代的"欧洲中心论"的影响，不自觉地认定现代科学和文化全部源自西方。在整理和研究文化学术遗产或者说"国粹"的时候，充其量只是说保存和发扬民族文化，或者希望中国人按照中国原有的道路走下去，很少考虑整个现代的科学技术、文化艺术和传统的中国文化学术之间可能会产生什么关系。在建筑这一门学问上，在思想上曾经产生过十分混乱的状态，曾经有过一个时期，基于一种浓厚的热爱民族文化的感情或者爱国主义的意识，一再地提倡对传统的形式继承的问题，于是，形式和风格的模仿就成为了理论工作的一个重心，较少人去注意深入设计原则的探讨、技术上的科学分析。很多人把兴趣放在搜集古代建筑的装饰图案上，而不是着手于对中国建筑问题作通盘的研究和分析。

假如，中国人也像欧洲人那样，以自己为中心对自己的文化学术进行研究，其结果就会产生一系列无法克服的矛盾。自然，我们要进入整个人类文明的现代化，同时我们也要建立自己的现代化。我们要将东西方之间、新旧之间种种问题联系和结合起来研究分析，才能将一切的经验正确地总结起来而使之有用于今日，有助于今后的发展。

对于任何一个建筑专业工作者来说，一切传统的和历史的建筑知识都是自己专业的一种重要的基础知识。"现代的科学技术源于西方"这个观念影响着对中国传统建筑的重视，甚至，像李约瑟说的"中国科学工作者本身，也往往忽视了他们自己祖先的贡献"⑦。当然，作为对一种文化艺术、科学技术总的认识来说，历史上所有的伟大作品、有关建筑的史实都是重要的事情。但是，对于今后新的建筑发展，更重要的问题就是历史经验如何有用于今日，新的和旧的、传统的和现代的之间究竟存在一些怎样的具体的关系，这都需要十分清楚地加以解决。假如，这些问题完全交由历史学家及考古学家来解答的话，其结果对实际的建筑工作将不会产生直接影响，由于他们大多数人都没有建筑专业工作实践的体会，因而就不大明白正在从事建筑专业工作的人迫切要解决什么问题，要得到哪一类的知识。

相信，相当多的人有这样的观念，认为传统的中国建筑的知识只对那些企图模仿古代形式的设计者有用(事实上不少模仿者根本就缺乏基础的知识)，因为一个现代的建筑设计者并不需要知道斗拱的构造和雀替的权衡的。事实上是否真的应该如此呢?今日西方的一些著名建筑大师，大多数人都认为他们的创作都是来自历史经验的重要启示。路易斯·康(Louis Kahn)1928年到欧洲去旅行，深受古典建筑的感染。他学习了古典建筑的精神而没有囿于形式，认为"未来"要来自"融化"的"过去"。山崎实(Minoru Yamasaki)是著名的美籍日本移民建筑师。当他1945年第一次"回"日本时，日本建筑就使他的思想产生重大的变化。他觉得传统的日本房屋使人有亲切感，"使你常常想去触摸它"——不仅在表面上，而且在内心也想触摸它。他对以"人"为本的文化有了更深刻的体会，感悟到建筑并不是抽象地玩弄无"根"的"形"和"饰"，更重要的是要把握当地的文化精神而把它们灌注到设计中去。

历史经验是"未来创作"的一个重要的源泉，任何体系的建筑都同样负担这一个任务。因为中华民族的文化较为长远、广博和深厚，如果我们真正打开中国建筑"意匠"的宝库的话，它珍贵的历史经验肯定会对整个建筑的"未来"产生更大、更多的贡献。

由于现代科技来自西方，中国科技工作者往往也忽视自己的祖先有过重大贡献。

全面的历史文化经验常常使我们突破某种意识的局限，它们是"未来创作"思想的源泉。

① 英国1896年便开始出版的弗莱彻的《比较法世界建筑史》(Fletcher: A History of Architecture on the Comparative Method)就是这种观点的代表作。近年来的版本已作修订，"非历史传统的"部分改称为"东方建筑"。
② 见日本伊东忠太所著《中国建筑史》。商务印书馆战前有译本，译者为陈清泉。
③ 属于这种性质的西方有关著作颇多，如英国James Fergusson的《印度及东方建筑史》，德国Oskar Münsterberg的《中国艺术史》以及近期出版的Werner Speiser 的《彩色插图本东方建筑》等。
④ 李约瑟《中国科学技术史(中译本)》香港：中华书局，1975.1页
⑤ 李约瑟《中国科学技术史(中译本)》香港：中华书局，1975.5页
⑥ 伊东忠太为日本建筑学家，所著的《中国建筑史》在20世纪20和30年代时曾引起颇多世界性的争论。
⑦ 李约瑟《中国科学技术史(中译本)》香港：中华书局，1975.5页

中国文化和中国建筑

建筑的发展基本上是文化史的一种发展。

建筑是构成文化的一个重要的部分，甚至有人这样强调，"建筑是人类文化的结晶"。言下之意，建筑不仅是人类全部文化的一个组成部分，而且还是全部文化的高度集中。某一时代整个社会倾全力去建造的有代表性的一些重大建筑物，必然反映出当时最高的科学技术、文化艺术水平。反过来说，要了解一种建筑形式、一个建筑体系，也就首先要了解和研究产生它的历史文化背景。

这是一般的为大多数人接受的理论和常用的研究方法。中国著名的前辈建筑学家梁思成在他的《我国伟大的建筑传统与遗产》一文中一开始便说：

"历史上每一个民族的文化都产生了它自己的建筑，随着这文化而兴盛衰亡。世界上现存的文化中，除去我们的邻邦印度的文化可算是约略同时诞生的弟兄外，中华民族的文化是最古老、最长寿的。我们的建筑也同样是最古老、最长寿的体系。在历史上，其他与中华文化约略同时，或先或后形成的文化，如埃及、巴比伦，稍后一点的古波斯、古希腊，及更晚的古罗马，都已成为历史陈迹。而我们的中华文化则血脉相承，蓬勃地滋长发展，四千余年，一气呵成。"①

大概，大多数的建筑史家在谈论中国建筑的时候，都喜欢首先谈及中国的整个文化。英国的建筑学家安德鲁·博伊德(Andrew Boyd)②在《插图本世界建筑史》(World Architecture，An Illustrated History)③一书中为"中国建筑"部分写下了这样一则前言：

"中国文化成长于中国本土自己的新石器文化之上，不受外来干扰而独立地发展，很早便达到了十分成熟的地步。从公元前15世纪左右的铜器时代直至最近的一个世纪，在发展的过程中始终保持连续不断、完整和统一。

中国建筑就是如此方式的中国文化的一个典型的组成部分，很早便发展成它自己独有的性格，这个程度不寻常的体系相继相承地绵延着，到了20世纪还或多或少地保持着一定的传统。就是这种连续性，当然并不是任何真正的古物，有助于造成独一无二的中国文化的要旨。

在任何事物都是源远流长当中，无论如何，实际的事例却是颇为出乎意料的，中国的古建筑比欧洲少得多，在现存的建筑物中，没有万神殿(Pantheon)④时期的，没有圣·索菲亚(St.Sophia)⑤时期的，甚至连沙利斯堡(Salisbury)大教堂⑥时期的也少得很。北京，中国城市规划卓越的范例，现存的形制不外是始于15世纪，到了今日，著名的建筑物很少不经过或多或少的重修。我们见到的完成于公元前210年的长城，其实也只不过是15或者16世纪明代时所重修的面貌而已。"⑦

中国文化的特征就是古老和不断的连续相继的发展，中国建筑显然也是同具这种特色。这种特色说明了什么呢?是古老而具有坚强的生命力，代表着伟大和丰富、成熟和优越，还是陈陈相因、停滞不前呢?事实上就有过不少人从这两个不同的角度来理解及评价它们。一种文化、一种建筑形式或者说建筑体系，

每一个民族都有自己的文化，产生反映这种文化的建筑艺术。

中国建筑是中国文化的一个典型的组成部分，它一如整个中国文化一样，始终连续相继，完整和统一地发展。

中国文化几千年来保持连续相继的发展，事实上说明了它具有强大的生命力，同时也说明了发展受到了一定的局限。

1961年在山西侯马出土的春秋时代的"铜壶"

直至今日，我们还没有足够的资料能够接近准确地复原历史上所记载的重大建筑物的形象。

能够经历几千年的历史而不衰亡，无论如何也说明了它是极其优越和经得起任何冲击和考验的，而且在发展的过程中积累了无比丰富和宝贵的经验。但是，同样的几千年来都没有产生过根本性的突破和原则性的转变，它的进步显然已经受到了一定的局限。

对待传统的中国建筑正如对待中国其他传统的文化艺术一样，曾经有过一个时期出现过全盘肯定和全盘否定之争的。重视继承传统究竟是继承哪些传统呢?是继承那些值得坚持的"传统"，还是继承那些阻碍进步的"传统"呢?保持连续相继的特色是否就是意味着沿着过往的道路故步自封地继续下去呢?针对这些问题曾经发生过很多的争论。

一般西方的学者对中国文化和中国建筑在认识上的概念大致上是相同的。有过一个时期，有些人对于中国建筑曾经武断地说，长期以来，毫无变化，千篇一律，毫无进步可言。"统一和连续相继的发展"其实也是出于"毫无变化"的概念。对于整个中国的文化艺术，直到今日外国人也还极多地抱有这种观点，例如在《世界艺术宝库》(*Art Treasures of the World*)一书中，有关中国部分也有类似的话，"中国文化较之任何西方国家取得更为连续及不受干扰的发展，这种连续性就在它的艺术上反映出来。……中国艺术显示出一种风格的发展经过几个世纪仍然保持不断。一经确立，很少主题会无故消失，几个世纪之后还会重复一定的意匠和风格"⑧。

当然，连续相继的发展可以理解为在同一意念和原则之下由低级阶段往高级阶段的发展。问题在于我们如何去理解这个过程，如何十分清楚和明确地将整个发展的经过真实和正确地表达出来。中国建筑的历史比起西方建筑的历史在研究工作上是存在着较多的困难的，主要就在于上半段的乃至中段的历史的实物已经消失，不易准确地弄清它们的具体情况，大部分只能靠文字的记录或者其他的旁证来加以推断。秦代的阿房宫真正的形式和风格究竟如何，汉代长安城的永乐、未央、建章等宫殿建筑群确实的面貌如何，唐代长安城的风光究竟壮丽到一个什么样的程度，如果不经过极为庞大和细致的研究工作，实在是难于真正知道的事情。当历史的真实面貌能够准确全面地重现的时候，其时我们就会看到，汉唐之间的差别、宋代与明代之间的变异就一如希腊式和哥特式、拜占庭和文艺复兴之间那样各自表现出一种明显的时代风格。事实上，真实的情况是必然如此的，只是我们还没有在一般人的心目中建立起这样的一个概念而已。

就目前已经掌握的资料情况而言，依靠文献的记录和考古的发掘工作，总的情况我们知道很多，建筑构件和细部的构造历代之间的变异也基本上清楚，问题就在于各个时代建筑形象的复原和重现。最近，中国考古学家做了很多这类工作，已经初步取得一定的成绩，不过，还未达到系统地形象化地表达时代的风格这个地步。

1.

2.

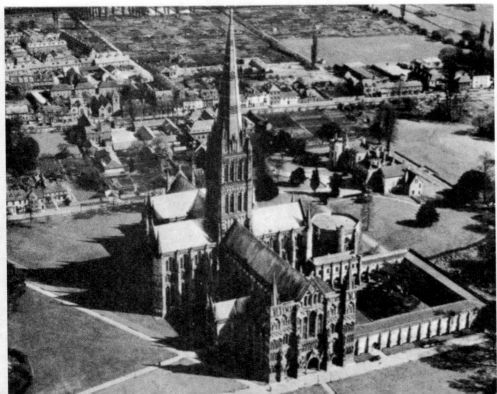

博伊德文中所提及的西方古典建筑物：1. 罗马的万神殿，2. 君士坦丁堡的圣·索菲亚教堂（丁垚 摄），3. 英国的沙利斯堡大教堂。

3.

我们所熟知的、较易见到的明清之后的中国建筑绝不足以代替中国建筑整个体系的面貌。15世纪之后的中国，在文化上并不是处于一个全面上升的时期，在生产技术上也不是一个最蓬勃发展的时代。这个时期对于在巅峰状态时期的文化艺术、科学技术的成就并不是完整地完全相继了下来。例如《清明上河图》中的"虹桥"在宋之后就没有再重现，隋代河北赵县的"安济桥"的"双撞法券"（即修筑有"大拱券"和"小拱券"）先进的结构技术虽早在7世纪时便产生，其后却再没有得到进一步的发展和推广。建筑的发展正如历史的发展一样，并不是直线进行的，也并不是任何时代都处于一种上升状态的，它们必然是一条或者多条波动十分大的曲线或者折线。真实的古代的形象绝不会像我们常见的戏剧布景那么简单，不是现代就是古代，不论《三国演义》或者《水浒传》，甚至《红楼梦》、《西游记》都可以用差不多相同的布景和道具。

中国文化的其他组成部分和中国建筑在历史遗产上表示出来的情况实在也很不相同，以致今日我们对它们所能了解的程度便很不一样。在文字上，中国流传下来的古代学术著作的丰富是举世无双的，两三千年来的思想和学说至今还一清二楚。在工艺美术方面，各个时代精美的制品琳琅满目，从青铜时代的司母戊大方鼎以至清代的景泰蓝之间都没有留下任何时代的空白。在书法和绘画方面，虽然唐代之前的作品并不多见，但整个发展和变化的情况、来龙去脉整理得十分完整，原因在于唐宋以来有关的论著和记录实在多至不可胜数。所有的文物都是那么完整和丰富，可是历代的祖先们唯独就是没有给我们遗留下足以了解整个建筑历史发展的"不动产"。

在同一个时代，整个文化各个方面大体上都是相应地互相配合发展的。虽然我们清楚地知道那些表现出科学技术和艺术已经达到很高水平的工艺品绝不会放在简陋的房屋里，能够制作精巧美妙物品的民族绝不是不会建造伟大壮观建筑物的民族。从出土的陶器模型和画像砖可以见到汉代建筑的一些情况，但是无论如何和我们希望知道的还相去甚远。在给人的感受上"照片"和真实之间也很不相同，何况靠推敲所得出来的"想像"，通过文字的描述而复原的图形很少能脱离出做这番工作的人主观上认识的局限。同时，问题并不是中国建

中国在文化艺术方面遗留下来极为丰富的遗产，可是在建筑实物上却留下相当大的空白。

筑真的自古以来都是采取一种既定的形式和风格，而是包括上几代人在内的人们在想像中不能突破自己存有的对形象的观念，因而对古代建筑的认识就停留在自己所能见到的事物上⑨。

人类对房屋建筑的基本意念大致是相同的，正如对食物、衣服、舟车、器皿的要求一样。虽然不同文化体系显现出不同的形式和风格，可是影响它们发展的因果规律总是相同的。欧洲在18世纪至19世纪期间由于考古工作有过很大的发展，他们对历史上遗留下来的建筑物作过一番十分细致的调查研究、整理和分析的工作，其时还因而产生了"新古典主义"的形式，有所谓"文艺复兴"的文艺复兴。经过了一番摸索，在这个基础上就产生了颇为充实的建筑理论，导出今后建筑发展的线索。相反地，在过去的一个世纪中国人并没有做过同样的工作，虽然这项工作在本世纪之后已经开始，今日尤其规模壮阔，但是至今为止整个中国建筑的历史面貌还是不十分清晰的。当然，我们要做的工作比起西方来实在是困难得多的，原因是他们的石头尚在，我们的木头却已不存。但是，一个十分肯定的前景已经摆在目前，相信不久的将来，中国的考古工作和建筑研究工作有了更进一步发展的时候，世人面前将会展示出一幅幅前所未见的图画，给我们带来中国建筑的另一个全新的概念。新的研究成果，将会有力地说明中国建筑走过的道路，肯定是正如所有世界建筑的发展一样，同样是一个多姿多彩、变化极为丰富的过程。

过去，有人曾经按照文化史或者美术史将中国建筑的历史作过一些时期的划分，为什么要作如此分期，却未见说出很多理由来。无论如何，这也代表一些人的一种看法，在此不妨也把它列出以供参考和讨论⑩。

一、创立时期：周代至春秋战国时代(公元前11世纪至公元前3世纪)，相当于古埃及、西亚及希腊建筑时期。

二、成熟时期：秦汉时代(公元前3世纪至公元3世纪)，相当于希腊式(Hellenistic)及罗马式时期。

三、融会时期：融会外来文化的魏晋南北朝时期(3世纪至6世纪)，相当于欧洲早期基督教、拜占庭建筑时期。

西方曾经在建筑史的研究上产生充实的设计理论，目前中国这项工作正在展开，所得到的巨大成绩同样会是未来发展的基础。

中国建筑在发展过程中变化得十分缓慢，实在是难于对之分期断代。有人做过这件工作，但没有详细提出划分的根据。

清院本《清明上河图》。由于认识的局限，后代人是不易复原前代真正的景象的。清代绘画的《清明上河图》与宋原本相较下就可以看出其背景已不再是宋代的城市房屋面貌了。

四、全盛时期：隋唐时代(6世纪至10世纪)，相当于欧洲拜占庭、罗马纳斯克及早期哥特式时期。

五、延续时期：宋、辽、金、元时代(10世纪至14世纪)，相当于欧洲哥特式建筑时期。

六、停滞时期：明清时代(14世纪至19世纪)，相当于欧洲文艺复兴建筑以及其后产生的各种形式的时期。

显然，这种断代和分类的方法并不是完全基于对中国建筑的历史深入研究和分析而得出来的结论，可能只是依照中国文化艺术发展的大致情况而做出的想像。无疑，中国建筑和整个中国文化有着很大的依存关系，有其共同的性质；但是，建筑的发展比较其他的艺术和政治、经济、科学、技术有更大的直接关系，有其较为特殊的规律，二者之间不能绝对地等同起来看待。就目前来说，对于中国建筑历史的断代或者作时期上的划分似乎还为时过早，实际上仍须作更多的比较分析，待更多的史料出现后才能展开这些问题的研究，一时是不容易做出合乎实际的结论的。

周代的"方鼎"

① 梁思成《我国伟大的建筑传统与遗产》《文物参考资料》1953，(10)。
② 安德鲁·博伊德(Ahdrew Boyd)，已故英国皇家建筑师学会会员，曾参与李约瑟的《中国科学技术史》一书有关建筑技术方面的审阅工作。见中华书局1975年香港版该书中译本第一卷第31页。此外，还有《中国的建筑及城市规划》(Chinese Architecture and Town Planning: 1500 B.C to A.D. 1991. Chicago,1962.)等著作。

③ *World Architecture, An Illustrated History*，由Trewin Copplestone负责主编、集体编写的作品，安德鲁·博伊德担任中国部分的编写工作。

④ 万神殿，罗马保存得最完整的最古老的建筑物，建于公元120年—124年间(相当于中国东汉安帝永宁元年至延光三年)。

⑤ St.Sophia，公元527年(相当于中国南北朝梁武帝大通元年，北魏孝明帝孝昌三年)时于君士坦丁堡建筑的大教堂，为拜占庭建筑的代表作。

⑥ Salisbury Cathedral，英国中世纪时代哥特式建筑物，建于1220年—1265年，相当于中国南宋宁宗嘉定十三年至度宗咸淳元年。

⑦ World Architecture, An Illustrated History.3rd impression. Paul Hamlyn, 1968.83

⑧ Art Treasures of the World. 6th impression. Paul Hamlyn, 1968.78

⑨ 对于根据文字记录复原图像和真实之间的差异，清院本的《清明上河图》就做出了一个十分明显的说明。"清院本"的作者当时未见到真迹，绘画此图卷时虽做了一番考证，但笔下的城墙、街道、房屋免不了还是明清时代的房屋样式，无法表达出宋代的时代风格。其后，真迹重见于世人面前，二者一相对照，马上显得清本和实际距离甚远。

⑩ 20世纪20年代至30年代，一些学者对中国古代建筑的认识只停留于由"经典"或者"文学作品"等由文字而来的印象。

中国建筑和西方建筑

有关对待建筑的看法，欧洲人和中国人之间在过去实在是有些不同的。弗莱彻(Fletcher)的《比较法世界建筑史》有过这样的话："西方人心目中的美术，只有绘画为中国人所承认，雕塑、建筑以及工艺品都被人认为是一种匠人的工作。艺术是一种诗意的(感情上的)而不是物质上的，中国人醉心于自然的美而不着重由建筑而带来的感受，它们只不过是被当作一种生活上的实际需要而已。"①这些话的确说出了一些事实，中国古代显然是没有将建筑完全看成一种艺术。虽然这门技艺还是十分受到重视，但在学术上，它并没有形成为学问的一门。这是学术界的思想和认识问题。即使如此，它还是有了颇大的发展。

中国在传统的观念上没有承认建筑是一门艺术，艺术被认为是一种诗意的(思想感情上的)，而不是物质上所能带来的东西。

西方人在建筑上重视创造一个长久性的环境，中国人却着眼于建立当代的天地。这个问题在对材料选择的态度上便充分地表现出来。

从金字塔时代开始，西方人就把建筑物看作是一件永久性的纪念物，于是他们尽自己的可能来完成这件工作。陵墓、神庙和教堂，都是为一个永恒的世界服务，因此在建筑态度上是不惜经年累月，甚至一代接一代地去完成在思想上认为是不朽的功业。著名的西方古代建筑物都是花上数以十年或者百年计的时间才完成的。西亚波斯的百柱殿(Persepolis：Hall of Hundred Columns)一共建筑了58年(公元前518年—公元前460年)；雅典奥林匹克宙斯神庙(The Temple of Zeus，Olympius)的建筑群一共经过了306年才完成(公元前174年—公元132年)；罗马的圣·彼得教堂(St.Peter，Rome)建筑了120年(1506年—1626年)，另加两年的时间去建筑柱廊(1655年—1657年)；伦敦的圣保罗大教堂(St.Paul's Cathedral)已经是18世纪的产物，施工时间也花费了35年(1675年—1710年)。反过来我们可以看到秦始皇统一天下之后在位只不过11年(公元前221年—公元前210年)，却完成了阿房宫、渭水长桥、骊山陵、长城、驰道等等规模巨大的建筑工程。汉代的长乐宫，其规模足足占据了四分之一的汉长安城，汉高祖登基后四年开工，两年后便落成(公元前202年—公元前200年)。明代改建北京城只用了16年。清代的"避暑山庄"建造的时间长一些，由开始至最后完成共经过了87年(1703年—1790年)，不过这是指整个占地560万平方米的建筑群而言。

中国建筑的施工时间比起西方建筑快得多。虽然西方石结构的巨大单座建筑在工作量上比中国的单体建筑大得多，但是，即使工作量相同，中国建筑施工起来也较为方便容易，主要原因是中国建筑的规模是由量的积累而来，分布得广，工作面大，可以同时进行工作。同时由于结构上采取标准化和定型化，可以通过严密的施工组织发挥最大的效率。过去，研究建筑的学者很少注意到这个问题，没有提出过施工快速是中国在建筑上的另一个很大的特色。

在建筑计划上，快速地完成工程任务相信是列为重要的考虑因素之一的。自古以来，中国人一直都没有把建筑物看成是一件永久性的纪念物，没有号召过人民为一个永恒的世界工作。无论房屋或者整个城市，古旧了，破坏了，或者已经不再适合当时要求的时候，便索性全部抛弃重新建造。在历史上，除了

柱高37英尺，边长225英尺方形的百柱殿

24

唐代和清代之外，差不多所有的开国之君都是重新建设自己新的宫殿以及新的都城。

明代有一位造园学家，姓计名成，字无否。他写了一本有关造园技术的著作叫做《园冶》，书中对中国人的建筑态度作了一些分析。他的论点是人和物的寿命是不相称的，物可传至千年，人生却不过百岁。我们所创造的环境应该和预计自己可使用的年限相适应便足够了。何苦希冀子孙后代在自己创立的环境下生活呢，何况他们并不一定满意我们替他们所作的安排②。这是一种很现实的态度。城乡的建设是永远没有完成之日的，任何时候都是处在一个新陈代谢的过程之中。人一代一代地过去，房屋建筑也是一代一代地交替。尤其是发展日益急速的现代社会，更加说明了这种态度是完全合乎实际的。

数以十年或者百年计的建筑计划绝不是为自己或者当代人服务的计划，中国人是很少考虑这样的建筑设计的。清代的圆明园和避暑山庄(热河行宫)都是差不多建筑了一个世纪才全部完成，但是，这是指不断的扩充、调整、合并而言。它们都是边使用边扩建的。换句话说，中国建筑史上并没有停留过几十年都是一个建筑的工地。因此，这和建筑了120年的圣·彼得大教堂在性质上实在不能同日而语，整整的一个16世纪，罗马人一代接一代地在工地上为此庞然大物而作种种不同的努力。

施工时间长达一个世纪的罗马圣·彼得大教堂及其广场。

用相同的尺度来衡量东西方建筑艺术的成就是没有结果的，尤其在古代，它们实在是来自两种不同的价值观念。

罗马的圣·彼得教堂和北京的清故宫都是16世纪时的产物，二者都是至今尚存的、保留完整的世界上著名的建筑物。它们都足以作为本身所属的建筑体系的代表，事实上，无论在技术上和艺术上，我们是无法找到一种合适的标准和尺度来比较它们，评定它们的高下。这是两种不同文化的不同成就，正如我们无法说达·芬奇(Leonardo da Vinci，1452年—1519年)、拉斐尔(Raphael Sanzio 1483年—1520年)的绘画作品一定比沈周(1427年—1509年)、文征明(1470年—1559年)的成就高出很多一样③。由此类推，从不同建筑体系所得到的成就和经验，实在是无法划分等级优劣的，我们只能说一切的经验都是宝贵的经验。

在整个世界建筑史上，我们可以看到好些不同源头的河流在朝同一个方向(时间)流向海洋，有些河流彼此交汇，有些河流各自奔流。现代建筑是立足于整个人类的历史经验之上的，失却了任何一方面、任何一种性质的经验都会对整个进步带来损失。新的材料、新的构造方法和新的社会要求自然会带来新的建筑形式、新的建筑艺术。过去的经验不在于给我们作形式上的模仿，更大的意义在于使我们认识和了解真正的事物发展规律。

历史已经在不断地证明，无论科学技术或者文化艺术，不同经验的交流和结合必然会得到更大、更高、更新的进展。

几千年间，中国建筑和西方建筑走着不同的道路，各自取得不同的成就、不同的经验。对于整个建筑的发展前途而言，不同的经验是非常宝贵的，科学上、技术上和文化艺术上，往往都是基于不同经验的结合而得到更新、更高的发展。这一个论点已经完全为事实所证明。李约瑟对这样的一个问题曾经作过以下的分析：

"现代建筑事实上是比一般的猜想更多地受到中国(以及日本)的观念所影响。一种基于中国性格的，以增加重复单位(repeating unit)来解决人所要求的尺度和规模，以及庭园的露天空间的'柱距'或者'开间'已经经常被采用。这类'模数'(modules)存在于柯布西埃(Le Corbusier)等一类现代建筑师的理论和实践中。他们之中的一些人，例如弗兰克·赖特(Frank Lloyd Wright)④等曾经在日本工作过，正如摩尔菲(Murphy)⑤曾经在中国一样。柯布西埃的'模数'是一系列意图利用作为建筑物尺度的假设的长度，主要利用标准的人体高度(sectio aurea，1.829米或6英尺)出发，从费布尼斯(Fibonacci)级数中引导出来。然而每一固定于人体比例的单位和谐的组合在中国则更为深刻，因为它是普遍存在的，而不是偶然的，在文化的实践中，是一种工作的准则，并不是只限于是一种美学上的理论。灵活地适用于不同目的变化的'单位重复使用'现在已被移植于西方。另一方面，在现代的科学实验室中的建筑实例也证明了它的价值。在中国，忠实于人体比例的传统毫无疑问是与没有采用几何图形的桁架的木结构有一些关联，虽然现在更易于建造中世纪欧洲人那些完全超乎人体比例尺度的结构，但是全世界的建筑者都愈来愈欣赏中国式的有节制的人本主义，而事实上是肯定与材料无关。各种方法的水平方向上相关的较小空间的重复比诸获取巨大宽广的空间是合适得多的，这样做只会使居住在里面的人变得矮小而已。"⑥

虽然，我们很难判断现代建筑设计以"柱网"(Pillar-intervals)作为平面布置基础的方法和选用合乎人体尺度比例高度的空间是否直接来自中国的原则和经

26

验，但是不论如何，这一事实的本身就说明了中国传统的建筑设计确实是存在着仍然适用于今日的原则，也说明了中国建筑一早就是在合理的、科学的基础上起步的。

现代建筑虽然蜕变自西方的古典建筑，但它是摆脱西方传统的束缚而发展起来的，比较起来，似乎和中国古典建筑在原则上就更为相近。"框架结构"就是其中的一个最主要的共同点，一切建筑构图的问题都是由此而展开。西方古典建筑长期受承重墙结构束缚，由承重墙发展而成的技术和艺术，对今日来说，它们的意义就已经大大地减弱。中国传统建筑对"框架结构"使用了几千年，对这种结构方式的方法和所产生的效果实在非常熟悉，在运用上所达到的高度成就我们在今日有时也难于想像。已经消失了的仅凭文字记录的成果暂且不说，以现存的山西应县佛宫寺大木塔——释迦塔而论，我们就无法低估它在技术上所达到的水平。塔高220英尺[7]，建立于1056年的辽代，至今已经屹立了九百多年。木材的强度只是现代高强度钢铁的1/20。换句话说，用木材来建造二百多英尺高的塔相当于我们今日用钢铁来建造四千英尺高的塔一样。自然，以今日的技术条件而言，我们是可以建筑四千英尺高的塔的，不过，世界上却还未有过这样的一座高塔。实际的问题当然并不如此简单，不过我们必须记得，佛宫寺的木塔并不是中国历史上最高的塔，6世纪时北魏洛阳城中的永宁寺塔，据文献的记载高达490尺(按照当时的度量衡折算英尺大概是300英尺左右，根据有关它的平面和基础情况的记录，这是一个接近实际正确的数字。关于这座塔，我们以后还会加以讨论的)。

现代建筑事实上包含着很多中国传统建筑的内容，它们之间有很多相同的原则，只不过是较为难于直接察觉而已。

① Fletcher.A History of Architecture on the Comparative Method. 17th edition.1961. 1201
② 见《园冶》卷一第五节，"……固作千年事，宁知百岁人；足矣乐闲，悠然护宅。" (明)计成著,陈植注释.北京:中国建筑工业出版社,1981.60页
③ 沈周、文征明都是中国明代四大画家之一，达·芬奇和拉斐尔是意大利文艺复兴时期"三大杰"中的两位画家。

由费布尼斯级数推导出来的"人体与家具"关系的标准尺度。

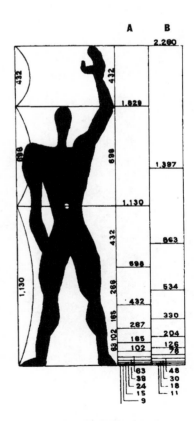

A项为柯布西埃以标准人体高度为基础，根据费布尼斯级数推导出来的人体尺度；B项为同样方法得出的数据，但却以人手伸高时的尺度为基准。

④ 弗兰克·赖特(Frank Lloyd Wright)(1860年—1959年)，美国现代建筑师，著名的建筑设计作品及著述颇多，被誉为"现代建筑"第一代的先驱者。

⑤ 摩尔菲(Murphy)，美国建筑师，曾在上海从事建筑设计工作，设计过一些"中国式"新建筑。著有《中国的"中国式"建筑》一书。

⑥ Joseph Needham.Science & Civilisation in China Vol IV: 3.Cambridge University Press, 1971.67

⑦ 责编注：因作者生活、工作于香港，所以书中部分单位采用了英制；同时因本书内容专门讲述中国传统建筑理论，因此书中部分单位还采用了市制。

高达220英尺的辽代山西应县佛宫
寺大木塔——释迦塔（何蓓洁　摄）

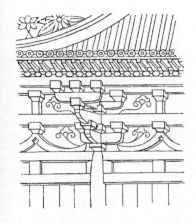

大雁塔唐代石刻上的斗拱

木结构发展的历史原因

世界上所有已经发展成熟的建筑形式或者建筑体系，包括属于东方建筑的印度建筑和回教建筑在内，在现代建筑未产生之前，基本上是属于砖石结构为主的建筑系统的。只有包括日本、朝鲜等邻近地区在内的中国系建筑才以木骨架结构为主。由于木材的寿命有其一定的限度，因此连同建筑的寿命也有其局限；虽然，一千年前的木结构房屋至今尚存，但是已经是绝无仅有了。这就是博伊德所谓"年代久远的"中国古建筑出乎意料的稀少的一个主要原因。

为什么中国建筑主要发展木骨架结构而不像其他建筑体系那样发展砖石承重墙式结构呢？这是研究中国建筑的一个很主要的关键性问题，实在是不容许轻轻地带过的。中国古代是同时掌握砖石结构技术的，正如其他的建筑体系同样懂得用木头盖房屋一样。世界上到处都有石头，同样也到处都有树木，自然，有些地方石头多一些，有些地方树木多一些，木结构的采用问题的产生似乎并不是起因于自然环境和地理因素。

不过，对于中国发展木骨架结构的建筑有一些学者却是首先论及"木"、"石"的有无问题的。建筑学家刘致平在他所著的《中国建筑类型及结构》一书中说："我国最早发祥的地区——中原等黄土地区，多木材而少佳石，所以石建筑甚少。"①李约瑟的看法就不一样，他认为，"肯定不能说中国没有石头适合建造类似欧洲和西亚那样子的巨大建筑物，而只不过是将它们用之于陵墓结构、华表和纪念碑(在这些石作中经常模仿典型的木作大样)，并且用来修筑道路中的行人道、院子和小径"②。唐代杜牧的《阿房宫赋》说："六王毕，四海一，蜀山兀，阿房出。"阿房宫在陕西的咸阳，建筑用的木材却是由四川千里迢迢地运去的。司马迁的《史记》在记载秦始皇营修阿房宫和骊山陵墓时也说："发北山石椁，乃写蜀、荆地材皆至。"这说明了古代的重大建筑工程并不是一定坚持就地取材的原则③。

关于中国木骨架结构的运用与发展的另一个看法是基于社会经济的理由。建筑师徐敬直在他的英文本《中国建筑》一书中说："因为人民的生计基本上依靠农业，经济水平很低，因此尽管木结构房屋很易燃烧，二十多个世纪来仍然极力保留作为普遍使用的建筑方法。"④古代中国的经济水平或者说生产力是否低于其他国家呢？相信没有人下过这样的结论。而且在建筑历史上，并不是

由于木结构的寿命有限，这就是中国比欧洲较少存在年代久远的建筑物的一个主要原因。

自然环境、地理因素等客观条件并不是使用和发展木结构的基本原因。反过来说，中国并不是处处都盛产林木。

29

社会制度和生产力也不是决定在房屋建筑上使用木结构的因素。中国古代的统治者同样可以调动十分庞大的劳动力。

只有经济力量强大的国家和地区才去发展石头建筑的。

李约瑟把问题联系到中国奴隶社会的制度上面来了，他指出："也许对社会和经济条件加深一点认识会对事情弄得明白一些，因为据知中国各个时期似乎未有过与之平行的西方文化所采用的奴隶制度形式，西方当时可在同一时候派出数以千计的人去担负石料工场的艰苦劳动。在中国文化上绝对没有类如亚述或者埃及的巨大的雕刻'模式'，它们反映出驱使大量的劳动力来运输巨大的石块作为建筑和雕刻之用。事实上似乎还没有过更甚于最早的万里长城的建筑者秦始皇帝的绝对统治，毫无疑问在古代或者中世纪的中国是可以动员很大的人力投入劳役，但是那时中国建筑的基本性格已经完成，成为已经决定的事实。总之，木结构形式和缺乏大量奴隶之间多少是会有一些相连的关系的。"⑤中国的奴隶社会和西方奴隶社会的异同是一个很大的问题，无法在此详加讨论。不过，大体上说，在奴隶社会时代，中国同样是可以调动劳动力参加各种生产

反映出使用巨大奴隶劳动力的西亚古代建筑——"底比斯"（Thebes）残迹。

工作的，参加建筑工作的人也正是奴隶们。我们可以从郭沫若所著的《奴隶制时代》一书中看到其中的一些情况："在这些种族奴隶之外还有大批的'顽民'留在洛邑，替周人从事生产。周人对待这些种族奴隶是比较自由的，颇与古代斯巴达的'黑劳士'(Helots)和西亚、北非其他古国的国家奴隶相类，让他们耕种着原有的土地而征取地租，征取力役，很有点类似农奴。"⑥至于再上一个时期的殷代，他说，"殷代无疑是有大量的奴隶存在的"，并且"殷人的王家奴隶是很多的，私家奴隶也不在少数"。这样看来，木结构的采用和是否有大量奴隶之间并不存在着必然的关系。

无论如何，古代的中国是曾经有过搬弄石头来建筑房屋的时候。《史记》有"（驺子）如燕，昭王拥彗先驱，请列弟子之座而受业，筑碣石宫，身亲往师之"之句。在其他文献上，也有颇多石头宫殿的话。据说，关于"拱券"(arch)构造的发明，中国是早于西方的，而"拱"的构造正是砖石结构的最主要的技术焦点。大概，中国建筑发展木结构的体系主要的原因就是在技术上突破了木结构不足以构成重大建筑物要求的局限，在设计思想上确认这种建筑结构形式是最合理和最完善的形式。因此一切客观条件影响之说都不能成为真正成因的理由，大半都经不起认真的分析。

纯粹从建筑技术观点而论，我们没有理由认为中国式的木框架结构为主的混合构造比砖石构造所取得的效果是较为低劣的。"木"结构的优点正是"石"结构的缺点，"石"结构的优点也正是"木"结构的缺点，但是总的来说，木结构形式的建筑在节约材料、劳动力和施工时间方面，比起石头建筑就优越得多了。在达到同一要求和效果的前提下，中国建筑是世界上最节省的建筑，换句话说，也是最经济的技术方案。尤其在施工时间上，同时代的、同规模的中国建筑比西方建筑不知快了多少倍。因此，即使中国古代有同样足够的石材、足够的劳动力，相信也不会考虑去建造可以存之永世的石头的庞然大物，因何必要白白地去浪费巨大的人力和物力呢！

在建筑上，中国很早就同时懂得使用砖石结构，而且在技术上有过很大的成就。

中国建筑之所以长期采用木框架混合结构主要原因就是一直都被确认为最合理的构造方式，是一种经过选择和考验而建立起来的技术标准。

宋代李诫《营造法式》一书中所附的"木结构图样"。

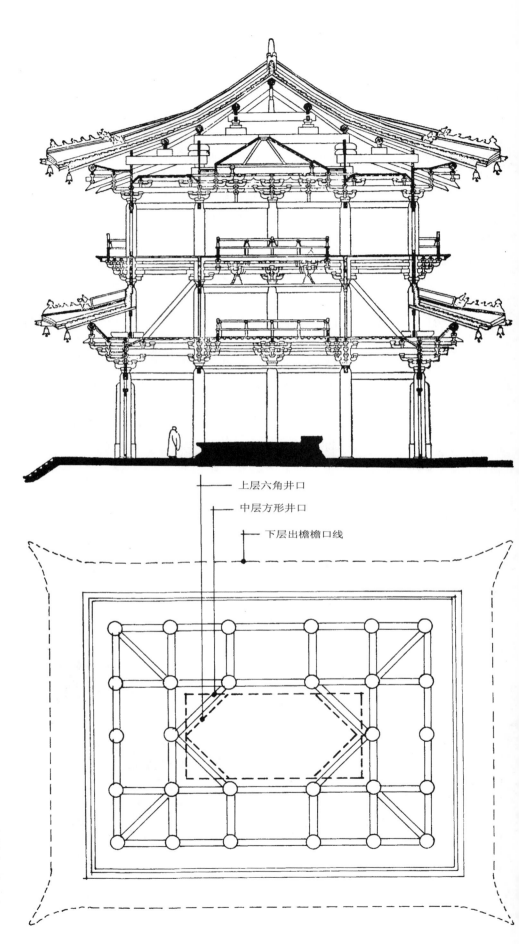

上层六角井口

中层方形井口

下层出檐檐口线

现存的建于984年辽代的天津蓟县独乐寺观音阁木结构剖面图（上）及柱网布置图（下）。梁思成曾经为独乐寺观音阁的五架梁做过静荷载、活荷载以及挠曲、剪切等应力计算，发现该阁梁架用材非常适当，称之为"宛如曾经精密计算而造者"。

假如，古代的中国人在思想上如西方人那样，认为石头的房屋才是最理想的建筑物，相信，无论当地是否有佳石，是否有足够的劳动力，权力拥有者们总会千方百计达到这一目的的，历史上就不知有过多少长途跋涉运输建筑材料的故事。因此可以这样说，中国的木结构建筑是中国人经历了长期的实践，经过详加分析和比较，最后选择和确认下来的一种建筑形式。

中国的历史和西方的历史有一个显著不同的地方就是中国任何时候都没有发生过神权凌驾于一切的时代。一本西方的建筑史其实就是一本神庙和教堂的建筑史，这是显而易见的事实。这个问题似乎是中国建筑的发展和西方建筑的发展有原则性分别的基本原因。伊东忠太在他的《中国建筑史》中提过这件事情，也作过一些讨论⑦。这个问题涉及古代一个民族对建筑的基本观念要求，一个以"人"为中心，一个以"神"为中心，也就是所谓"人本"、"神本"、"物本"的文化概念。"神"和"物"都是永恒的，"人"却是"暂时"的，在不同的价值观念下自然产生不同的选择态度和方法。在整个长期的历史发展过程中，中国人坚持木结构的建筑原则相信与此有很大的关系。

敦煌、龙门、云冈等石窟寺因为是宗教建筑，它来源于印度，虽然在形式上和西方建筑的神庙和教堂很不一样，但是在性质和内容上就完全相同。它们都是经年累月长期地累积而建成的，因为这种行动完全是基于一种对宗教的热情，人们就乐意于长期地去和石头打交道。事实上只有宗教的力量才可以驱使人们去完成那些精巧的石头的艺术巨构。西方如此，中国实在也一样。在工作量上，相信中国的石窟寺不比圣·索菲亚或者圣保罗大教堂少到哪里去，在施工时间上它们是从4世纪的东晋时代开始一直至14世纪的元代，一千年间都在不断地开拓。

反过来，假如我们要问为什么其他的建筑体系要发展石头结构的建筑呢?也许它们历史上的"神权时代"是重要的答案之一，其他问题也许还是十分次要的。正如中国有过石头的宫殿一样，西方也有过木结构的大建筑，不过，年代久远的也如中国古代建筑一样已经不能保存下来了。整个西方的建筑史其实都是以"宗教建筑"为骨干的，没有了这类建筑便再没有突出的表现，真的，在整个西方文化史上，除却了宗教作品之外，就再不会留下太多的东西了。

不同的历史和社会条件产生不同的价值观念，由此产生不同的建筑态度、不同的对技术方案选择的标准。

莫高窟总立面图

经营时间长达10个世纪的中国石窟寺——敦煌"莫高窟"。

① 刘致平《中国建筑类型及结构》北京:建筑工程出版社,1957.22页

② Joseph Needham.Science & Civilisation in China Vol Ⅳ:3.Cambridge University Press,1971.90

③ 文学作品并不能作为一种历史证明的依据，不过，杜牧的"蜀山兀"之句还是可信的。历代为了修建重大建筑物长途跋涉搬运材料实非偶然之事。

④ Gin Djih Su.Chinese Architecture, Past and Contemporary. Hong Kong.1964.203

⑤ Joseph Needham.Science & Civilisation in China Vol Ⅳ:3. Cambridge University Press,1971.90

⑥ 郭沫若《奴隶制时代》北京:人民出版社,1973.27页～28页。"顽民"指征服商后的俘虏。

⑦ 伊东忠太把这个问题看作是中国建筑特性之一，却并没有作为一种主导的性质。

《作邑东国图》——一本晚清出版物《书经》中的插图。图中意欲表示周公制"礼"——一切制度，其中也包括建筑在内。不过，清代的插图画家显然完全没有注意到周代的建筑形式是怎样的，只是把他所能见到的当代建筑式样绘画出来便算了。

动物图案瓦当　　　　　　　云纹图案瓦当

建筑的思想和政策

　　古代的建筑者，尤其是代表官方的人物，都喜欢"考究经史群书"来取得有关建筑的基本概念，因为一切主张和意见都要寻求有力的根据来支持，于是一些"经典"就被反复地引用。"经典"中有关建筑的文字就被宣传起来，因而就产生了颇大的影响，渐渐地形成一种建筑的思想基础。

　　其实，中国的"经史群书"没有一本是专门研究建筑的，有关建筑的记述本身的目的也并不是讨论建筑问题，因此考究经史群书，只不过是从一些政治经济论文，或者从一些哲学论文、涉及房屋问题的历史记述来寻找一些建筑方面的论据而已。本来它并不代表一定的建筑思想，但是一般都被引用下来用作参考，作为理解当时对建筑的一些见解。

　　"经典"中有关建筑的文句本来是和本身的"理论"关联起来的，由此就涉及政治、哲学的问题。不过将它们割裂开来之后，有时就只能代表一种历史的事实，或者反映某一种对事物的观念。《易经·系辞》是儒家的哲学思想基础。其中有一段谈及建筑起源的话"上古穴居而野处，后世圣人易之以宫室，

封建社会以儒家的"经典"来作为办事的指导思想，其中有关建筑的语句和论点就逐渐被引用作为设计的思想基础。

35

上栋下宇，以待风雨，盖取诸大壮"，这段话自古以来都被看作是中国最早的有关建筑概念的基本"理论"。"栋"是指梁木，亦代表整个构架；"宇"就是指一个封闭而有规限的空间；"取诸大壮"意即构造坚固。这个基本定义从科学技术观点来看也是没有问题的，而且是对问题的一个高度概括。

墨子对这个观念作了进一步的引申："古之民，未知为宫室时，就陵阜而居，穴而处，下润湿伤民，故圣王作为宫室。为宫室之法，曰：室高足以辟(避也)润湿，边足以圉风寒，上足以待雪霜雨露，宫墙之高，足以别男女之礼，谨此则止，凡费财劳力，不加利者，不为也。……是故圣王作为宫室，便于生，不以为观乐也，……"(《墨子·辞过》)墨子的文章就充满了各种观点了，他的主题是反浪费，因而强调了房屋的功能意义。历代的引述者都引至"以别男女之礼"为止，大概对他下面的话都不大欣赏，因为他完全否定了建筑是一种艺术，是绝对的"功能主义"者。

另外的一个哲学思想体系中，也有涉及房屋的话。韩非的《五蠹篇》一开始便说："上古之世，人民少而禽兽众，人民不胜禽兽虫蛇。有圣人作，构木为巢以避群害，而民悦之，使王天下，号曰有巢氏。"这是从另外一个角度来看房屋的产生，把"房屋"看作是人的生存斗争的产物，提出它本来就是一种"以避群害"的防御性的工具。"构木为巢"有的解释为树上的木屋，"巢"其实也可理解为"居住的地方"。这种论点很有意思，从"以避群害"出发，就没有了发展的局限性，比墨子的说法进取性强得多了。《五蠹篇》其实是一篇政治论文，说说房屋的起源只不过是用来作为一个开场白，说明事物在变化中发展而已。

公元前5世纪至3世纪春秋战国至秦汉的一段期间，是中国历史上不同的思想展开颇为尖锐斗争的时候，不同的政治哲学观点引起了对建筑不同的态度或者说是思想学说。一方是提倡"积极地进行大规模建设"，一方是"反对铺张浪费以节省民力"，就是所谓"侈靡"与"节俭"之争。"侈靡"就是主张大量消费以活跃经济，自然大量展开建筑工程也就包括在"活跃经济"的措施之内。《管子》①有一篇《侈靡》论，主张"百姓无宝，以利为首。一上一下，唯利所处。利然后能通，通然后成国。……故上侈而下靡，而君臣相上下相亲，则君臣之财不私藏。然则贪动枳而得食矣"(动枳(肢)指工作)。另外的篇章中也就有"非高其台榭，美其宫室，则群材不散"以及"不饰宫室则材木不可胜用"等说法②。

实际上，"侈靡"与"节俭"并不只是停留于纸面的言论，而是出现于其时的"政策"。战国时代出现了"是时也，七雄并争，竞相高以奢丽，楚筑章华于前，赵筑丛台于后"的"大兴土木"的局面。到了秦代，这种政策更发展到了一个顶峰，据郭沫若的《〈侈靡篇〉的研究》一文说："秦始皇帝是在吕不韦的影响之下长大的人，他的政治作风可以说是一位最伟大的侈靡专家。请看他的筑阿房宫，筑骊山陵，筑长城，筑直道吧，动辄就动员几十万的人役来兴建大规模的工事。"③到了汉代，这种主张提倡消费的思想仍然得到了继续，因而也出现了汉长安城中的各种伟大的工程。

单纯在建筑上说，这种政策是促进了城市规划、建筑的技术和艺术的发展的。或者说，中国建筑在春秋至两汉间打下了一个很好的基础，实在与当时的

"百家争鸣"时代对于建筑问题曾经发生过争论，主要就是"侈靡"与"节俭"的矛盾，不同的经济政策自然产生不同的建筑计划观念。

"高其台榭，美其宫室"之风有关。对这种现象，"节俭"派是大为不满的，因而就出现了批评的文章，汉扬雄写了一篇《将作大匠箴》，这并不是官方的政策性文告，而只是反对建筑中浪费之作。这篇箴是这样的：

> "侃侃将作，经构宫室，墙以御风，宇以蔽日，寒暑攸除，鸟鼠攸去，王有宫殿，民有宅居。昔在帝世，茅茨土阶，夏卑宫观，在彼沟池；桀作瑶台，纣为璇室，人力不堪，而帝业不卒；《诗》咏宣王，由俭改奢，《春秋》讥刺，书彼泉台；两观雉门，而鲁以不恢，或作长府，而闵子以仁。"

因为汉代自武帝之后，儒家就占了"正统"的地位，董仲舒把战国以来各家学说以及儒家各派在孔丘的名义下，在《春秋公羊传》学名义下统一起来。于是，儒家崇尚节俭的言论开始抬头，在"正统"的文献上所看到有关建筑的意见就以《将作大匠箴》一类为多了。近代研究中国古典建筑的部分中外学者，看到这些资料，就下了一个这样的结论：中国自古以来都是崇尚节俭的，因此在建筑设计上坚持简单朴素的原则。有人进一步说，这些原则和风气就是造成了建筑不发达，技术和艺术没有很大发展的原因，成了"中国古典建筑无价值论"的一个论据。

其实，并不是提倡在建筑上节约的文章很多就反映了历史上的建筑一直都是在节约的原则下兴建的，只不过是反映出官民之间、贫富之间在建筑上的一种对立现象，批评自然是一种压力，但是这种矛盾是绝不会消失的。在普遍的心理上，奢华壮丽的皇宫帝殿虽然也可使人感到骄傲，但对其浪费人力、物力是存在着一种抵触的情绪的。秦始皇帝建筑了"阿房宫"，将近一千年后的唐朝还有一个诗人杜牧写了篇《阿房宫赋》来议论它。这些情况我们也得看作是中国人存在的一种对建筑的态度和思想，显然，反对奢华浪费从来都是中国人民的一种浓厚的意识。

儒家的哲学和理论不但将建筑纳入一个模式之中，同时由于这种意识的影响使建筑在各方面的发展都受到局限。

秦咸阳宫遗址复原透视图

故宫藏战国铜钫上的宫殿图形(楼层上有平坐栏杆及腰檐，底层有栏杆。)

秦咸阳宫遗址出土的"太阳纹铺地砖"

中国古代重大的建筑工程基本上都是官方的建设项目，历代的皇朝都有其建筑的政策，各个时代的建筑都是官方政策控制下的产物。

因为几千年来重大的工程建设基本上都控制在官家的手里，即使是宗教的庙宇也多半都是官"立"的，因此建筑就能在一种"政策性"的控制之下发展。大体上说，由于以"正统"的经典作为理论的根据，政策是在"满足最大限度的要求"和"尽量节省人力、物力"的矛盾下制定出来的，这种矛盾就迫使在技术上来想办法加以解决。中国人之所以放弃发展永久性、纪念性的砖石结构建筑，专注发展混合构造的木结构，相信这就是解决这一矛盾的一个办法。在经济上说，"木结构"到底是比"砖石结构"节省得多的，包括人力、物力和时间在内。在秦汉的时候，中国是有过在建筑上利用金属(主要是铜)作为构件以及构件上的装饰的，并且将很多贵重的材料如玉、象牙、宝石等用于建筑装饰上。此外，在建筑上采用大量的木雕、石雕，在彩画上贴金等奢丽的设计和装饰倾向在各个朝代都曾经不断地产生，每当这些风气盛行起来的时候很快就受到"仁俭生知"④的皇帝的反浪费政策所禁止。

在中世纪之后的各个朝代中，一般都执行反对建筑上铺张浪费的政策，除了言论的宣传之外，还颁布一些法规和法令。例如宋代禁止在彩画上贴金，除了皇宫庙宇之外不得用雕镂的柱础，不得施用藻井。唐代之后，对于官员们的住宅门屋的规模和式样一直都有限制，除了强化等级制度观念之外，它还有一种防止铺张浪费的意义⑤。

中国建筑两三千年来都是在受到种种制约下发展的。它的特点在于不断解决存在的矛盾和困难，顽强地表现出最大的适应性。

虽然，自古以来，中国的确是存在着反对在建筑上奢华浪费的思想传统，而且它们是以"正统"的"经典言论"或者法典而出现。但是，并不是说建筑的设计就完全因此而受到制约，相反地，歌颂都城宫阙、第宅园囿的富丽堂皇、美轮美奂的文章比较来说就比反奢华的言论更为流行和多得多。只要具备条件，大兴土木及美其宫室之风就会出现，其实，历代之所以一再提出建筑上的节约问题，实质上就是说明了其时建筑上存在着严重的奢华浪费。不过，无论如何，我们必须认识到，中国的建筑思想是在矛盾下产生和发展的，是在种种清规戒律下表现出其顽强的适应性和生命力的。

① 据郭沫若的说法，《管子》这部书不是管仲做的，而像是战国、秦汉的人假托《管子》的文字的总汇一样，《管子·侈靡篇》这篇文章也断然不是管仲自己的文章。
② 见《盐铁论·通有篇》引《管子》。据说只不过是《管子》文章内容大意，并非原文。
③ 郭沫若《奴隶制时代》北京:人民出版社,1973.186页
④ 李诫对宋徽宗的"颂语"。其实赵佶是一个颇醉心于建筑和装饰工作的皇帝。
⑤ 《唐会要》有"宫室之制，自天子至于庶人各有等差"。《唐六典》则正式规定："王公以下屋舍不得施重拱藻井，三品以上堂舍，不得过五间九架，厅厦两头，门屋不得过五间五架；五品以上堂舍，不得过五间七架，厅厦两头，门屋不得过三间两架，仍通作乌头大门；勋官各依本品；六品，七品以下堂舍，不得过三间五架，门屋不得过一间两架；非常参官不得造轴心舍及施悬鱼，对凤，瓦兽，通袱，乳梁装饰；……士庶公私第宅皆不得造楼阁临视人家。……又庶人所造堂舍，不得过三间四架，门屋一间两架，仍不得辄施装饰……"

影响形制的特殊因素

影响中国古代的城市规划和建筑设计的除了一般的因素之外，还有两种由于中国古代的思想条件而产生的特殊因素，这就是"礼制"和"玄学"。世界上其他的建筑体系是没有类似的这类影响因素的，因此，外国学者对于这一个内容的理解就不那么容易。虽然，这些东西今日已经完全失去它们所有的意义，而且理解起来已经感到有点困难，但是，这些因素的确是对中国古代建筑产生过很大的影响，甚至直至今日我们仍然还能够感觉它们的存在。不去说明这些问题是无法对中国古典建筑做出全面的、根本性的了解的。

大概在公元前11世纪左右，周代在建国之始便将夏商以来的各种国家的制度、社会的秩序、人民的生活方式、行为标准等等来了一次总结，将历史经验加以汇集、厘定和增补。在这个基础上，制定了自己的制度和标准，称之为"礼"。"礼"的范围很广，有所谓"吉、凶、宾、军、嘉"五礼，"以统百官，以谐万民"。这就是历史上所称的"周公制礼作乐"。其后，儒家学者根据流传下来的资料与文献，编辑成为"礼"，作为当时的基本学问"六经"之一。流传下来的有关"礼"的重要典籍为《周礼》、《仪礼》和《礼记》。《周礼》本名《周官》，分为天、地、春、夏、秋、冬"六官"，就是周代政府的

"礼制"和"玄学"是影响中国古代建筑的两种很特殊的因素。它们在支配着建筑的计划和内容、形状和图案，在建筑史上是无法忽略它们的存在的。

六个部门，把这六个部门所管理的事情及有关的规章制度记录下来。《仪礼》也称为《礼》或《士礼》，通过对当时的一切仪式的记述反映出人与人之间关系的准则。《礼记》则为孔门后学的讨论礼制的论文汇编。这三本典籍合称为《三礼》。它们不过是汉代的学者整理出来的东西，因此有些人对它们的真伪就产生了一些疑问。

中国很早就把建筑的内容和形式看作是王朝的一种基本制度，"礼"其中的一部分内容就是有关的规定和理论根据的记录。

《礼》和建筑之间发生关系就是因为当时的都城、宫阙的内容和制式，诸侯、大夫的第宅标准，都是作为一种国家的基本制度之一而制定出来的。建筑的制度同时就是一种政治上的制度，也就是"礼"之中的一个内容，为政治服务的，作为完成政治目的的一种工具。《冬官考工记》被列为《周礼》的一个部分，作为已佚的《冬官》，因为"冬官"是管理建筑这一方面的任务的。其次，就是在《仪礼》的有关礼仪的记载中，可以反映出当时建筑形制的情况，由此间接地了解到都城宫室等的约略面貌。汉代的时候，就有人开始根据《三礼》来研究周代的建筑情况，编著了《三礼图》，成为中国最早的与建筑问题有关的学术著作。

假如，"礼"有关建筑方面的内容纯粹是被看作古代建筑制度的一些记录，或者作为"建筑史"的话，"礼制"和建筑之间的关系就简单得多了。问题就在于儒家的学说是以"礼"为中心，把"礼"看作是一切行为最高的指导思想，而在汉以后的整个漫长的中国封建社会中，又差不多都以儒家思想作为"正统"，作为"修身，齐家，治国，平天下"的规矩准绳。由于"礼"被统治阶级提高成为一种非常重要的原则，有关建筑的内容就不仅限于只是参考意义，而是成为非遵守不可的、不可移易的典范。

"礼"也许曾经对建筑的发展产生过促进的作用，可是后来就成为了一种发展的束缚和局限。

在建筑上，"礼"不但一直作为妨碍形式发展的框框，而且对建筑思想产生了一种根本性的局限。虽然，并不是所有的建筑设计都绝对地以儒家的学说作为指导思想，历代以来也出现过不少原则性的争论，但是，至少在官方的计划上，儒家的思想和传统的追求不断地占着上风。由于长期受到影响，"礼"的意识就融会到古代大部分的建筑制式中去，从王城到宅院，无论内容、布局、外形无一不是来自"礼制"而做出的安排，在构图和形式上以能充分反映一种礼制的精神为最高的追求目的。

墨子的"宫墙之高，足以别男女之礼"也许就是最早的正式将"礼"和"房屋"拉上了关系的话，这句话不能看作无关重要，事实上中国古代住宅的布局就是由"别男女之礼"引申而来的构图。皇宫中的"六宫六寝"、宅舍中的"前堂后室"就是首先将男女活动和生活的范围做出严格清楚的区分。周代是以"宗法制度"作为立国的基本，把别男女之礼看得那么重要自然是十分容易理解的。其后，住宅中的"北屋为尊，两厢次之，倒座为宾"的位置序列，完全就是一种"礼制"精神在建筑上的反映。

战国之后，"礼"和"阴阳五行"之说也产生了一种结合起来的倾向。《大戴礼记》①曰："礼之象，五行也；其义，四时也。故以四举；有恩、有义、有节、有权。"《礼记》有："是故夫礼，必本于大一，分而为天地，转而为阴阳，变而为四时，列而为鬼神。"《白虎通》曰："所以作礼乐者，乐以象天，礼以法地。"因为对"礼"有了这样的一种解释，将阴阳五行之说的各种内容加入到建筑的制式中来不但与"礼制"没有矛盾，二者因而完全统一起来。

在这两种思想基础上，古代的建筑设计似乎就有了一种理论上的依据，于是，一切建筑计划就依此而制定，技术和艺术便随之而具体反映出这些思想所要求达到的面貌。

阴阳五行之说中的象征主义，例如五行的意义、象德②、四灵③、四季、方向、颜色等很早就反映到建筑中来。这些东西在建筑设计中运用不但是在艺术上希望取得与自然结合的"宇宙的图案"，最基本的目的在于按照五行的"气运"之说来制定建筑的形制。因为在秦汉时候的人十分相信"气运图识"——观运候气的观点而做出的预言，因而建筑上的形、位、色彩和图案都要与之相配合，以求使用者借此而交上"好运"。

五行之说本来倡导于儒家的子思、孟轲(见《荀子·非十二子篇》)，是中国古代的原子论。这种把宇宙物质分析为五种基本元素的说法，和印度的四大说、希腊的四原子说有相平行的地方。这种物质的元素，其后抽象化而为精气，发生了相生相克的原子周期说。后来，阴阳家把这种由现实导引出来的知识发展成为一种完全唯心的抽象解释事物的理论，运用到政治以至任何个人的命运的解释。当然，这些思想还有它很长远的历史基础，五行之说本来在殷商时代已存在，相生相克的概念也可见于《易经》，其时很多人都曾做出了很多有关的解说④。

有关"礼"的解释纳入了"五行"的内容之后，用以表达其意义的"象征主义"就开始以各种方式在建筑中出现了。

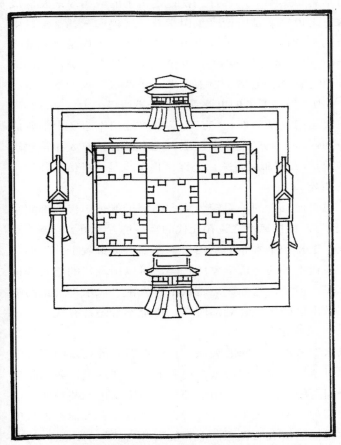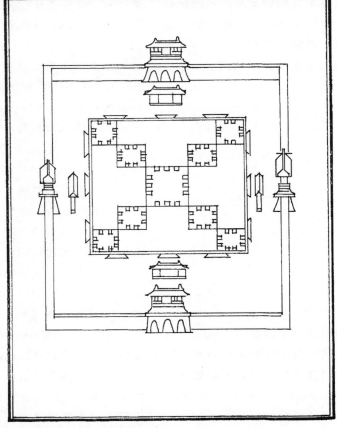

根据《三礼图》重绘的周代及秦代的"明堂"图。"平面"和"立面"综合表达是一种超过两千年的绘图方法。"明堂"图中外面的围墙是立面图，内部的明堂是平面图，周代的为"五室"，秦代扩大至"九室"。图中的"梯形"表示台阶位置，"小方格"表示门窗(户牖)位置。

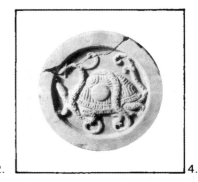

根据五行之说用以象征方位的汉代瓦当：
1. 青龙（东）　　2. 白虎（西）
3. 朱雀（南）　　4. 玄武（北）

中国建筑和"风水"之间存在着非常长期的关系，虽然这是来自"玄学"的一种思想，但是在效果上常常会产生一些高度的技术和艺术的内容。

在极为复杂的古代哲学思想影响下，五行之说在建筑上的应用逐渐发展成为一种"玄学"的"风水"之说，就是所谓"堪舆学"。《汉书·艺文志》中有《堪舆金匮》十四卷，列于五行家。关于"堪舆"的解释有人说是"天地之总名"⑤，有人说是《造图宅书》著者的名字⑥，许慎说是"堪，天道，舆，地道"，大概多数人同意许慎的解释。虽然，自古以来，"风水"正如卜、星、相一样有着相当广泛的影响力，但是学者们也许受到"子不语怪，力，乱，神"的思想影响，很少正式研究这门"学问"。但是，这种"迷信"事实上的确成了古代对建筑影响的一个因素，上至皇帝，下至贩夫走卒都有一些人相信建筑物的形状与位置(尤其是陵墓)与人的命运有关，不深信也至少是"半信半疑"，较少人对此说做出根本的否定。

在历史上，"风水"与"建筑"的关系较为重大的例子就是明代建都北京时，为了镇压元代的"王气"，根据风水之说在元代的宫殿位置上筑了一座"景山"。明十三陵的"陵址"选择和基本布局是由"术家""卜帝陵于此"的。这两个重大的建筑构图为现代中外的建筑学家所赞美，可以用现代的建筑理论对它们做出很多合理的解释。但是，它们无可否认是首先由"风水"理论而得出来之物。可以相信，在做出这些工程计划的时候，肯定不会是持有我们今日对之解释的相同的理由来做出决定的。

英国学者李约瑟对"风水"在建筑上所引起的现象所做的科学解释就是：中国人和自然结合的象征主义和对"宇宙图案"的感觉。

关于"礼制"和"风水"与建筑之间的关系，我们在以后的篇章中还会继续提及，在谈到具体问题时才作解说相信会来得更为清楚。在这里，我们想提出一些外国的学者对这个问题的看法，从而由另外一个角度做出一些说明。李约瑟在谈及"中国建筑的精神"的时候，一开始就说："再没有其他地方表现得像中国人那样热心于体现他们伟大的设想'人不能离开自然'的原则，这个'人'并不是社会上的可以分割出来的人。皇宫、庙宇等重大建筑物自然不在话下，城乡中不论集中的，或者散布于田庄中的住宅也都经常地出现一种对'宇宙的图案'的感觉，以及作为方向、节令、风向和星宿的象征主义。"⑦这些话显然就是希望用科学的观点来解释"风水"之说对中国建筑的影响。他没有直接提及"玄学"对建筑的影响，也许担心那样说就会减低了中国古典建筑的科技意义。

在谈及上述问题之后，李约瑟还继续写出"礼制"和建筑的关系："长面的背墙通常多半都没有为门窗所折断，它虽然不是顶点(climax)，但由于所在位置已经表明出平面的终结。因为最高的堂殿位于北部的中心点上，建筑物背后就会成为一个'diminuendo'(音乐上用以表示'渐弱'的术语)。从一幅中国式绘图法的有具体形状的插图中便可以看到其系统是如何布置出来的，它取自《圣贤道统图赞》一书，我们由此可以窥见孔庙的平面⑧。此图上有牌坊门，中轴线上有前后相继的殿堂和通道，并且还布置了两条辅助的轴线、围墙，及若干其他用途的馆舍。此外，即使在居住建筑中也会有非正式的'礼'的性格，反映出《仪礼》(*Books of Social Ceremonial*)上的'先古遗训'。"⑨

如果要完全说清楚"礼制"和中国古代建筑之间的关系就得编写另外一本专著。古代的学者是曾经做过这项工作的，如果今日有人将10世纪时聂崇义所著的《三礼图》、12世纪李如圭的《仪礼释宫》、18世纪任启运的《宫室考》加以详细分析和研究，再结合建筑的观点解释一番，相信就会是一本十分有内容和对研究中国建筑史很有用的著述。至于"风水"之说认真用科学及学术的观点来探讨一下，大概也会是一个十分令人感兴趣的问题。

① 西汉传礼儒生戴德、戴圣，博探七十子后学者所记讲礼的文字，戴德选取八十五篇称为《大戴礼记》；戴圣选取四十九篇，称为《小戴礼记》，简称《礼记》。
② 以"木"代表太子，"火"代表"朝"，"土"代表皇帝，"金"代表皇后，"水"代表"市"，谓之"象德"或者"帝德"。
③ 青龙、朱雀、白虎、玄武谓之"四灵"。
④ 郭沫若《奴隶制时代》北京:人民出版社,1972.152页
⑤ 张晏谓堪舆天地之总名。
⑥ 孟康谓堪舆神名，造图宅书者。
⑦ Joseph Needhan.Science & Civilisation in China Vol Ⅳ:3.Cambridge University Press,1971.65
⑧ 实际所指的为孔子的弟子颜回的"颜庙"，位于孔庙之侧。
⑨ Joseph Needhan.Science & Civilisation in China Vol Ⅳ:3.Cambridge University Press,1971.63

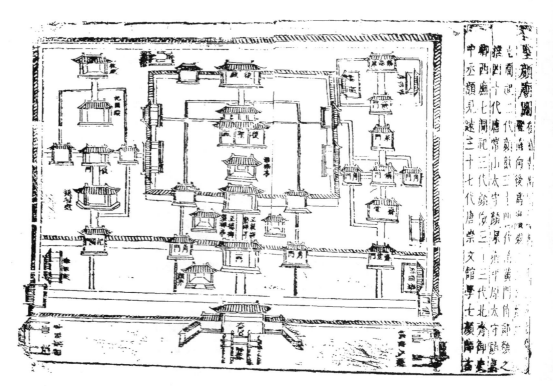

颜庙平面图及外观

明代（1629年）黄同樊所编的《圣贤道统图赞》一书中的插图——《后
圣颜庙图》。"颜"所指为孔丘的弟子颜回，"颜庙"位于山东曲阜孔庙
附近。下图为颜庙正门前的"陋巷"真实景象。（吴晓冬 摄）

第二章

总 释

中国的文字和建筑

　　中国的文字随着中国文化的成长而出现，它出现得很早，至少有三千年以上的历史。房屋建筑当然比文字产生得更早，创制文字的人肯定已经在房屋里面生活，但是，最初的时候，文字并没有用来记录建筑的发展情况。有趣的问题在于中国的文字起源于"象形"，也就是说本来就是一种"图画"，将具体的事物形状表示出来，将"图画"减略到不可少的程度就成为"字体"。因为房屋是具体的物体，在创制文字的时候，文字本身就将"建筑"的情况，包括它的外形和内容"记录"了下来。因此，或者可以这样说，中国的文字本身就写出了中国建筑发展史的第一章，而且，我们深信这是十分忠实可靠的一种"史实"。

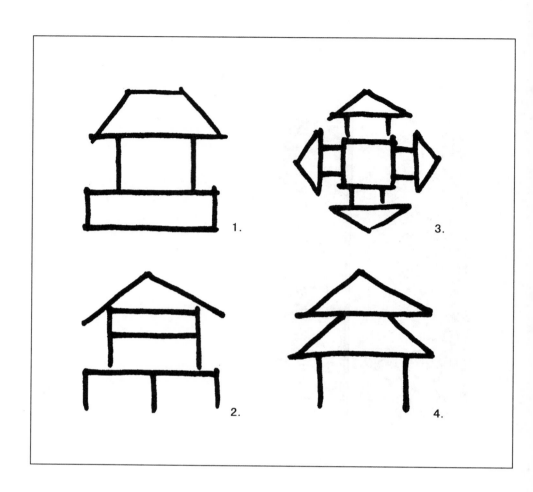

原始的象形文字就是事物的形状或者内容的概括，一些有关房屋含义的字形因而可说是最早产生的建筑图样。

我们今日用的文字虽然还是象形文字系统而来的字体，但是，已经不是最早的"字形"。最早的字形类如图画，刻在乌龟壳或者其他的兽骨上，因而称为"甲骨文"；铸在铜器上的就称为"金文"。在这些原始的字体上，有三个代表建筑物的字，它们就是今日的"室"、"宅"、"宫"。假如我们较为小心地研究一下这三个甲骨文的字形，我们就会发觉它们就是一组房屋的平、立、剖面图。插图上1的"室"字，是在台基之上的一座四面坡屋顶的房屋，这是一幅正式的"立面图"。2的"宅"字就把房屋构造的情况也表达出来了，它是"平坐"、屋身、屋顶的骨架，说它是一个"剖面图"实在并不勉强。3是一个"宫"字，它是一个建筑的平面图，在一个方形的院子里，四周布置了四座房屋。这个"平面图"和现代的建筑平面图表示方法不一样，但是中国古代一直都是以这种方法来表示平面图的。

这一组最古的"建筑图案"就说明了非常之多的有关中国古代建筑的问题。第一，在甲骨文使用的殷商时代，台基和"四阿"的屋顶已经是一种标准的房屋形式；第二，其时的房屋是木骨架结构的；第三，围绕一个空间布置建筑群已经是一种常用的方式。总的来说，中国建筑的基本形制其时已经形成，其后都是在这个原则之上继续发展。于是，我们更可以得出一个这样的结论：中国建筑设计的基本原则在三千五百年至四千年前便已经大体上确立起来，它的发展真的如梁思成那么说的"四千年来一气呵成"。

甲骨文的"室"字还有另外一个字形，如48页插图中的4，它表示的却是一个"重檐"的屋顶或者两层的"重屋"。《冬官考工记》有"殷人重屋"之说，这个字形也作了一个具体的形象上的证明。《说文》有"楼，重屋也"，指出商代(公元前17世纪至公元前11世纪)已经有了楼房的存在。目前，我们看到的有关商代的考古报告，所做出来的宫殿"复原图"都是单层的立于台基之上的房屋，它们有没有可能是"楼房"，倒是值得研究的事情。因为单从柱基的遗迹来作判断，"单层"或者"楼房"是不容易分别出来的。

除了由"字形"来显示建筑物的具体形象之外，字体的构成本身也常常表现出房屋的种类和用途，或者是说明了建筑的内容。因为房屋是由"穴居"发展而来的，由自然山洞的"穴"进而到了半地下室的"穴"，这一点不论是古代文献或者考古学家的工作成果都已做出了确实的证明。山洞自然可称为"穴"，相信半地下室式的房屋当时也是称为"穴"的，新的事物常常习惯沿用旧的同类功能东西的名称。于是，一系列有关房屋用途的字就由"穴"作为部首而来，例如"穹"、"窠"、"窑"、"窖"、"窗"、"空"等等。它们都是半地穴式的房屋的东西，例如"窗"，原意是指半地穴式房屋顶部的一个开口——天窗，山洞的"穴"是没有天窗的。半地穴式房屋附有"圆形袋状的坑"①作为储藏东西的窖穴，"窖"大概就是指这些"构造"。窑的形状和半地穴式的房屋差不多，当然是以"穴"为部首了。"穹"和"空"都是指"穹顶"下的封闭空间，"空"与"孔"通，本来就是"穴"的意思。此外，从"穴"的"穿"、"突"、"窟"、"窝"等等本来也是一种有关洞穴的含义。

"宀"是表示屋顶的意思。它在篆书中的形状，就是一个"房屋"的外形。"宀"也是一个字，音"绵"，解作交覆深屋。屋顶之下分别容纳很多事物，分别代表了房屋的各种功能，这一类的字有"宫"、"室"、"宅"、"宗"、"寝"、"宇"、"家"等等。"宫"、"室"、"宅"本来是象形的，因为写起来不方便，后来就改由"会意"而来了。"家"字是屋顶之下有一只猪(豕)，应该就是"猪屋"，或者表示每一户人家都养一只猪。"宗"字里面的"示"本来是"丌"(祇)，意即"地之神"(土地)，屋顶之下放了一个"地神"，当然就是土地庙了。"宫"字表示屋子里面有很多房间，表明规模较大的建筑物。此外，屋顶之下所发生的事情除了表示不同的房屋类型之外，还表示了很多其他的意思，"安"字就是屋子里有一个女人，其实应该是当作"家"字用还合适一些的。"寒"字是屋内有一个人、一张席和一些柴火，天寒地冻只好躲在屋子里面生火睡觉了。

两面坡的人字屋顶一般都是主体房屋。主体房屋之外，在前后或者左右，通常都连带有一些单面坡屋顶的房屋，这种房屋的形式就以"广"字来代表了。这个"广"字音"俨"，"栋头曰广，因广为一边斜下者"，字典上就是这样解释的。辅助性、从属性的建筑物名称多以此字作部首，因为它们本来就是这种形状的房屋。例如"庾"(庾，阁也，阁板为之，所以藏食物也)，"序"(东西墙为之序，今庑廊之属曰东西序，谓堂侧之厢也)，"店"、"庖"、"库"、"厢"、"庑"、"廊"、"庭"、"府"等等。"广"不但指单斜的屋面，并且代表一边开敞，要适合杀猪、停车、买卖、缴付税粮等等之用，自然是以

有关建筑物名称的用字其部首通常都表示出字义的内容，通过这类字的构成同时可说明房屋构造发展的经过。

"周代的钟鼎文"

49

构件名称的用字大部分可从其部首看出所用的材料，有时因材料改变随之而改变其部首，但大多数都不作改变而沿用下来。

"一边开敞"为宜了。

文字并不是一下子便创制完成的，它是经过了颇长的历史累积而来。新的事物带来了新的名称，随后就要为这个新的名称去创造适合于它的字体。有了一大堆字作为基础之后，后期的字就不需要完全由"绘画"而来了，有时便更深入地去做出表达所代表的事物的内容和意义。建筑物的构件名称一般多以其材料及"形声"来组成，例如梁、柱、栋、檩等等都从"木"；墙、壁、垣、堂(台基)就从"土"；础、碛、碑、碣等则从"石"；釭(套在节点上的构件)、钩(古有钩楹、钩阑，即包在楹外的铜件)、鏂(门上的铜钉)、铺(铺首，门上的铜环)等便从"金"。人们从字形上一看便知道这些构件是用什么材料制成的。有时，同一字可分别从"木"、从"石"或从"土"，意即这部分构造可以用不同的材料，如"基"就有"棊"和"碁"。总的来说，名件以"木"字旁组成的字为最多，也表示了中国古代建筑以木构为主。

就文字的构成而言，不论"象形"或者"形声"，"会意"或者"转注"，"指事"还是"假借"，有关建筑的用字本身都很能说明建筑发展的基本情况。有些字今日已经很少用，甚至中世纪时已出现不多，就是表示那些构件、形式或者建筑类型在其时已经消失。文字的构成和应用就是这样十分贴切地紧紧追随着实际的建筑情况发展。

除了字的字体本身会变化之外，有关建筑的用字的含义也会跟着时代而改变，例如"堂"，最初是指建筑物的台基，就是"尧舜堂高三尺"[②]，《礼记》中记载，天子之堂九尺，诸侯七尺，大夫五尺，士三尺。其中所指的"堂"，

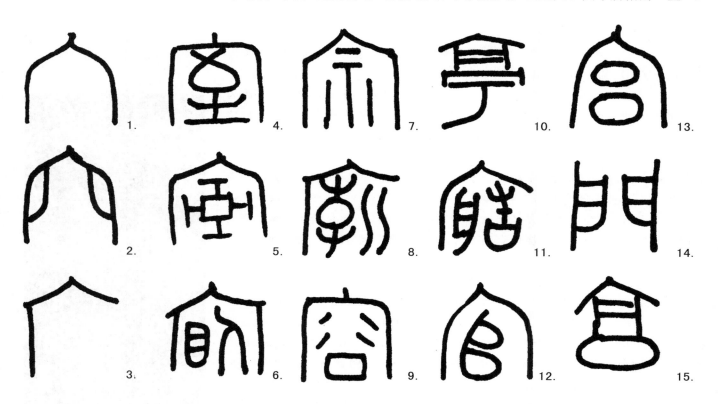

商代至周代出现于"甲骨文"及"钟鼎文"中的大篆字形。1. 宀　2. 穴　3. 厂　4. 室　5. 室　6. 寒　7. 宗　8. 庙　9. 容　10. 亭　11. 廳(造)　12. 官　13. 宫　14. 门　15. 言(高)。

50

到了后来就是指立于台基之上的"殿堂"一类大建筑物了。又如"宫室"，按照我们今日的概念就是指"皇宫"一类皇室专用的房屋。但是，汉代之前，"宫室"是作为一般房屋的通称。中国最早词典之一的《释名》对其解释就是："宫，穹也，屋见于垣上穹隆然也。室，实也，人物实满其中也。"至于为什么做出意义上的改变，原因在于"自古宫室一也，汉来尊者为号，下乃避之也"③。汉代的皇帝把自己的房屋称为"宫"，于是其后对于不是皇宫的建筑物就不再称为"宫"了。

汉代之前，称秦代的"阿房宫"都是作"阿房"的，"言其宫四阿房广也"，也有说"阿者，近也，以去咸阳近，故号阿房"。大概"宫"字是汉以后的人才加上去的，以区别它是一座皇宫。伊东忠太把"宫室"理解为住宅建筑，在概念上大体上是合适的④。李约瑟就把"宫"字固定于作为"宫殿"的含义，他说："宫(Kung)，一座宫殿(a palace)它的古代字形显示在一个屋顶下有两个方形的房间。"⑤再如，秦代的时候，皇陵称为"山"，秦始皇就把自己的坟墓称为"骊山"；到了汉代，"山"就改称为"陵"。这些都说明了建筑名称用字含义的变更。

建筑名词的含义往往因时代不同而有所改变，因此同一名词必须结合所指的时代才能做出恰当的解释。

殷虚出土的"甲骨文"

① 中国科学院考古研究所《新中国的考古收获》北京:文物出版社,1961.10页
② 见《墨子》。
③ 见《风俗通义》。
④ 伊东忠太在他的《中国建筑史》中将"住宅建筑"称为"宫室本位"。
⑤ Joseph Needham.Science & Civilisation in China Vol IV:3.Cambridge University Press,1971.72

李诫《营造法式》卷一《诸作异名》页

名词和术语的变迁

语言和文字经常会因时代和地域不同而发生变化，同一建筑的名词术语亦会因南北古今有别而相异。

建筑上所用的名词和术语随着时代、地域的不同而产生变化是一种必然的现象。因为它和人的关系密切，在不同的时代或者地域，人们对于房屋各部分的构造、构件(古称"名件")很多时候都会不去细加理会本来的名称，而自行创造出新的叫法，流行起来之后，这些名词便会就此而成立。不但古代如此，今日仍然是这样。例如北方人叫"粉刷"和"抹灰"，南方却叫"批荡"。"批荡"大概是从英文"plaster"音译过来，北方人就会不知道所说的是什么。有时，文字上所用的"学名"和工地上工人所叫的名称是很不一样的，各地的建筑工人都喜欢自行创造自己的名词和术语。

古今在建筑上所用的词语不同不但明显地见诸今日，连一千年前的宋代也同样碰到这个问题。李诫在编修《营造法式》的时候便已经面临这个困难，因而也不得不为此下了一番功夫。他在书中的《诸作异名》条下，写上了这样的按语："屋室等名件，其数实繁，书传所载，各有异同，或一物多名，或方俗语滞，其间亦有讹谬相传。音同字近者，遂转而不改，习以成俗，今谨按群书及以其曹所语，参详去取，修立总释二卷。"①李诫的"总释"对于后人帮了很大的忙，不然的话，对宋以前混乱的建筑用语了解起来就困难得多。可是，建筑用语从宋到清代也一再地变化，正如宋以前一样，这一来李诫便无能再为此效劳了。

对于今日来说，古代的"方俗语滞"是不必研究的，但是"书传所载"的就要一明其究竟，否则的话我们是无法取得这一门学问的知识的。宋代和清代之间，建筑上构件所用的名词几乎已经全部改变，我们弄清楚《营造法式》上面的名词就不一定了解清《工部工程做法则例》的用语，这都增加了我们了解中国古典建筑的一些困难。不过，弄清楚概念之后，问题就容易解决得多了。

要将几千年来各个地区不同的建筑上所用的名词术语一一总释起来是不可能的，而且去详细知道这些细节也没有多大的意思。不过，当我们阅读古代有关建筑的著作时，我们总得要弄明白文中所说的是什么东西，否则它对我们来说就毫无意义了。其实，在古代的文学作品、历史和哲学著作中，有关古典建筑的名词字句也不少，文史工作者们已经做出了很多注释，不过，有时并不能完全满足建筑学上的要求。比方，由于对建筑结构和构造并不认真了解，就难免会有所不当。一些对中国古典建筑很感兴趣的人，也很为有关古代建筑的用字和名词大伤脑筋，因为其中很多的名词和用字今日已经不常用或不常见了。

在结构和构造上，为什么构件的名词区分得那么多、那么细致呢?可能和设计标准化有关，因为整座建筑物的构造概念是由一大堆"部件"装配起来，为了便于施工，每一部件就应给与一个专有的名称。一般地说，在结构骨架上，垂直方向的杆件称"柱"，水平方向的杆件叫"梁"。柱在古代称为"楹"，楹是指独立的柱，至于和墙身结合的柱则不叫楹。《释名》谓："柱，住也。""楹，亭也，亭亭然孤立旁无所依也。"有时夹在墙身的支柱也跟着它所支承的水平杆件而取名，比方，屋顶正中的主梁叫"栋"，支承栋的支柱也称"栋"，次梁称"楣"，支承次梁的支柱也叫"楣"。垂直和水平的杆件名称就混同起来。柱还有叫"植"和"桓"的，不过在古代文献中也很少用。秦汉时代以及先秦诸子的经典著作和文学作品，"柱"多半作"楹"。梁架上的支座或者短柱叫做"梲"，所谓"山节藻梲"就是指斗拱和屋架，藻就是指绘上水草花纹。梲也叫"侏儒柱"、"蜀柱"、"浮柱"和"棳"。

因为水平方向的杆件性质较为复杂，因此梁的名称就特别多。屋顶上的主梁叫做"栋"，"栋"也写做"槫"，也称"桴"、"檼"、"梦"、"甍"、"极"、"檩"、"楇"。按照中国建筑本来的概念，梁除了指水平方向的构件外，主要就是指在构架上与平面垂直的屋架或梁架，梁架所支承的与平面平行的楞木则称"栋"。屋顶上的正栋或者说大梁叫"栋"，也称为"宋廇"。次栋称"楣"，也称为"桴"，过梁也叫做"楣"，边梁则叫做"庪"。在古代的字典上解释也很不明确，如《尔雅》称"宋廇谓之梁"；《释名》谓"梁，强梁也"；《义训》则说"梁谓之欐"。栋所支承的与平面垂直的杆件叫"椽"，现在也叫"椽子"。椽也叫"桷"、"榱"和"橑"，南方今日不称"椽子"和"楞木"，而叫"桷"和"桁"。连梁(tiebeam)称为"剳牵"，有时也用"月梁"、"虹梁"；正面柱与柱间的连梁叫"阑额"或者"额枋"。因为历史长远，地域广阔，使用文字的人又不是工匠，到了后来在概念上就不那么严格了，栋梁之意念就混同起来。

斗拱是中国传统建筑构造上最大的特色，它的历史很长。在秦汉时代的作品中，我们是见不到斗拱这些字眼的，莫非那时还没有出现斗拱?其实是汉代称斗拱为"栌栾"，斗为栌，拱为栾。魏卞兰的《许昌宫赋》中的"见栾栌之交错，睹阳马之承阿"就是说斗拱交错。斗也有称为"栭"、"㮤"、"楮"的，拱则又叫"曲枅"、"槉"、"閞"、"㭕"。栌和斗本来有别，直接由柱顶

构件最早采用的是单字的名称，古代为此创制了不少专用的字体，其后多以复词为名，原来的单字就多半成为死字了。

建筑构造由一种形式发展和蜕变成为另一种形式后，前后间往往使用不相同的名称，因此名称本身同时就具有一种时代的观念。

支承的斗叫"栌"(后来称为"栌斗"),在拱之上的斗才叫斗。《说文》称"栌,柱上柎也;栭,枅上标也"。由此可见栌和栭不一样,栭就是斗。什么叫枅呢?枅和欂,楶閞(音弁),㭨(音疾)都是一回事,指栌上的横木,或者"冠板",到了后来,栭变成了曲枅,于是就称为"栾","栾者挛也,栾拳然也"。栾到了后来就称为"拱"。至于"山节藻棁"的"节",古文与"栅"相通,棁者节也而已。以上所说的许多字和名词虽然都是斗拱之意,但不能都说是后来的斗拱,而是斗拱的上一代。

中国建筑的历史颇为长远,所用的名词术语又在代代不断地变更和交替,因而必然使人对古建筑的词语产生一种复杂和混乱的感觉。

屋面飘出的部分叫"檐"。古代对于檐的名称和用字是最多的,在春秋战国的时候,各国都有各自的称呼。《说文》谓"秦谓屋联櫋曰楣,齐谓之檐,楚谓之梠樀。屋梠,前也;庌(音雅),庑也;宇,屋边也"。《释名》说:"楣,眉也,近前若面之有眉也。"又曰:"梠,梠,旅也,连旅旅也。或谓之樀。樀,绵也,绵连榱头使齐平也。""宇,羽也,如鸟羽翼自覆蔽也。"好一个檐口就搞出那么多的名堂出来,可见中国人一早就对屋面十分注意。总结起来,檐的名称就有十四种,即宇、檐、楣、楣、屋垂、梠、榱、联櫋、樀、庌、庑、樀、檐槐、庯。因为中国很早就流行四面坡的屋面,就是所谓"四阿",支承檐角的角梁称为"阳马",又称为"阙角"、"枊棱"以及"梁抹"。因为屋顶自古便"如翚斯飞"般向上飞起,屋角构造的阳马就十分引人注意了。《说文》称"屋梠之两头起者为'荣'",《义训》谓"搏风谓之荣"。后来"搏风"就是指屋顶侧面构成三角形的部分。近代有人写成"破风",用来翻译英文的gable,可能就是"搏风"之误。

在中国早期的构架中是曾经采用过斜杆的,不过到了后期就较少出现。斜杆称为"斜柱",古代称为"梧",《释名》谓"梧在梁上两头相触牾也"。斜柱亦叫"枝樘"、"迁",就是后来的叉手。后汉王延寿《鲁灵光殿赋》的"枝樘杈枒而斜据"及魏何晏的《晏福殿赋》所称的"下褰上奇,枅梧复叠"都是指"人字拱"。人字拱本来就是斜向的杆件发展而成的,那个时候的人字拱和今日所能见的可能不大相同，在结构意义上会大得多。

我们今日所说的窗最早的时候不叫窗而叫"牖"，窗则是指屋顶上的天窗。《说文》谓"在墙曰牖，在屋曰窗。"《义训》曰："交窗谓之龘窦(音黎娄)，房梳谓之櫳。"现在常叫的门古代也不叫门，而称"户"，门是指主要入口。《释名》谓"门，扪也，在外为人所扪摸也，障卫也。户，护也，所以谨护闭塞也。"前一节所说的"门"是指平面上的一种制式布局而言，这里所谈的"户"是一种建筑构件——门扇。门扇古谓之"扉"，户就是扉。扉还有很多的称呼，如"闶"、"闒"、"阖"等。窗和牖、门及户本来的定义并不是完全相同的，到了后来都被混为一谈了。

步上台基的梯级就是阶，或者说阶级、阶梯。在两阶制的时代，主阶叫做"阼"，亦即东阶，宾阶则称"西阶"。《义训》对阶级作了一系列的解释："殿基谓之陛，殿阶次序谓之陔，除谓之阶，阶谓之墒(音的)，阶下齿谓之械，东阶谓之阼，霤外砌谓之㸪"。很高的阶就叫做"陛"，"陛，升高阶也"[2]。《释名》有"墹(与阶写法不同)，陛也；陛，卑也，有高卑也。天子殿谓之纳陛，以纳人言之阶陛也"。皇帝的殿台基最高，因此其阶就叫"陛"，为什么称皇帝曰"陛下"呢?意思就是人臣在"陛"之下而禀告，由卑达尊之意。

构件在建筑结构和构造上是不断改变的，用途也有所变更，名称的更易有时是因构件的演进或者退化而致。例如，柱顶上的横木，一方面发展成为栌而至斗拱，另一方面这种称为"枅"的构件又变化成为"复栋"或者说"替木"，到了清代，替木发展成了另一种显著的构造"雀替"。因此，名称之所以不同有时就是对于构件"不同代"的另称。古代早期对于分类的观点和后来也很有分别，那时候首先以部首来造字，例如以"门"为部首，便创制了一系列与门有关的字，木的构件名称就从"木"，土制的就从"土"，于是产生了很多单音的名称，使人难于望文而生义。复合词的应用到了后期才产生，例如主梁、

由"形声"而创制出来的构件名称的单字是难于令人望文生义的，到了构件名称改用复合词后，不但容易通过名称本身了解其内容，而且所属的类别亦一目了然。

从汉"武氏祠"石室中画像石壁上的图画可以看到汉代房屋的柱头、人像柱、屋顶等形式。"柱头"的两个部分就是汉代所称的"栌"和"枅"。

55

次梁、月梁、金柱、檐柱、版门、软门等作为梁的一种，柱的一种，门的一种名称。这样在概念上就容易明白得多，而且究竟属于哪一类构件也一望而知了。这也是技术发展到了一定阶段后，构件愈来愈复杂和繁多，在技术名称上就不得不变革来与此相适应。

宋代和清代的名词虽然不同，但是已经将名词系统化了，而且名称的改变相近，例如"撩檐枋"改为"挑檐枋"，"瓜子拱"改称"瓜拱"，"交互斗"改叫"十八斗"，"阑额"叫"额枋"等等，记忆和了解起来就没有如上一个时期的"单字"改变那么困难。当然，其中也有一些改变得很大的，如"散斗"变了"三才升"，"盆唇"名为"古镜"，"橼栿"作"梁"等，就不得不作一番记忆。在古代的文学作品中，较近一些的如明清的小说，其中涉及古代建筑用语也不少，假如我们对古典建筑的用字有较多较系统的了解的话，阅读起来也会更为明白一些。反过来，由于书中的详细描述，在前文和后语相关之中，也可以加深我们对古代建筑名件的了解。

① 宋朝李诫的《营造法式》"序目"。
② 《说文》："除，殿陛也"；"阶，陛也"；"阼，主阶也"；"陛，升高陛也"。

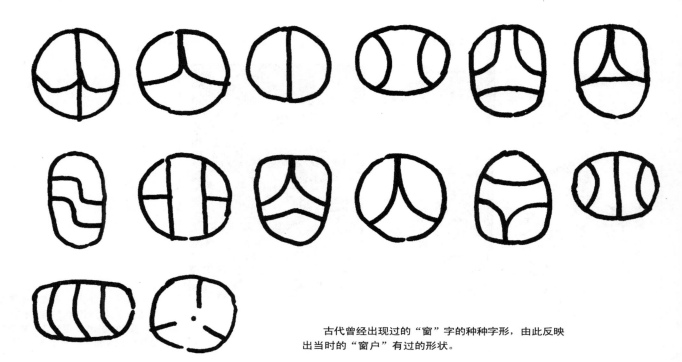

古代曾经出现过的"窗"字的种种字形，由此反映
出当时的"窗户"有过的形状。

56

建筑物的类型和名称

中国的单体建筑(或称"单座建筑")因为形式、用途、性质的不同而分成很多类型，产生很多不同的称谓，如堂、殿、楼、阁、馆等。这些称谓各有所指，含义也各有不同。不过这种传统的建筑类型并不是按照同一标准来划分的，有的以形式为准，有的以用途作则，更有的是表示规模的大小。同一座房屋，因为用途改变而其称谓也可随之而改变；同一用途的房产，因为选用不同的形式，叫法也随之而异。到了今日，这些称谓仍然保存，不过对于其中的定义就不那么严格去考究，有时唯求其古雅，名实不一定相符。

中国古典建筑究竟有多少种类型呢？唐代欧阳询撰的《艺文类聚》就作了如下划分：第一类为宫、阙、台、殿、坊；第二类为门、楼、橹、观、堂、城、馆；第三类为宅舍、庭、坛、室、斋、庐、路。这是"百科全书"式的分类法，自然不大代表完全真正的建筑类型。李诚在《营造法式》的"总释"中所提及的建筑类型只有宫、阙、殿、楼、亭、台榭、城等七项，堂殿则同属一类。现代建筑学家刘致平在他的《中国建筑类型及结构》一书中则将"单座建筑"划分为五类：(1)楼、阁；(2)宫、室、殿、堂；(3)亭、廊及轩、斋、馆、舫；(4)门、阙；(5)桥。

各种单体建筑的类型称谓并不是基于同一的原因和理由而作出来的分类，它们的产生分别来自很多不同的概念。

中国古代建筑物的类型和名称都习惯用颇大的"扁额"在正门或者堂殿的正中部分显著地标志出来。也许，这是受到"名不正则言不顺"的影响吧！（丁垚 摄）

文字上对建筑物有关的称谓本来的确是代表着某一种类型或者性质的建筑物，不同的"建筑物称谓"其含义严格地说来都有一种"概念"上的规限。但是，是不是所有的在文字上对建筑物有过的称谓都可以算作是一种建筑物的类型呢？事实上又并不绝对如此，正如任何一个人一样，他有各种不同的称谓、不同的身份，这都是根据不同的关系标准相对做出的。因此，由于不同基础而产生的称谓就不能混合在一起而作为一种类型的划分。

不管作为一种"类型"也好，单纯看作是一种称谓的名词也好，弄清楚建筑物名词的由来，对于中国传统建筑的了解是有一定的意义的，因为至少会因而带来一个较为明确的总的概念。

"宫"、"室"二字是最早使用的对房屋的通称，它们本来的含义是指用以住人和储物的容器。

大概，中国最早出现有关房屋名称的文字就是"宫"和"室"。宫和室两字有过完全相通的解释。《尔雅》曰："宫谓之室，室谓之宫(皆所以通古今之异，说明同实而异名)。……西南隅谓之奥(室中隐奥处)，西北隅谓之屋漏(《诗》曰尚不愧于屋漏，其义未详)，东北隅谓之宧(宧见《礼》，亦未祥)，东南隅谓之窔(《礼》曰归室聚窔，窔亦隐闇)。……室有东西厢曰庙(夹室前堂)，无东西厢有室曰寝(但有大寝)。"(括号中的文字系晋郭璞的注文)"宫室"两字的意义本来就指现在的房屋或者住宅，上面早已说过了。"宫"本来是由"穹"而来的，代表"穴"发展到了有屋顶的"宀"。"室"就是对房屋的通称，在最古的文字中它一共有四个不同的"字形"，说明它代表了多种的房屋。

"堂"、"殿"指的是高大的建筑物，称谓的由来出于对建筑物雄伟壮丽的一种赞叹。

"堂"、"殿"是到了出现大型建筑物之后才有的名称。这两个字已经不是出于图像而来，而是由形容词而致。《说文》有"堂，殿也"之句，这又是"同实"而"异名"的字。为什么将大型建筑物称做"堂"、"殿"呢？《释名》的解释是"堂犹堂堂高显貌也"，"殿(有)殿鄂也"。如此说来"堂"、"殿"之称只不过是出于一种赞叹之词。上面已经说过，"堂"本来的意思就是台基，后来有写作"墥"以示"台基"与"殿堂"有别。因为立于高大的台基——"墥"之上的必然是与之相配合的高大建筑物，于是高大的建筑物就称为"堂"，正如位于台上的所有建筑物都统称为"台"一样。其后，对于一般的主体建筑多半称为"堂"，或者建筑物中的主要公共空间也称"堂"，如厅堂、川堂、大堂等等。

到了"宫"成为皇帝所用的建筑物的专称之后，"宫"和"殿"两个字便常常联在一起了。"宫殿"就是专指皇帝所专用的建筑群，一般举行礼仪和办公用的主体建筑物都称"殿"，生活起居部分则称"宫"。挚虞的《决疑要注》上说："凡大殿乃有陛，堂则有墄无陛也。左城右平者，以文博亚次。城为阶级也。九锡之礼，纳陛以登，谓受此陛以上。"陛，是登上台基之上的"御路"。按此说法，"堂"、"殿"就有了区分，原则上就以有无"陛"作为标准。除了"帝殿"之外，神庙的主体部分也可称做"殿"。殿除了是规模巨大的建筑物之意外，更主要的性质就是具有高贵、庄严和神圣的内容。

一层以上的房屋称为"楼"。《说文》曰"楼，重屋也"，意即"屋"在垂直方向上再重复堆叠一次，这个解释显然很合理。不过，也有人将"重屋"

中国建筑的各种类型：殿、阁、馆、亭。上图为曲阜尼山孔庙"大成殿"（丁垚　摄），下左为承德普宁寺"大乘阁"（吴晓冬　摄），右上为颐和园中的堂馆（张龙　摄），右下为沈阳清故宫作为军事检阅司令部的亭——"大政殿"（刘瑜　摄）。

解释为"屋檐"的重复，即"重檐"。至于《尔雅》的"狭而修曲曰楼"则未免过于着眼于外形，还未指出楼的特点。

虽然"阁"也是指一层以上的建筑物，和"楼"字常常相连或相关，但不能相通。因为"阁"并不是"重屋"，阁的底层平面和上层平面在使用功能上不一样，而且大多数的情况下只是一层"支柱层"。支柱层所形成的是一个没有封闭的空间，虽然形成了"层"却不能算作"室"。"阁"其实就是最早的"干栏式"房屋的一种发展，房屋建筑在一个木结构的平台上。木结构的平台一般就称为"平坐"，平坐是用人工在不平坦的地形上取得一个平坦的活动层面的一种方法，也许比堆土筑台来得更为经济和快捷。类近阁的构造的庑廊或者通道就称为"阁道"，多半用来接通阁与阁间平坐所形成的层面。"阁道"也称"复道"，《阿房宫赋》就有"复道行空，不霁何虹"之句。阁有时也指房屋内的再分隔的上层部分，也有指"所以止扉者"的门闩的意思。

"馆"并不代表一类什么的建筑形式，其基本含义就是为来客使用的建筑物，其后就成为一种"公共建筑物"的称呼。《说文》的解释就是"馆，客舍也"。"馆"字是由"官"和"食"字所构成，意即供官员们吃饭的所在，《周礼》有"五十里有市，市有候馆，候馆有积。"显然，馆是最早的古代官员们的招待所，为"客官"管食管住而设。可能此举有公共服务之意，到了后来与"官"及"食"无关的机构所用的建筑物也称起"馆"来，如图书馆、展览馆、博物馆等等。

在建筑形式上，有一类只有屋顶和支柱而没有墙壁的建筑物，一般就是我们常见的"亭"和"榭"。这种要求有遮盖的空间与户外空间"内"、"外"连通的思想，是中国建筑基本意念之一，也可以看作对"建筑与自然结合"的一种说明。《尔雅》称"无室曰榭"，又称"观四方而高曰台，有木曰榭"。"榭"是一种很早便存在的建筑形式。"榭"字是木旁从射，原来就是用木盖搭起来用做射箭的地方，是一种防卫性的军事设施。《国语·楚语》有"榭不过讲军实"的说法，《左传》也有"讲武之屋曰榭"。大概，这种形式的建筑在使用上逐渐多样化，"讲文"的时候也使用起来。例如，《春秋公羊传》就有"庙无室曰榭"，《汉书·五行志》也有"藏乐之所曰榭"等种种对"榭"的解释。"榭"似乎和"台"分不开，故又有"台有屋曰榭"之说，建立在水中之台上的榭就叫"水榭"。在园林建筑中，"榭"后来就成为一种常用的建筑形式。这个时候，榭就完全在"讲文"而不再"讲武"了。到了明代，计成的《园冶》的解释就是："《释名》云榭者，借也，借景而成者也。或水边或花畔，制亦随态。"①于是，"榭"在园林建筑中产生另一种含义，完全成了诗情画意之物了。

在园林建筑中，亭与榭在形式和内容上是类近的。但是，正如古代的"榭"和其后的榭在性质上完全不相同一样，本来的"亭"和现下所称的"亭"也是全不相同的建筑类型，而且在概念上也完全不一样。在秦代的郡县制度下，"亭"是基层的组织单位，十里有亭，亭有长，十亭一乡。汉高祖刘邦就当过泗上亭长。所谓"都亭"、"邮亭"就是指基层单位的办公地方，故有"亭亦平也，民有讼诤，吏留办处，勿失其正也"的解释。《释名》说"亭，停也，人所亭集也"；《说文》则谓"亭民所安定也，亭有楼，从高省，从丁声也"；《风俗通义》有"今语有亭，留亭待盖行旅宿食之所馆也"。由此看来，此"亭"与彼"亭"实在是大不相同的。

晋代有一个著名的《兰亭集序》所指的兰亭，现在会稽尚存的兰亭是清代重建的亭，从遗址看来却是一个敞口的大厅。大概，亭从"人所亭集"聚会之所的内容不断地发展，名称源出于用途而来，最后才变成一种特定的建筑形式。有些著述说唐代时亭在园林建筑中已经是必备之物，李白不是就有过"沉香亭畔倚栏杆"之句么！可是，唐代所编的百科全书《艺文类聚》就不知何故没有把亭和榭这两个建筑类型编进里面去。

上：北京北海"画舫斋"（丁垚　摄）
下：北京颐和园"宜芸馆"（张龙　摄）

颐和园德和园中的戏楼(作为演出舞台用)（丁垚　摄）

因形式、使用情况等也产生出另一些类型的名称，它们由应用的历史或者说故事而形成称谓内容的概念。

"轩"、"斋"、"庐"是类近别墅的一类房屋的名称。"轩"本来是古代马车的一个部分，"车前高曰轩"，因为屋顶形式之一的"卷棚"和马车的半圆形的篷盖样子差不多，因此就把这种形式的房屋称为"轩"。《园冶》一书谓"轩式类车，取轩轩欲举之意，宜置高敞，以助胜为佳"[②]。轩的历史不会太长，大概是明代之后才盛行起来的。"斋"的含义是专心一意工作的地方，《论语》有"斋必变食，居必迁座"，王孚《安成记》有"太和中，陈郡殷府君，引水入城穿池，殷仲堪又于池北立小屋读书，百姓于今呼曰读书斋"。"斋"其实并不代表任何一种建筑形式，只是一种幽居的房屋之意。中国的读书人和艺术家很喜欢称自己的工作室曰"斋"，只不过表示自己专心向学而已。至于"庐"则是很古便有的房舍的通称，《诗经》已有"中田有庐"之句，所谓"田园庐墓"的庐就代表了故居。《周礼》中的"凡国野之道，十里有庐，庐有饮食"的"庐"就是公路上的餐厅。现代高速公路上的加油站、小食店、超级市场等如按照中国最古的概念应称为"庐"，在含义上是再贴切不过了，不过，今日对此称呼却不大为人所熟悉了。大多数人熟知的是刘玄德三顾诸葛孔明的"草庐"，庐之称的采用可能是取其"贤者之居"之意。

自古以来，中国人很喜欢和很重视对每一单座建筑物和整个建筑群命名，按照形式和内容加上了一定的称谓，此风今日似乎还在流传。事实是这样，一部分建筑类型的名称或者说称谓因为历代都以其为重大或者著名的建筑物命名，因此就长期保留和应用。宫、室、堂、馆、楼、阁、轩、斋等名称仍然流行，或者也算得是传统建筑精神的一种延续。但是，另一方面，古代也有过一些对建筑物的称呼或者名称到了今日已经完全消失，甚至不大为人所知所指为何物。例如：小屋称做"廑"(音近)，深屋叫做"庝"(音同)，偏舍谓之"庿"(音亶)，"廡"谓之"庲"(音次)，相连的宫室叫做"謜"等等，不要说我们今日弄不清楚，就算一千多年前也对这些名称陌生，李诚在他的《营造法式》也非一一加以注解不可了。

① 陈植《园冶注释》北京:中国建筑工业出版社,1981.81页
② 陈植《园冶注释》北京:中国建筑工业出版社,1981.82页

"门堂之制" 及其他

最早的时候，建筑形制只是一些对宫廷建筑的内容和布局的规定，它们同时被看作是一种"国家"的基本制度而确定下来。其后，当宫廷建筑已经成为一种标准的建筑模式之后，就同时制定出有关诸侯、大夫、士人等房屋的制式，成为所谓"门堂之制"。这个问题就是《三礼图》的主要内容，也是因为"礼"才成为古代学者的一个研究对象，有关的资料由此而得以部分地流传下来。

"门"和"堂"的分立是中国建筑很主要的特色，历来所有的平面布局方式都是随着这个基本原则而展开。为什么"门"和"堂"一定要分立和并存呢？在理论上大概是出于内外、上下、宾主有别的"礼"的精神；在功能和技术上

"门堂分立"是中国建筑构成的一个很主要的特色，其目的在于产生"内"、"外"之别以及由此而形成一个中庭。

是借此而组成一个庭院，将封闭的露天空间归纳入房屋设计的目的和内容上。此二者并不是同时产生的东西，构成一个庭院的实践是比"礼"的理论出现得更早，大概这种形式一经"礼"在理论上的解释之后就更为牢固而一直被后世沿用下来。

"门堂之制"成为一种传统之后，中国建筑就没有以单独的"单座建筑"作为一个建筑物的单位而出现了。有堂必需另立一门。"门"随着"堂"相继而来。"门"成为建筑物的外表，或者说代表性的"形式"；"堂"才是房屋的内容，真正的使用功能所需要的地方。因此，中国建筑的门就成为十分重要的一个组成元素，"门制"就成为平面组织的中心环节。这种"内"、"外"分立，"表面"与"内涵"分离的设计思想是其他建筑体系所没有的，虽然它们是存在着"门"(gate)这一个建筑元素，但是它们的性质和含义和中国建筑的门并不完全相同。

从平面构图的艺术上说，中国建筑的门担负起引导和带领整个主题的任务，它们正如一本书的序言、楔子，一首乐曲的序曲、前奏，再或者是戏剧和电影的序幕、开场白。总之相当于一切艺术作品的一个开头，首先做出一个简短和扼要的概括，使人对其内容和性质产生一个总的印象。在西方的造型艺术上，最初是不存在"时间"或者说"运动"的观念的，因此，作为造型艺术之一的建筑在设计上就没有特别强调这种视觉程序的因素。

每一组"门堂"代表建筑群平面组织一个层次或者段落，也是变换封闭空间景象的一个转接点。

中国建筑的"门"同时也代表着一种平面组织的段落或者层次，虽然并不严格地规定一堂一门，大体上说是一"院"一门。"门"成为变换封闭空间景象的一个转接点，每一道"门"代表了每一个以院落为中心的建筑"组"的开始，或者说是前面的一个"组"的终结。在庞大的建筑群中，平面布局中的节奏和韵律基本上是依靠门而体现出来的。在具体的形制上，以宫城而论，宫城的正门称为"皋门"①(相当于紫禁城的天安门)，再进就是"应门"②(相当于清宫的午门)，继续的就是"路门"。所谓"路门"就是建筑群的门③，"太和殿"的"太和门"就属于这一类。至于官衙、庙宇、住宅也各有各的门制，大体上分外墙的门和内屋的门两类。"衡门"就是指一般的墙门，内屋的门就称做"寝门"，庙宇的叫"山门"。

在中国古代的建筑群中，门的设立究竟是一种防卫的需要还是满足平面上的构图要求而来呢？相信最初的时候是源于一种防卫上的意义而来的，到了后来就大部分不过是形式上的产物了。事实上，在历史上并未找到有关由于重重的门在防卫上产生了显著的效果的记录，大概在战争中城门一经突破之后，纵使宫室有千门万户，对皇帝的安全根本就不再产生保障作用了。

"阙"最初是部落聚居地主要入口的布置方式，其后变成皇宫进门的形制。后来皇宫的大门改用台门，阙这种建筑形式就渐渐消失。

"阙"就是"宫门"的形制，或者说，"阙"是最早的"宫门"。不过，采用"阙"的时代还没有门，只是"古者宫庭，为二台于门外，作楼观于上，上圆下方，两观相植。中不为门，门在两旁，中央阙然为道。以其悬法为之象，状其巍然高大谓之魏"④。因此，《释名》说"阙，阙也，在门两旁，阙然为道也"，《广雅》则谓"象魏，阙也"，此外，《尔雅》也有"观谓之阙"之说。大概，"阙"是从部落时代聚居地入口两侧所设的防守性的岗楼演变而成的。说得简单些，今日的"军事重地"也常见入口处两侧设有岗哨，它们就是"阙"

的来源。

　　根据文献的记载，汉代的宫门形式仍然是用"双阙"或者说"两观"的，不过却发展成十分雄伟的"高观，大阙"了。据说，建章宫左有二十丈高的"凤阙"，右有神明台，门内北有五十丈的"别风阙"与"井干楼"相对峙。虽然，"中间阙然为道"的两阙形式后来为门制所取代，但是"阙"的遗意一直到了清代尚存。唐大明宫含元殿是一座"宫门"，它是位于宫城的"皋门"——丹凤门之内的，两翼的"翔鸾"、"栖凤"二阁就是取意于"两观"。到了宋代，汴京大内的正门"宣德楼"只不过是"曲尺朵楼，朱栏彩槛，下列两阙亭相对"⑤而已，"阙"就退化成了"两亭"。到了明代的作为宫门的"午门"，"阙"又回复为唐代那样的"角楼"的形象。

敦煌莫高窟北朝壁画中的门、阙图像

　　有人说过，中国古典建筑就是一种"门"的艺术，事实的确是这样。在典型的中国式的"人工环境"中，给予人最深刻印象的就是过了一门又是一门。以北京而论，如果要从南城到达太和殿，就要经过九座极为高大宏伟的有城楼的城门、宫城门和宫门(以上门制称为"台门")和一座九间大殿式的门屋⑥。这十座大门各有不同的形式，全都表现出气势不凡的面貌。"门"除了在平面构图上产生了重要的意义之外，门的种类和形式实在是多至不可胜数的。除了"城门"之外，在城市中还有"牌坊门"；建筑物上除了"门屋式门"外，还有围墙上的"墙门"。它们都是作为一种"入口"部分处理的。

　　"牌坊门"是从"华表"演变而来的。"华表"的历史很长，也许还会早于真正的建筑史。它古称"恒表"，大概是部落时代的一种图腾的标志，以一种"望柱"的形式而出现。"华表"有人说是古代的"诽谤之木"或者"交午柱头"，很多人不同意这种说法，力证它只不过是一种"标志性"的望柱而已。因为华表都是以一对的形式出现，一对华表之间在其上加一道"额枋"就会成为一道"门"，额枋上书上名称就成了最早的"牌坊门"。如果其间再装上门扇就成了"乌头门"或"棂星门"一类的门式了。这种门后来用做墙门，为官员们住宅入口的一种制式。在另一方面，"牌坊门"再作进一步发展，用做古代居住街区的入口门——"坊门"，因而称为"牌坊"。对它的标志性功能再

在古代的建筑计划中"门"是每一个组织层次的象征，因此中国建筑比任何其他体系的建筑出现更多的种种不同的门的形式。

成都羊子山汉墓画像砖中凤阙图

《营造法式》插图中所表示的"乌头门"

"门"常常以屋的形式出现，在重大的建筑物中，门屋的规模和堂殿不相上下。

中国建筑的平面主要由"门"、"堂"、"廊"三种元素所组成，它们就是以院为中心的封闭前后左右四周的体量。

作进一步强调就成为了"牌楼"。一些大型的牌楼由一间(一个门洞)发展至三间、五间以至七间，在额枋上加上斗拱、屋檐、龙门雀替等等，就形成一种极为富丽堂皇的建筑形式。"牌楼"于是变成纪念碑的性质，用以表扬或赞美当时官方认为值得表扬的事迹。

牌楼虽然部分转变为纪念碑性质，但是它仍然作为一道门而存在，它普遍地横跨于古代的城市大街上，成为了街景中的"对景"，或者说"视线的收束"(terminal feature)。它同时又常常作为通往重大建筑物的道路的一个标志性的起点，例如北京市内就有一组牌楼作为通往颐和园道路的开始，明十三陵在山口外一公里处就有一座五间的石牌坊当作是整个建筑群的入口。外国人多半称牌坊为"中国的凯旋门"，也许在街道景色上牌坊和欧洲城市中的凯旋门相类似。17世纪时法国人写的《中华帝国旅行回忆录》中就有这样的话："宁波市仍然满布中国人称为'牌坊'或者'牌楼'的纪念性建筑物，而我们则称为'凯旋门'。这在中国是十分普遍存在的"[⑦]。

"门"、"堂"分立的结果，使内围墙上的"寝门"以后就发展为以"屋"来作为"门"。至于为什么"门"发展成为"屋"，除了壮大门的声势之外，另一个原因是在重大的建筑群中很多"对外"的功能就要位于"门屋"中，例如传达、看守、收发，以及仪式上的布置和陈列[⑧]。有钱有势的官员和地主们曾一度把门的规模扩到很大，企图由此建立自己的声威。唐之后在法律上便做出明文禁止[⑨]，超出规定就是"僭奢逾制"，建筑设计问题就成为政治问题了。日本建筑多半在入门的部分将屋顶改作"T"字形，以屋"山"来强调入口，这种形式在唐至宋元期间中国建筑中也曾经存在。但是，"门"已经是一间独立的"屋"之后，这种仅从外形上来强调"门"就已经再没有必要，因为中国建筑已经将"门"强调到无可再强调的地步，完全独立起来另成一种建筑元素了。至于"飘檐"(canopy)的形式，在中国其后则发展为"垂花门"。不过"垂花门"不是随便可以采用的，它代表着尊贵的意思，只有王公府第和祠庙才能装上这种式样的"飘檐"。

假如，我们认为中国建筑在立面上是由台基、屋身和屋顶三个部分组成的话，那么在平面上，它们也可以说是由"门"、"堂"、"廊"三种不同性质部分所组成。这三个部分自成其独立的单座，无论在功能、形式和所在位置上都各自显现出各自的特色和性格。在这个问题上，这三个名称只不过是代表三个部分的概括。"堂"指的是建筑目的主要功能部分。作为"主体"的所有单座建筑，它们有时仅得一座，有时却三五成群。例如，在皇宫和庙宇中，它们就是各个大殿；在标准的四合院住宅中，它们就是"正厅"、"正房"和"耳房"。"堂"一般都是南北朝向，位于中心线上。"廊"指的是辅助建筑，所谓"堂下周屋"，包括东西两侧的"厢房"。有时，它们不以"屋"的形式出现，只作为封闭空间的"围墙"，或者构成内部交通开敞的"连廊"及"游廊"。"门"指的是"门屋"，在重大的建筑物中，门屋显得很重要，它担负着一切"对外"的任务，除了"礼仪"的功能之外，也包括了"车马"停留的所在、一切服务人员的休息室等。当然，这里所指的是"大门"，就是"总入口"，其他的"门"在功能上是较为简单的。

在所有的建筑平面上，都可以归纳为"门"、"堂"、"廊"三个组成部分，缺一不可。在使用功能上，它们的区分是十分明确的，上下、尊卑、内外、宾主的界线十分清楚，内容和形式之间的配合极为贴切。在房屋的体积上，它们都按照着"堂"、"门"、"廊"这个次序而变更。在形式上，它们同时也要互相有所区别，比方，"庑廊"顶的堂殿就配以"歇山"屋顶的"门屋"、单斜的或者"人"字屋顶的"庑廊"。"台基"的高低也有所不同，使这三类不同性质的部分分处于不同高度的层面上。这些处理手法并不是很简单就可以达到的，它里面包含着技术、艺术以至民族的文化精神。

① 按照周代的制式，天子有三门：一曰皋门，二曰应门，三曰路门。皋门为"台门"，就是有城楼的门。

② "应门"为"观阙"之制，它的含义就是"宫门"。皋门、应门均为外墙的门。

③ "路门"是内外的门。

④ 《名义考》。

⑤ 《东京梦华录注》香港：商务印书馆，1961.30页

⑥ 白居易《长恨歌》有"九重城阙烟尘生"之句，说明要经过九重城阙才到达帝殿，这是长期以来帝都设计的制式。

⑦ Lecomte Louis.Nouveaux Mémoires sur l' État présent de la Chine. Anisson Paries. 1696

⑧ 皇宫和大官员府第的门还有"列戟"之制，如宫殿门各门二十戟，一品十六戟等等。此外，有关仪仗的牌匾等也要陈列在门屋内。

⑨ 《唐会要·舆服》、《明史》、《大清会典》等均有对各级官员门式的各种规定。

住宅门内的"超手游廊"

北京成贤街"国子监"牌楼

北京秦老胡同的住宅"垂花门"

1.

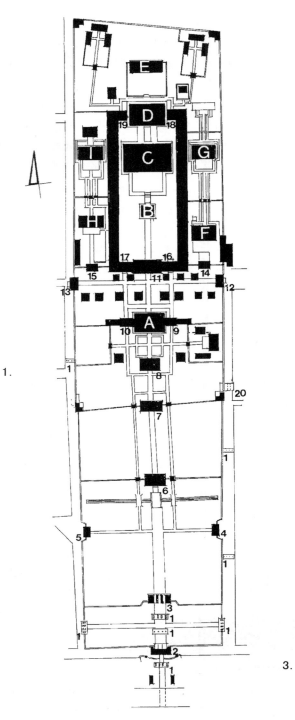

3.

2.

1. "九重宫阙"的一部分，图中为清宫进门部分鸟瞰，依次为天安门、端门、午门及太和门。
2. 天安门前华表。
3. 明清两代(16世纪至18世纪)陆续增建而成的"曲阜孔庙"的平面图。这是中国建筑"门堂之制"的一个典型，我们可以看到前半部，建筑基址面积一半以上的用地由"门"所占据，建筑主体"大成门"之前，一共有墙门、门屋、台门、牌坊门等共63座，60万平方英尺的面积基本上是由"门"的艺术所构成的空间组织。

台观的发展和意向

目前，在大多数人的观念之中，中国建筑主要是在平面上伸延，而不大着意向高空发展。16、17世纪之后，西方人看到了中国的房屋建筑之后，将所得到的印象和他们自己的建筑来相比较，于是便有了"我们占领着空间，他们占据着地面"之说①。15世纪之后的欧洲，城市之中不但愈来愈多体积高大的教堂和市政厅，所有房屋的体形都走向日益高大。

其实，古代的中国是曾经经历过在建筑上往高空发展的时代，而且，一开始便走往这个方向。不过，中国建筑往高发展和西方建筑是基于不同的出发点的。西方人追求的是建筑物本身体形"客观存在"的高和大，目的是希望产生视觉上的效果，以体形来取得信赖和表现权威；中国建筑往高发展是希望把人带到高处生活或者从事各种活动。西方教堂高大的穹顶或者尖塔并没有准备令人可以攀登到它上面去，中国的浮屠或者高观却多半是可以"欲穷千里目，更上一层楼"的，使人可以"登百尺之高观"，"聊因高以遐望"②。

台基作为房屋的一个主要组成部分就是建筑往高空发展的开始。台基愈来愈高就发展成了"台"。

"台"不但构成建筑物的基座，同时它本身常常作为取得建筑物高度的一种手段，而且自己又发展成为一种独立的建筑形式。中国人很早就利用堆土来取得建筑物的高度。老子曰"九层之台，起于累土"，台达到九层，这样就使房屋可以达到一个很高的高度了。关于"台"，其实它是有很多不同的含义的。其一就是它作为建筑物的一个基座，简单地说就是将房屋建筑在一座人工堆积起来的小山上。其二就是利用堆土的办法来增加建筑物的层数，或者说作为一

在表面的印象上，西方人在建筑方面着重追求往空间中扩展，中国人却主要在致力于平面上的伸延。

建筑在"台座"之上的浙江普陀法雨寺玉佛殿。在"台"之上兴建房屋来自极早的传统。

战国时代的一座称为"台"的建筑物遗址。

种结构和构造的手段，由此来组成高大和壮丽的建筑物。关于这个问题，过去并不是为很多人所理解的，最近，唐大明宫含元殿和秦咸阳宫的考古实测报告③就对这个问题做出了一个清楚的说明。其三就是将建于台上或利用台而构成的整个建筑群总称为"台"。最后就是"台"本身单独成为一种建筑形式，《尔雅》的"四方而高曰台"可能就是指这一类近乎"坛"性质的台。

"台"是中国早期建筑历史的主角，建造台的目的就是一种希望达到往高空中伸展的意图。

在中世纪之前，中国建筑有过一个颇长的以"台"为主的时代。很多人也许以为"台"只不过是古代对建筑群的一种习惯上的称谓，而不去注意台的基本性质。其实，中国建筑上的"台的时代"就是一个往高空发展的时代。在文献的记录上，不但战国和秦汉时代有过颇多著名的"台"，甚至更早的时候筑台的意念和风气就已经存在。《归藏》曰："昔者夏后启葬，享神于晋之墟，作为璿台，于水之阳。"《左传》有："夏后启，有钧台之响。"周文王著名的"御园"就称为"灵台"。《诗经》不是就有过"经始灵台，经之营之。庶民攻之，不日成之。经始勿亟，庶民子来"之句么。战国秦汉是台发展到了高潮的时代。在这几个世纪间，楚筑"章华台"于前，赵建"丛台"于后，秦始皇曾作"琅邪台"高显出于众山之上④，汉武帝起了一个高数十丈的柏梁台⑤，长乐宫中有临华台、神仙台⑥，曹魏的邺都"西北立台，皆因城为基址，中央名铜雀台，北则冰井台，又西台高六十七丈，上作铜凤，窗皆铜笼，疏云母幌，日之初出，乃流光照耀"⑦。其时"台"之多之盛实在是无法一一尽录的。

"台"的发展和兴起之所以那么早，在于它本身是一种起源于奴隶社会的产物，因为在这种制度之下才便于动员无数的人力去"堆土"的。古埃及和巴比伦就同样有过不少这种建立高台或者与台相结合而取得高度和体量的建筑，充分说明了这是奴隶社会习惯采取的一种建筑形式。秦汉之后，中国虽然已经进入了封建社会，但是奴隶社会的建筑方法和形式仍然继承了下来，并且由于生产力的提高、技术的发展而使台有了新的发展。不过，我们要分清楚的就是文献上所记载的"台"名称虽然一样，前期和后期的形式和内容肯定是不会相同的。根本问题在于它们立足于不同的社会制度和经济基础之上。

三国时代，曾经有人建议建造一座"中天之台"，说明中国人在建筑上有过征服空间的理想。

在建筑上，往高空发展的意念仍然还在继续，并且这种愿望表现得非常强烈。陆贾《新语》曰："（楚灵王）作干溪之台，立百仞之高，欲登浮云，窥天文。"据说，曹魏的时候，曾有过筑一个"中天之台"的构想，所谓"中天之台"就是要与天相接，高至无可再高的台。故事是这样说的："魏王将起中天台，令曰：'敢谏者死'。许绾负粲操锸入曰：'闻大王将起中天台，臣愿加一力。'……'臣闻天与地相去万五千里，今王因而半之，当起七千五百之台，高既如是，其趾须方入千里，尽王之地，不足以为台趾。……'王默然无以应，乃罢起台。"⑧这个故事并不是出于偶然，实在就是反映了当时往高空发展建筑的思想的一个最大的狂想。

出土的汉代陶器阁楼模型甚多，足可反映当时修建多层楼阁之盛。图为宝灵东汉墓出土的绿釉陶楼。

往高发展的另一种建筑名称就是"观"。"观"是来自动词中的"观望"、"观看"的"观"。建筑物的称谓有时是取意于人的"主观"的，前面说过的"堂"、"殿"是一类，"观"也是属于这一类，这是中国建筑"人本"精神的另一种表现。顾名思义，"观"是为了取得观望景物而修筑的建筑物。《释名》曰："观者，于上观望也。""观"大概起源于早期的瞭望台，它和"阙"曾经有过分不开的时候。两阙之上的瞭望台其后就发展为"两观"，因为凡宫必有阙，于是"宫"和"观"也就相连起来了，这就是所谓"两观之制"。"观"后来离开了"阙"而成为宫殿正门前的一对角楼，或者独立的两座高台，这个时候就作为一种制式多于原来作为瞭望台的功能意义了。

大概"观"本身并没有发展成为一种独立的建筑形式，只是把可用于"观"的建筑物称为"观"而已。因此，"楼"和"台"以及"台"和"观"就相连在一起，因为只有通过"楼"和"台"作为手段才可以达到"观"的目的。汉武帝听了公孙卿的"仙人好楼居"⑥的话，在长安就兴建了不少"观"，《汉宫殿名》中就有临仙、渭桥等二十四"观"，其时宫内外"观"多至无法计算。至于洛阳也有所谓"十八观"，陆机《洛阳记》曰："宫中有临高，陵云，宣曲，广望，阆风，万世，修龄，总章，听讼，凡九观，皆高十六七丈。"由于建"观"之风大盛，我们可以大胆地设想，汉代的长安和洛阳是一个高层建筑构成的城市。

在古代，建筑往高空发展目的在于"观"——取得高处的视野，汉代建观之风颇盛，其时的长安和洛阳高楼林立并不是不可想像的境况。

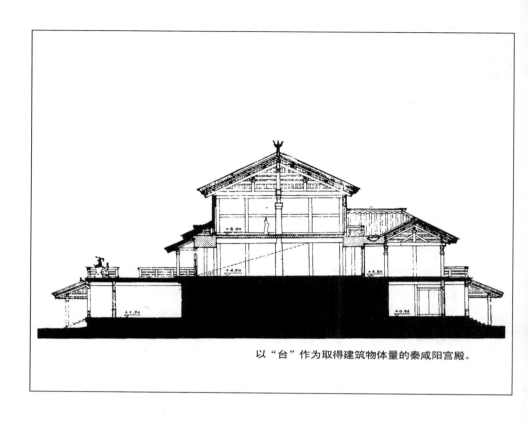

以"台"作为取得建筑物体量的秦咸阳宫殿。

"观"最初是为军事目的而建造的，"台"就是达到要求高度的一种技术措施，和平用途的"台观"是后来发展的结果。

正如"榭"的发展一样，"观"也是由军事目的而转变为民用目的，至于仍然用于军事目的的"观"就不称为"观"而名为"橹"了。《释名》曰："橹，露上无覆屋也。""橹"字从"木"，就说明了本来是木结构的台。《洛阳记》中有"洛阳城，周公所制，东西十里，南北十三里，城上百步有一楼橹"。它最后就发展成为城楼，城楼的建筑目的最早是由军事上的"观"而来。

在中世纪的时候，中国建筑往高空发展的意向一样并没有消失，取"观"而代之的是佛教盛行时候的"浮屠"，佛塔和"楼观"、"台观"至少在技术上具有不可分割的关系。不过，有一个问题我们是要弄清楚的，汉代之后，用堆土筑台的办法求得建筑物的高度已经不再是主要的手段了，为了节省人力进而以加强木结构的技术来达到建筑高台的目的，《世说新语》所载的"凌云台"的故事⑩就说明了其时的"台"已经发展为"木结构"的建筑物。在这方面，技术上的成就是十分大的，北魏洛阳城中的永宁寺塔就是一个成功的标志。

到了11、12世纪，中国建筑往高空发展的努力还在继续，以那个时候而论，在建筑物的高度上中国并不亚于西方的。假如，我们将两座差不多同代的建筑物比较一下，那就会对这一个问题有比较清楚的概念。著名的意大利比萨斜塔(The Campanile，Pisa)是12世纪(1174年)的产物，高度是一百五十一英尺三英寸，而11世纪(1065年)辽代所建造的山西应县佛宫寺大木塔的高度是二百二十英尺，比斜塔高出六十九英尺左右。二者都是教堂寺庙附属的宗教建筑，都可供人登临眺望。除了外形和构造不相同之外(一个是木结构，一个是砖石结构；一个是八角形平面，一个是圆形平面；一个是横线条立面，一个是直线条立面)，规模和性质却大致相同。由此我们可以想像，在建筑上占领空间并不是从来都是西方占先的。

中国建筑占领空间的意念为什么逐渐地减弱呢?大概到了不再利用堆土的台作为向空间发展的手段的时候,木结构虽然可以承担这个任务,但是出现了一个致命的弱点,这就是"防火"问题。例如四十九丈高的永宁寺塔失火的时候就造成了一个很大的悲剧:"永熙三年二月浮屠为火所烧,帝登凌云台望火,遣南阳王宝炬,录尚书长孙稚,将羽林一千救赴火所。莫不悲惜垂泪而去,火初从第八级中平旦大发。当时雷雨晦冥,杂下霰雪。百姓道俗咸来观火,悲哀之声振动京邑。时有三比丘赴火而死。火经三月不灭,有火入地寻柱,周年犹有烟气。"⑬宋代的时候,开封开宝寺也建筑了一座十一级的高大的木塔,为宋京诸塔最高、最精的一座,结果也是很快就毁于大火。当然,历代还有不少高建筑遇火的故事,在建筑密度较高的市区中所造成的损失是相当严重的。此外,地震、风灾等自然灾害对木结构的高层建筑也都是十分不利的,大概,由于安全的原因,中国人往高空发展建筑的兴趣就大大减低了。

台观和楼观较少出现的后期,"观"却成为了道教建筑的一种称谓。大概道家崇尚自然,多于山林中的高地建"观"而取得"观"的效果,结果,"寺观"、"道观"就成为今日普遍存在的一种"观"的概念。其后,在平地上的道教建筑也一律称为"观",在此"观"之中就不一定有可"观"的景物了。

根据历史记载,中国有过很多建造相当高大建筑的记录,在13世纪之前,建筑在占领空间方面的成就绝不落后于西方。

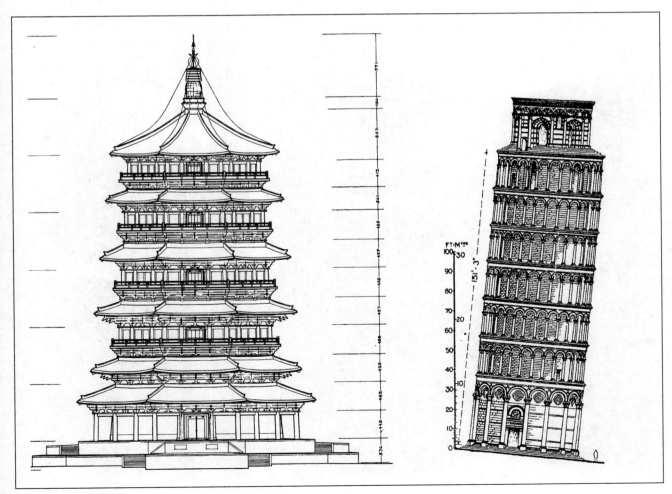

斜塔与佛宫寺木塔比较图

① 1688年，欧洲出版了一本De Magalhaens的《中国通史新编》（*A New History of China,containing of Most Considerable Particulars of the Vast Empire*）其中就有此说法，类近的想法此后就一直存在西方人之中。

② 前句见晋郭璞《登百尺楼赋》，后句见晋枣据《登楼赋》。

③ 傅熹年《唐长安大明宫含元殿原状探讨》《文物》1973,7期
陶复《秦咸阳宫第一号遗址复原问题的初步探讨》《文物》1976,11期

④ 见伏琛《齐地记》。

⑤ 据《史记·卷十二·孝武帝》记载汉武帝曾起柏梁台，《史记索隐》引《三辅故事》云："台高二十丈"。有人说"柏梁"应为"百梁"，实在是一个木结构的台。

⑥ 见《三辅宫殿薄》。

⑦ 见《邺中记》。

⑧ 见《刘向新序》。

⑨ 据《史记·卷十二·孝武帝》记载汉武帝听公孙卿说"仙人好楼居"，于是命人在长安作蜚廉桂观，甘泉作益延寿观。

⑩ 《世说新语》有关"凌云台"的记载详见本书第六章中"结构·构造的设计"一节。

⑪ （北魏）杨衒之《洛阳伽蓝记》。见《洛阳伽蓝记校释》，香港：中华书局版，1976.47页

汉代的"阁楼"模型（丁垚　摄）

第三章

分类概述

- 建筑物的性格和分类
- 住宅和房屋功能的演变
- 宫殿和宫城
- 礼制建筑
- 佛寺·浮屠及其他
- 商业建筑的集中和分散
- 古代为科技及工业服务的建筑物

秦宫的"铺首"

建筑物的性格和分类

　　建筑是追随着社会的生产和生活而发展的。人类的文明由简单到复杂，社会分工由粗略而精细，建筑也就配合着这种社会的进步而变化。在文明的早期，一切的进展都是较为缓慢的，房屋只有规模大小之分，功能上的要求也很简单。到了社会生产力达到一定水平之后，社会生活就变得复杂，因各种目的和用途便对房屋产生各种不同的特殊要求，各类建筑物因而产生愈来愈明显的各自不同的性格(Character)。此后，建筑学上就产生以其功能用途来分类的概念，例如居住建筑、宗教建筑、公共建筑、工业建筑等，这一种分类概念在中国古典建筑中本来是不存在的。

古代的建筑设计本来是不存在以用途来分类的概念，房屋之中只有大小和级别之分，没有因用途不同而相异。

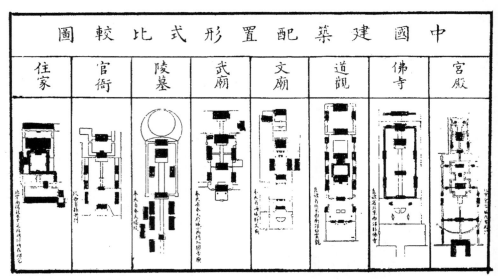

伊东忠太著《中国建筑史》中的《中国建筑配置形式比较图》

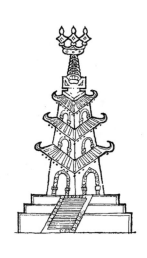

不同用途的建筑群采用相同的形式和相同的布局最大的原因在于设计标准化，在这个技术基础上是不可能完全按照使用要求来产生变化，或者改变外貌的形式。

好些现代的学者都用分类的观点来研究、评价中国历史上的建筑。他们同样地对中国建筑进行分类，搜集了大量的有关资料，包括实物的考察和文字的记录。很多外国的学者做了一番分类和比较研究之后，很容易便得出了这样的结论：中国无论什么种类的建筑物，无论平面的配置、立面的形式都是大同小异，变化不大的。他们都不大明白，为什么功能和用途不同，却没有产生各自的应有的性格。伊东忠太在他的《中国建筑史》中作了一个《中国建筑配置形式比较图》，看来看去，也觉得不外是那一套，于是说："宫殿、佛寺、道观、文庙、武庙、陵墓、官衙、住宅等，大都以同样之方针配置之。即中间置最主要之大屋，其前为庭，庭之两旁取左右均齐之状，而以廊连结之。日本藤原时代之寝殿造，系仿唐朝制度者，故保存严正左右均齐之式，然其后已渐次变化矣。中国不独严守古法，且往往为求左右均齐，故作无关紧要之建筑物。盖中国人无论何事，皆表露出此种性质也。"①《中国建筑配置形式比较图》中的资料很确实，而且可算是同类建筑中的典型。

不同种类的建筑表现出大体上相同的布局和形式，在中国建筑上是无可否认的事实。不过，《中国建筑配置形式比较图》中虽然列出八类建筑，实际上却只有一类，因为这些建筑物都是由同一的原型发展而来的，有一定的规定和制式，甚至大半是由官方进行建筑的，或者说这都是典型的中国"正规的"建筑。这一类型的建筑是不能完全代表和包括所有的中国建筑的，这只不过是表示了中国建筑的一个方面。假如，更广泛地研究一下更多的情况、更多的史料和实例，我们便可以看到，中国建筑还是依循着生产和生活的变化而变化这一建筑上的共同发展规律而发展的。

即使如此，为什么中国古代建筑一直历久不变地遵守着一些共同的构图原则呢?为什么一定要对某些建筑物做出规定和限制呢?为什么在使用的过程中不因本身的特殊需要而对建筑设计的制式进行突破呢?这些倒是颇为值得讨论的问题。前面已经说过，自古以来，中国的统治者对房屋、车服、礼器都有一定的制式的规定，这是"礼"，是必需遵守的。但是，在使用或者制作的过程中发现了有很大的矛盾，制式也是会改变的，"两阙"之制不是后来就改变成为"台门"的形式么。事实上历代继承传统的同时也有不少新的发展。

我们不得不考虑到一个根本的问题。在中国传统的设计思想上，对一切的房屋、车服、礼器等的制作都是采用一种灵活性很大的通用式设计(all purpose design)。例如中国古代的服装都很宽大，虽然在颜色、图案上不一样，功能上却很相同，衣服和人体之间并不要求完全吻合，不会因胖了和瘦了便不合穿。中国人对一切人工物品的设计、对使用的要求都保持很大的灵活性，预计到使用情况有了变化时也可以同样应用。包括房屋在内的任何物品都很少作严格地或者说作过分地追求"大猫走大洞，小猫走小洞"式的与实际的事物完全吻合无间的考虑，这一点也许和"中庸"及"留有余地"等思想不会没有一定的关系。

这并不是一种错误的设计原则。自古以来，人类对物品的设计不外乎基于两种方式：一种是"通用式"，也就是说总结和综合很多的要求，弄出一些标准的形式，供大家去选择采用；一种是"特殊式"，按照个别不同的具体情况、不同的要求进行特殊的个别的设计。在现代工业生产中，前者称为"制成品"(ready made)，后者称为"订制品"(made to order)。在历史上，西方建筑设计采用的是"特殊式"，中国建筑设计采用的是"通用式"。传统的中国式房屋设计原则就是：房屋就是房屋，不管什么用途几乎都希望合乎使用。

标准化的基础就是"通用设计"，通用设计的目的就在于尽量适应任何用途，或者说任何的使用方式。

西方的教堂很难适合作为住宅，中国的住宅却可以改作佛寺②，官衙和大官员的宅第似乎没有两样，至少有一部分有相同的使用方式。因为推行了建筑设计标准化，在人们的思想中，对"房屋"的概念已经"定型"，有了局限，似乎不是这样就不能算作是房屋。严格地按照当时使用条件要求而设计的房屋，情况一改变，马上便完全不合用，这也许不是一种好办法，是一种浪费。因此，中国人并没有认为沿用下来的"通用式"标准形式有什么不好，在任何时候、任何情况下似乎都能适应各种使用的要求。

在另一方面，生活方式改变，建筑的形制其实也随之而变更。在古代，有所谓"两阶制"，就是堂前的石级分为两道：一道是"宾阶"，让客人来走；一道是"主阶"，供主人上落。到了后来这种生活方式不流行了，于是"两阶制"就消失了。唐代以前的时候，城市的街区都采用"城坊制"，城市中是没有沿街商店的。到了宋代，我们在张择端的名画《清明上河图》中已经见到商户林立的街景了。这些例子都有力地说明中国建筑绝不像一些人说的那样"自古以来都以同一的模式出现"。

中国各类建筑有没有形成各自的"性格"呢?答案是有的，有时还表现得非常强烈。不过，中国各类建筑并不是完全依靠房屋本身的布局或者外形来达到性格的表现，而是主要靠各种装修、装饰和摆设而构成本身应有的"格调"，或者说明其内容的精神。同时，中国是一个善于用文字、文学来表达意念的国家，建筑物中的"匾额"和"对联"常常就是表达建筑内容的手段，引导建筑的欣赏者进入一个"诗情"的世界。此外，酒店有酒旗，商店有幌子，庙宇有钟鼓、香炉、幢、幡、碑、碣等等，这都是构成建筑物性格的特殊标志。

中国建筑只有通过"装修"才能表现出其不同的性格，从不同的陈设布置中显示出其使用的目的。

5世纪时古代壁画所表现的宫和阙的意匠。

上：陈列在寺庙之外的香炉、钟鼓等物，衬托出建筑物的性格。（丁垚　摄）
下：中国建筑和回教建筑相结合的"清真寺"礼拜堂内部，不但具有强烈的功能性格，
　　而且产生一种颇为浓烈的很有意思的不同文化综合的风格。

对于18、19世纪时的西方人来说，他们对于传统的中国建筑实在是难于理解的。一则对方法和原则都不大清楚，只能看到一些片面的表面现象，这时候，连中国人自己手上也没有较为详尽的和系统的说明资料。二来当时的欧洲，正是盛行着"量体裁衣"式的建筑发展时期，正是一个发挥个性的时代，正处在毫无定见的十字路口，五花八门地去找寻建筑形式的时代。在建筑设计观念上，正好和中国建筑的设计原则背道而驰。不幸的是，这个时代他们的认识或多或少的成为了很多人对中国传统建筑认识的基础，不但对于外国人如此，而且也包括了一些中国的建筑师在内。

中国建筑是较少"个性"的，因为在中国历史上任何一个时期都没有发生过强烈追求个性的时代。

到了20世纪的今日，现代建筑的发展却引导了人们可以清楚地体会中国传统建筑的设计原则和精神。反过来，今日西方的城市已经大体上进入"通用式"的建筑设计时代，在"大量生产"和"节约土地"的原则下，建筑设计绝大部分已经不能再为使用者直接计划了，建筑物都是"制成品"式的商品，只能给使用者提供一个一定类型的室内空间的外壳，表达内容"性格"的任务只好交由使用者自己去完成，大部分房屋不再是"订制品"。假如，我们能对今日的多层住宅楼宇、商业大厦、沿街的综合性房屋(composite building)的性质理解的话，我们是可以同样地明白中国建筑为什么不断重复地使用同一的平面设计原则，我们能说今日的"单元组合"式的各种建筑物在设计配置方法上不是不外如此的千篇一律么?无论设计者多么富有创造性，总是逃脱不出当时当地的社会需求，实际的需求很自然就会形成一种惯用的形式、一种设计的通则。

① 见陈清泉译，伊东忠太著《中国建筑史》第46页。""'表'露"原译本作""'发'露"。
② 6世纪的北魏时代，佛教盛行，很多人决定死后都将自己的住宅捐赠佛门，改作佛寺。

中国建筑和印度建筑所综合而成的"中国式的佛教性格"。西黄寺清净化城塔（左）及大正觉寺金刚宝座塔（右）。

住宅和房屋功能的演变

无论何时何地，城乡的建筑大部分都是由住宅所构成，然而在建筑史上，它们并不占重要的篇章。

建筑的历史源起于居住房屋。无论何时何地，住宅都是建筑的主体，在所有的建筑物中占了最大的多数。虽然，住宅在量上面占了优势，但是，它的每一个单位只是为少数人，或者说一个家庭服务，在规模上总有一个限度。它是一种私人的生活资料，即使富贵人家，在规模上也不及公共性质的房屋如教堂、神庙、帝皇的宫殿等来得巨大。在建筑艺术上，住宅很难成为著名的建筑作品，因此，在建筑史上，它们的形貌往往被规模巨大的公共性质的建筑物掩盖着。事情也是很容易理解的，正如很多史家们对"帝王将相"，以及英雄和风流人物等的故事比对一般人民的生活有着更大的兴趣一样。

此外，一般住宅建筑很少具有"纪念性"的性质，存在的日子都不会很长，很少会长期地保留下来。它们正如其他的生活资料一样，在很短的时间内就会完成历史的任务而告消逝。因此，无论在任何地方，很少存在有几个世纪历史的住宅，作为历史文物的住宅就绝无仅有。中国元代以前的住宅已经无法寻到实物了。住宅直接反映出一个时代的人民生活，它能说出很多具体的事实。在社会发展史的研究上，有时，住宅似乎比巍峨壮观的公共房屋更能说明更多的问题。

古代名画《胡笳十八拍》图册中反映的古代住宅形式。
故事的背景是汉代，房屋形式大概是唐宋时的模样。

在古代，住宅和房屋之间的含义是没有分别的，最早的时候称为"宫室"，后来叫做"居处"。皇宫不外乎是皇帝所住的大住宅；庙宇也是僧侣们居住的地方；官衙也是主管官员的住所；至于商店也是"前铺后居"，也称得上是商人们的居处。总之，似乎没有一种类型的房屋是完全和居住无关的，而且任何一类的建筑似乎都是由住宅发展而成的。就算是手工业的作坊，顾名思义也是居住房屋街区单位的"坊"演变而来。居处，就是生活起居以至于包括一切户内工作的地方，在这一个总的概念之下，似乎无须再作什么房屋种类的详细划分，即使不是绝对地这样认识，至少大部分古人都是这样想。这种观念一直延续至唐代，或者再以后的日子①。为什么各种类型的建筑都始终沿着一种基本模式布局呢，大概和这一观念是大有关系的。以后在谈及平面布置时我们将再行谈论。

在历史的早期，住宅和其他用途的房屋是没有多大区别的，任何性质的建筑物都是由住宅发展而来。

最早的"居处"除了山洞之外，有些学者推断说游牧民族是居住在兽皮搭盖成的帐篷中，不过在中国的古代经典著作中却没有提过这件事情。六千年前新石器时代属于仰韶文化时期的房屋遗址，考古学家已经有了很多的发现。那个时候已经到了定居的农业社会。遗址的分布以关中、晋南和豫西为中心，西到渭河上游以至洮河流域，东至河南远及汉水中上游，北达河套地区。它们大部分位于河流两岸的台地上，分布相当稠密，已经发现的超过一千余处。这些发现提出了中国最早房屋的原型，也证实了中国文化始源于黄河中游的地区。中国科学院有关的考古报告是这样说的：

中国建筑发展的起点就是半地穴式的"房屋"，西方建筑史家认为他们建筑的起点是石头堆砌成的"洞穴"，也许不同的起点产生不同的发展路向。

"在农业生产为基础的条件下，仰韶文化的居民已经过着较为稳定的定居生活。当时最流行的房屋是一种半地穴式的建筑，平面呈圆角方形或长方形。门道是延伸于屋外的一条窄长狭道，作台阶或斜坡状。屋内中间有一个圆形或瓢形的火塘。墙壁和居住面均用草泥土涂敷。四壁各有壁柱，居住面的中间有四根主柱支撑着屋顶。屋顶用木橡架起，上面铺草或涂泥土。复原起来大致是四角锥式屋顶的房子。储存东西的窖穴，常挖在房子附近，有圆袋形、圆角长方形和口大底小的锅底形等几种类型。"②

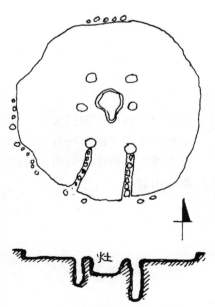

西安半坡房屋遗址的平面图和剖面图

陕西西安仰韶文化房屋遗址

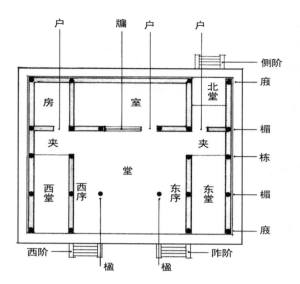

户　牖　户　户
　　　　　　　侧阶
　　　　　　　庑
房　　室　　北堂
　　　　　　　楣
夹　　　　　夹　栋
　　　　　　　楣
　　　堂　　　庑
西堂　西序　　东序　东堂
西阶　　　　　阼阶
　楹　　楹

根据文字资料绘制的古代标准住宅形式"士寝图"。

这类半地穴式的房屋起码存在了三四千年，也许比我们现在较为详细知道的建筑史还长远得多。相对地说，这一段房屋建筑史也说明了不同时代有不同形式和风格的变化。比仰韶文化晚一些的龙山文化在庙底沟发现的房屋平面都是圆的，到了客省庄遗址时代就有双室的半地穴式建筑。双室的有些两室皆方，一些内室为圆、外室为方，平面形式已经发生了有趣的变化。到了更迟一些的屈家岭文化时期，房屋已经成为地面建筑，已经有五十英尺长，十八英尺宽的有隔墙的双间式房屋了。不过，房屋并不是一下子全都上升到地面上来的，半地穴式的房屋一直沿用到商代的早期。上述的考古报告继续说，"商代早期文化的居住建筑也有不少发现，都是长方形半地穴的房屋，有的并加筑夯土墙壁"③。"穴"作为住宅形式之一始终在继续着，在黄土高原地带，流行挖掘一些"横穴"作为房屋，就是所谓"窑洞"，它们一直沿用至20世纪。

在房屋建筑到了一定成熟阶段之后，便开始确立一些标准的住宅形制。周代之后，按照文献记载，住宅基本上有几种不同的级别和形式，最高级的住屋称为"寝"，皇帝住的叫"燕寝"，诸侯用的是"路寝"，至于大夫以下的官员的住宅则称为"庙"，一般的士庶人等居室就叫"正寝"。皇帝的住宅有"六宫六寝"(在下一节再行详论)。作为"寝"的住宅平面就是这样：前后分隔为两部分，前面称"堂"，后部为"室"；堂两侧分为东堂及西堂，东西堂后为"夹"，夹后有房；东房北向(外墙部分)无墙，谓之"北堂"，其实就是一道后门。称为"庙"的住宅平面就是"前堂夹室"，前面是客厅，后面是卧室；卧室称曰"寝"，客厅就叫做"庙"。此外两侧有附有东西厢，或者说"序"。至于一般的"正寝"就更简单一些，只有"东房西室"而已。《左传》有"民有寝庙"之句，指民间有这样的卧室和厅堂。现在的"庙"字是指宗教建筑的庙宇，已很少有人知道它曾经是客厅的意思。有趣的问题在于"庙"曾经是指一座住宅，由此可见参神的庙是由住宅发展而成。事实上的确是这样，任何类型的中国建筑都是由住宅逐渐演变而成，并不是本来就创造出来的。

至迟到了周代中国已经统一制定各类住宅等级的标准，"宅分等级"是阶级社会的一种标志和内容。

上：1959年在河南郑州出土的"四合院"式陶器庄园模型。

反映汉代"四合院"式住宅情况的汉代墓砖画像——郑州南关汉墓空心砖拓本。

住宅的"私人"性质很早便被强调，私人的起居生活是不希望给人看见的，所谓"宫墙之高足以别男女之礼"是也。住宅外边一定有围墙环绕着，一方面构成一个庭院，另外一方面借以防止别人窥视私人的生活。围墙的高低取决于住宅主人的地位，《论语》谓："譬之宫墙，赐之墙也及肩，窥见室家之好。夫子之墙数仞，不得其门而入，不见宗庙之美，百官之富。"到了后来，为了保安的需要，围墙就更是非有不可了，于是这一"围"就围了几千年。

四合院式的住宅形式是非要依靠围墙围出来不可的。房屋不够用的时候，便在两侧的围墙加建"庑廊"，在"堂"的东西增建厢房，于是便逐渐演变成了一座四合院。到了再扩展的时候便再将四合院的平面重复一次。到了汉代，这种四合院式的住宅已经发展得十分完善了，一些出土的汉代模型和墓像砖上的图画，为此做出了确实的证明。有关这个问题的考古报告是这样写的：

"一九五九年在郑州发掘的一座两汉之际的空心砖墓，墓内发现的一件四合院式的住宅模型和两块封门的空心砖画像，可以认为这是当时一般地主阶级的庭院布局和家庭生活的典型。封门砖上的庭院图像，四周围绕高墙，正中设门阙。院内极宽敞，中设照壁和二进门，把庭院分为前后两部。正房设于后院。门阙前有大道。来访宾客的车马络绎于途，而停跸于二进门下。庭院内外，园林修茂，凤鸟飞翔其间。四合院式的模型，由门房、门楼、仓房、正房、厨房、厕所和猪圈分别组成。布局规整有序。

"四合院"的布局方式或者可以说是随着建筑的产生而产生，在殷商的宫室遗址中就可以看到这种意念的存在。

85

"东汉中期以后的墓葬中，比较更多地发现炫耀地主庄园经济以及依附农民、奴婢的成套模型明器和成套画像。楼阁、城堡模型在这个时期墓中的大量出现，是值得注意的问题。山东高唐出土的一件楼阁模型，高达四层。三门峡出土的一件三层楼阁，矗立在水池中。在二层楼内有四人对博，四围有武士巡回守卫，戒备极严。最具典型的则推广州出土建初元年的城堡模型。城堡作高墙围绕，四隅有角楼，前后大门上设门楼，门楼之下有执兵器武士拱卫。城中有一系列殿屋建筑，内有凭几端坐的主人，有击鼓、匍匐、拱手弓腰或跪伏朝拜等不同形态的吏役。这种现象，说明豪强地主的封建割据使得他们的住宅愈来愈具封建坞堡的性质。"④

对人和自然的"防卫"是房屋最根本的功能，在建筑发展上这种意义一再受到强调和重视。

由于中国历史长期处在动荡不安的局势下，在房屋的设计中防卫的意义被一再地强调着。房屋的外墙或者围墙被看作是一种求得安全的需要；门窗并不是可以在周边的墙上任意开启的，因此担任采光通风任务的庭院就无法消失。假如将房屋放在中央，四周围以围墙的话，土地的使用便不太经济了，同时也得大大增加工程量，于是，四合院式的布局就长期存在，不再作更易之想了。很多学者对中国建筑采取对称式的平面布局都提出过讨论，几乎所有人都认为这是出于一种传统的中国文化精神。他们观察的结果觉得建筑布局的出发点基于特定的意愿多于实际的需要，有时为了求取绝对的对称，宁愿多建筑一些不必要的部分。也许，这是理由之一，但是另一主要原因就是构成一个内院同时是建筑设计目的，如果平面上不对称，是很难"合"出一个规则方正而面积最大的"院子"来。对院子而言，又以对称的封闭形式为最好。不对称的平面即使合出了一个院子来也是过于零碎或者不规则，这样就大大地减弱院子本身的重要性了。

各种形式的四合院

上：北京后英房元代居住建筑复原透视图　　下：后英房居住建筑遗址

在城市或者乡村，当建筑房屋的用地逐渐感到缺乏的时候，在房屋设计上就不得不作一些节约用地的打算，于是便发展了一些建筑密度较高一些的四合院，使平面上更为紧凑一些，院子的空间缩小一些。一些称为"一颗印"式的住宅因此而流行起来。不过，无论如何，房屋设计的精神仍然脱离不开围绕一个或多个院子组织起来的方式。事实上这并不仅是组织平面的一种方法，而是在中国人的生活中，院子是使用上不可缺少的一部分，很多生活和活动是非要在这样性质的一个露天空间下进行不可的。

当然，在那么长的时间，那么大的地域中，中国的住宅建筑是曾经出现过无数种类的形式的。中国是一个多民族的国家，每一个民族也有其自己特有的房屋建筑的形式。多层的"组合式"住宅形式也曾出现，最突出的例子就是在福建有一座客家人所建的四层圆形拥有多个住宅单位的大宅，门窗全部内向于中心的庭院，每一住户都有阳台，院子四周设有客房和洗衣的地方，祠堂正对着主要入口的轴线。这个例子的意义主要还不在于它的圆形的特殊形式，而是说明了一种组合性的单元住宅设计在中国很早便出现，而这种意念正是现代建筑正在致力发展的住宅形式。

居住区的建筑密度大体上都是倾向于由低而往高发展，房屋的平面形式就必然随着这种要求而改变。

住宅形式的改变是和人口增加有相当密切关系的。城市人口急剧增加会迫使建筑的密度提高和向高空发展。中国古代人口增加得很缓慢，因战争或者天灾等原因人口还会大大下降。每当改朝换代时人口就大大地减少，在18世纪下半叶之前，历代的人口一直保持在五六千万之间升降；18世纪后乾隆年间才达到一亿人的数字⑤。在古代，也未产生过人口急剧往城市集中的现象，因此我们可以这样设想，中国住宅形式所以长期以来没有显著的变化，人口增减没有显著变动也是其中的原因之一。到了中国人口急剧地增加之后，我们可以看到住宅形式就开始有了改变，各种建筑密度较高的平面形式就相继出现，"集体住宅"的出现也表现出与这个问题有关。19世纪之后，各个大城市就出现了更多的楼房住宅。事实上是这样，任何传统的制式都逃不过来自人口增长所引起的强大压力，住宅面积的缩小和集中就成为不可避免的发展倾向了，即使四合院式的住宅再好，尽管不少人对它深深地留恋，它也无法再继续在城市以至乡村中普遍地存在。

清代福建永正县丰盛乡所建筑的四层圆形平面的"单元组合住宅"——振成楼。

① 以唐代所编辑的百科全书《艺文类聚》而言，所有建筑类型的条款都是置于"居处部"之下的。

② 中国科学院考古研究所《新中国的考古收获》北京:文物出版社,1961.7页~8页

③ 中国科学院考古研究所《新中国的考古收获》北京:文物出版社,1961.46页。关于新石器时代文化序列大致上是这样：仰韶文化约存在于公元前四千年以上，龙山文化的庙底沟遗址存在于公元前二千五百年左右，屈家岭文化则在公元前二千年左右。

④ 中国科学院考古研究所《新中国的考古收获》北京:文物出版社,1961.84页~85页

⑤ 中国历代人口增减的数字如下：

前汉	2年	5 959万	元	1264年	1 302万
后汉	57年	2 100万		1290年	5 883万
	157年	5 649万	明	1381年	5 987万
晋	280年	1 616万		1578年	6 070万
隋	580年	900万	清	1644年	1 063万
唐	732年	4 543万		1730年	2 548万
	755年	5 262万		1741年	14 341万
宋	1021年	1 993万		1851年	43 216万
	1102年	4 382万		1910年	34 200万

要注意的事情就是各个朝代的疆域都不一样，因此上述人口数字并不代表在中国这块土地上的人口数字。

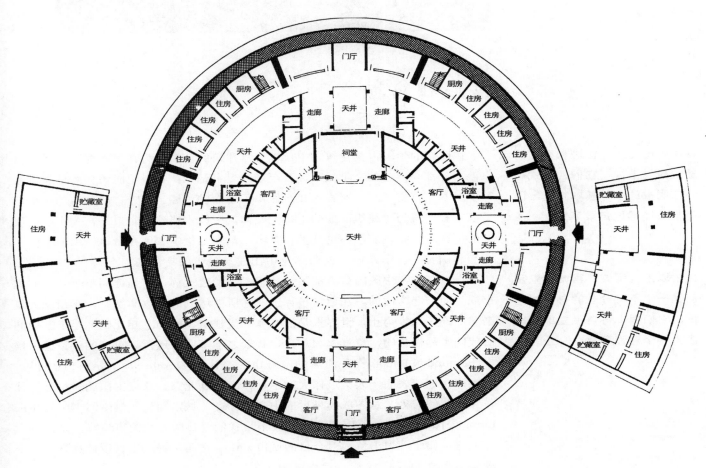

清代圆形住宅——"振成楼"底层平面图

89

宫殿和宫城

在中国历史上，宫城和皇宫的建筑最受重视，它们的制式被看作国家的一种基本制度，因而都被详尽地记录下来。

自古以来，都城、宫城和皇宫都是一个不可分割的有机的整体，它们很少各自孤立单独地成为一个建设项目。

在所有的中国古典建筑之中，以皇宫建筑的资料最为详尽。对于历代的宫室差不多都有专门的文献纪录，甚至还有专书记载；18世纪时清代的任启运还写了一本《宫室考》，对宫室建筑做出了全面的论述。西方古典建筑的历史，是以宗教建筑为主编织而成的；毫无疑问，中国古典建筑是以皇宫为中心而展开的，在20世纪之前，不论技术和艺术，基本上集中表现在帝皇所用的宫殿、园囿和国都上。伊东忠太认为这是中国建筑最大的特色①。

自古以来，中国的皇宫都不是一组孤立的建筑群，它是连同整个首都的城市规划而一起考虑的。在建筑设计上，它所能达到的深远和宽广，它组织的复杂和严谨，迄今为止，世界上是没有哪一类建筑物能与之相比的。至于其他同时代同类的建筑物，论气魄和规模，相较之下都大为逊色。英国的爱蒙德·培根(Edmund N.Bacon)在他所著的《城市的设计》(Design of Cities)一书中说："也许在地球表面上人类最伟大的单项作品就是北京，这座中国的城市是设计作为皇帝的居处，意图成为举世的中心的标志。城市深受礼制(原文为ritualistic formulae)和宗教观念所束缚，这已经不是我们今日所关心的事情。可是，在设计上它是如此辉煌出色，对今日的城市来说，它还是提供丰富设计意念的一个源泉。"②

北京的故宫是中国今日保留下来规模最大、保存得最完整、历史较长的一座古代建筑物。大概，世界上所有的建筑师看过它之后，无一不做出赞美和惊叹。在中国工作过的美国现代建筑师摩尔菲(Murphy)对于这组建筑群的入口部分就写过这样的话：

　　"在紫禁城城墙南部中间是全国最优秀的建筑单体，伟大的午门是一座大约二百英尺长，位于有栏杆的台座上的中心建筑物，两翼是一对方形的六十英尺上下的角楼(原文为pavilions)。四百英尺的构图是升起在五十英尺高的城墙之上的，墙身是暗红色的粉刷，其中有五个拱形的门洞。向南伸出三百英尺构成侧翼的墙基，另外两对角楼是主体建筑群的重复。其效果是一种压倒性的壮丽和令人呼吸为之屏息的美。"③

　　至于李约瑟，他总结了很多西方现代建筑师如安德鲁·博伊德以及法兰西斯·史坚纳(Francis Skinner)等人的意见，对北京故宫做出了这样的评述：

　　"总的来说，我们(英国现代建筑师的话)发觉一系列区分起来的空间，其间是互相贯通的，但是每一空间都是以围墙、门道、高高在上的建筑物所环绕和规限，在要点上收紧加高，当达到某种高潮时，插入了附有汉白玉(原文为marble)栏杆弓形的小河及五道平行的汉白玉小桥。在各个组成部分之间是非常平衡和各自独立的。与文艺复兴时代的宫殿正好相反，例如凡尔赛宫，在那里开放的视点是完全集中在中央的一座单独的建筑物上，宫殿作为另外的一种物品与城市分隔开来。而中国的观念是十分深远和极为复杂的，因为在一个构图中有数以百计的建筑物，而宫殿本身只不过是整个城市连同它的城墙街道等更大的有机体的一个部分而已。虽然有如此强烈的轴线性质，却没有单独的中心主体(dominating centre)或者高潮，只不过是一系列建筑艺术上的感受。所以在这种设计上一种反高潮的突变是没有地位的。即使是太和殿也不是高潮，因此构图越过它而再往北向后伸展。中国的观念同时也显示出极为微妙和千变万化；它注入了一种融会了的趣味。整条轴线的长度并不是立刻显现的，而且视觉上的成功并没有依靠任何尺度上的夸张。布局程序的安排很多时候都引起参观者不断地回味，置身于南京明孝陵以及15世纪北京的天坛和祈年殿都会有这种感受，中国建筑这种伟大的总体布局早已达到它的最高的水平，将深沉的对自然的谦恭的情怀与崇高的诗意组合起来，形成任何文化都未能超越的有机的图案。"④

　　当然，我们是十分容易找到对北京故宫评述的资料的。在设计上，几乎看不到有任何人对它作过恶劣的批评。北京的故宫在设计上的成功并不仅限于它是一个15世纪时(1406年—1420年)的杰作，它可以说是中国人历代宫殿建筑成果的一个总结，它的组织方法、构图意念绝对不只是一个时代的产物。不管在技术上、艺术上它都是继承了伟大的传统而来的，同时，在这一个基础上，它有了更全面的更进一步的提高。在中国的宫殿建筑上，它已经是一个完全成熟了的典型。

　　从皇宫到皇城，从皇城到都城这一系列重重向外伸延的整体观念可以说是来自三千年前的周代或者更早的时候。也许那个时候很大程度只是停留于一种理想，限于种种条件，只能作约略的或者局部的、简单的实现。上一节我们说

北京的宫城毫无疑问是一个伟大的成功的建筑艺术作品，不论中外似乎任何见到过它的人无一不做出惊异的赞叹。

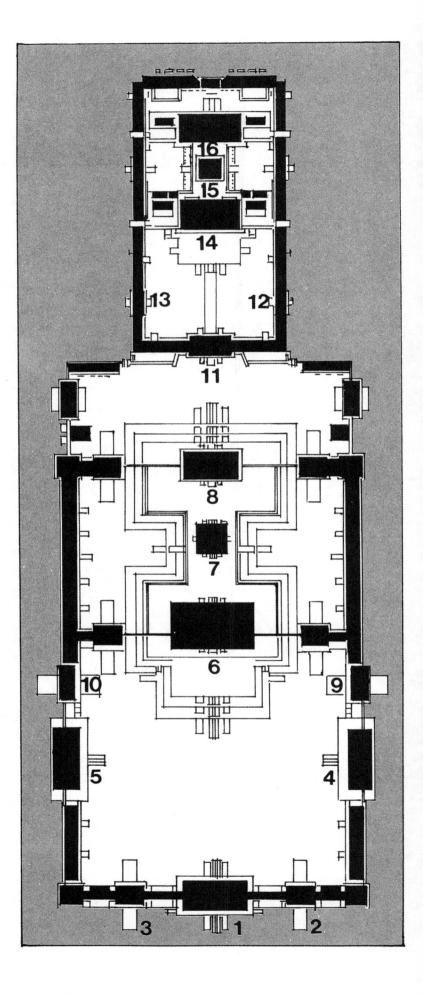

故宫中轴线上主要建筑平面图

1. 太和门
2. 昭德门
3. 贞度门
4. 体仁阁
5. 弘义阁
6. 太和殿
7. 中和殿
8. 保和殿
9. 左翼门
10. 右翼门
11. 乾清门
12. 景远门
13. 隆宗门
14. 乾清宫
15. 交泰殿
16. 坤宁宫

过，各类建筑都由住宅演变而来，皇宫自不例外。虽然，皇宫包括礼仪和办公的部分，也是一种统治的象征，但是，因为皇室的成员以及服务人员十分庞大，非有一个巨大的住宅群不可，因此在比重上，住宅部分仍然是占上风的，从性质上说，仍然可算是一种居住建筑群。

三千年前的周代，皇室的组织制度已经确立起来，皇宫的设计自然要适应这种制度的要求。《周礼·天官冢宰》就有"掌王之六寝之修"及"以阴礼教六宫"的有关"六宫六寝"之制的记载。汉代郑玄的《三礼图》⑤对此曾经作过详细的研究和注释，其后还有人对此书补充了插图。郑玄对"六宫六寝"的注释是这样的："六寝者，路寝一，小寝五。玉藻曰：朝辨色始入，君日出而视朝，退适路寝听政，使人视大夫，大夫退，然后适小寝释服，是路寝以治事，小寝依时燕息焉。"寝，是高级住宅的称谓，六寝是供给皇帝本人日常活动生活的地方。至于六宫按郑玄的说法就是"六宫，谓后也，妇人称寝曰宫，宫隐蔽之言，后象王立六宫而居之，亦正寝一，燕寝五"。六宫就是后宫，由皇后掌管的地方。此外，《周礼》还有"三朝"之制，即"大朝、治朝、日朝"。"大朝"就是接见诸侯，"治朝"就是与群臣相议政事，"日朝"则为日常听政。

10世纪时聂崇义在郑玄的《三礼图》基础上编著了一本自己的《三礼图》，并且另附有插图。根据聂著的插图"寝宫"的平面图所示，前者部分入门之后有三殿，代表三朝，经过了寝宫之门后有六殿，代表六寝，再后就为"后宫"，也有六殿，代表六宫。这幅平面图代表了制式的组织情况，并不说明真实的宫殿平面，就以这样的三门十五座宫殿是不足以满足皇帝的需要的。《三礼图》对历代宫殿的设计相信有很大影响，后世的宫殿设计者肯定会把它列为重要参考资料。这样的一个宫殿建筑组织原则历朝大体上都继承下来了，在具体执行时当然历代都有其各自的变化。

秦代的阿房宫很著名，在文献上都说它规模宏大。《三辅旧事》说："阿房宫东西三里，南北五百步，庭中可受万人，又铸铜人十二人于宫前，阿房以慈石(磁石)为门，阿房宫之北阙门也。"说阿房宫如何壮丽、规模宏大的文章很多，可惜统一了中国之后的这座新皇宫具体布局和内容如何谁也说不上来，可能是存在的时间太短了。秦始皇三十五年(公元前212年)开工建造，到了烧毁的时间只不过六年，即使是集中人力、物力，六年间能弄出多伟大的建筑物来呢!可能后世有意夸张它的规模，把浪费人力、物力的罪名加到秦始皇身上，反正已经"烧无对证"了。有关秦宫的建设颇值一提的还有集宫室大成之举，据载秦每灭诸侯，即写仿其宫室，筑于咸阳北阪之上。大概战国时代各国已经在宫室建筑中发展起各自的形式和风格，因此才有"写仿"的价值。另外一种估计就是秦灭六国后，"宫室"也当作是一种"战利品"，将它们拆了，将材料运到咸阳来重建。这种情况发生的可能性是很大的，其一就是中国建筑本身具有可拆性，其二就是利用前朝的宫殿材料已经行之有效。

最近，中国的考古学家对秦代宫殿遗址进行了勘查工作，发表了一些较为详细的资料⑥。根据陶复的《秦咸阳宫第一号遗址复原问题的初步探讨》一文内容，说明近期的发掘研究工作解决了几个问题。第一就是证实了《三辅黄图》所记载秦代"因北陵营殿"及《史记》所说"令咸阳之旁二百里内宫观二百七

"六宫六寝"本来是周代的皇宫制度，其后多以此语来代表皇宫的内容，其实后世的皇宫早已绝不限于六宫六寝了。

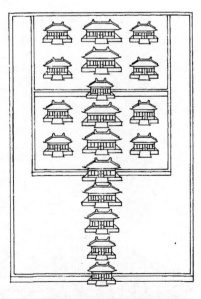

聂崇义《三礼图》中的"周代寝宫图"(重绘)

成都百花潭出土战国嵌错铜壶上的宫观图形

十复道甬道相连"是符合事实的。因为其地的确发现了若干宫殿遗址，遗址之间尚有带状夯土连接的迹象。第二就是遗址的情况表示出秦汉时流行的"二元构图的两观形式"的具体情况。中轴线是入口的通道，两宫分左右而立的布局是我们今日不大熟悉的古代宫殿构图，由实测基础而做出来的复原图就产生出十分重要的意义，它给我们带来一种古代宫殿建筑的更全面概念。第三就是提供了早期具有高台建筑特征的一种"宫观"的例证，指出了是"台"与整个建筑设计相结合的，夯土的台是作为"建筑体量"或"构造部分"而存在，并不是纯然是一个用来放置建筑的"台座"。这一来，平面配置和空间组织就转换成了另一种方式，属于"整体集中式"的建筑了。在建筑上，秦代是一个很有意思的时代，一方面"写仿"六国宫室，一方面又反传统而开创自己的制式，建立起与"周制"不同的"秦制"宫室来。

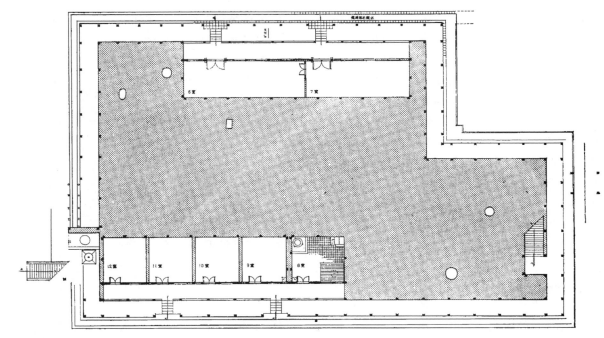

秦咸阳宫殿底层平面图

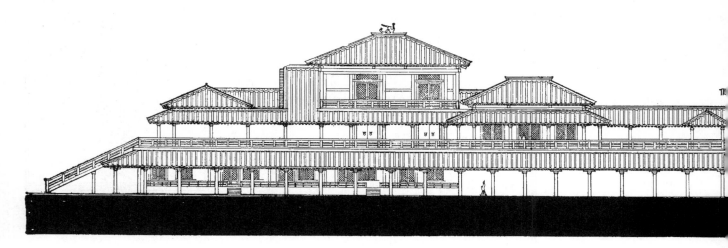

历代宫殿建筑计划总结起来于是就有两种模式：一种是在中轴线排列建筑物的"周制"，一种就是两宫分立的"秦制"或"汉制"。后汉张衡的《西京赋》就说过汉宫是"览秦制，跨周法"之物，意即接受秦代的经验，不受周法的束缚。汉高祖的长乐宫是在秦代的离宫"兴乐宫"基础上改建而成的，创出了开国之君在前代离宫改建宫室的先例，其后就有不少皇帝效法。长乐宫不过是一种临时的措施，汉高祖七年便大规模建设自己的新宫殿了，"正紫宫于未央，表尧阙于闾阖"。"长乐"与"未央"两宫都没有位于城市的中轴线上，而是分置两边。未央宫内部的建筑布局同样也没有布置在中轴线上，而是分成左右两组。到了六十多年后的汉武帝时代，又在未央宫西另建一座规模大致上与未央宫相等的建章宫，两宫之间以阁道相通，新旧两宫在平面布置上又成了一对并列。因为汉朝的历史颇长，皇室家族成员繁衍愈来愈多，不得不陆续增

"周法"和"秦制"代表两种不同的皇宫布局形式，历代的皇宫设计都是在这两种制式的基础上发展的产物。

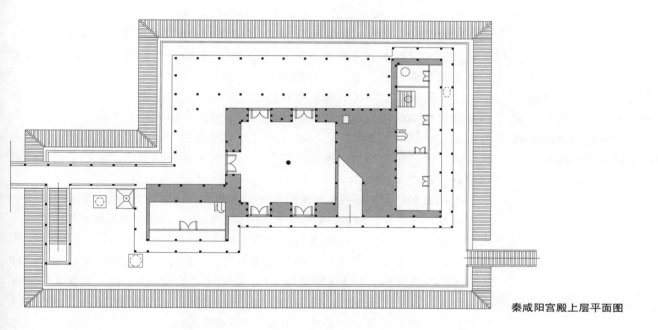

秦咸阳宫殿上层平面图

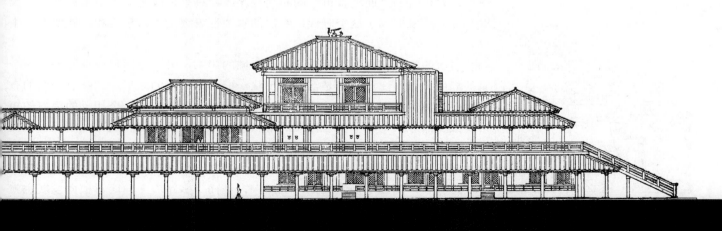

秦咸阳宫复原立面图。

95

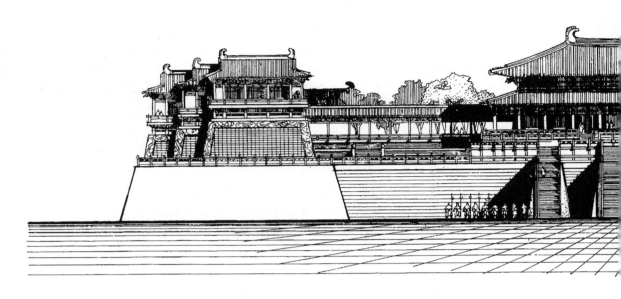

添皇宫的建筑，于是在未央宫之北增建了桂宫、北宫，在长乐宫以北建明光宫。于是汉长安城基本上就成了一个大部由皇宫占据的城市，而整个皇宫建筑群是由需要发展而成的，显出一种颇为灵活的设计方式。

这种摆脱在中轴线上依次排列的皇宫布局方式不限于秦汉，三国时代的魏都邺城也是在这样的思想观念下规划的。曹魏的宫殿布局方式也颇为自由，一反南北中轴线的"传统"，另成一种灵活而严谨的平面。大概，从秦汉开始，发展成一种"东西二堂，南北二宫"一对对的平面布局方式，取代了周代的强调中轴线的"三朝制"。

"前后三朝"和"东西二宫"的分别主要在于以"实"或者"虚"作为中轴线，它们目的都是表达以皇帝为中心的思想。

晋代之后，4世纪初至6世纪末的三个世纪中，产生了十六国及南北朝的分裂时代，自然就出现了很多的国都及皇宫。它们的规模视国力的大小而有别，在皇宫建筑上因各地传统的条件不同在形制上也有所差异。这是一个政治上的大动乱时代，也是一个文化上的大交流时代。它们综合历史的经验，构成一种综合式的皇宫布局。以北魏洛阳城的宫城而论，一方面再次将主要建筑布置在中轴线上，同时也组成相当重要的东西两组宫殿，既有周制的精神，也有汉法的思想。北魏洛阳城虽然是在东汉及晋洛阳城的遗址上发展重建起来，它却革命性地将传统的"面朝背市"的布局次序改变过来，成为了"前市后朝"。大概社会生产发展到了这个时代，经济的重要性就突出了，皇宫和市就要换一个位置。

隋唐的宫殿制式一方面受北魏洛阳城的影响，另一方面自己也开创了一个新的局面。值得注意的就是宫城的形状一向都是纵向的矩形，意味着平面的布局主要往纵深方面伸延；而隋大兴城宫城的平面形状却是一个相反的横向的矩形。改变的原因：其一就是宫城的形状和整个城市的形状相配合，唐长安城是横向略大于纵向的方形，由于街区的关系使它成了横向的矩形；其二就是隋宫的布局是一种"三朝"与"两宫"合体的制式，表现出皇宫平面布置的伸延由"一路"、"两路"而发展至"三路"，继而"多路"。向两翼横向发展也就是这时的宫城的一个特色，建筑规模的扩大，很自然就要求向两个方向同时发展。

唐代石刻的"二出阙"，由此而推断出含元殿两翼阁楼的形式。

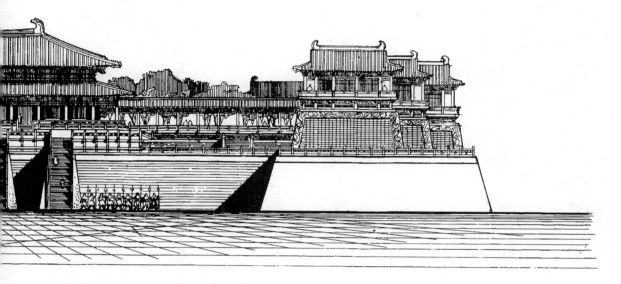

唐大明宫含元殿正立面图

　　到了盛唐的时候，唐代在城东北角的隋代禁苑另外兴筑了一座自己的宫城
——大明宫。大明宫和城市就产生了一种新的关系，它并不作为都城的一个中
心，不斤斤计较"王者必居于中土"。大明宫是和龙首山的地形相结合而设计
的一座宫殿，表现出整个设计是一个相当有趣而极为雄伟的构图。1959年至1960
年间，对宫殿的遗址作过较为详细的勘察，考古学家们做出了许多报告和研究
的论文⑦，并且画出了含元殿的复原图。

　　唐宫的设计大胆而灵活，一定程度反映出唐代文化的本质，处处表现出一
种勇往直前、兼收并蓄的气概。这种精神大概是一种国力达到甚为兴旺的时候
才有的表现，其他时代是难以与之相比拟的。在制式上，"含元殿"就是大明
宫的"门"，一如清宫的午门，由于地形的关系，大胆地改变为"殿"。殿前
是一条长长的阶梯——"龙尾道"，表现出一种历代宫城没有出现过的特殊气
势，在建筑造型上所产生的效果是"台门"所不及的。

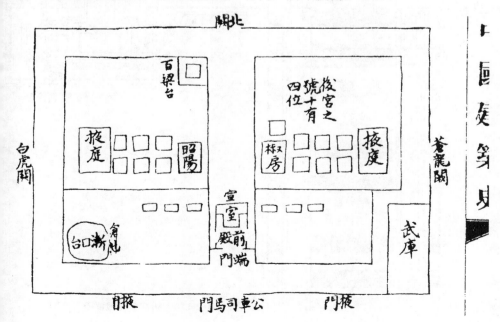

乐嘉藻著《中国建筑史》插图：
汉长安城未央宫总平面示意图。

97

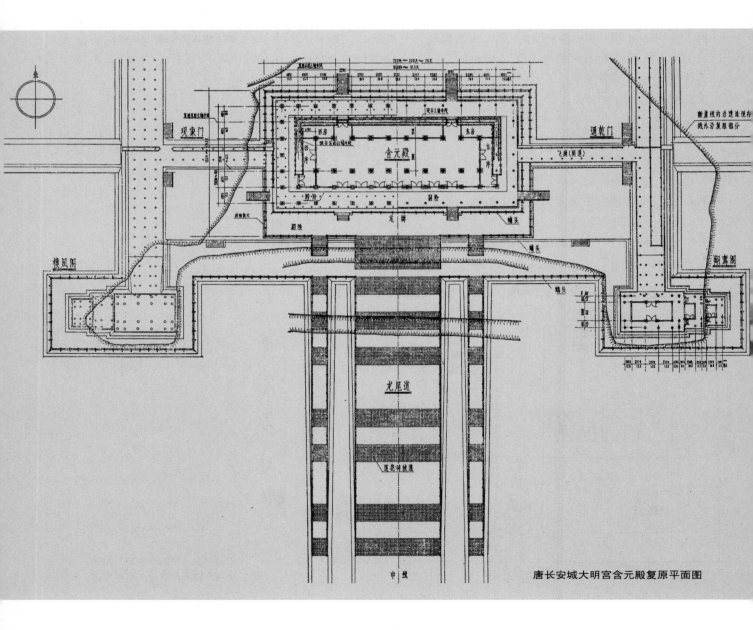

北

观象门

通乾门

含元殿

西序　　　东序

东厢

殿陛　　　龙尾　　　副阶　　　螭头

飞廊（阁道）

螭头

翔鸾阁

栖凤阁

螭头

龙尾道

莲花砖坡道

中城

唐长安城大明宫含元殿复原平面图

98

　　宋代的皇宫创立了"前三朝，后三朝"之制，明清宫殿的设计也就沿用了这个制式。宋汴京宫城规模不大，也没有什么创新之举，它是由一座唐节度使治所改建而成。整个设计是"命有司画洛阳宫殿，按图以修之"⑧的仿制品，因此史家和建筑师对这座宋宫都没有重视。宋徽宗时代对建筑宫殿苑囿颇感兴趣，其成绩是落在个别的单座建筑和室内设计上，在总体规划上未见有突出的表现，这和宋代的国力有关。汴京的宫城位于"阙城"(旧城)之西北，并不位于城市的中心。这是因为汴京本来就不是都城，宋代建都时只是扩建，原有的城市形制就对布局产生了局限。

　　明清的皇宫是在元大都的基础上重建起来的。元大都是一个新建的都城，是一个以皇宫为中心的城市，因而为明清的皇宫设计打下了一个完善的基础。明代的皇宫设计成功的地方主要还不是建筑群的布局，而是令皇宫和整个城市取得呼应，产生了一种不可分割的有机的结合。虽然，自古以来，宫殿建筑和都城建设都作为同一的计划去考虑，但是不论哪一个朝代的皇宫计划都不及北京城那样，二者之间的关系简直就成为了一体，整个城市是以宫城为主而组织起来的。

明清北京城的规划是在元大都的基础上进行的，二者之间虽然很不相同，但是其中离不开密切的继承关系。

① 伊东忠太将中国建筑的特色分为七大项，以宫室为本列第一项。见伊著《中国建筑史》第一章第七节。

② Edmund N.Bacon.Design of Cities.Revised Edition.London:Thames and Hudson, 1974.244

③ Murphy,H.K.'Chinese' Architecture in China. H.F. McNair. Univ.Calif Press, Berkekey & Los Angeles,1946,Ch.23,p363

④ Joseph Needham.Science & Civilization in China Vol IV:3. Cambridge University Press,1971.77

⑤ 郑玄的《三礼图》已经亡佚，8世纪时夏侯伏郎曾为该书补充插图。

⑥ 有关咸阳宫情况可参见：《秦都咸阳第一号宫殿建筑遗址简报》、《秦都咸阳几个问题的初探》、《秦都咸阳第一号遗址复原问题的初步探讨》诸文，见《文物》1976年第11期。

⑦ 有关大明宫问题的报告有：
马得志《1959—1960年唐大明宫发掘简报》《考古》1961,7期
郭义学《含元殿外观复原》《考古》1963,10期
傅熹年《唐长安大明宫含元殿原状探讨》《文物》1973,7期

⑧ 《宋会要辑稿·方域一之二》。

礼制建筑

在传统的中国观念上，除了将整个建筑形制本身看作是"礼制"的内容之一外，同时另外也产生了一系列由"礼"的要求而来的"礼制建筑"。什么是"礼制建筑"呢？一般就是指《仪礼》上所需要的建筑物或者建筑设置，再或者是"礼部"本身的所属建筑物。例如为"祭祀"而设的郊丘、宗庙、社稷，为宣传教育(教化)而设的明堂、辟雍、学校等就均属"礼制建筑"之列。此外，在建筑布局上，因"礼"而产生的建筑元素，诸如阙楼、钟楼、鼓楼、肺石、华表等等亦可以说是其中的一些项目，事实上它们只不过是被看作布置上所需要的"礼器"。

祭祀天地应该说是一种"礼"的性质，从其意义和产生的背景来看就不能当作是一种宗教的内容。

在历史文明的早期，西亚、埃及、印度、希腊等国家都塑造出好些主宰天地万物的神。为了祭祀这些神，建筑了不少十分巨大的神庙。在大致上的同一时代，中国人也拜祭天地和祖先，但是这是一种对人的由来和生存所依赖的因素的一种崇敬与感恩①，所以是属于一种"礼"的性质，而不是一种"宗教"的内容。中国古代并没有产生任何规模巨大的神庙，就是由于基本出发点不同，由祭祀要求而产生的"礼制建筑"只求满足人在其间举行仪式的需要，表达天人之间的关系及祭祀者的至诚，而不是要求象征神的巨大与尊严。

北京天坛的鸟瞰

《广雅》曰："圆丘大坛，祭天也；方泽大折，祭地也。"《周书》曰："设丘兆于南郊，以祀上帝，配以后稷农星，先王皆与食。"由此可见中国很早就在郊外设坛，用来祭祀天地。圆丘者，圆形的坛也；方泽者，方形的坛也。这名称来自《周礼》"夏至祭地于泽中之方丘"。至于为什么用"坛"的形式来祭祀天地，《周礼》有"苍壁礼天，黄琮礼地"之说，意思就是面向着天祭天，面对着地祭地，限定了不能在室内进行。坛就是没有房屋的台基，本来就是中国建筑的一个组成部分。人走到了高高的坛上，肯定觉得与上天更为接近，告祭天地的仪式在坛上举行就备觉天人之合一。因此，皇帝在都城的郊外设立祭祀天地的坛——郊丘就成为了有其很长远历史传统的建筑形式。

"坛"这种建筑形式也是中国古代建筑很重要的一种类型。它除了供祭祀之用外，还是很多重大仪式庆典举行的地方，例如盟誓(包括签订条约)、誓师、拜将、封禅等等。它有点舞台的性质，很适合举行重大仪式的大场面的集会，而且在技术上，筑坛自然比建造一所大礼堂容易得多。在古代，在坛上举行那些重大事件的仪式似乎还有取得天地来作证的意思。坛的意义和功能似乎也一直流传到今日，一切大规模的群众性的集会，似乎非用"坛"的形式解决不可。

社稷也是一种祭祀的对象。《孝经纬》曰："社，土地之主也，土地阔不可尽敬，故封土为址，以报功也。稷，五谷之长也，谷众不可遍祭，故立稷神以祭之。"最早的时候，"社"和"稷"都是采用坛的形式的建筑，其理由就是"社祭土而主阴气也，君向南，于北墉下，答阴之义也。日用甲，用日之始也(国中之神，莫贵于社)天子太社，必受霜露风雨，以达天地之气也"②。实际的建筑方式也弄得很玄妙，《周书》说，"诸侯受命于周，乃建立太社于国中，其壝，东青土，南赤土，西白土，北骊土，中央衅以黄土"，又"封人设王之社壝，为畿，封而树之，注云，壝，坛也"。到了汉代，才为"稷"神设庙，《汉书》称"社者，土也。宗庙，王者所居。稷者，百谷之主，所以奉宗庙"，又"'……圣汉兴，礼仪稍定，已有官社，未立官稷。'遂于官社后立官稷"。

关于汉代的礼制建筑，在今日的考古发掘工作中已经得到了很多实际的证明。在汉长安城的南郊和东郊发现了当时的礼制建筑遗址十多处，一些是在秦代旧址上重建的西汉初期建筑，多数属于西汉末年的建筑。③其中最先完成的是明堂和辟雍(汉平帝元始四年，公元4年)，同时还兴建了官社、官稷，最后又在以上两组建筑物之间，加筑了王莽宗庙。④

郊丘建筑艺术发展到最高潮的就是现存的北京天坛。天坛是由圆丘、祈年殿、皇穹宇三组建筑物组成。天坛其实是指圆丘，并不是那座圆形钻尖顶、重檐的祈年殿。祈年殿为谷神之庙，也等于"官稷"。皇穹宇是置放"昊天上帝"神位的地方，是一座比祈年殿为小，单檐钻尖顶的建筑物，位于圆丘之前。在建筑艺术上，天坛是中国建筑中的一座非常成功的作品，不论总平面布局、每座建筑的设计以至各个细节，都表现出一种高度的创造性。在世界建筑史上，这也是一座占有很重要地位的著名建筑物。天坛不但在艺术造型上达到出色的成就，也是一个极为巧妙的典型的"象征主义"艺术作品。祈年殿圆形的平面和蓝色的琉璃瓦象征天，井口四根柱代表四季，十二根金柱代表一年十二个月，

所有礼制建筑的设计都充满着象征主义的构想，这是古代追求内容和形式统一的一种基于玄学的表达方式。

敬拜祖先和教化是"礼"的另一重要内容，因此明堂、辟雍和宗庙、家祠等在实质上就是"礼制建筑"。

十二根檐柱代表一日十二个时辰。至于"圆丘"部分则不论坛面、台阶、栏杆所用的石块全是九的倍数。因为古代以一、三、五、七、九为"阳数"或称"天数"，而以九为"极阳数"。坛分三层，上层的中心是一块圆石，圆外有九环，以后每环的石块都是九的倍数，中层、下层都是这样。这种纯粹中国性格的象征主义，在天坛的设计上十分巧妙和清楚地表露出来。不过，对一般人而言，非经详加指出，一时是不容易体会到的。在古代的中国建筑设计中，这种方式并不是出于一时的偶然，而是自古以来就十分高兴用的设计手法。

礼制建筑的另一个体系就是宗庙、明堂和辟雍。宗庙、明堂和辟雍在性质上是相类近的，很容易令人分不很清楚。《释名》曰："宗，尊也；庙，貌也；先祖形貌所在也。"毫无疑问宗庙就是用以祭祀祖先的地方。《礼记》有"天子七庙，三昭三穆，与太祖之庙而七。诸侯五庙，二昭二穆，与太祖之庙而五。大夫三庙，一昭一穆，与太祖之庙而三。士一庙，庶人祭于寝"。什么叫做"昭"、"穆"呢？二世、四世、六世居于左，谓之"昭"；三世、五世、七世居于右，谓之"穆"。到了后世，皇帝的宗庙就是太庙，民间的"宗庙"就是祠堂。

宗庙除了作为祭祀祖先时举行仪式之用外，平时也需要负担一定的任务。蔡邕《月令章句》就作了这样的解释："明堂者，天子太庙，所以祭祀，夏后氏世室，殷人重屋，周之明堂，飨功，养老，教学，选士皆在其中。"明堂是

左图为天坛中的"祈年殿"，始建时为长方形的大殿，明嘉靖十八年（1539年）改建圆形。右图为"皇穹宇"，是置放"昊天上帝"牌位的地方，"天"是中国人最早崇敬的对象。

包括太庙在内的一组推广政策的"明政教之堂"，因此，后人很多将它理解为皇帝的一个政治中心。这样性质的一组建筑群，夏代称为"世室"，殷代叫做"重屋"，周朝便谓之"明堂"。伊东忠太把它们看作三种不同种类的建筑物，并且视为皇宫建筑的一个组成部分。

《周礼·冬官考工记》的"左祖右社"就是指宗庙布置在皇宫的左边，社稷就布置在右边。由此可见，它们是相传很久的"礼制建筑"，直到明清时代，这种原则并没有多大改变。至于什么叫做"辟雍"，《白虎通》说"天子立辟雍，行礼乐，宣德化，辟者像璧，圆法天；雍之以水，像教化流行"。又桓谭《新论》曰："王者作圆也，如璧形，实水其中，以圜雍之，名曰辟雍，言其上承天地，以班教令，流转王道，周而复始"。"辟雍"其实可以说是古代的中央宣传部，但它的建筑形式很特别，这个"宣传部"要建筑在一个圆形的水池中。因为明堂也负担一些同样的"教化"的功能，因此"明堂"和"辟雍"就很容易混同起来了。

祭祀祖先和宣传教育二事在同一地方进行是一种来自远古的传统，大概目的在于强调一种"承先启后"的精神。

清代的辟雍在国子监内，这座建筑物之外还保持了有一个环形的水池的形制。由于宣传教育工作任务愈来愈大，辟雍就发展为太学、国子监等一系列文教建筑。在中国，"学校"的历史也很长，据《汉书》的说法，"三代之道，乡里有教，夏曰校，殷曰庠，周曰序"。学校的"校"的含义原来已经存在了近四千年。唐代的长安，曾经设立过一所很大的大学，国子监总设七学馆，有国学、太学、广学、四门、律、书、算等不同学科，建筑学舍一千二百间，中外员生多至八千余人[⑤]。这是一座很大的文、理、法综合性大学，可惜校舍的建筑情况今日已经一无所知了。

始建于元代时的"国子监"，清乾隆四十九年重修扩建。图为"国子监"内的"辟雍"。辟雍遵古制，建在一个圆形的水池中，没有墙壁，以便皇帝在此发表重要"圣喻"时敞开，面对"恭听"的群臣。（吴晓冬　摄）

为纪念为人所崇敬的人物而产生的庙宇应被看作是一种公共的或者说全民性的"宗庙"，它们出于"礼"的意义多于宗教的性质。

不但皇帝及官方将祭祀祖先和宣传教育联系起来，民间的祠堂往往也担负着同样的任务。中国乡村的祠堂很多时候都是被同时利用作为学校的，在性质上起着相当于"明堂"的作用。至于文庙、武庙以及一切英雄及杰出人物的庙宇，其实也是由一种宗庙性质演变而来，虽然，那些历史上的人物已经被人当作神祇来膜拜，与其说是一种宗教建筑有时倒不如说是"礼制建筑"还会较为恰当。可是，它们在发展上大部分超越了宗庙性质的界线，和宗教建筑混淆不清了。至于在外国人眼光中，凡庙都是属于宗教建筑，因为对庙里所侍奉的偶像的历史和来源并不是一下子就叫人弄得清楚的。

① 《物理论》曰"古者尊祭重神，祭宗庙，追养也，祭天地，报往也"，就是这种意念的说明。

② 见《周书》。"社"本身就是一种土地的象征，故必然应作为坛，在坛上取土授予诸侯作为封地的仪式。《后汉书》："天子太社，封诸侯者取其土，苞以白茅授之。以立社其国，故谓之受茅土。"

③ 详见中国科学院考古研究所《新中国的考古收获》第三章"秦汉"。

④ 北京大学侯仁之《从古代城市建设看儒法斗争》《建筑学报》1975.3期

⑤ 详见范文澜的《中国通史简编》第三篇第二册第七章第八节"唐代长安——各国文化交流的中心"．4版．北京:人民出版社,1964.

古代皇宫前面的一对典型的礼制建筑——"左朝右社"。北京清故宫的太庙(右)(丁垚　摄)和社稷坛(左)。太庙建于明初，前殿十一间，重檐，三层台阶。社稷坛方形，两层，按古制上铺五色土，环坛为方形的矮墙，其颜色与坛土相同。

　　作为北京城市中轴线"最后的收束"的鼓楼（前）及钟楼（后），钟楼和鼓楼都是有其很长历史
传统的城市"礼制建筑"。（丁垚　摄）

见于今日的洛阳白马寺。（顾效 摄）

云冈石窟六窟方形塔柱上所雕刻的
"佛本生故事"。（丁垚 摄）

佛寺·浮屠及其他

在整个中国古代建筑中，宗教建筑所占的比重和世界上其他的建筑体系相比较都显得轻得多。

　　虽然宗教建筑在中国建筑的历史上有过极为兴盛的时代，不过，为期并不太长。总的来说，所占的比重和分量远不如西方，而且发展得也较迟。在字典上，即使我们将祭祀天地鬼神的活动也计算在内，我们也找不到一个单字本来就是出于指宗教建筑物的含义的，这就是一种它们的历史的很好的说明。今日惯见的佛寺、道观、庙宇、庵堂，以及教堂、清真寺等等都是后来借用而创制出来的名称。

　　"庙"本来就是住宅宫室的厅堂，"观"是可观四方的建筑物，上面我们已经谈过了。至于"庵"原意是指一些简陋的小草房，"寺"则来自于政府部门之一的名称。"寺"大概是由"侍"字而来的。"侍"是指"侍奉"皇帝的如太监、御史之类的近臣、亲信，他们的工作发展到要成立一个部门之后便称为"寺"，如汉代的御史大夫寺，其后的太常寺和鸿胪寺等①。至于为什么将奉佛的房屋也称为"寺"，原因是始于汉明帝时，佛经自西域由白马驮来，初止于鸿胪寺，于是便以"寺"为名创立中国第一座佛寺白马寺②。此后，佛教建筑以至回教建筑物都多半称为"寺"了。

应该说自佛教输入后中国才产生真正的正式的宗教建筑，洛阳白马寺是见于记载首创的第一座佛寺。

　　假如，我们将祭祀天地、鬼神、先祖等仪制所要求和产生的建筑物都列为礼制建筑的话，洛阳的白马寺可以算作是中国最早的正式宗教建筑了。关于这第一座中国的佛寺，《魏书·释老志》是这样记载的：

　　"(汉孝明)帝遣郎中蔡愔、博士弟子秦景等使于天竺，写浮屠遗范。愔仍与沙门摄摩腾、竺法兰东还洛阳。中国有沙门及跪拜之法，自此始也。愔又得佛经《四十二章》及释迦立像。明帝令画工图佛像，置清凉台及显节陵上，经缄于兰台石室。愔之还也，以白马负经而至，汉因立白马寺于洛城雍门西。

　　"……自洛中构白马寺，盛饰佛图，画迹甚妙，为四方式。凡宫塔制
　　度，犹依天竺旧状而重构之，从一级至三、五、七、九。世人相承，谓之
　　'浮图（浮屠）'，或云'佛图'。"

　　洛阳白马寺遗址尚存，还留下一座密檐式的砖塔。不过，那不是汉代当年
之物。以《魏书》"凡宫塔制度，犹依天竺旧状而重构之"之句，可以推想白
马寺是依照印度建筑形式而建造的，这个问题却颇值得研究。事实上，印度建
筑在 1 世纪左右时，基本上是石头建筑，无论在形式和构造上都不是单凭派
人去"写浮屠遗范"便马上学得来的。因此，学回来的可能只是佛寺的内容和
制度，中国人还得用中国方式来容纳这种外来的建筑内容。经文是翻译过来的，
佛寺的形制也是"翻译"过来的。这种经过了"翻译"而不是"移植"地去吸
收外来文化的经验，曾经有很多近代学者表示过兴趣和赞同。

　　佛教传入中国之后，中国建筑显然逐渐地受到外来文化的影响。显著的例
子就是建立了"塔"这个新的建筑类型。中国式的塔和印度的"斯屠巴"(Stupa)
在形式和结构上都并不相似，中国的塔可以说是"楼"的形制的一种发展。在
佛寺的布局上，无论如何，大部分还是保存着中国建筑固有的平面形制。而在
构造和装饰性的细节上却引起了很大的变革，甚至整个地追随了外来影响而发
展起新的形式，显著的例子就是"须弥座"的采用。不过，这已经是唐代之后
的事情。

佛教传入后带来一种新的建筑
形制，新的含义的装饰图案，
使中国建筑逐渐地受到外来文
化的影响。

　　佛教在中国开始真正地流行大概是 3 世纪三国时代开始。当时双方的僧众
开始往还，西域的高僧以传教士的身份不断到中国来，中国也不断派人到西域
去取经。佛寺开始在全国各地建立起来，4 世纪两晋时代已经相当普遍，到了
5、6 世纪南北朝时期便进入了一个高潮。那个时候可以说中国建筑已经走入了
一个宗教建筑的时代。《洛阳伽蓝记》的著者北魏杨衒之说："至晋永嘉唯有
寺四十二所。逮皇魏受图，光宅嵩洛，笃信弥繁，法教逾盛。王侯贵臣，弃象
马如脱屣；庶士豪家，舍资财若遗迹。于是昭提栉比。宝塔骈罗，争写天上之
姿，竞摸山中之影。金刹与灵台比高，广殿共阿房等壮。岂直木衣绨绣，土被
朱紫而已哉！"③由于佛教的盛行，宗教建筑在那个时代产生了一个前所未有的
高潮，不但空前，而且绝后。历史上，任何时代、任何地方，都是只有宗教才
会促使产生这样的狂热。

　　在南北朝佛教全盛时，以北魏而言，僧尼有二百万之多，佛寺三万余所，
单就一个洛阳城，佛寺就有一千三百六十座了。《洛阳伽蓝记》一书就是洛阳
佛寺情况的详细记录，而这些佛寺之中，不乏规模十分宏大之作，胡太后所立
的永宁寺就是其中显著突出的代表。永宁寺的规模据《洛阳伽蓝记》的记载是
这样的：

6 世纪时的北魏是佛教在中国
最盛行的时代，因而相应地产
生了一个宗教建筑的高潮。

　　"中有九层浮屠一所，架木为之，举高九十丈。有刹复高十丈，合去
　　地一千尺。去京师百里，已遥见之。初掘基至黄泉下，得金像三千躯，太
　　后以为信法之征，是以营建过度也。刹上有金宝瓶，容二十五斛④。宝瓶下
　　有承露金盘三十重，周匝皆垂金铎⑤，复有铁镟四道，引刹向浮屠四角镟上
　　亦有金铎，铎大小如一石瓮子。浮屠有九级，角角皆悬金铎，合上下有一
　　百二十铎。浮屠有四面，面有三户六窗，户皆朱漆。扉上有五行金钉，合

《洛阳伽蓝记》是 6 世纪时反
映当时洛阳佛寺林立盛况的一
部专著，它突出地记录了规模
宏大、"去地千尺"的永宁寺
塔的建筑情况。

有五千四百枚。复有金环铺首⑥，殚土木之功，穷造形之巧。佛事精妙，不可思议。绣柱金铺⑦，骇人心目。至于高风永夜，宝铎和鸣，铿锵之声，闻及十余里。

"浮屠北有佛殿一所，形如太极殿⑧。中有丈八金像一躯、中长金像十躯、绣珠像三躯、金织成像五躯、玉像二躯，作功奇巧，冠于当世。僧房楼观一千余间，雕梁粉壁，青琐绮疏⑨，难得而言。栝柏松椿，扶疏拂檐霤，蘡竹香草，布护阶墀。是以常景碑云'须弥宝殿，兜率净宫，莫尚于斯'也。

"外国所献经像皆在此寺。寺院墙皆施短椽，以瓦覆之，若今宫墙也。四面各开一门。南门楼三重，通三道，去地二十丈，形制似今端门。图以云气，画彩仙灵。列钱青琐⑩，辉赫华丽。拱门有四力士、四狮子，饰以金银，加之珠玉，装严焕炳，世所未闻。东西两门亦皆如之。所可异者，唯楼两重。北门一道不施屋，似乌头门。四门外，树以青槐，亘以绿水，京邑行人，多庇其下。路断飞尘，不由奔云之润；清风送凉，岂藉合欢之发？"⑪

这是一段十分优美的建筑记述。很多人都对其"去地千尺"的浮屠高

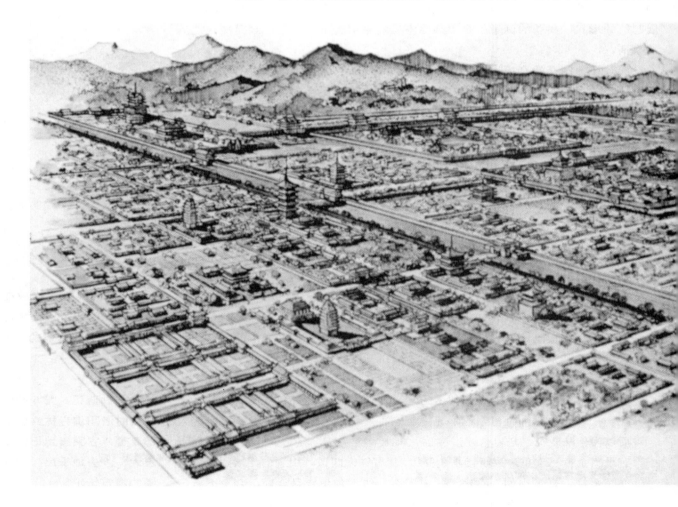

度表示怀疑，说其描写只不过是为了文章做得有声有色而已。《水经注·穀水注》云："浮屠下基方十四丈，自金露盘下至地四十九丈。"无论如何，这都是中国有史以来第一高、第一大的宗教建筑物。从描述中可以看到，"永宁寺"虽然是"佛寺"，其布局和制式类近宫殿，不同的是当中有一座又高又大的浮屠。

除了专为佛寺而建筑的浮屠式佛寺之外，在北魏时还兴起了一种住宅式的佛寺。其时"朝士死者，其家多舍居宅，以施僧尼，京邑第宅，略为寺矣"⑫。因为"寺"由"宅"而来，即使有"塔"也是后来加建的，"塔"和"寺"就不能相结合而分离，这也是"尘"、"俗"之间在建筑形式上混同起来的原因之一。

北魏洛阳寺塔林立的宗教建筑高潮很快就"城郭崩毁，宫室倾覆，寺观灰烬，庙塔丘墟"⑬了。其后虽无六朝之盛，兴建佛寺之风始终尚存。今日所能保存的较古的建筑物大部分仍然以佛教建筑为主，例如五台山唐代的佛光寺东大殿、正定隋代隆兴寺、蓟县独乐寺辽代的观音阁、应县辽代佛宫寺等。当然，举世也多半是宗教建筑才能长期地保留下来，成为我们今日还可见的所谓"名胜古迹"。

北魏时流行将住宅改作佛寺，这一来就使"宅"变"寺"，也就是尘俗之间的建筑形式失去了界线。

6世纪时佛寺林立的北魏洛阳城

"石窟寺"应看作年代最长远、规模最大的宗教建筑，它同时反映出中世纪以来的建筑发展情况。

佛教建筑的另一个延续的体系就是"石窟寺"的发展。这种"建筑形式"来自印度，由西域诸国开始而逐渐流传至中原⑭。据说是由于僧侣进入深山修行，于山坡凿洞为寺而兴起。因为寺为"石"所构成，因此虽古犹存，也许石窟寺就是中国现存的最古的"建筑物"。最早开凿石窟寺的是十六国时的前秦，苻坚建元二年(366年)开始经营著名的甘肃敦煌石窟。好些石窟寺都是经历了差不多十个世纪的不断增筑而组成，一窟之中包括数室，构成了达千洞的庞大的石窟"寺群"，故有"千佛洞"之称。除了敦煌之外，著名的还有山西大同的云冈石窟、河南洛阳城南的龙门石窟、巩县的巩县石窟、河北磁县的南向堂石窟、山西太原天龙山石窟、河南渑池县鸿庆寺石窟、山东青州城南云门山及驼山石窟等等。

在窑洞式的石窟寺内，有些利用洞内的石壁的原石加以雕刻，构成佛像和建筑构件、各种装饰等，如云冈石窟。敦煌的石质不宜于雕刻，就在洞内置泥塑的佛像及施绘壁画，按照不同的情况做出不同的处理方式。在概念上，这类石窟寺似乎不能算作是房屋建筑，但是无论如何，它们都应看作一种特殊的建筑形式。其实，在宗教建筑的意义上，石窟寺和西方巍峨的石头寺庙实在并没有两样。或者可以这样说，基于宗教的热情大规模地去施建宗教建筑的局面在中国也是曾经存在的，不过它们却是以另一种不同的形式出现而已。

除了宗教的目的之外，实在是无法推动人民花上千年的时间去经营一个"建筑群"。在中国文化艺术史上、建筑史上，这些石窟寺都起了十分巨大的意义和作用。窟内的雕刻、装饰、壁画以及本身的结构、构造都成了北魏至宋元间文化艺术及建筑发展的具体例证，成了一部活的、形象化的艺术史和文化史，或者说博物馆。也许，世界上任何伟大的建筑物都没有发挥过与此相同的作用。

云冈石窟第六窟的外部楼阁（丁垚　摄）

110

建筑学家梁思成对石窟寺在建筑史上的价值做出了这样的评价："中国建筑属于中唐以前的实物，现存的大部分都是砖石佛塔。我们对于木构的殿堂房舍知识十分贫乏，最古的只到八五七年建造的正殿一个孤例；而敦煌壁画中却有从北魏至元数以千计、或大或小的、各型各类、各式各样的建筑图，无疑为中国建筑历史填补了空白的一章。"⑮石窟寺是中国建筑史上用石头写上的另一章，无论在哪一方面的意义都是十分深远的。

道家不主张形式的限制，因而没有产生自己特殊的建筑形式。

除了佛教之外，中国同时还存在着多种宗教，因而也产生多种不同的宗教建筑，例如道教的道观、喇嘛教的喇嘛庙、回教的清真寺以至近世的天主教、基督教教堂等。道家的哲学思想对中国建筑产生过一定的影响，尤其在园林建筑上。但是道教的道观和佛寺在形制上没有太显著的区别，唯一的是有的大道观正殿和后殿用穿堂相连接，做成一个工字形的整体平面，在佛寺上则较为少见。这种工字形的平面在元代的住宅中较为流行，可能是因为道教在元代较盛而带来了这种形式。当然，道教建筑的历史可以上溯至汉代，和礼制建筑不无一定的关系。但是，作为一种宗教和宗教建筑而论，其本身的体系和组织并不很清楚，因为它们本身就不主张严格地依循形制的。

中国是一个多民族的国家，藏族和蒙族都是信奉喇嘛教的。除了蒙藏民族居住的地区之外，喇嘛庙在全国很多地区都有散布。它们和佛寺很不相同，在建筑上它们属于碉房系统，就是用石头或者砖块砌筑成方形带天井的楼房。在结构上，是一种承重墙的方式，因此表现出一种实体的体量(mass)，在外形上和木框架结构有所不同。喇嘛庙是中国建筑在结构方式上的另一个体系，它们和西方古典建筑在结构原则上是相近的，因而有类近的形体，同时它又和中国传统建筑的布局原则及装饰构件相结合，所以充分表现着一种中国式的形式和风格。此外，喇嘛庙还有自己特殊形式的喇嘛塔，这些喇嘛塔就和印度斯屠巴的式样十分相似了。

山西五台山塔院寺的白塔（丁垚　摄）

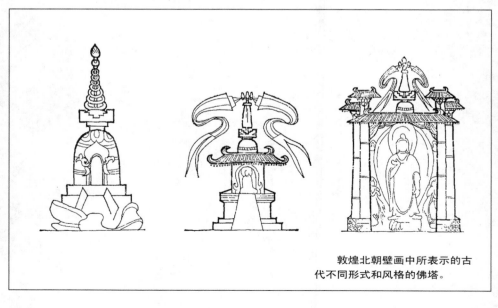

敦煌北朝壁画中所表示的古代不同形式和风格的佛塔。

112

著名的"避暑山庄"的外八庙就是喇嘛庙，这是清代为了团结少数民族而修建的。其中"普陀宗乘"之庙就是仿照全国喇嘛教的中心——拉萨的布达拉宫而设计的。布达拉宫式的喇嘛教建筑是值得重视和研究的建筑形式，因为它是两类不同结构方式的结合体，它的形式和使用效果都是一种十分有意义的经验。"普陀宗乘"之庙是一个十分巨大的建筑群，占地达22万平方米。近世的一些民族形式的现代建筑，因为设计的技术原则和艺术意图都有点和喇嘛庙相似，自然而然地显示出一种基本上近似的风格和面貌。

回教建筑在中国分布也不少，因为元代时回人在朝中任职者很多，清真寺因而也流行起来。因为清真寺有它自己特殊的功能，而且要保持回教寺院的制度，不能像佛寺那样全部翻译成中国式。广州的怀圣寺和光塔是唐代回教传入时的遗物，在平面上，我们可以看到两种不同形式的建筑思想结合情况，它保持着回教寺院的基本要求和建筑形式，但是又适当地运用了一些中国传统的原则。早在一千年以前，不同文化之间的结合问题已经产生了，清真寺的设计也算得是一些具体的实例。至于天主教和基督教教堂则是多半原封不动移植过来，在外形上完全是西方本来的式样。但是在细部上仍然可以找出中国建筑构造的影响，至少它们在运用当地的建筑材料和劳动力时必然留下中国建筑的一些痕迹，这些例子在澳门是很多的。到了20世纪之后，美国人也盖了一些有中国式外衣的教堂，从建筑观点来看，有些只能看作是一些门面上的装饰而已。

清初建于内蒙古的"百灵庙"。百灵庙原名"广福寺"，因其地多百灵鸟，故一般人就改称其为"百灵庙"。百灵庙为一著名的喇嘛庙，为康熙亲征噶尔丹汗时"钦命"所建。

① 太常寺掌宗庙礼仪，鸿胪寺即礼宾司。
② 白马寺创建于汉明帝永平十一年，公元68年。
③ 北魏杨衒之《洛阳伽蓝记》原序。《洛阳伽蓝记校释》，周祖谟校释，香港：中华书局出版，1976.
④ 斛，即石，天竺浮屠刻表均置宝瓶，所以盛舍利者也。
⑤ 金铎，铜铃也。铜古代都称"金"；铎，大铃的意思。
⑥ 铺首即门上的铜环拉手。
⑦ 金铺，铜制装饰构件，如浮鏂、铺首等。
⑧ 太极殿为北魏皇宫中之正殿。《魏书》称"禁中正殿以太极为名始于曹魏"，这个名称沿用至唐代。
⑨ 青璅，门户上的画饰；绮疏，指隔扇上的雕刻及通花图案。
⑩ 列钱，即金釭，加强构造接头处的铜制构件；列钱青璅，即美丽的金釭装饰图案。
⑪ 见《洛阳伽蓝记》卷一。《洛阳伽蓝记注释》第19至20页。
⑫ 见《魏书·卷一百一十四·志第二十》。
⑬ 北魏洛阳城到孝静帝时为高欢所迫，迁都于邺后，寺庙大半为兵火所毁。一代宗教建筑所表现的高潮就此终结。
⑭ 石窟寺原名"支提雅"(Chaitya)，即僧院之意，在三国及六朝时首先传入西域诸国，晋末流传于中原。
⑮ 梁思成《敦煌壁画中所见的中国古代建筑》《文物参考资料》1951年，5月第二卷第五期。

始建于唐代，到了18世纪时为全国喇嘛教中心的西藏布达拉宫，这座经过了历代增筑依山作势的大建筑物内部超过一千个房间。

商业建筑的集中和分散

在有关传统建筑问题的研究上，很少人在商业建筑上面做文章，在可见的中外有关著述中，大部分都没有论及这一个内容。虽然古代中国将商人和商业活动的地位排列得很低，但是并不表示他们对社会的一切没有发生支配性的力量，没有形成专门为这种活动需要的建筑类型。中国的商业建筑不但有其很有趣的发展史，而且它的演变在中国建筑上有很特殊的意义。任何建筑都基本上按照四合院的方式来组织它们的平面，唯一例外的就是商业建筑。它似乎发展成另外一个体系，成为今日常见的城市沿街建筑的设计基础和前身。我们不能说地下是店铺、楼上是住宅的商业住宅综合性建筑的方式来自于西方，在中国这种方式也同样有十分长远的历史。

店铺的设计并不是一开始就是外向的沿街建筑，古代作为买卖交易的"市"的建筑设计最初还是内向的形式。1971年，在内蒙古的和林格尔发现了一座东汉时代的壁画墓①，其中有一幅《宁城图》，就是描绘当时作为商业建筑的"市"的情况。"市场的建筑设计，为一个四合大院落，中间一大广场，四周虎廊围绕，在市的东南和西北两外角上，画有二人隔市场相间而立，当即是表示管理市场的官吏"②。由此证明了"市"的建筑同样是采取了和其他建筑物一样的四合院布局方式。整个"市"是被看作一座整体的建筑，进入市内购物正如我们今日进入"购物中心"(Shopping Centre)或者百货公司一样，这样的设计自然也是十分合适的。甚至可以说，很多今日最新的购物中心的设计意念不过是采取两千年前的老办法③。

"市"大概起源于"市集"和"墟场"。《易经·系辞》有"日中为市，致天下之民，聚天下之货，交易而退，各得其所"，指出市最早是"交易而退"的市集。《周礼》有"以次叙分地而经市，以陈肆辨物而平市"，说明了三千年前的"市"已经形成有组织状态的场合了。分成行列次序，每同一种类的货物置在同一行列中，这行列就称为"肆"。《左传》所说的"伯有死于羊肆"的"肆"就是指这种同类货物的行列。"交易而退"的市集多半是一个露天的广场，这种售货的形式到了今日还是到处可见的。因此，最早的市的建筑物自然是以组成一个院落最为适宜了。

中国的商业建筑最初同样是采取内向的四合院的布局方式，最后它成为唯一摆脱这种布局的一种建筑。

古代城市中的"市"是一个集中式的商业街区，同时也可以看作一个有整体规划的建筑发展区。

在"城坊制"的城市规划中，市就是一个"坊"，城市的一个标准的构成单位。

《三辅黄图》说："长安，市有九，各方二百六十六步。六市在道西，三市在道东。凡四里为一市，致九州之人。在突门夹横桥大道，市楼皆重屋"，因而班固的《西都赋》就有"九市开场，货别遂分"之句了。大概，那个时候的市四周是固定的店铺，中间广场容纳每日开市的摊档，它们被安排在一个方形的街区中。在魏晋洛阳城以至隋唐长安城中，我们可以看到城市规划上是分设有东西二市的。

从汉到唐的城市都是采取"城坊制"作为基本的街区单位的。坊有坊墙，坊内另有十字内街，房屋基本上都是内向的，就是经过了坊门才能进入宅门。唐长安城的市约占了两个坊的面积，里面有井字形的内街。这个时候，对"市"的理解就不能看作是一组建筑物，而是一个指定范围的商业地区。北魏杨衒之对北魏洛阳城的"市"的叙述有"出西阳门外四里，御道南有洛阳大市，周回八里"。又"孝义里东即是洛阳小市……里三千余家，自立巷市，所卖口味，多是水族，时人谓为鱼鳖市也"④。周回八里自然不会只是一个市场或者商场，所说的就是一整个商业地区。除了大市(西市)和小市(东市)之外，其实在住宅区中还有"巷市"，"巷市"大概有如今日的"街市"。

相信，自从城市发展到有了商业地区之后，独立的店铺建筑就存在。由于院落式的房屋形式是不利于门市营业的，店铺必需直接面对街道，吸引顾客，于是四合院制式之外的沿街建筑就随之出现。"市楼"，可以理解为官方的市

东汉墓室壁画《宁城图》(摹本)，图中右上角有一方形由庑廊封闭起来的空间，写上"宁市中"三字，当即表明为"市"的位置及形式。"市"外上下角绘有两人，大概是代表管理市场的官吏。

场管理建筑，但是也可以理解为楼房的店铺，或者上层是住宅，下层是店铺的房屋。无论如何，一种两层以上的沿街建筑就在商业功能的要求下而产生，这种形式的建筑物的出现同时代表着另一种房屋体系的发展。

宋代之前，店铺建筑大体上被指定在商业地区的"市"内。在唐长安城，街道两旁的景象主要就是坊的围墙，在非商业地区中是没有店铺的，因而也没有商店街道。到了宋代的时候，这种限制就被商业的发展突破了。朱雀大街⑤不再是宁静庄严的林阴大道，而是一片繁华热闹的商店街景了。在中国的城市中，集中的作为点或者面的"市"开始蜕变为线状的"街"市了，商业建筑冲出了"市"的围墙在所有的大街上伸延，城坊制就随之而消散。

在艺术上，曾经出现过两件不朽的名作对北宋汴京城作过详细的描述。其一就是宋人孟元老的笔记《东京梦华录》⑥，其二就是宋代名画家张择端的图卷《清明上河图》⑦。与《东京梦华录》性质相同的作品还有很多，如宋敏求的《京城记》等等，但是著者的着眼点只在"坊门公府，官寺第宅"，只有孟元老对"巷陌店肆"作了详细的记述。无独有偶，《清明上河图》的重点也在于表现三街六巷，车马纷繁的一般城市景象。二者对照起来，当时宋代汴京城(开封)的真实形象便活然而出。开敞式的沿街店铺，多层独立的大酒楼，屋宇雄壮、门面广阔的金银采帛交易所等等构成了主要商店大街的景象。我们不能忽视这些沿街建筑，否则我们对中国建筑总的认识便有了局限。它告诉了我们今日沿街的商业住宅房屋的历史起码可以上溯一千年，当然还会再早一些。

由于商业活动的要求产生外向式的沿街建筑，并且趋向于以多层的建筑形式而出现。

宋代名画《清明上河图》（部分），通过张择端的生花妙笔，其时开封三街六巷的热闹情景以及沿街店铺的形式均巨细无遗地反映出来。

《东京梦华录》的描述是颇为有趣的。除了各行各业的店铺之外，全城几乎遍布酒楼、茶坊和食肆，此外还有不少的妓院。种种商业房屋的状况活现于纸上：

"凡京师酒店，门首皆缚彩楼欢门，唯任店入其门，一直主廊约百余步，南北天井两廊皆小子，向晚灯烛荧煌，上下相照，浓妆妓女数百，聚于主廊槏面上，以待酒客呼唤，望之宛若神仙。北去杨楼，以北穿马行街，东西两巷，谓之大小货行，皆工作伎巧所居。小货行通鸡儿巷妓馆，大货行通笺纸店白矾楼，后改为丰乐楼，宣和间，更修三层相高。五楼相向，各有飞桥栏槛，明暗相通，珠帘绣额，灯烛晃耀。初开数日，每先到者赏金旗，过一两夜，则已元夜，则每一瓦陇中皆置莲灯一盏。内西楼后来禁人登眺，以第一层下视禁中。大抵诸酒肆瓦市，不以风雨寒暑，白昼通夜，骈阗如此。州东宋门外仁和店、姜店，州西宜城楼、药张四店、班楼，金梁桥下刘楼，……景灵宫东墙长庆楼。在京正店七十二户，此外不能遍数，其余皆谓之'脚店'。卖贵细下酒、迎接中贵饮食，则第一白厨，州西安州巷张秀，以次保康门李庆家，东鸡儿巷郭厨，……九桥门街市酒店，彩楼相对，绣旆相招，掩翳天日。政和后来，景灵宫东墙下长庆楼尤盛。"⑧

三间四柱重檐三层牌楼式店面

"楼"与"楼"间的"飞廊"相接。英文的flyover，今译作"天桥"，实在与古代的"飞廊"一词原意更为相近。（吴晓冬　摄）

上述的情景说明了宋代城市的街景已经转变，主要由商业建筑物所构成。酒楼之所以称"楼"就是大部分都是楼房的建筑，甚至楼与楼间用天桥架接相通起来。在门面装饰上，极尽奇巧。每一瓦陇中置莲灯一盏，其效果有如今日的串灯，在夜色中将屋面的轮廓勾画出来，商业建筑的性格就此可见在其时已经发挥得淋漓尽致了。

　　总的来说，一种完全配合商业要求的店铺建筑物至迟到了宋代便已经十分完善。除了独立的大型酒楼和商行之外，"前铺后居"、"下铺上居"式住宅商业混合建筑物已经成为普遍的沿街建筑形式。铺面沿街开敞，同时也作为整座房屋的出入通道。由店前的雨篷逐渐发展成添加于户外的称为"拍子"的平顶房(后来成为跨越于人行道上的骑楼)。房顶既然是平的，便强调檐前"挂檐板"的装饰作用，习惯上都弄成雕刻极为细致的"华板"，有时还用朝天栏杆来加强它的视觉效果。华板上带有夔龙挑头，以便悬挂招牌、幌子或者灯笼。店名仍然采用匾额的形式，宣传句语构成对联，挂在柱间，诸如此类，其后都成了中国传统商店建筑物的普遍形式。至于院子在很多沿街建筑中还继续存在，不过就将它们移到了后面，在生活中，这是一个离不开的实用空间。

　　在另一方面，同时也有有门屋有前院的四合院式的商户，不过，一般来说这是很大的店铺或者批发性的行庄，它们已经不用依靠门面来吸引顾客。购物中心式的"市场"和商品展览会式的"庙会"等商业组织形式历代以来都长期存在。"市场"或"商场"内部都是有遮盖的只供步行使用的商店街道，使购物者免受日晒雨淋；街道中各个行业作适当地分类和有组织地安排，其效果就一如今日的购物中心。其实，中国人在商业建筑上是有着无比丰富的经验并创造过多种多样的形式的。假如，我们将世界上现在所有商业区规划方式总结一下，立刻就会发现无论商店街道，还是小区(precinct)、分部门的商店(百货公司)、商场、街市、购物中心等等无一不是过去的日子曾经采用过的售货方式。大概，我们今日也再想不出有什么全新的商业建筑组织形式，也许就是因为几千年来"购物的习惯"还没有作过根本性的改变。

商店街道的形成引起了"城坊制"的规划形式瓦解，商业地区开始由点变为线的方式散布。古代城市的地区中心同样是由多姿多彩的商业建筑构成其繁华热闹的面貌，"购物"产生的是最活跃的景象。

商业活动的需要是一种最易于冲破固定形制的动力，即使在古代，它们也曾经出现过极多的建筑形式。

①　《和林格尔发现一座重要的汉壁画墓》《文物》1974,1期
②　罗哲文《和林格尔汉墓壁画中所见的一些古建筑》《文物》1974,1:32。
③　在今日的城市规划中认为商店街道已经不是良好的门市形式，提倡设立商店小区或集中式的购物中心。
④　北魏杨衒之《洛阳伽蓝记》。见《洛阳伽蓝记校释》，香港：中华书局，1976.卷四156页及卷二104页。
⑤　古代都城的中央大街称为"朱雀大街"，由汉至宋代多采用这个名称。"朱雀"即南部之意。
⑥　今版本有邓之诚注《东京梦华录注》，商务印书馆1961年香港版。
⑦　张择端，宋画院翰林待诏。《清明上河图》为其传世之名作，该图卷现藏北京博物院。
⑧　宋孟元老《东京梦华录》，见《东京梦华录注》卷之二"酒楼"．香港：商务印书馆出版，1961.第72页。

1.

2.

3.

4.

中国古典建筑的传统"店面"形式:
1. 三间二柱单檐一层牌楼式;
2. 单檐重楼栏杆转角式;
3. 三间单檐重楼式;
4. 两间带雨棚式;
5. 三间重楼朝天栏杆式;
6. 三间重檐带九龙头式。

5.

6.

古代为科技及工业服务的建筑物

在历史上，中国并不是一个科学技术和工业落后的国家。中国古代制做出来的工业和艺术产品，它们的精美为举世所称赞，它们表现出来的并不只是艺术，同时是极高的科学技术和工业的水平。在对整个中国科学技术的历史作过了全面的考察之后，李约瑟曾经这样说，"公元三世纪到十三世纪之间曾保持过一个西方世界所望尘莫及的科学知识水平"①。显然，这是一种客观的评价。3世纪至13世纪大概在东汉到元初左右，这一千年间中国人的确是对整个人类文明作过十分出色的贡献。

除了建筑本身是一种科学技术之外，中国的建筑设计思想从另外的一角度来看，也可以说是充满科学的意念的。"与自然结合的象征主义"是出于一种古代对科学图案的热爱，在当时来说，就是将对自然的认识奉为一种最高的准则，因而创造出希望达到天(自然)人之间绝对和谐的形式。八卦、易经、阴阳五行、相生相克的理论本来就是来自最早的古代对科学的一种观念。

天文学在古代是首先受到注意和重视的科学，《周礼·地官司徒》称："以土圭之法测土深，正日景，以求地中……日至之景，尺有五寸，谓之地中。"郑玄的注释就是："土圭之长，尺有五寸。以夏至之日，立八尺之表，其景与土圭等，谓之地中。今颖川阳城地为然。"什么叫做"土圭"呢？圭又称"量天尺"，在地上做出一把尺来测日影，这可以说是科技建筑的开始。为了观测

英国现代学者李约瑟曾经写过这样的话：中国在公元三世纪至十三世纪之间曾经保持过一个西方世界所望尘莫及的科学知识水平。

两千年前中国就出现专门为科技服务的建筑物，建筑高"台"的目的之一就是"窥天文"。

天文，中国很早就有观测天文的"台"的建设，陆贾《新语》曰"（楚灵王）作干溪之台，立百仞之高，欲登浮云，窥天文"。也许这就是最早的建筑为科学服务的例子之一。

元代遗留下来的河南登封"观星台"是今日世界上最重要的天文建筑遗迹之一，建筑本身同时就作为一个巨大的观测仪器，坦率地表现其功能形状。

目前还有一座古代的天文台遗留下来，那就是河南登封告成镇的"观星台"。这座观星台已经有七百多年的历史，建于元初。它是中国现存最早的天文台建筑，也是世界上重要的天文遗迹之一。这座观星台其实就是用建筑物构成的一座巨大的测量仪器，自周至宋，测影"高表"本来只用八尺，到了元代为求测出更精密的数据，就将八尺的高度改为四十尺，因此就建筑了这一座四十尺高的台，在地上用三十六方圭石平铺成一把有刻度的量天尺。台的平面是正方形的，为了构造上的需要使整个立面"收分"向上呈现为一反转的"斗"形。两边踏道围绕着台身而上，正中有一凹槽，槽内的直壁就作为"高表"。它既然构成一座巍峨的台，当然还附带担任其他的天文观测任务，设有其他的观星仪器和计时的"滴漏壶"，以便天文工作者在此集中工作，故此"测影台"就称为"观星台"了。在建筑上来看，整座台构成一种十分有趣的功能形状，和"现代建筑"的设计原则很相符合，除了受构造上的规限外，并没有任何多余的东西。台上的那一座小屋本来是没有的，明代的时候才添加上去，即使不因那座小屋的形式影响，它本身的功能形状就此也仍然具有十分浓厚的中国建筑风格。

观星台是今日尚存的唯一的古代科技建筑，但绝不是当时唯一的最重要的科技建筑。

这是一座设计十分成功的建筑物。在中国建筑史的研究上，它是十分受到重视的。因为它是今日尚存的古代科技建筑唯一的实例，然而它却不是历史上唯一的这种类型的建筑物。就以观星台建筑而论，元初进行天文历法改革时就曾下令在全国各地建立台网，"四海测验凡二十七所"②，而这只不过是仅有一座还能见诸今日而已。相信，历史上除了天文建筑以外，还存在过很多这种功能形状的科技建筑和工业建筑，可惜无法找出仍然流传于今日的更多实例而已。通过这一座仅存的观星台，我们可以做出这样的推论：历史上是同时存在着不受任何形制约束的功能建筑的，它代表着建筑设计上的另一种形式和方法。

现存位于河南登封建于元代的"观星台"或者说"测景（影）台"。

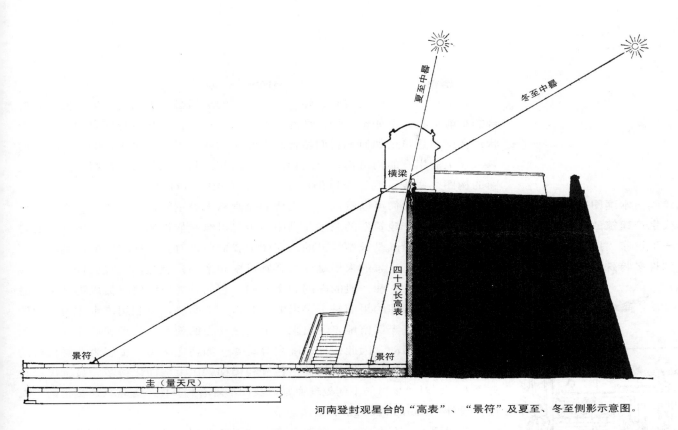

夏至中暑

冬至中暑

横梁

四十尺长高表

景符

景符

圭（量天尺）

河南登封观星台的“高表”、“景符”及夏至、冬至侧影示意图。

观星台平面图

观星台正立面图

123

除了科技上的研究需要之外，工业生产的房屋必然也出现与生产要求相配合的功能形状。例如窑、炉、烟囱、井架、水轮等自有其本身应有的构筑物形状，在房屋建筑上如何和它们结合起来呢？这就是工业建筑设计的一个基本问题。让工业生产的构筑物、建筑物就此集结在一起，还是将它们组织在一个美丽的构图之中呢，到了今日仍然还是一个争论中的问题。

元代绘画《水磨图》给我们带来古代生产建筑的形貌，细心分析一下这座"厂房"设计可以看到许多特殊的意义。

"连二水磨"，图中可以看到建筑物必须配合机械装置的需要而另行设计。

在插图中我们可以看到一幅元代的绘画《水磨图》，从这幅反映六七个世纪之前的"生产建筑"的艺术作品中至少可以给我们得出了一些上述问题的答案。这类古代绘画是很难得见的。在图中我们可以看到一座美丽的楼阁，有一定的诗情和画意，总的来说是令人感到可爱和亲切。但是，当我们详细地审视之后，就会发觉它和一般的殿阁完全不同，它的功能形状同时又成为一种美丽的构图。这座楼阁的平面是十字形的，分作上下两层，将利用流水作为动力的"厂房"性格毫无保留地表达出来。上层是动力的使用、管理和操作部分，因为供人在其间活动，因此栏杆、隔扇等装修一如住宅房屋。下层为装置机械的部分，所以无任何装饰性的构件，栏杆和楼梯就比上层简化得多。显示出一种对"人"、对"物"的不同处理原则，我们不难看到其中不乏现代所提倡的"人性化设计"(human design)的基本意念。

在屋顶上，有两座一般楼阁所没有的百叶天窗，说明了中国很早就存在着这种位于屋顶部分的通风构造。此外，屋顶的构造就再没有什么特别的了，有脊，有吻，有悬鱼，屋面同样呈现出曲线，斗拱当然不能缺少，否则无以承托飘出的外檐。这种十字脊的屋面形式在宋代颇为流行，是宋画上常见之物，可是明清之后便不多见。基于这一点，我们就有理由相信画中所描绘的是一座元代或者元之前的建筑物。

在前面，我们说过各种建筑都是由住宅演变而成的，工业建筑也不例外。古代的制造业工场一般称为"作坊"。坊者，古代城市中的一个街区也。最早的手工业作坊就是一般的住宅房屋，从汉代出土的墓像砖和墓室壁画来看，在一些以手工业生产为主题的图像里，背景的房屋都是和普通的宅院无多大分别的。因为工业生产还没有发展到对容纳生产的房屋有特殊要求之前，是不会出现专门类型的厂房建筑的。《水磨图》的例子说明生产技术已经到了另一个阶段，房屋建筑已经需要和"机械"装置相配合，但是还摆脱不开居住建筑中的楼阁的处理方式。

无论任何性质的建筑物，除了功能形状之外，它们的构成必然是基于当代的技术基础以及艺术水平。

无论任何性质的建筑物，它们的构成必然是基于当代同一的技术基础的，无法不在结构和构造上不采用同一的方法。相信，像《水磨图》那样采用木框架构造方式为工业生产应用的房屋是很不少的。但是，对于某些要利用火力的工业，如冶金、烧陶等，木结构对防火要求就很不利，砖石构造肯定在这一方面多负责任。不过生产用的炉窑等构筑物常常独立于露天空间中，在设备不需要作任何的保护下，也不一定要求发展起厂房建筑。古代的冶金工业基地近年来已经发现不少，其中不少是规模巨大的。在河南巩县的西汉末年冶铁遗址中，当时的矿坑、冶炼工场、居住区以及所有采、选、冶设备都保存得相当良好。其中已知有炼炉二十座，都作半地穴式，用耐火砖砌成，说明了耐火砖的发明和使用已经有了很长的历史[3]。在一系列古代工业基地的调查和发掘工作中，都

元代的绘画作品《水磨图》

说明了很多基地的建设和上述例子的情况大体上相同。自然，工业基地的设计完全以功能为主，它们是不会受任何制式限制的，它们的布局非以生产的要求为基础不可。

从传统的中国建筑总的发展情况来看，大概只有科技和工业建筑最为自由，平面布局、立面的形式等都不会受到礼制、各种宗教或哲学的观念所左右。因为现代工业并没有在中国的封建社会内诞生，我们就不像西方那样多了一段"工业萌芽"时期的古典工业建筑的历史。到了现代工业在中国开始建立的时候，传统的中国古典建筑已经失却了为这些工业服务的机会了。

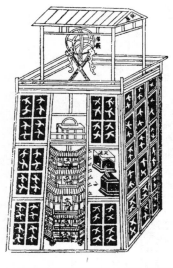

苏颂《新仪象法要》一书中的插图
"水运仪象台外观"。

① 李约瑟《中国科学技术史（中译本）第一卷》香港:中华书局版,1975.208页
② 见《续文献通考》。
③ 金槐《巩县铁生沟发现汉代冶铁遗址》《文物》1959,9期

第四章

平面

- 建筑平面的构成
- 单座建筑的平面
- 建筑群平面
- 典型的平面制式
- 布局的组织和程序的安排

建筑平面的构成

　　自古至今，房屋建筑每一自成一体的单位大体上都是依随着社会生活中所出现的各种组织单位而来，因为房屋本来就是由这些单位，如家庭、政府部门、工商业组织、宗教的寺庙等等各自按照自己的需要和可能的条件等计划兴建出来的。在人类文明的历史发展过程中，社会中的各个构成单位已经发生过十分复杂的变化。总体来说，在要求上大致就是按照由小到大，由简单到复杂这样一个规律而发展。随着社会的发展和进步，房屋建筑的规模和内容同样也是由小到大，由简单到复杂，由低级到高级地扩大和成长起来。

每一项建筑计划都是依照一个社会构成单位的需要而产生，平面组织就是满足计划的要求而形成的具体安排。

129

扩大建筑单位的规模不外两种方式："体量"的扩大或者"数量"的增加。

在建筑的历史经验中，我们可以看到曾经有过两种不同的扩大建筑规模的方式。一种就是"量"的扩大，将更多、更复杂的内容组织在一座房屋里面，由小屋变大屋，由单层变多层，以单座房屋为基础，在平面上以至高空中作最大限度的伸展。西方的古典建筑和现代建筑基本上是采用这种方式的，因此产生了一系列又高又大的建筑物，取得了巨大而变化丰富的建筑"体量"(mass)。另一种就是依靠"数"的增加，将各种不同用途的部分分处在不同的"单座建筑"中，由一座变多座，小组变大组，以建筑群为基础，一个层次接一个层次地广布在一个空间之中，构成一个广阔的有组织的人工环境。中国古典建筑基本上是采取这一个方式，因此产生了一系列包括座数极多的建筑群，将封闭的露天空间、自然景物同时组织到建筑的构图中来。

很多重大的建筑物常常都会同时并用这两种方式的，一个建筑单位的内容和规模要求愈来愈复杂和庞大的时候，如果"数"和"量"都不同时增大实在是难于满足其需要。对于"量"的处理，西方古典建筑积累了颇为丰富的经验；对于"数"的组织，中国古典建筑创造过很多极为优越的先例。也许我们可以说，我们今日在建筑上的成就已经大大超越历史上任何一个时代，现代建筑的"体量"早已超过过去任何时代的最巨大的建筑物；可是，以一个建筑单位而论，在数量上还没有出现过像中国古典建筑那样的数以千座计的、庞大的、属于同一组织的建筑群。中国古典建筑所延展的面的广阔和深远，很多时候都使身历其境者出乎意料之外。

中国古典建筑主要是通过数量的增加来达到扩大平面规模的目的，因而形成其特有的设计意念。

由于中国古典建筑的规模基础在"数"所构成的群体上，对于单座建筑的面积大小则增加到了一定的限度便停止了。以单座堂殿而论，现存的最大的要算是清故宫的太和殿，它的建筑占地面积(cover area)也只不过是二万平方英尺左右。整个清故宫的建筑面积估计超过一百万平方英尺，可是它却分散到大约四百座大大小小的单座建筑物中去。假如，我们将它和建筑年代大致上相等的法国巴黎的卢浮宫(Palais du Louvre，Paris)相比较一下，就可以十分清楚地看到"数"和"量"不同发展方式所得出的不同结果了。卢浮宫总的建筑面积和清故宫大概不会相差很远，它分为五个主要部分，实际上设计的意图就是将它们集中组成一整座的建筑物。它的内院和广场也十分大，建筑密度并不会高于清故宫，可是因为它是多层建筑，因此基址范围的总面积就不及紫禁城的一半。清故宫总平面组织的层次十分复杂，卢浮宫的却是一目了然。反过来前者内部的平面就十分简单，也是一目了然；后者室内平面的组织却十分复杂，层次的变化也多得多了。

通过这两种不同的取得建筑物规模的方式的比较，我们大概会较为明白中国古典建筑的平面组织重点落在什么地方了。从"数"出发和从"量"出发对平面组织的要求是完全不同的。实际上，平面组织的目的和意义在任何建筑中都是相同的，问题只在于通过什么方式去达到要求而已。前一个时期，一些西方的学者或者建筑师，甚至也包括受到西方影响的中国人，他们简单地"中西对照"，将中国的"单座建筑"和西方的"整座建筑"相提并论，得出的结论就是中国建筑的平面组织十分简单，只不过是一种"原始型"的建筑平面而已。事实上，当建筑设计以"座"为单位时，房屋内部的平面因使用功能上的要求，

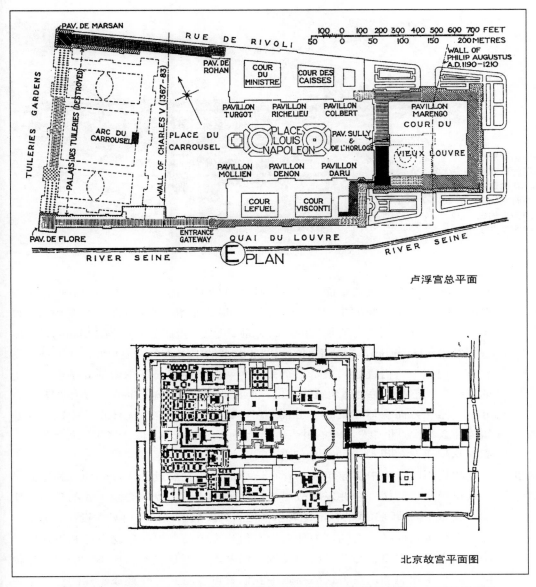

卢浮宫总平面

北京故宫平面图

法国卢浮宫和北京故宫不论在产生的时代、使用目的、建筑面积上都大致相同，由于采取不同的建筑方式因而出现完全相异的总平面布局。

内部的分隔必然就十分复杂；相反地，因为室内部分已经将所有问题"化零为整"，整体布局必然便是十分简洁。如果建筑设计以"群"为单位时，每一单座建筑的内部其实只相当于"整座"建筑物的一个房间或者一个局部，平面自然就会十分简单。在另一方面，因为使用上的组织要求要落在总平面中去解决，总平面的布局就变得颇为繁琐和零碎了。平面的"组织"问题一个是处理于屋内，一个是解决于屋与屋间，因而两者表现出来的形式就适得其反了。中国古典建筑是出现过好些十分繁复的总平面组织的，根据文献的记载，唐代最大的寺院"章敬寺"凡四十八院，殿堂屋舍总数达四千一百三十余间。我们可以想像，将四千多"间"房屋组成一个建筑单位，它的总平面组织会是何等复杂，简直就是一个"城市"。安排它们所要求的技术和艺术，相信绝对不会下于设计一座有数以百计房间的高大建筑物。

卢浮宫的一个面貌

131

在平面布局上和中国建筑很相类似的希腊米勒图斯的议事堂（公元前170年左右），其建筑年代相当于中国西汉文帝时期。这一类平面构图方式，中国大约在公元前10世纪前周代时便确立了下来。

在平面组织上，中国建筑很少将单座建筑合并和集中，始终保持着独立和分散的布局形式。

当然，说中国式的平面计划是一种"原始型"的方式并不是一点根据也没有的。因为，包括西方的古代在内，最早、最"原始"的建筑形式也是利用"群体"的方式来达到一定的规模的。公元前2世纪，希腊米勒图斯(Miletus)有一座议事堂(Bouleuterion)，它的平面组织就和典型的中国式布局很相似，正面前头是一座"门屋"，内进之后就是一个大院，两侧是庑廊，正中就是立于台基之上的相当于"正殿"的主体建筑。不过，西方的建筑很快就倾向于"集中"和"合并"，另一方面主体建筑的"生长"和"膨胀"似乎也毫无休止。中国古典建筑为什么不作"集中"和"合并"呢？为什么单座建筑不再"膨胀"和"生长"呢？这似乎是值得讨论的一个问题。

我们不能认为中国建筑并不存在这样的一个发展过程，汉代的"阙"到了唐代已经和"门楼"合并发展成"午门"的样式了；"四合院"式的住宅"压缩"成为"一颗印"式的住宅也表示了这一种发展的倾向。可见在设计思想上，这种意图也是同样存在的。为什么没有得到充分的发展呢？这可能和下述的一些原因有关：主要就是关乎结构及构造问题，并不是说木结构不可能建筑规模巨大的整座建筑物，在古代的绘画中我们就可以看到一些连成一片的近乎集中式的整座的堂殿楼阁。之所以不普遍流行整体的合并可能是因为防火问题。中国的单座建筑两侧的山墙都是实墙，这是一种防火的隔断，一旦发生火灾也不至于迅速蔓延。其次就是屋顶形式在过长过大的整座建筑平面上不易处理，除了在形式上之外还有伸缩和沉降等问题，大体上以采取分段分部处理的方法为佳。自然，"制度化"和"标准化"已经长期地对设计思想起着支配的作用，"集中"和"合并"的计划不大容易接受，因为在意义上就会损害到对"传统"的重视。有人也曾提出过分散式的布局和预防地震有关，这当然也是一种理由，至于在"形制"的制定过程中是否也把这个因素考虑在内就很难讲清楚了。

关于各类单座建筑物的"融合"问题，日本学者伊东忠太曾经这样说："欧洲古代之教堂和钟楼，本亦各自独立，其后乃融合为一。而中国之佛塔和佛堂，永久不能融合，盖一为中国系，一为印度系也。"①佛堂和佛塔之不能融合，原因完全不在于中国系和印度系，况且中国的佛塔在建筑形式和结构上其实也是中国系。中国建筑因为上述种种原因，基本上坚持分散的独立单座分布的原则，

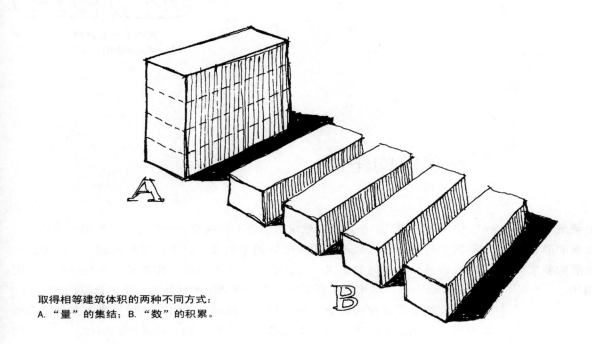

取得相等建筑体积的两种不同方式：
A. "量"的集结；B. "数"的积累。

因而不去考虑二者融合为一体。此外，佛堂和佛塔与钟楼和教堂根本是不能相提并论的，在外形上二者似乎很相类似，不过在性质上可不相同。佛塔本身就是用以供佛的一座多层的佛堂，并不像钟楼那样是一种附属的建筑。它本身就是一个主体，因此在功能组织上也不会重复地将二者考虑合并。

在传统的概念上，中国建筑很早就产生了不同形式、不同功能的有一定固定制式的单座建筑类型。楼、台、殿、阁、门、廊正如棋子中的帅、车、马、炮、象、士、卒一样，各有各的任务和形位，巧妙之处就在于如何去布局，如何使棋子之间构成一种严密的关系。中国式的单座建筑虽然每座独立，但绝不是独处的，整体的观念从来就十分强烈，座与座间多半用庑廊相连。主、从，虚、实，井然有序。它所表现出的高度的技术和艺术处理手法，在性质上已经和"原始型"的平面分布方式相去甚远，平面布局法则往往含义甚多，已经不是简单的"数"的累积了。

大概由于设计标准化的关系，单座建筑基本上不作多元合一的考虑，平面组织的原则在于寻求群体的完整和变化。

① 见伊东忠太《中国建筑史》第一章"总论"。

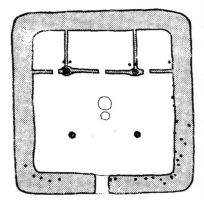

西安半坡石器时代的"大房子"复原平面图

单座建筑的平面

单座建筑的平面主要是一种完全根据结构要求而来的形式，并没有因为使用功能的要求而成为一个复杂的组织。

中国传统的"单座建筑"殿堂房舍等平面构成一般都是以"柱网"或者"屋顶结构"的布置方式来表示的。建筑的平面其实只不过是结构的平面，因此，它代表着另一种不同的意义。它没有使用上的局限，实在是完全理应如此，因为无论什么时候，结构的平面都不代表任何使用的功能的。英国弗莱彻(Fletcher)的《比较法世界建筑史》上有过这样的一段话："中国建筑虽然受到佛教和回教的影响，从很早的世纪以至今日都保持它自己的一种民族的风格；在宗教的与世俗的建筑之间是没有分别的，寺庙、陵墓、公共建筑以至私人住宅，无论大小，都是依随着相同的平面的。"①其实，只要说出"相同的平面"是相同的结构平面，问题就清楚了一大半。

因为建筑设计普遍采用"模数化"和"标准化"，结果自然产生一系列差不多相同的"结构平面"。

中国建筑为什么采用相同的"结构平面"呢？这完全是和"标准化"、"模数化"有关，不以结构为基础，如何可以实行"标准化"呢？实行了"标准化"各类建筑的平面自然就相同了。建筑形制的标准化的制定和推广实行并不是一件很容易的事情，它必须保持很大的灵活性，否则难于普遍地应用。大概，完全确定房屋平面以"柱网"或者"屋顶结构"为基础，是经过了颇长的实践经验的累积，反复地研究才形成和制定的，一般估计是到了中世纪时代才充分地成熟。"柱网"就是排列柱位所依据的参考用"轴线"纵向和横向所构成的方格形的"网"。这些轴线反映着标准的屋面构造，基本上是平行的。柱位就是这些方格形的网的交点，屋面就支承在这些交点为支点上面。直至今日，这种结构设计概念和方法还继续在使用，前面已经提及，李约瑟说这是中国的"古"为现代的"今"用②。

在平行的纵向的柱网轴线之间的面积一般称为"间"或者"开间"(bay)，当然，横向轴线之间的面积同样可以称做"间"，不过，常说的间多半指纵向

134

方面而言。在横向方面，在习惯上多数以"架"来表示，什么是"架"呢？架指的是檩木(rafter)，因为在标准的"檩架"设计上，檩木的位置和间距都有定限，很少任意增减，可以用来表达进深的尺度。檩木之间的水平间距在宋代称为"步"或"步架"，因此宋《营造法式》中的附图所称的"架"是指步架而言。清式的檩架的"架"则指檩木的数量，宋式的"四步"就是清式的"五架"，以"一檩一架"作为计算标准。因此，平面的形状大小，就可以简单地用"间"和"架"的数量完全表示出来了。这是一种十分准确地能以文字来表示图样的方法，说明中国人在建筑平面设计上很早就运用了"坐标"的概念。

用"间"、"架"的数量来表示房屋平面或者面积的大小并不仅限于建筑专业中使用，在古代，甚至可以说直至本世纪，已经成为常用的表示房屋形式和规模大小的一种数量单位。在口语以至官方文献，"几间几架"都经常出现，例如《唐会要·舆服》的规定说："三品以上堂舍，不得过五间九架。厅厦两头门屋，不得过五间五架。五品以上堂舍，不得过五间七架，厅厦两头门屋，不得过三间两架。"其中的"五间五架"、"三间两架"就是指门屋的长度是五个"开间"或三个"开间"，深度是"五檩"和"三檩"。古代文献表示房屋的数量多以"间"为单位，"间"并不等于"座"或"栋"(block)，而是柱距间面积的"间"，因为每座建筑物的"间"数不等，用座或栋表示不如用"间"更准确一些。上一节提到的唐代章敬寺有屋四千一百三十余间，假如以"座"计算，可能是不到一千座的。又如小说《红楼梦》中对房屋的描写常用"五间正房"、"三间耳房"、"三间兽头大门"等，几间几间都是房屋有多少个开间的意思，用以说明它们的大小，所指的并非是座数。

在定型化的柱网前提下，以"间"、"架"的数量就完全足以表达单座建筑的平面形式。

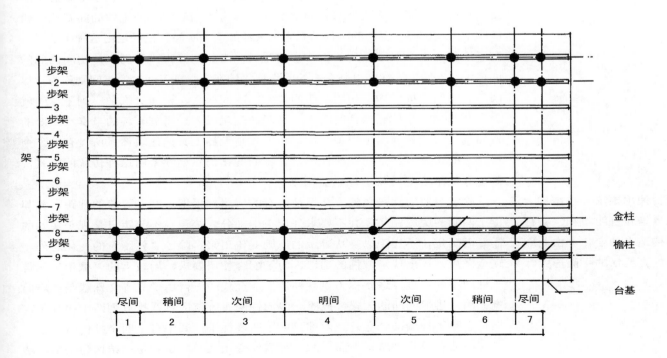

从屋面结构出发确立的"间架柱网"平面图

135

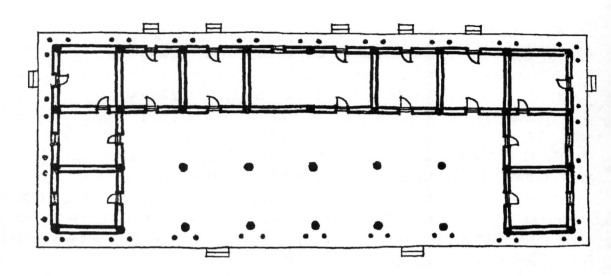

河南偃师二里头商代早期宫殿遗址复原平面图。图中可以看到，采用的是偶数八间，还没有建立"当心间"的意念。

作为主体的单座建筑一般都采用奇数的"间"和变化柱距，扩大"当心间"来强调中轴线和对称的效果。

堂殿的间数大部分采用奇数，因为通常都以横向为正面，大门多位于正面的中央，只有采用奇数的间才有位于中心的间，否则中心线就落在柱位上了。强调中轴线大概是周代之后的事情，在商代的宫殿遗址平面图上看到的都是四和八偶数的间，那个时候入门是不一定要落在房屋的中心线上的。采取四和八的偶数可能和"四向制"的"四室八房"等记载有关。那个时代是有另一套的"象征主义"的构图法，意即作为领导者的天子是要位于"四方八面"之中。汉代的平面布局喜欢一对一对的，是否已经强调门位于房屋的正中呢？大概还不至于过分，由"两阶制"已经看得出来。到了较后一些时期，正中部分愈来愈受到重视，为了增强这个部分的重要性，称为"当心间"的正中的间就比一般的间增大了柱距，现存的唐代佛光寺东大殿的"当心间"已经运用这种手法了。到了清代，这个问题受到了进一步的强调，当心间称为"明间"，明间两侧的间称为"次间"，次间以外左右的间均称"稍间"，到了两端的末间则称为"尽间"。各间的柱距均不相同，明间最大，次间次之，稍间又次之，到了尽间就缩小至相当于金柱至檐柱的距离。柱距的变化成为一系列有趣的节奏，主要的目的就是衬托和突出正中部分，这种方式是世界上其他建筑体系所没有的。今日北京的人民大会堂门前的柱廊、柱距的变化仍然继续采用这种传统的方式，假如我们细心观看就可以察觉出来。

为了配合使用要求，在结构上就出现"增减柱距"和"减柱造"等构造上的变化，由此取得更多、更灵活的平面形式。

除了主要的堂殿之外，并不是所有的房屋都采用这些不等跨的柱距，尤其位于两侧的庑廊厢序，并不要求强调正中部分。等距与不等距只是视乎实际的需要而确定，不等距只是从等距的原则变化出来。除了"柱距"的变化之外，辽金之后，还出现了减柱的构造，为了配合使用要求，用较大的"檩架"代替了柱网中的柱位，这就称为"减柱造"。金代的五台山佛光寺文殊殿是一座面宽七间，进深四间的大殿，按照一般的柱网布置就应有八排五列四十根柱子，但是它除了外墙部分之外，内部只用了四根柱子，其中有十四个柱位省去了。"减柱造"也是"结构平面"的一种重要变化之一，这就是以结构为基础灵活地和使用要求相配合的结果。

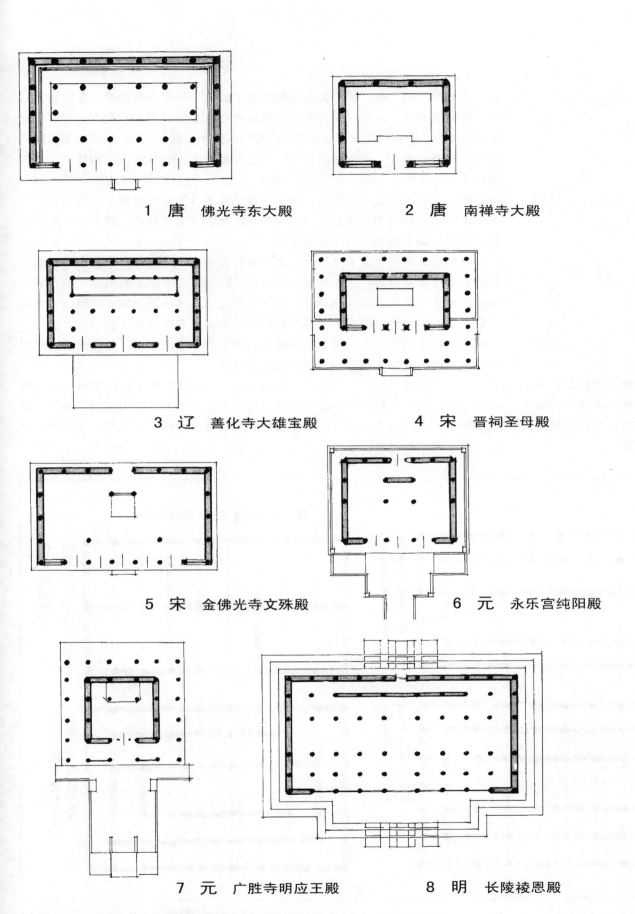

1　唐　佛光寺东大殿　　　　　2　唐　南禅寺大殿

3　辽　善化寺大雄宝殿　　　　4　宋　晋祠圣母殿

5　宋　金佛光寺文殊殿　　　　6　元　永乐宫纯阳殿

7　元　广胜寺明应王殿　　　　8　明　长陵祾恩殿

现存的唐代至清代的一些主要建筑物中的主体单座建筑平面图。

本来，"间"和"架"的数量是随着平面大小的要求而增减，在发展上是没有受到限制的。不过，中国的单座建筑并没有过分地扩大，到了一定的程度便适可而止。在堂殿建筑上，最大的面宽只不过十一到十三间，进深五至六间。清宫太和殿面宽十一间，进深五间，是现存最大的古代单座木结构建筑，唐大明宫含元殿殿身十一间，包括副阶在内共十三间，进深四间，包括副阶共六间。论面积，二者大致上是相等的。至于庑廊、复道等间数自然很多，多至三四十间的也有，颐和园的长廊长达二千多英尺，间数就以百计了。假如以"架"数表示进深，最多的也不过十多架而已。

单座建筑的平面除了"柱位"之外便只有外墙，内部很少作固定的分隔，外墙位于左右及背面，正面全部是门窗的"隔扇"。外墙虽然很厚，但是多半都是不承重的填充墙(curtain wall)，到了明代之后，才出现承重的砖墙。承重墙房屋在平面上自然出现了另外的一种形制，但是很多时候都还是沿着"间"、"架"的基本意念而来，用承重的砖墙代替了外墙上的柱位，屋内部分仍然保持由间架而来的屋面构造方式而构成的平面。

佛塔和园林建筑等都是不受正规制式所约制的建筑物，因此就经常产生各种非矩形的几何图形的平面形状。

因为平面以"间"、"架"为准的关系，单座建筑的平面便基本上就是矩形或方形。其他形状的单座建筑平面在特殊要求下也是经常出现的，如天坛的祈年殿是一座圆形平面的建筑物，紫禁城的角楼的平面是十字形。十字形的平面大概在唐宋的时候很流行，在古代的绘画中常见这种形式的楼阁。工字形的

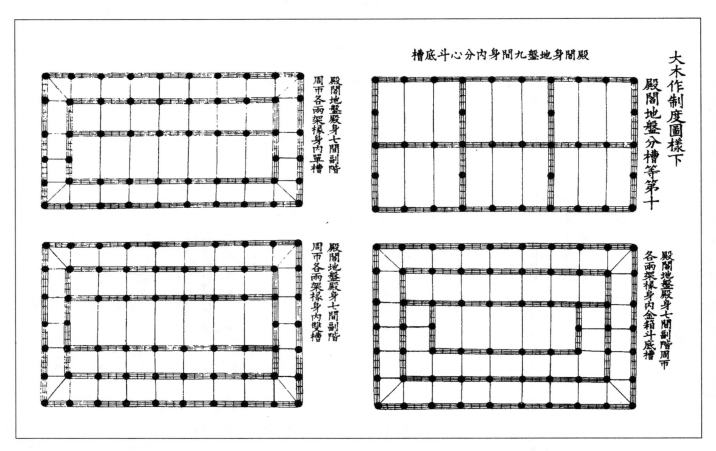

宋代李诫《营造法式》插图中的"平面图"。古代并无平面图之称，而称为"地盘分槽"，即现代的"基础平面图"。

138

平面元代十分普遍，不过这可视作两座房屋用廊将前后连接起来，至于在矩形的平面中部分凸出或凹入等变化也是经常发生的。伸出两翼或整座作口字形和田字形的也不少，这些方式大概就是基因于将单座建筑作一种"融合"或者说把总平面"压缩"。房舍建筑之外的园林建筑的单座平面形状就变化十分丰富了，三角形、圆形、连环、六角、八角、梅花、扇形等等平面形状的亭、楼、阁、榭都应有尽有。它们都是"制式"之外的自由创作，力求有趣和巧妙。至于佛塔的平面形状也很多，方、圆、六角、八角等所有两轴对称的几何图形全部都运用上了。

从单座建筑的平面形式上，我们可以看到传统的中国建筑是"标准化"和"自由发展"两种方式同时并行的，既有一般，也有特殊，面向推广，重点提高，这种方式算得上是发展建筑事业中的一些很好的历史经验。可惜"自由创作"的面还是小了一些，使建筑技术和艺术的提高受到了一定的局限。

① Banister Fletcher.A History of Architecture on the Comparative Method.17th edition.1961.1201
② 见第一章"中国建筑和西方建筑"一节。

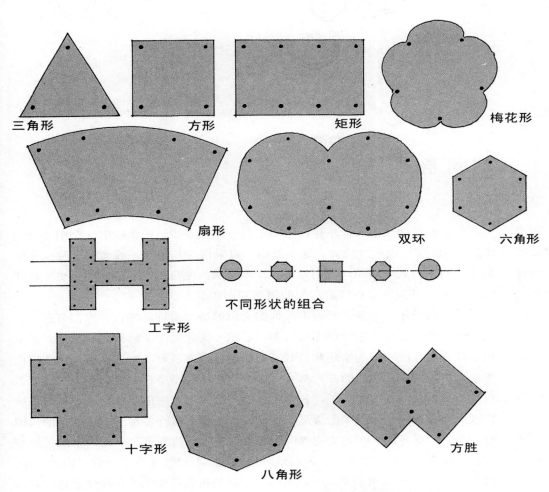

三角形　方形　矩形　梅花形
扇形　双环　六角形
工字形　不同形状的组合
十字形　八角形　方胜

各种几何形状的平面图

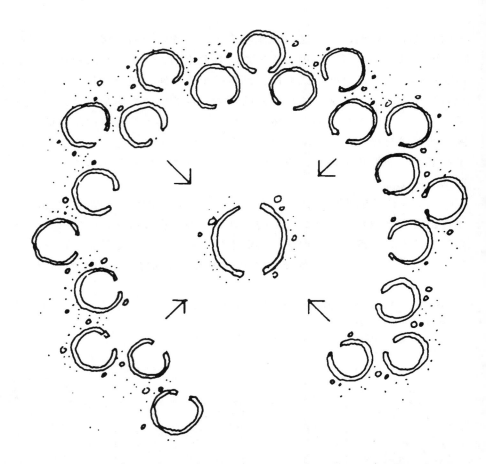

石器时代就存在的一种"向心型"的住宅聚落的布局意匠。

建筑群平面

围绕一个中心空间（内院）组织建筑群也许是一种人类最早就存在的布局方式，中国传统建筑从开始到终结基本上都受这种意念所支配。

中国传统建筑的每一单位，基本上是一组或者多组的围绕着一个中心空间(院子)而组织构成的建筑群。这个原则一直采用了几千年，成为了一种主要的总平面构图方式。假如，我们逐步地探本穷源，便可以发觉到它的历史实在非常之长远，甚至可以说随着房屋的出现便产生。

关于六千年前的陕西西安半坡仰韶文化的房屋遗址，考古学家们有过这样的一个调查报告："在聚落布局方面，以这一文化类型了解得比较清楚。一般可以分为居住区、烧陶窑场和公共墓地等部分，并各有一定的区域。居住区由单个的房屋组成，房屋的排列都有一定的次序。在小型住宅群的中心有一所供氏族成员公共活动的大房子，各个小屋的门都朝向这座中心建筑。半坡遗址居住区大体上构成一不规则的圆形，里面密集地排列着许多房子。居住区的周围有一条宽、深各约5～6米的防御沟围绕着，沟的北边有公共墓地，东边是烧制陶器的窑场。"①由此看来，新石器时代的建筑群已经采取了一种"向心"(面向着一个中心)而构成的形式了。相信，此后的房屋总平面的布局就是这种观念的进一步发展和延续。

关于商代和夏代，或者更早以前，古代的文献记述过在建筑上采用"四向"之制，就是说以一个称为"中庭"的空间为中心，东西南北四方用房屋围绕起来。《董生书》曰："天子之宫在清庙，左凉室，右明堂，后路寝，四室者，足以避寒暑而不高大也。"《书经》中也有"辟四门，明四目，达四聪"之说，甲骨文中也出现了"东室"、"南室"、"东寝"、"西寝"等名词。这都说明了中国人很早就将房屋分别布置在东南西北四个方向上，其目的就是构成一个封闭的向心的内院。1959年，在河南偃师二里头发现了一座商代早期宫殿遗址，经过了多年的发掘和调查研究，建筑群的平面图基本上已经弄清楚了[②]，证实了古代文献的记载大致上是符合事实的。这是一座中间为庭院，四周为房屋环绕的建筑物。它的平面图不但说明了这种布局的原则，并且清楚地指出其时房屋的形制已经有了主次之分，朝南的北屋为主，其余的不过是庑廊而已。根据放射性碳素测定，它的年代距今3210±90年，树轮较正年代范围是公元前1590年—公元前1300年。这座三千多年前的古代宫殿的平面图表示出中国建筑典型的布局方式，这个时候已经产生接近成熟的雏形。

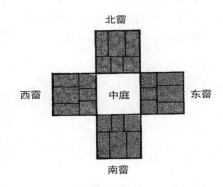

"四向制"平面推想图（见王国维《观堂集林》）

　　"四向"和向心的"中庭"的平面布局可能和古代帝皇的以自己为中心的统治思想有关，但是，这种意义实在是并不十分主要的。以"院"为中心的建筑群组织方式发展成为中国古典建筑的主要形式最大的原因就是"院"这种性质的空间为所有人所必需。人自从生活在人工环境之中后就开始和自然有了一种分隔。在性质上，"院"是外界环境和室内环境的一个过渡；在生活中，人的思想感情是要求有这种过渡性质的环境的。因此，院子成为中国古典建筑平面组织的一个重要内容。房屋设计的目的似乎十分明显地是为了建立两种不同性质的空间：一种是有屋顶的四周封闭的室内空间，一种是没有屋顶的四周同样是封闭的室外空间。这两种不同的空间分别满足人在其间不同性质的活动的要求。

封闭的露天空间是一种主要的建筑内容，为各种活动所要求的一种空间形式。

　　当然，"院"并不是一定依靠四周围绕着房屋才能够形成，它可以附在房屋的前面作为"前院"，附在房屋的后面成为"后院"，不过，在这种情况下院子就成为房屋的附属物，并不是平面组织的中心了。由于中国传统的单座建筑的平面简单，它们必须依靠院为中心才能达到机能完整。院的重要性必需和房屋的重要性完全相等，否则分散分布的单座建筑就无法构成一个完整的有机的整体了。甚至，在设计思想上，单座建筑可以看作是属于院子的，只有这样才能将建筑群的层次逐级地构成，才能一组一组地组织起来。院子可以做出形状和大小不一的变化，通过这些变化就可以将内、外、主、从等关系表达出来。因为单座建筑采取了"标准化"，在变化上是有限的；而院子的形状、大小、性格等的变化是无限的，用"无限"来引导"有限"，化解了"有限"的约束，实在是一种十分高明的构图手法。真是"山不在高，有仙则名"。这句话用在建筑构图上就是：不必过分追求建筑物本身的高大奇巧，只要建筑群的平面组织良好，自当会达到高度的建筑艺术表现的境界。清故宫在建筑上的成就并不在于它的单座建筑的雄伟和表现力，而主要在于它所构成的一系列大大小小变化无穷的封闭的空间，通过空间的表现而达到它本身追求的目的和效果。

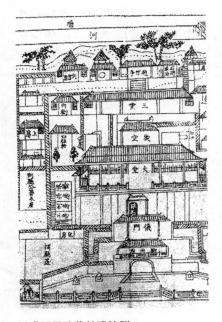

组成层层院落的建筑群

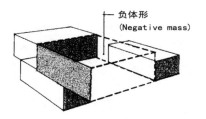

由封闭空间所构成的"负体形"

我们说过古代的房屋建筑是以"间"作为表示数量的单位的，对于建筑群来说则以"院"来表示。关于整群建筑物规模的描述便常用"几院几间"来说明。可见，"院"在中国人的心目中，长期被认为是建筑群的构成单位了。在建筑计划上，重心在于"间"和"院"，而不在"单座"的"座"，和我们今日的一般观念很不相同。要对中国古典建筑的精神作认真的体会，这些概念都是一些问题的关键。

假如，我们将向心的院子周围的房屋庑廊只看作是一面墙壁，天空看作是天花板，那么，院子本身就是一个厅堂或者房间，也可说是另一座很大的房屋了。在平面布局上，构成有屋顶的房屋和没有屋顶的房屋是同样重要的，这就是中国古典建筑设计十分巧妙的"二重性"。很多人对这个问题都没有足够的体会，日本建筑和中国建筑在外形和构造上都很相似，在历史上深受中国建筑的影响，但是，在总平面布局上，它们多半未能表达出这种"二重性"的性格。露天的封闭空间，今日一般称为"负体形"或"负体量"。

《三辅旧事》所说秦阿房宫"南北五百步，庭中可受万人"就说明了秦宫设计了一个露天的万人大会堂。这是一个四周有房屋围绕和规限的"庭"，不是空地或者校场。清宫午门前"冂"形的城墙所包围的空间也是一个举行仪式露天的礼堂，战争胜利了就在这里举行祝捷的献俘大会，也是布置仪仗礼节用的空间。寺庙等公共建筑和一般住宅建筑内的"庭院"用途实在是非常之多的，举行一些礼仪的活动、集会、饮宴，以至进行一些在室外比室内更适宜的工作等等，总之，好些生活是离不开没有屋顶的厅堂的。"充分利用房屋平面布置中分割出来的露天空间"和"有意识地去创造一个完整而合用的露天空间"在设计上属于不同的概念，这是一个主、次不同的问题。西方古典建筑和现代建筑往往出发点在于前者，中国古典建筑却是着意于后者，于是解决问题的态度和方法，恰好又是相反的了。

在平面组织的系统上，建筑群是以"一院一组"为基本单元的，多组的建筑群的院一般是首先向纵深方面发展，院与院间作行列式的排列，一直行一连串的院则称为"路"，典型的巨大建筑群则以"中路"为主，左右再发展为"东路"与"西路"，更大的"群"可能构成更多的"路"。在"路"中，院与院间有纵的联系，也有横的联系，成为一个交叉的交通路线网。建筑群的"路"和我们今日所指的道路的路在形式上很不相同，但在意义上也有相同的地方，它也是一种交通路线的组织系统。有时，在建筑群的"路"与"路"间也有的形成有分离的"巷"。"巷"是辅助性和服务性的交通路线，在组织严密的建筑群中另成一个系统。主要交通路线和服务性交通路线分离，在古典建筑平面计划中早就存在，只要我们通过众多典型的实例细加分析，自然可以体会到它们的设计思想实在是非常成熟的。除了"主路"、"次路"之外，还可以分出"支路"，这个时候"大院"就变成"小院"，不过，无论如何，始终坚持着一个原则"无院不成群"。

其实，在建筑布局上，一共只有两种基本的原则：一种是空间包围着房屋，另一种就是房屋包围着空间。前者以建筑物为主，建筑物以"三维"(three dimension)的"塑像体"(plastic)的形式出现，它是视线的焦点，因此房屋平面的本身便要求有足够的变化。后者以构成一个良好的空间(广场或庭院)为主，房

建筑群的组织和发展

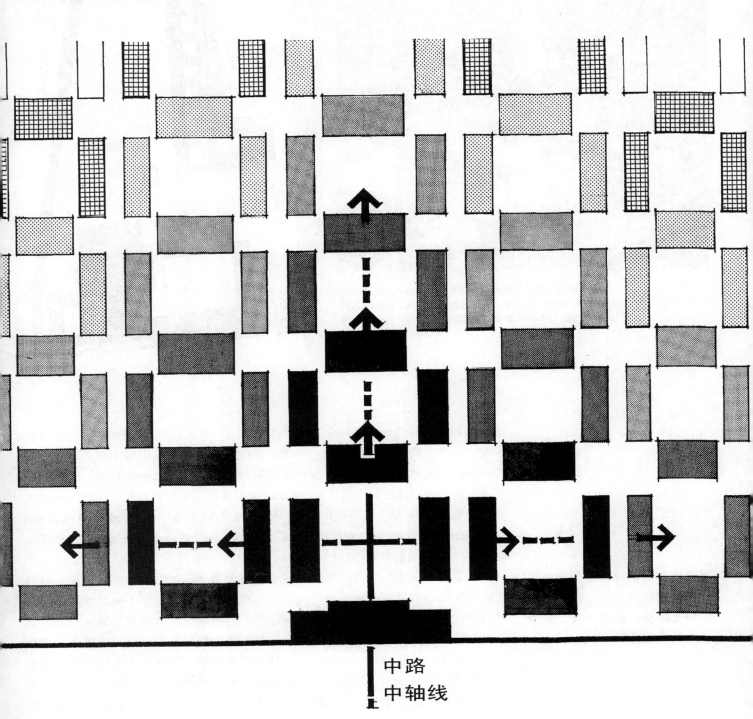

中路

中轴线

　　图中表示的并不是具体的建筑群平面图，而是在组织观念上按照图
中所表示的方向和色调的强弱作为一种扩展的次序，或者说扩大规模的
伸延方式。在中国古典建筑群中，房屋并不是交通路线的分隔，主要交
通路线常常是安排穿越"门"、"堂"而过的。

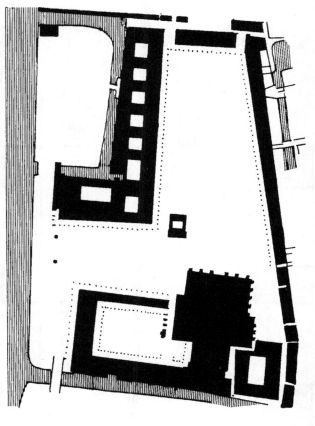

著名的威尼斯圣马可大小广场就是由一系列大型的建筑物如皇宫、教堂、图书馆、塔楼等封闭而构成。在构图目的上，西方的广场和中国的庭院是相同的，但是，在使用上却有"公"、"私"和"内"、"外"的不同。

屋只能以"两维"(two dimension)的"平面的"形式作为空间的封闭，目的在于使空间本身得到最好的效果。中国古典建筑的布局所采用的主要是这样的方式，早期西方古典建筑在城市设计上也有过很多这样的总平面布局，意大利不少著名的古典建筑所构成的广场(piazza)(其实应该译作为"大院"，因其为公共性质，也只好称为"广场")，如威尼斯的圣马可大小广场(piazza and piazzetta San Marco)、佛罗伦萨的安奴斯亚达广场(Florence，Piazza Annunziata)等等都是属于这一类型的设计。

虽然大部分的建筑群都以"负体形"的院为中心，但是很多时候也同样产生有强调"塑像体"的平面布局方式。

除了"院落式"之外，中国建筑有没有表现"三维"塑像体的平面布局形式呢？答案当然是同时存在的，天坛祈年殿的布局就是一个十分显著的实例，城门的门楼、钟楼、鼓楼、佛塔等等在平面的组织中都放在视觉的焦点上。很多时候，两种方式都在混合地使用，例如在较大的封闭的院落当中放置一座有趣的建筑物，使它能以"三维"塑像体的面貌出现。虽然，在平面组织上离不开"院落式"的观念，但是，在平面布局上使建筑物有机会作"三维"的表现也同时受到十分重视的。尤其园林建筑中，大量地出现显著十分出色的这类作品。此外，一切往高空发展的或者位于高地的楼、阁、台、观、塔等，它们本身丰富的轮廓线就是因为所处的地位要求它们要表现出强烈的效果。反过来说，正因为它们有强烈的视觉效果，所以布局上非把它们置放在视线的焦点上不可了。

印度建筑也有采用"门堂"及层层围墙封闭的平面组织形式的，而且也强调中轴线。但是，在平面组织意念上显然没有确立以每一封闭空间为"群"的基本单位的思想。图为印度的斯利兰伽(Srirangam)庙平面图。

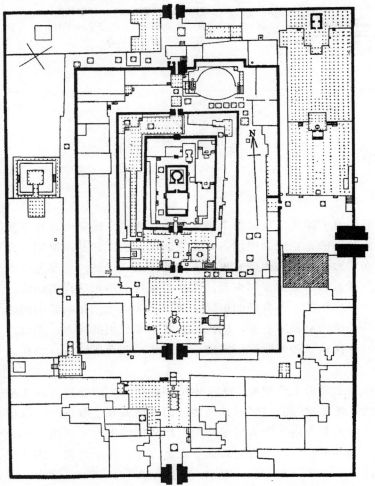

① 中国科学院考古研究所《新中国的考古收获》北京：文物出版社,1961.9页
② 中国科学院考古研究所《河南偃师二里头早商宫殿遗址发掘简报》《考古》1974,4期

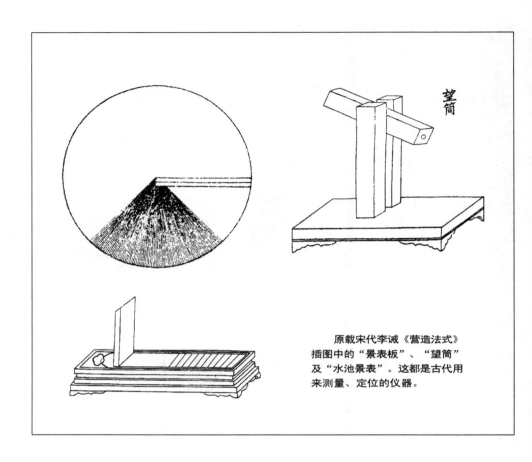

望筒

原载宋代李诫《营造法式》
插图中的"景表板"、"望筒"
及"水池景表"。这都是古代用
来测量、定位的仪器。

典型的平面制式

"主座朝南，左右对称"是中国传统的主要建筑平面构图准则，它基本上符合中国人的使用需要，因此两三千年间都一直坚持下来。

几乎所有的中外研究中国传统建筑的学者都一致认为"主座朝南，左右对称，强调中轴线"为典型的、正规的中国古典建筑的平面构图的基本原则，并且大部分认为这种布局方式主要是由儒家思想影响的结果。当然，这是无可置辩的事实，从我们所能看到的大量事例来看，实在是很容易得出这样的结论。有些人认为，这是一种生硬的、不合理的形式主义，很大程度上影响着中国建筑的进步和发展，从整个历史发展着眼，这也是并非不成理由的论点。不过，我们对于这一系列问题的认识和判断绝不能过于简单化，要有所讨论，要作分析。

古代，在平面布局上要求主座朝南，平正方位倒是在官方或非官方的文献中明文规定了的事情。营建房屋的时候，首先要做的事情就是"取正"，取正者就是测定一条准确的南北方向线作为房屋排列组织依据的参考。《周礼·天官》有"唯王建国，辨方正位"；《诗经》说"定之方中，作于楚宫。揆之以日，作于楚室。"注云："定，营室也；方中，昏正四方"；"揆，度也，度日出日入，以知东西，南视定北准，极以正南北。"中国人很早就确立了以方向作为建筑平面定位的依据，在古代的城乡建设条件下，应该说是一种非常先

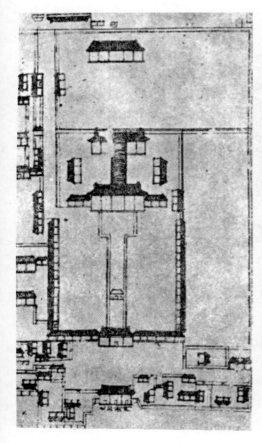 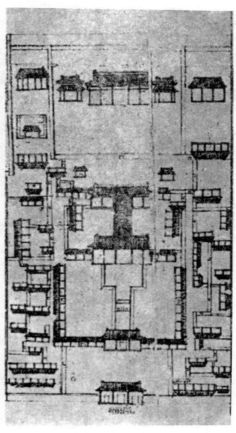

《乾隆京城全书》一书的插图：清代吏部（左）及翰林院（右）的总平面图，不论住宅或者官衙，都离不开以"院"为单位的建筑群组织方式。

进的措施。因为在中国所处的地理环境中，朝南是房屋最理想的方向，为了使多数的房屋都能取得这个理想的朝向，将它纳入一种制度之中实在是完全合乎需要的。在这种定位的原则下，建筑群不论处于有计划或无计划的发展，它们都很容易自然地形成一个和谐和统一的构图，对于扩展和合并都是十分自由和有利的。所有建筑物都基于同一的以方位形成的参考线网上来定位，互相之间就此便产生了一种十分重要的相同的关系，并不需要严格的整体规划的控制，房屋与房屋、空间与空间、街道与街道也自然会处于互相平行的网格上。圆明园是由圆明、长春、万春三园合并的，建设的历程长达两个世纪，假如不按照一个共同的定位原则，连接成一整体就会困难得多了。

古代的建筑文献如《冬官考工记》等只述及对称的平面布置方法，并没有作过建筑物平面必需对称的规定。儒家所强调的"礼制"，只是一种布局的程序如何与之相配合，其实也没有建筑物建筑平面布局一定要非对称不可的理论，建筑设计的"对称"问题完全算在孔丘身上是不大合适的。在全世界的古代建筑设计上，不论埃及、中亚、希腊、罗马的神庙，欧洲中世纪以至文艺复兴的教堂、皇宫，它们的构图绝大部分都是对称的，并不是中国建筑是唯一的例外。直至今日，我们所应用的"人工物品"，小如桌椅家具、日常生活用品，大至汽车、飞机，甚至火箭，在构图上都是对称的。因此，可以说"对称"是人工物品制作设计的一种基本方法之一，除了造型上的视觉因素外，决定它以这种形式出现的原因实在是非常之多的。

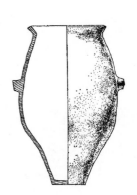
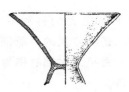

从石器时代开始，人类就制作对称的"人工物体"。

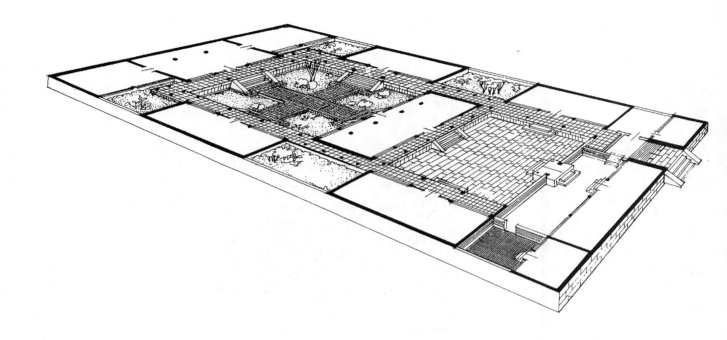

完全按照传统的建筑意念构成的明清时代北京典型的四合院住宅的平面组织形式。

现代建筑突破了古代建筑构图上的绝对的对称，主要原因就是配合现代的客观条件和具体要求。一块本来就不是对称的基址如何可以产生对称的平面布局呢？要组合在建筑物内的使用要求也并不完全是"双项"的，做出对称的平面组织就有困难，为了达到功能上最大的效率，平面关系从"两维"走向"三维"，因而就不能首先接受一种束缚。不过，无论如何，即使抛弃了对称的形式，在设计上也要考虑构图上的平衡(balance)。中国的园林建筑很早就打破了对称的局限，非对称式的平面布局也许比西方产生得更早，对称与非对称的建筑平面以及总平面布局本来就是根据需要而决定的。中国古典建筑之所以出现更多的对称形式的平面布置，可能是中国的具体建筑环境和条件具有更大、更多的发展对称布局的自由而已。假如，城市的道路网是不规则和杂乱的，建筑物的定位也不是以上述的以朝向作为定位的准则，城市分割出来的街区就是一片片非对称形状的用地，那么要使建筑群得到一个完整的对称的布局就很不容易，甚至成为不可能的了。从欧洲古代的大建筑群布局来看，它们并不是不想构成完整的对称的布局，很多时候却因已存在的环境对它们产生了制限。

由于历史上的种种意识的影响，各种方式的"象征主义"是左右平面布局的相当重要的因素。

另一方面，中国历史上的确是存在过在没有对称布局条件下强求建筑群对称的偏向的，这种"形式主义"自然就涉及儒家思想的影响。因为儒家的经典以及各种著作中不断地宣传和强调"法先王"，遵守既定的形制，以对称、整齐、规则的布局较能体现"礼制"的精神。并且一些礼制上的规定和序列也是依照标准的对称格式而做出，例如"北屋为尊，两厢为次，倒座为宾，杂屋为附"等平面组织次序和分布，在非四合院对称式的布局中是无从表达出这种尊卑序列的。

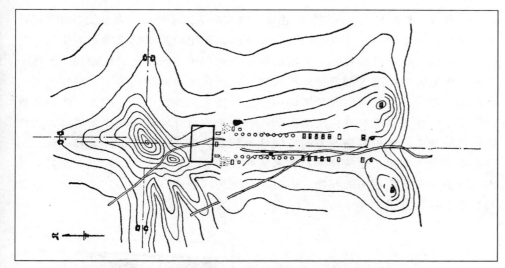

唐高宗乾陵平面图。这是一个由"风水"学说而来的包括自然地形条件在内的总平面
布局，其中除了形成纵向的主轴外，还有对称的横轴。

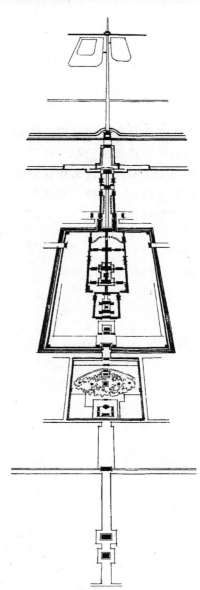

长达八公里的北京城市中轴线，所有重大的建筑群都以这条轴线为基准而展开布置。

强调中轴线的思想来自很浓厚的民族意念，它反映着社会意识和技术组织的统一，成为中国建筑的一个很大的特色。

关于方向，除了基于科学上的理由来测定之外，古代中国在这上面还产生了不少象征主义的"哲学"。两汉的时候，阴阳五行的"学说"在建筑上表现得很强烈，每一个方向都有一定的"图案"来代表，并规定了五行中的所属。例如：东方属木，为青龙；南方属火，为朱雀；北方属水，为玄武；西方属金，为白虎；中央属土。金、木、水、火、土五行之间有一种循环的相生相克的关系①，青龙、白虎、朱雀、玄武各有其代表和象征的意义②，这样一来建筑平面构图的分布就产生了不少玄妙的解释。又如，《风俗通》曰："宅不西益(向西方面扩展)，俗说西者为上，上益宅者，妨家长也。"《礼记》曰："南向北向，以西方为上。"《艺文类聚》曰："西南隅谓之奥，尊长之处也，不西益者，难动摇之尔，审西益有害，增广三面，岂能独吉乎。"这些都是方向中所象征的意义而影响布局的一些说法。

对称和中轴线实际上是同一设计思想所产生的两种表现，对称的布局自然产生强烈的中轴，但是，假如建筑物的平面组织横向发展，虽然因对称而形成构图中心，这样主轴就没有因向纵深伸延而加强。只有中国式的建筑群层层地依照一条中轴无限地伸延，才能形成一条在构图上压倒一切的主轴。因此在西方古典建筑和现代建筑上就从未产生过如北京那样的长达八公里的建筑群布局以此为据的中轴线，也没有产生过像明十三陵那样的宽广的总体布局。中国式的中轴线是有它自己特殊的意义的。虽然，我们可以说它反映着一种思想，事实上也的确是充分表露着古代封建社会的意识，但是，在整个建筑平面组织规划上，离开了这一条作为主导的轴线，实在是难于将很多重重封闭自成一组的基本平面组织串连成一体的。

中轴线的问题是不能脱离开整个中国古典建筑的技术和艺术基础孤立来讨论的。北京城市规划和中心建筑群的布局是中轴线运用的最高成就，它是中国式平面布局的集中表现，这是中国建筑技术和艺术长期以来发展的结果。没有历史的基础，这个设想是不可能出现的；离开了城市其他部分平面组织的体制，这个设想实现了也是没有意义的。

在城市中从单座建筑到总体规划之间一直都保持着一种严密的组织关系，即使城市规划方式有了改变，这种关系仍然持续地存在。

当城市逐渐发展沿街建筑物，建筑群的布局失去了往纵深发展的条件之后，中轴线就没有了它的重要性，以方位作平面布置定位的准则也随之发生了一些改变。不过，我们可以看到，中国的城市规划在极力地满足房屋布局上的这个要求，住宅区的街道大部分是东西向的，即使在南北向的街道中，房屋也是与街道垂直布置，只是入口改变了朝向而已。历史的条件产生了改变，中国古典建筑常常仍然顽强地坚持传统的形制，并且千方百计地解决这个矛盾，很少作根本性的变革。这种性格一方面导致建筑问题的解决达到非常广远和高深，另一方面也大大局限了建筑技术和艺术新的发展。我们的祖先常常用非常巧妙的方式解决很多难于解决的问题，有时正是因为问题得到了解决，就阻碍了在新的基础上做出新的变革。

① 五行中相生的关系是这样的：水生木，木生火，火生土，土生金，金生水；相克的关系就是金克木，木克土，土克水，水克火，火克金。
② 青龙象征太子，春天，和平；朱雀象征朝，夏天，喜悦；白虎象征皇后，秋天，悲哀；玄武象征市，冬天，庄严。

山东曲阜"孔府"总平面图，这座"衍圣公府"是明初洪武十年（1377年）开始建筑的，占地二百余亩，厅、堂、楼、馆共四百六十余间。它是依循着典型的建筑群构成方式布局的。

布局的组织和程序的安排

虽然，强调南北中轴线，规则整齐，组织层次分明，均衡对称等是中国古典建筑的主要模式，是平面布局形式发展的主流。但是，并不是所有的建筑物的平面形式都绝对地如此，碰到了不同的条件时，这些准则就会发生变化。同时，我们也不能说这就是平面计划和组成全部的意念，很多其他形式的平面构图同时都在不断地产生和发展。

园林建筑以及坐落在地形起伏的自然环境中的庙宇堂殿等明显地就出现了另一种形式的平面布局。事实上，在复杂地形的基址上，硬性地要求直线的、规则的院落式布局是有困难的，甚至不可能，因而与地形结合的"因地制宜"式布局便出现。除此之外，即使在平坦的用地上，也有人采取追求"天然图画"的设计意念，尽量使布局自由活泼，不留或减少规则构图的痕迹。构图的原则就是一切顺乎自然，正所谓"非其地而强为地，非其山而强为山，虽百般精而终不相宜"①。再者，在"宫室务严整，园林务萧散"的思想下，很多带有园林建筑性质的建筑群布局就另成一种不规则的、自由灵活的、生动活泼的局面。

规划整齐、左右对称虽然是平面布局的正规形式，但是在另一方面也同时产生不少因地制宜的自由灵活的构图。

中国建筑创造了两种不同的人工环境：一种是表现得极为理性的完全由人工形状构成的作品，另一种就是即使由人工而得来却仍然以天然的景象而出现的构图。

除了在使用功能上的安排之外，建筑平面布局大致上有两种不同的构成目的：一种是创造一个纯粹的人工环境，在构图的范围内一切景物完全出于一种人工的安排，很少甚至没有和外界的任何景色相结合；另一种就是完全以风景为主，建筑物设计和安排的目的是增进自然的景色，除了使其与周围环境相协调之外，很少过分地强调建筑物本身的表现。北京北海琼华岛上的白塔、景山顶上的万春亭、颐和园昆明湖万寿山上的佛香阁，它们都是放在制高点上的建筑物，在视觉中很显著、突出，是典型的"三维"塑像体。但是，在总的景色

北京北海的白塔（陈霜林 摄）

中，它们并没有把一切都抢夺了，它们只不过是自然风景构图中的一种收束，它们在衬托着景色，并不见得周围的景色成了附属物，在陪衬着它们。

中国古典建筑在构图上，"宾"、"主"的关系是十分清楚的。以人工构成的环境为主的时候，点缀在其间的花草树木等自然物体很少过量，多半都是适可而止。以自然物体的景色为主的时候，建筑物就尽量地减少，人工物品绝不可"喧宾夺主"。因此，园林的配置比例有所谓"三分水，二分竹，一分屋"之说。"竹"不一定是竹林，而是花草树木的总称而已。换句话说，房屋不应超过园地面积六分之一。自然的景色是自由的，为了配合景色的自由，一切规则整齐的几何图形的构图就用不上了，因而就产生一种完全以自由的曲线，非几何图形构成的布局方式。

设计素材之间的"宾"、"主"关系因设计意图的不同而相异，不同的关系产生不同的主题、不同的性格和效果。

自由的布局方式并不等于没有组织的布局，组织层次问题在园林建筑中还是重要的。以"院"为单位的组织程序还是存在的，不过这个时候的"院"却是由规则整齐的封闭空间变成自由灵活的景色封闭的圈子而已。在起伏的地形上，外间的景物就会很容易地进入视域之中，有意识地介入外间优美的景色，就是所谓"借景"，混乱的景色就用各种办法将它们遮挡封闭起来。这都是布局组织工作一系列要考虑的问题。视觉安排的考虑是一种十分细致的事情，并不是纯粹在图面上可以解决的。

与风景结合，依山作势的建筑从来都是为人欣赏、赞美的意念，我们可以通过历代的文学作品所流露出来的感情体会到这种景物所受到的欢迎。"层台累榭，临高山些；网户朱缀，刻方连些"[2]；"其为宫室也，仍巉嵲而为观，攘抗岸以为阶，壅波澜而鳞坻，驰道列以曲远，览除阁之丽靡，觉堂殿之巍巍"[3]；"复殿重房，交疏对霤，青台紫阁，浮道相通。虽外有四时，而内无寒暑。房檐之外，皆是山池"[4]。这些文句虽出于不同时代，对建筑与自然景色结合的情怀却是颇为一致的。

在图面上看来，很多总平面布局都十分平淡，并未显出任何特色。其实，中国建筑群的布局精神和主要的设计意念并不落在平面的形式上，紧紧掌握和控制的却是它的"组织程序"，然而"程序"的效果在平面图上往往是无法说明的。虽然，布局方式似乎都是大同小异类近一致的模式，但是实际所组成的环境，就会因程序的安排手法不同，使同一的平面式样产生出完全相异的视觉印象来。即使是在同一组建筑群中，完全相似的重复的"院落"，它们每一个封闭空间所产生的景象和格调很多时候都常常完全不一样。设计的注意力大部分是落在不同空间之中的景色的变化和转换上，把整个过程纳入一个总的组织程序之中，使人从一个层次进入另一个层次的时候，由视觉的效果而引起一连串的感受，并且产生情感上的变化。设计创作的意图就是控制人在建筑群中运动(movement)时所感受到的"戏剧性"的效果。

布局中程序的安排是中国古典建筑设计艺术的灵魂，由于它们控制人在建筑群中运动时所得到的感受，景象大小强弱次序的安排就成为表达完美的意念的重要手段。

中国的建筑艺术，大概可以分为两个方面。一方面是建筑"物"方面的设计和创作，包括结构、构造和各种装饰。这种"物"的设计一般视为"工匠"们的工作，很多时候都没把它看作创作的重点。在建筑艺术上，这并不是意匠的最终目的，而只不过是一种手段，这种手段只不过是用来表达"艺术"内容的工具。在另一方面，"艺术"的创作在于由布局而形成的一系列的景象的组建筑艺术内容的表达并不仅限于各种静止中的形象，更重要的就是由连续印象所带来的综合效果，由于印象的积累在思想感情上所产生的感染力。

依山作势，完全与自然景色相结合的这一类中国建筑构图是相当普遍的。在构图的效果上，它不是和欧洲著名的圣米高山(Mont St. Michel)相类近么？（顾效 摄）

织和安排，由此而按次序地将意念传达给建筑艺术的欣赏者。这就并不完全是"物"的创作了，而是由"形"转化为"神"的一个过程。古代对建筑艺术的要求并不是只希望构成一种静止的"境界"，而是一系列运动中的"境界"。"境界"所出现的方式和次序是要有缜密的安排的，它们的组织正如一切艺术品的组织一样——起、承、转、合，由平淡而至高潮等等都在考虑之列。创作的成败很多时候决定于"境界"出现的序列。中国建筑艺术是一种"四维"以至"五维"的形象，时间和运动都是决定的因素，静止的"三维"体形并不是建筑计划所要求的最终目的。

假如，我们对中国的绘画和文学有一定了解的话，我们同时就会较好地体会到中国建筑的"艺术"。在西方的艺术观念中，建筑、绘画和雕塑是同一性质的艺术，它们被称为"美术"或者说"造型艺术"(fine art)。在传统的意念中，它们都着重于静止的物形的美的创造。设计一座建筑物和设计一件工艺品在视觉效果的要求上基本上是相同的。但是，中国对建筑艺术的要求却更多地与文学、戏剧和音乐相同。建筑所带来的美的感受并不只限于一瞥间的印象，人在建筑群中运动，在视觉上就会产生一连串不同的印象，从一个封闭的空间走向另一个封闭的空间时，景物就会完全变换。正如文学作品那样一章一节地展开；也正如戏剧那样，一幕一幕地不同；当然也如音乐一样，一个乐章接一乐章地相继而来。整个"艺术"的内容是要通过一连串变换的景象综合起来而完成，个别的"物"的设计就只不过看作是文学中的一些"词句"、戏剧中的"角色"、音乐中的"旋律"而已。

对于建筑"艺术"的要求，中国人常有"所有之景悉入目中，更有何趣"之说，总的来说是不满足于一时一地的"形状"和"景物"的。因此，"造型"的意念就要着重于能将景象迅速不断地更换，封闭空间的"院落式"组织正好

就满足了这种要求。其次，中国的建筑"艺术"同时也要求"净化"景色，即使以巨大的建筑体量为主题，在一个完全开敞的空间之中视觉是不可能完全受到制约的。一座矗立在广场之中的大厦，四周可能会出现与这座建筑物不相协调的景象，不但损坏了主题的完美，并且引起视觉上的混乱。为了净化视觉的印象，使其受限于特定的要求，景色封闭就是一种唯一的手段，只有这样去组织设计才不会受到外界的干扰。

中国建筑群布局和组织的目的就是使人一进入大门之后所得到的视觉印象完全是由设计者来安排，人在其间运动时各种"戏剧性"的效果随之而展开。以"清故宫"这组建筑群而论，在清代的时候，任何人在中轴线上走一次，他就会领略到十二种不同的"封闭空间"中的景色，"场面"的变换是紧扣每一个进入者的心弦的，前后的"场景"是相互衬托的，但每一"局面"都是令人出乎意料的全新的转变。"节奏"的感觉是在"运动"中形成的，程序的安排有时是步步拉紧，推往顶点；有时却是在简单与平淡之中突然转入无比壮丽、激动人心的"高潮"。"对比"的法则运用于"景"与"景"间的交替安排上，高明的布局者常常运用使人出乎意料之外的手法，使人产生一种神秘而奇幻的感觉，用来支持着一种"寻幽探胜"的兴趣。

这种"运动"的"连续"的艺术表现方式很早就在中国绘画中以"图卷"的形式出现，说明了这种观念的存在是有极为长远的文化历史根源。这种"艺术"意念反映到建筑设计中来就并不是出于偶然，尤其是很多建筑计划的主持者或者意见的提供者们，他们很多时候都是有丰富想像力和文学历史知识的文人或者艺术家，很自然就会在建筑的布局构图中带来这一系列的艺术表现意念。在小说《红楼梦》中，第十七回的"大观园试才题对额，荣国府归省庆元宵"就对这种"艺术意念"的获得和表达作过很具体的描述。"大观园"是由很多"性格"不同、观感各异的一幕幕"场景"组成，它的整体是由分割而连续的景物集合起来的。通过贾政等人的对话，曹雪芹从中就道出了不少中国传统的"建筑艺术观"。

今日的建筑师、城市设计师已经开始十分注意"运动"、"连续的景色"、"戏剧化"等问题在建筑设计上的意义，这一点我们可以在大量的西方现代建筑著述中看得出来。中国的古典经验对于我们今日研究和解决这些问题是十分有帮助的，不过这些意匠有时过于玄妙，似乎并不是一下子便可以领略和体会。从现代一些模仿中国古代建筑的设计来看，不论出于何地，似乎都无一能在平面组织和布局上掌握这种中国建筑传统的"艺术"精神。难怪有些人做出这样的评论：对于中国古典艺术的模仿是"取其形易，得其神难"。

考虑"人"在其中的感受更重于"物"本身的自我表现，这种创作方法就是一种基于"人本主义"而产生的指导思想。

① 曹雪芹《红楼梦》第十七回。
② 《楚辞·招魂》。
③ 汉王褒《甘泉宫颂》。巇崿，高峻的山岭的意思。
④ 北魏杨衒之《洛阳伽蓝记》卷三，"景明寺"。交疏对霤：疏，指窗花；霤，承霤，檐口接载雨水的天沟(gutter)。

▶颐和园内所形成的一系列景色的变换：

1.　平凡的序幕(仁寿殿)；
2.　一般的四合院景象(宜芸馆)；　（张龙　摄）
3.　转出开朗的湖光山色的新天地(昆明湖)；
4.　通过有节奏的长廊前往新的境界；
5.　位于高点上的景色的主体(佛香阁)；　（丁垚　摄）
6.　佛香阁内极目四望，西山美景尽收眼底——借景；
7.　山后一片江南情趣的景色；
8.　曲径通幽，过了树丛又是另一个天地；
9.　"台楼"式的文昌阁；
10.　每一组建筑群又另成各自不同的景象。

1.

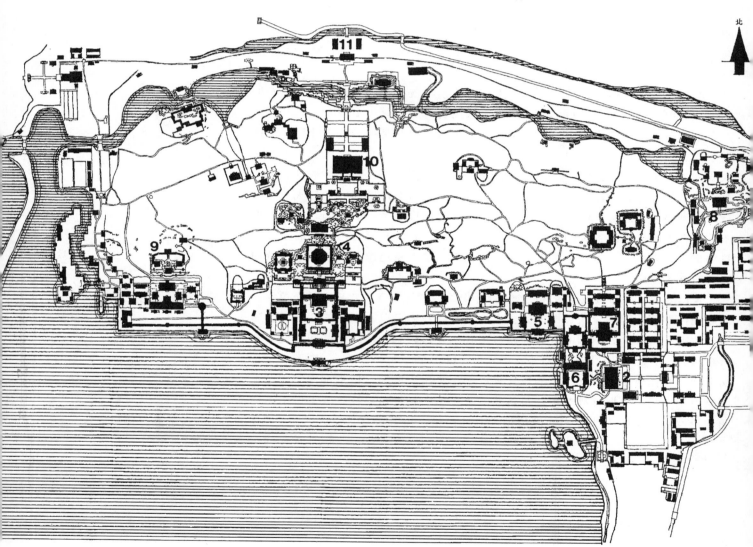

北京颐和园万寿山总平面图

1. 东宫门；　　2. 仁寿殿；　　3. 排云殿；　　4. 佛香阁；
5. 乐寿堂；　　6. 玉润堂；　　7. 德和园；　　8. 谐趣园；
9. 画中游；　　10. 须弥灵境；　11. 北宫门。

2.

3.

4.

5.

6.

7.

8.

9.

10.

元代著名的「界画」画家李容瑾所作的《汉苑图》。

第五章

立面

- 建筑立面的构图
- 立面构图的组织和展开
- 台基
- 屋身
- 屋顶

建筑立面的构图

　　假如，我们把建筑看作一门造型的艺术，或者说美术之一的话，研究它的兴趣和注意力就很自然地会落在建筑物的立面所呈现出来的图案和形状，以至它的整个视觉效果上。它的"美"、它的"艺术"，在大多数人的观念中，是通过它的"形"而产生出来的。

　　有人说过"建筑是为所有人服务的一种艺术"。这个意见的根据就是无论任何建筑物，它的外貌表现出来的"艺术"是人人都可以有机会欣赏的。这句话现在不流行了，从建筑的出发点和使用观点而言，房屋实在多数只是为少数人服务，或者仅限于一小部分人有机会使用。大部分人虽然是"可观"，但不"可用"。至于建筑物的结构和构造，更不是多数人"可知"或者希望知道的。因此，大多数人仅仅对建筑物的面貌感觉到兴趣，较多的人在建筑形式和风格上做文章，就是基于这种原因和道理。

虽然形状的"美"难于有一个完全的客观标准，但是对于形状的美学处理大体上存在一些共同的法则。

古典建筑学对于立面的构图十分重视，讲究权衡(proportion)、平衡(balance)、比例(scale)、对比、韵律等，并且十分小心地将它们的法则总结出来。中国古典建筑在很多方面的具体处理，往往是和西方古典建筑相反的，但是，立面的构图法则却基本上相同。有人将中国绘画的"六法论"看作是中国建筑立面的构图法则①，这种说法实在过于勉强，六法中的"骨法用笔"、"应物象形"、"随类傅彩"、"经营位置"、"传移摹写"、"气韵生动"，除了"经营位置"的理论可以套用之外，其他实在与建筑构图无关。

中国建筑立面构图的"三部曲"是一早就存在的设计意念，它们是扩大功能形状而导致的艺术形式。

建筑学家梁思成曾经对中国古典建筑的立面构图作过一个这样的总结："中国的建筑，在立体的布局上，显明的分为三个主要部分：(一)台基，(二)墙柱构架，(三)屋顶。任何地方，建于任何时代，属于何种作用，规模无论细小或雄伟，莫不全具此三部；……中间如果是纵横着丹青辉赫的朱柱，画额，上面必是堂皇如冠冕般的琉璃瓦顶；底下必有单层或多层的砖石台座，舒展开来承托。这三部分不同的材料，功用及结构，联络在同一建筑物中，数千年来，天衣无缝的在布局上，殆始终保持着其间相对的重要性，未曾因一部分特殊发展而影响到他部，使失去其适当的权衡位置，而减损其机能意义。"②相信，这个"三分说"影响很广泛，多年来有关谈论中国传统建筑的中外著作，多半都以这个"三分说"作为"开宗明义"的。

其实，"三分说"并不是始于近代对中国传统建筑的研究才提出来的，一千年前北宋著名匠师喻皓在他所著的《木经》一书上，就有"凡屋有三分(去声)。自梁以上为上分，地以上为中分，阶为下分"③之说。他所指的上、中、下三部分，实际上就是屋顶、屋身和台基，也许还说得简洁明白一些。喻皓说"凡屋有三分"，意思是房屋由三个部分组成，比说房屋分为三个部分在含义上更为贴切一些。中国传统的建筑构图观念就是房屋是组合起来的，各个部分并不是由一个整体分割开来。

明长陵祾恩门——十分清楚表现出典型的立面构图"三部曲"。

从敦煌壁画中已经十分清楚地看到台基、屋身和屋顶三部分分立出来。

中国古典建筑的台基、屋身和屋顶并不是不可分割的"三位一体"。有时，这三个部分是可以独立发展、自成一体的。单独的台基就成为了"坛"，天坛、地坛等实际上只是一座台基，它本身就是完全可以独立存在的一座建筑物。只有屋顶而没有墙身的建筑物也是建筑类型之一，亭、榭等一类就是。没有屋顶的房屋前面已经说过，那就是"院子"；或者，单从形式上而言，平屋顶的房舍也可以说是没有"大屋顶"的房屋。总之，中国建筑立面构图是一个合成体，可分可合，和平面布局的组织原则完全是一致的。

本来，我们举目所见的各种物体，不论花草树木还是舟车器皿，它们的体形大半都可以分为上、中、下三个不同部分，并不是房屋立面才独具这种构图的特点。而且，不独中国古典建筑如是，世界上所有的建筑，包括今日的现代建筑都是可以在立面构图上看出有上、中、下三段不同的处理方式的。这实在是由于功能和构造要求而产生的共同构图法则，并且因而形成了一种普遍的美学观念。中国古典建筑构图的特点不在于它可作"三分"，而是它对三个部分的处理在比重上是大致相等，并且进一步加深和强调它们各自的功能形状，有意识地使它们完全处于一种"对比"的状态下组成，并没有企图将这三种本来就不同的功能和构造形状融合成一个整体。

西方建筑的传统立面构图观念是希望房屋立面完全成为一个整体的。希腊建筑将屋面退缩进去，不希望它在构图上和人见面；升高了的房屋地台包藏在建筑物墙壁之内，也不希望一眼便看到它的存在，因而"三位"就变作为"一体"了。中国古典建筑在立面构图上，一如平面组织一样，分立分组的观念相当强，不但让"三位"各自存在，而且往高空发展的多层楼阁、佛塔，屋身也没有让它们自成为一体。在这"整体"之中还将它们每层分割为三个部分，有作为"屋顶"的飘檐，也有形似台基的栏杆，本来是"一位"的也处理作"三体"。在平面上采用了一次又一次的重复，在立面上同样也是采取一次又一次的重复。很多人对这个问题都是从美学的角度去理解，强调说水平的线条代表和平和优雅，层层出檐可以产生丰富的轮廓线等等。当然，这并不是没有道理

立面的三个部分并不是不可分割的"三位一体"，它们同时可以独立发展，自成另外的一种建筑类型。

中国建筑不但在平面上作同一组织形式的多次重复，在立面构图上同样是作不断的重复，这样不但使二者间取得极为和谐的关系，同时又取得强烈的节奏感。

构图的变化多半在于台基和屋顶，屋身本身经常显示出来的多半完全是一种构造和使用功能的形状。

的说法，不过，中国建筑之所以不断地采取这样的构图法则，最基本的原因就是确立了一种组合的观念。平面是组合起来的，立面同样也是组合起来的。"创作"问题在于如何去"组合"，正如儿童们砌积木一样，积木是已经具备好了的素材，不必再去找寻，只是在砌筑的时候各显心思而已。

在组合的关系上，有时是不限于一个台基、一个屋身和一个屋顶的，一座台基可以同时设置多座建筑物，例如清故宫的太和殿、中和殿及保和殿，它们的台基就连成一体，午门也是在高大的台基——城墙上建立起五座堂殿。台基相连而建筑物不相连是十分惯用的组织构图的手法。在这种情况下，我们既可将这一组建筑物看成一个整体，同时又可视作一个群体，"分"、"合"之道是颇为微妙的。一个屋身自然可以有多种形式的屋顶的组合，这完全是视乎建筑物所在位置对"体形"表现的要求而决定。中国建筑在"体量"上变化得最多最丰富的部分就是屋顶，屋顶的形式几乎是完全基于视觉要求而创造出来。

除了中国古典建筑之外，所有的建筑立面构图的重点都是放在屋身之中，底部和顶部不过是稍加变化而已。中国建筑的屋身却是处理得十分平淡的，除了柱子、隔扇和实墙之外，一般都没有什么花样。它们都是一些忠实的功能形状，一些非功能形状的装饰也很少放在屋身上，其目的大概在于免致妨碍使用上的效果。墙壁在任何建筑的立面上都难免成为构图的主要角色，而在中国古典建筑中是出乎意料的一个例外。沙尔安(Sirén)在他的《早期中国艺术史》中说："木头的柱子升起在支承它们的台基上，这些台基通常都达到相当的高度，好像高大的树木生长在土墩及石山上。出檐很远的曲线的屋顶使人想起摇曳的柳枝，如果有任何的实墙，它们差不多都在宽阔的屋檐、前廊、门窗隔扇以及

明清宫殿中的"乾清宫"和"乾清门"之间是由通道形式的台基连接起来的，这是台基变化的又一种方式。

汉代画像石表现
出来的"亭"。

立面构成一个"整体"的西方古典建筑——
文艺复兴时代的立面。（刘大馨　摄）

栏杆所产生的阴影变幻中而消失。"④一个见惯墙壁作为房屋立面主要构成元素的欧洲人，对于显然不同的地方自然会做出敏锐的反应。

　　对于空间的规限，中国建筑立面的构图方式似乎比任何其他的方式可以取得更好的效果。因为，它很少仅是"两维"的一个"平面"(plane)，它所形成的是一个有深度的"三维"的立体的"面"，一个雕刻意义的封闭用的"障"。人在由此而形成的规限出来的空间之中，在感觉上自然舒畅得多了，在"虽实尤虚"之中，自不会有身在笼中那样的感觉。也许，西方建筑之所以没有构成很多"内院"，就是因为它们只能用实墙来封闭。房屋又高又大的时候，困在其中是不符合人所希望处身的环境的要求的。爱蒙德·培根(Edmund N.Bacon)指出："用建筑物的一面实墙规限出来的一个空间只不过是一个没有性格的空间，通过重现中国方式的情况，就可以在一个空间中注入建筑艺术意义的精神，表现出节奏和肌理(texture)。"⑤或者我们可以这样理解，中国建筑的立面构图完全是依随着平面组织方式而产生的，它的重点在考虑着如何更好地做出规限空间——"内院"的效果。这是几千年来经过无数深思熟虑而得出来的艺术意匠。它所采用的种种方式，我们不能不视为一种十分宝贵的经验。

对于空间的规限，中国建筑常用的是带有层次的"三维"的面，尽量使空间得到伸延而减弱关闭的感觉。

① 见Gin Djh Su（徐敬直）.Chinese Architecture,past and contemporpary.Hong Kong. 1964.247.　"六法论"为南齐"谢赫"在《古画品录》中所提出的，徐著将"谢赫"误作"萧何"(Hsieh Ho)，英译Hsieh Ho与谢赫可以相同，而中文附注上的"萧何"就不知所谓了。

② 梁思成《建筑设计参考图集》第一集"台基"．北平：中国营造学社.1936.

③ 《木经》原书已佚，仅存片断，见宋代沈括《梦溪笔谈》卷十八。

④ Sirén.A History of Early Chinese Art Vol.4.Benn,London 1929

⑤ Edmund N.Bacon.Design of Cities.Revised edition.London:Thames and Hudson, 1974.18

165

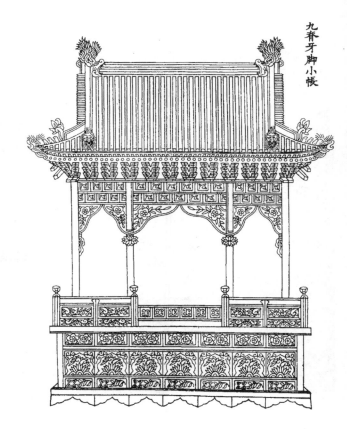

九脊牙脚小帐

李诫《营造法式》插图中的"九脊牙脚小帐"。这并不是一幅建筑物的立面图，而是按照房屋形式制作的"佛帐"——用以供佛的龛。同时"佛帐"的形式又同样在建筑物立面上出现，在五台山塔院寺万佛阁（右中）及龙泉寺大雄宝殿（右下）上，柱间就出现了"帐"的装饰。

立面构图的组织和展开

　　在视觉的意义上，建筑物所表现出来的形体应该分别以远、中、近三种不同的距离来衡量它的效果。在远观的时候，立面的构图只是融合成一个剪影，看到的只是它的外轮廓线，与天空相对照，就成了所谓的"天际线"(sky line)。在中国古典建筑中，无论什么建筑，很少是简单几何图形的"盒子式"的外形，它的屋顶永远不会只是一些平坦的线条，因此，外轮廓线永远是优美的、柔和的，给予人一种千变万化的感觉。

　　有时，中国建筑对于景象考虑的范围的广阔，是"远"得使人难以置信的。建于16世纪(1540年)明代的十三陵的石牌坊，它的中轴线是正对着十公里外天寿山主峰之巅，用于作为这个举世占地最广的建筑群的起点。北京中心的景山、颐和园的万寿山，它们都是经过人工加工而成的小山。景山上的五座亭子、万寿山上的佛香阁，它们最大的用意还是为构成一个包括自然景色在内的壮丽雄伟的远景。在视觉上这些建筑物都是只有在远处才能体会到其布局的巨大和气魄的，到了接近的时候，反而平平无奇了。

　　很多时候，佛教的佛塔和道教的"风水塔"，它们建立的目的是供远观多于近赏。除了有标志性的作用外，还用来平添山河的景色。它们从总的景色上考虑常常是多于本身的考虑的。虽然，这和流行于古代的"风水"之说有关，但是无论如何，它们对景色的点缀和总的构图上的平衡是起着一定作用的。也许，没有"风水"之说，纯粹以美学的名义来兴建一些为视觉效果而服务的建筑物，当时可能是不容易为多数人所支持。

　　中国建筑在远观时所呈现的十分完善的效果并不是出于偶然，它们肯定是不知通过了多少人作实地的勘察和深思熟虑才得出的结果。北京的景山是城市构图的一个高潮，名义上是用来镇压元人的"皇气"，相信，当时的总建筑师

中国建筑对远景的效果十分重视，事实上只有严密的总体规划才可以使房屋的远景按照意愿的位置而出现。

与晴朗的天空相对照，中国古典建筑就呈现出一条极为优美、柔和的天际线。

阮安，不运用这个"风水"的说法而去大谈一番城市规划的理论，可能会上不容易得到明成祖朱棣的批准，下不足以动员人民劳师动众地去修筑这一座小山的。老实说，在建筑师的心目中希望能实现自己伟大的构想比起镇压前代的"皇气"相信还会更感兴趣。自古以来，建筑设计颇为讲究气势和魄力，这些性格也只有在远观中才可以充分地表现出来。在每一个重大的建筑计划上，相信，首先注意的就是它们在远观上的效果，不管是以风水或者其他的名义作为理论的根据，最后的目的就是取得一种总的关系的安排，一种因地因时制宜的布局。

庭院式的平面布局使房屋失却中距离的视觉效果表现机会，因而就较少地从视觉的要求而去追求"体量"的变化。

中国古典建筑是没有充分注意中距离的视觉效果的，原因就是很少建筑物在中距离中充分地显示自己的全貌。因为在"庭院式"的平面形制中，建筑主体被关闭在院墙和大门之内，在外常常只有在树梢之上露出的一些屋顶轮廓，一般情况下，街道上的行人是很少有机会欣赏到整座房屋全貌的。在中距离的视线当中，建筑物是以一个个"体量"（mass）来呈现外观的。这个时候，"阴影"对于建筑物立面的构图效果已经产生很大的作用，建筑物如果能有较多凹凸的面，阴影就可能产生更多的变幻，使构图给人的印象更为明确和深刻。西方建筑因为给人最大、最多的机会就是位于中距离去欣赏，因此，在立面构图上就全部为求得此时的最佳效果着想了。在欧洲，从图片上看到一些著名的古典建筑物觉得美得很，但当身处其境时反而不觉得它怎样使人激动，原因可能是所处的位置和设计时重点考虑的角度不完全相符。

很多人都喜欢用西方的以及今日的中距离视觉效果来评述中国古典建筑立面的造型，觉得它的体量组织不够丰富，平面简单而引起立面上的体形的组织简单。似乎很少人曾经注意过这样的一个问题，中国古典建筑大部分是不安排给人们作中距离的尺度去观赏的。假如，我们细心地分析一下中国建筑的立面构图原则，我们马上可以体会到：它有丰富的、变化甚多的外轮廓线，宜于远观；同时，也有十分细致精巧的构造和装饰，适合近赏；至于不远不近，设计上就很少为此时的效果而着想了。

"画梁雕栋"在中、远景中是没有意义的，它们的目的在于供人在院子中悠闲地"近赏"。

大部分建筑的立面都是基于构成院子内部的景色而设计的。人们欣赏到建筑物的外形的距离是受到院子的大小所限制的，设计者早给人规定了一个最适宜于观看的位置。这个时候就是近观，画梁雕栋、栾栌交错、阳马承阿，都可

由五座亭和一座小山的轮廓线所构成的北京城市的背景——景山。（丁垚摄）

以清楚地看到了，隔扇、雀替、雕栏、丹墀等精巧的形状和肌理都一一呈现于眼前。在院中，大小官员至此也要下马，自然任何人都以步行的运动速度来体验建筑物所构成的环境，所有的装饰都来得很精细、很巧妙，即使无心也会为之吸引。因为，设计者早给人们安排了一个宜于欣赏他的设计的环境。我们试想一下，在车马纷繁，人流与车流均以急速的运动通过的大街上，要细致地慢慢品鉴精巧的建筑装饰根本就是不可能的事情。

谈论平面布局的时候，我们就说过中国建筑"艺术"主要的精神在于戏剧性地一幕幕安排和推出一连串的封闭空间的景象。这并不是今日对之而做出的假想，事实上，在大多数情况下建筑物立面构图的目的用以构成一个院子的背景比之自身的表现尤为重要。我们可以看到，位于内院之中的主要堂殿，常有墙壁与之左右接连。于是，"三维"的"体"就转化为"两维"的面，这样对堂殿构图本身是有损害的，但作为庭院的背景就更为完整，在得失的取舍上，多半是以院子为重。因此，我们对于古典建筑的立面，不能完全脱离开平面布局中所处的位置，不能忽视它作为构成院子的一个背景来研究和讨论。

正如建筑群的平面一样，中国建筑的立面很多时候在性格上也同时具有"二重性"：既是房屋的外观，又是庭院的背景；既是房屋的"外"，又是院子的"内"。因此，它就具有一定的室内设计的装饰性质，着重于近观性质的处理方法。这并不能说室内外没有分别，而是一种颇为微妙的"内""外"的统一。廊庑的屋身并不是堂殿体形的衬托，主要的目的是得到一个和谐及统一的内院的背景。面向同一内院的各座建筑物立面之间的关系实在是比同一座建筑物各个立面之间的关系更为重要，因为在院落式的建筑群布局中，我们是无法、也是无需环绕着一座建筑物去欣赏或认识它的全貌的，同一房屋的面对另外一个封闭空间或者说庭院的立面，它的处理方式却是根据这一个空间的性格要求而决定的。午门的南面和北面显示出两种不同的性格，南立面是矩形的门洞，而

屋身的立面作为院子的背景更重于作为建筑物本身的一个主要组成部分，同一房屋的四个立面之间可以失却关系，院子的四壁就非具统一的格调不可了。

北立面却变为拱形的门洞，其原因就是与所构成的空间性质相配合。在身处建筑群内的人的视觉感受中，同一座建筑物的各个立面并不是连续的，而面对同一封闭空间的建筑群各个立面之间却肯定是存在着一种更为密切的连续关系；求得后者的和谐和统一似乎比求得前者关系的完整更为重要得多。

院子间"场景"变换的安排和设计是艺术构思的主要骨干，通过变换"场景"的手法不但可使不同性质和格调的建筑物和谐地共处，并且常常由此而产生成功的戏剧性的效果。

总的来说，由于传统的建筑艺术观念是基于人的感受所得到的效果，立面构图就着重"场景"变换的节奏和气氛，着重引起人的感情上的共鸣和创造情趣。这些问题都不是单靠建筑物立面构图本身的"体"和"形"可以解决的。在构图的设计上，设计者常常玩弄"山重水复疑无路，柳暗花明又一村"的欲现先隐的手法，要达到这个目的，平面布局虽然重要，立面构图也要相应地配合。因为同一单位的建筑物延展和分布的面常常都很广阔，立面构图的"形"或"体"的变换不宜过多，否则就会引起一种混乱的感觉。反过来，"院"的景象变换却力求变化，甚至不同风格、不同情调、不同气氛的空间都可以串成一体，共冶一炉。假如，建筑艺术的创作观念是基于建筑物的"物"本身的话，对这样的要求和构思就是不可思议了。

北京故宫午门的南立面（上），正中的三个门洞是矩形的，但是同一个门洞在北立面（下）中却改变成为半圆拱形状。立面与相对的空间的关系似乎比同一座建筑物不同立面之间的关系更为重要。

170

在大多数的情况下，房屋的立面都是作为"内院"的背景，并不构成为大街上的景色。立面在性质上似乎只是一种"对内"的表现，与"室内设计"的目的十分接近。

17世纪的时候，乾隆皇帝下了几次江南之后，下令写仿天下名园，列景四十，兼收并蓄地包含在圆明园的设计之中，此外，还包括了郎世宁所设计的西方古典建筑物在内。这一个任务假如交由西方或者现代建筑师去计划的话，肯定会摇首兴叹的，一个建筑计划内，怎样可以和谐地容纳那么多不同性格的构图在内呢？现代的国际博览会，划分了一个个地段之后，各个国家的建筑师就在自己的地段内"八仙过海，各显神通"，虽然其中不乏佳作，但就总的建筑构图而言，所得到的是一片混乱的感觉。如果，圆明园不是给英法联军一把火烧了去的话，在世界上就具体存在了一个如何组织和统一不同风格的建筑形式在一起的例子，相信，今日的建筑师们就会学会了更多的东西，国际博览会之类的建筑就不会摆脱不了以"物"为主的观念，怎样也攒不出一个更好的总的效果来了。

中国历史传统以"人"为主的建筑立面构图观念，它的意义和原则在"古为今用"上是大有前途的。从现代建筑理论研究的发展趋向来看，对"负体形"、"运动"等问题的注意，相信不久就会归结到以此作为基本原则和观念的发展道路上来。

圆明园四十景之一的"方壶胜境"

台基

　　古代早期的房屋为什么由半地穴式上升到地面，再由地面升高到台基之上呢？墨子所说的"下润湿伤民"当然是理由之一，但是，这一段发展经过长达好几千年，相信，其经过就会很不简单。《易经》一句"后世圣人易之以宫室"就把问题说完了，大概那个时候的考古工作不甚发达，当时的人也搞不懂过去的事情，自然更没有人去研究房屋建筑发展史。

　　汉族的发源地是黄河流域，黄河自古就以不驯服而著名。不管"大禹治水"的故事真实不真实，至少说明中国人在公元前二三十个世纪的时候曾经和洪水作过一场或者很多场很大的斗争。"半地穴式"的房屋也许有很多优点，保暖和防风问题较在地面上的屋子更易于解决，施工也会简单容易一些，但是，一遇水淹，就会马上变成一个个水池。中国人也许是经过了一场特大的水淹教训之后，解决的办法就是把房屋上升到地面，而且这还不够，为了安全起见，最好就是升高到一个比四周地面更高一些的台基上，愈高当然就愈安全。

　　"台"和"台基"的出现相信最初的时候都是起因于功能的作用，是"防洪"、"防涝"的一种安全措施，因为"洪"和"涝"都会带来水淹的情况。"台基"就是单座房屋的基座，而"台"则是多座建筑的联合基座而已。台愈高愈大不但愈安全，而且表现出一种壮观的外形，在战争中有利于防卫。因此，到了生产技术有了进一步发展的奴隶社会，有权势的人可以驱使大量的奴隶从事建筑工作；于是，台便筑得愈来愈高和愈大，反过来，台的大小的确就是表现房屋主人的权势和地位。

　　台基的大小不能让它毫无限制地发展的，过高过大意味着浪费很多劳动力。到了台基正式形成了房屋建筑不可缺少的一个部分之后，它的大小就来了一个规定。这些规定是以阶级地位作标准。《礼记》有"天子之堂九尺，诸侯七尺，大夫五尺，士三尺"。《周礼·冬官考工记》的"殷人重屋，堂修七寻，堂崇三尺"和"周人明堂，……堂崇一筵"都指出了当时"明堂"这种天子的建筑物台基的高度。一筵就是九尺，从商代到周代，台基的高度提高了三倍。主张建筑应该大力节约的墨子看到了属于浪费现象的高大台基就说"尧舜堂高三尺，士阶三等"，言下之意就是作为帝皇模范的尧舜的宫室台基不过三尺，现在的是否太高了？

台基的产生虽然是出自一种功能的要求，但在制式上其形式和大小更主要的目的在于表达房屋主人的身份和地位。

根据出土战国时代文物的图案复原出来的"平坐式"台基。

按院子的进深而调整台基的高度，显然其用意就是维持视觉在权衡上同一的观感。

建筑进入了"标准化"和"模数化"之后，台基的大小就在技术上来加以规定了。《营造法式》上规定的是"立基之制其高与材五倍，如东西广者又加五分至十分，若殿堂中庭修广者，量其位置随宜加高，所加虽高不过与材六倍"①。材，是"模数"的单位，我们以后再详细讨论。最大的"材"是九寸，即台基的高度应为四尺五寸。中庭，即堂殿面对的封闭空间。如果"院"较大，台基也应加高，这是对空间的视觉效果的调整，调整的限度最大不过六倍，亦即五尺四寸。房屋按其大小不同采用不同的"材"，于是台基的高度和房屋的大小相应地变化，因而就永远不会失去各部分之间在立面构图上的"权衡"。台基的高度出于一种计算而不是选择，没有艺术天才的建筑师也会弄出一个"权衡"适当的构图来。

老子曰："九层之台，起于累土。"现代的德国建筑学者华纳·斯比西尔(Werner Speiser)在他所著的《东方建筑》一书中说："长久以来台基都是夯实的粘土以最简单的方式造成，或者，砖、卵石、碎石都可以采用。周边大多围以砖或石，在较为豪华的房屋的情况下会用大理石作为表面，有时处理成为一种条纹图案"②。台基的构造是否真的是夯实了的泥土那么简单呢？"理论上"和"实际上"都说明了并不如此。按《营造法式》上"筑基"之条规定："筑基之制每方一尺，用土二担，隔层用碎砖瓦及石札等亦二担，每次布土厚五寸，先打六杵，次打四杵，次打两杵。以上并各打平土头，然后碎用杵辗蹍令平，再攒杵扇扑，重细辗蹍。每布土厚五寸，筑实厚三寸，每布碎砖瓦及石札等厚三寸，筑实一寸五分"③。根据这样严格的施工规定筑出来的台基，差不多就等于一片厚厚的混凝土。这种方法并不是始于宋后，在公元前十多个世纪的商代建筑遗址上，发掘出来的台基就说明了基本上是以这种方法构筑而成。到了今日已经经历了三千多年，这些台基的构造还是结实得很。

台基的构造同时兼具结构上的意义，或者可以理解作为建造在地面上的基础，一种力学上的合理形状。

在结构上，我们应该把台基理解为一个"块状基础"(spread footing)，而不是抬高地面高度的一个垫层。把基础建筑到地面上来，台基的意义就更为重大了，它保证了房屋不会产生不均匀的下沉，它比房屋本身较大、较宽就不能说是单纯的是一种形式上的考虑，它同时又是一种力学上的合理的形状。

除了夯土的台基之外，还有木柱构成的"平坐式"台基，大概是由"干栏"式建筑"下降"变化而来的。当台基被确认为一种固定的建筑形制之后，其他结构方式也会对之作一定的模仿的。相信，这种平坐式台基在古代也很流行。在日本，采用这类平坐式台基的古代建筑到今日还随处可见。

在六朝之前，台基的立面形式一般都是平直的，就像一个简单的盒子。上下和四周转角的地方因为容易崩落，所以用石材来保护，周边的其他部分则用砌砖作表面。这种标准的台基形式可以从古代的石刻画像以及尚存的古代建筑遗址等得到证实，而且，这种简朴古雅的形制还一直流传下来，在明清的一些建筑上仍然可见。六朝之后，重大的建筑物台基的形式开始转变为"须弥座"，这是佛教大量输入之后引起建筑形式的一种转变。

"须弥座"本来只是用于佛像的像座，后来才普遍地应用于台基上。"须弥"两字来自佛经，亦称为"修迷楼"，是山的名称，据说就是喜马拉雅山的古代注音。佛经以喜马拉雅山为圣山，因而佛座就称为"须弥座"。初唐四杰之一的王勃佳作中就有"俯会众心，竞起须弥之座"之句，可见"须弥座"已经在唐代普遍作为基座的形式了。印度的建筑形式随佛教的东来而介入中国，中国是采取择其善者而吸收的态度，别的部分影响不大，在台基和一切基座上，却完全改变成为"须弥座"的形式。

"须弥座"形式的来源有人说是脱胎于希腊、罗马的像座，论起历史年代，可能在欧洲类近的形式出现得更早。至于是否是"无独有偶"各自发展而得来的，就非要作另一番细致的考据不可了。"须弥座"到了中国之后，本身又做了一番很大的变化和发展。唐代所应用的须弥座较为简单，上下的线道只是方角式的层层支出，还没有产生圆顺线条的"莲瓣"或者"枭混"(Cyma)。五代之后，这种较为复杂的线饰就逐渐流行，到了宋时便到了十分成熟、十分丰富的地步。这时除了横向的线饰之外，基身还有小立柱分格，内镶"壶门"。因为"须弥座"纯粹是一种装饰性的图案，变化起来不会有其他影响，因而形状就随时代的对美术要求的潮流而变更。元、明、清各代陆续有不同的形式出现，到了清代，束腰线减成一细道，图案花纹变得更为细致和繁琐，也许是受17、18世纪时举世都盛行着绮丽纤细的艺术风格所影响的结果。

须弥座本来是一种外来的建筑构造形式，使用的结果最后就发展成为自己的文化产物。

日本建筑的"平坐式"台基，这类台基中国古代肯定也曾经普遍地存在。

皇帝"宝座"的底部也用"须弥座"，图为太和殿宝座的细部。

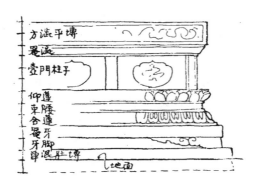
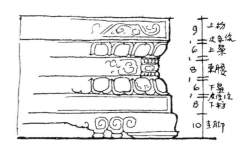

宋《营造法式》所载的宋式"须弥座"　　　　　　清式"须弥座"

唐代的各种佛像像座——"须弥座"

大同善化寺三圣殿金代的佛座　　　　智化寺万佛阁附有雕像的须弥座　　　　南京明故宫午门的"须弥座"

清宫"太和殿"第一层台基的"须弥
座"，龙头为台面排水的处理方式。

除了台基之外，唐宋以后"须弥座"的形式还发展应用于所有建筑构件的支座上，墙身、影壁、台座，只要是位于下层部分，莫不应用"须弥座"式的线道(moulding)来作装饰，例如清宫太和殿和中和殿的皇帝御座，就是一个极为华丽精巧的"须弥座"。

台基除了立面形式有很多变化之外，平面形状也是有不少变化的，在论述平面的时候已有所提及。此外，重大的建筑物台基还发展为多层的形式，清宫太和殿和天坛祈年殿都是三层的台基，总高达二十多尺。台基的面积比殿堂的面积大上了六倍，不论在设计上或者施工上，台基似乎比其他部分所花费的气力还多一些。台基除了基身之外，大半还包括两种必要的附属元素，其一就是"台阶"，其二就是"栏杆"。台是要有阶才能登上的，台基的边缘因为高出地面很多，必然就要围以栏杆，以策安全。台基加上了台阶和栏杆，在外形上便顿呈丰富，层层的台基就有层层的栏杆、层层的台阶，它们所构成的形状便显得千变万化波澜壮阔起来了。

台阶的种类和名称很多，"阶级"式的称为"踏道"，斜道(ramp)式的称为"斜阶"。因坡度不同台阶又分为平、峻、慢三种。宋喻皓在他所著的《木经》上对此有过解释："阶级有峻、平、慢三等，宫中则以御辇为法：凡自下而登，前竿垂尽臂，后竿展尽臂为峻道；……前竿平肘，后竿平肩，为慢道；前竿垂手，后竿平肩，为平道。"④由此可见，坡度不是随意地去制定，是经过了细致的对使用的研究，由动作和人体尺度配合结果而得出来的，根据李约瑟的附注，坡度的比率(ratio)：峻道为3.35，慢道为1.38，平道则为2.18⑤。踏道的宽度有"造踏道之制，广随间广"⑥的规定，即台阶与开间的尺寸一致，这样就可以使平面或立面的构图整齐一些，也取得一些关系。不过，在实际的应用上并不绝对如此。

在周末至汉初时殿堂的台阶盛行"两阶制"，即"堂有二阶，阼阶在东，宾阶在西"。皇宫的正殿台阶称为"陛"，如清宫太和殿则由两边是"踏跺"(阶级)，中间为"御路"所组成。"御路"是"斜道"，斜面上是雕刻着龙凤卷云的石块，是供最尊贵的人使用的。这种"两阶一路"的形制可能就是继承古代的"两阶制"遗风，将东西二阶合并而成的产物。李约瑟把"御路"称为"精神上的道路"(spirit-path)，他说："在十分重要的建筑物中，台基的高度可以超过六英尺，用白色的大理石(指汉白玉)来构造，通达其上的是一条两行梯级伴着的一条满布浮雕的精神上的道路。"⑦其实，这并不是造型上要求而产生的"精神上"的道路，不过只是供给最尊贵的人使用，犹如西方的红地毯而已。

台基加入了栏杆和台阶这两种元素就产生极为丰富的外形并增加了它在立面构图上的比重，这样才使它能够成为"三大组成部分"的一个部分。

① 宋代李诚《营造法式》卷三 "立基" 条。

② Werner Speiser: Oriental Architecture in Colour: Islamic, Indian, Far Eastern—translated from German"Baukunst des Ostens"by Charles W.E. Kessler.Thames and Hudson,London,1965.P.374-377.

③ 宋代李诚《营造法式》卷三 "筑基" 条。

④ 宋代沈括《梦溪笔谈》卷十八。

⑤ Joseph Needham.Science & Civilisation in China Vol IV:3.Cambridge University Press,1971.82

⑥ 宋代李诚《营造法式》卷三，"殿阶基" 和 "踏道" 条均有 "广随间广" 的规定。

⑦ Joseph Needham.Science & Civilisation in China Vol IV:3.Cambridge University Press,1971.64

清宫太和殿的 "御道"

屋身

本来，在一般的建筑设计观念上，房屋立面的造型主要在乎"屋身"，依靠它的体量和表面上所形成的图案和形状而达到美学上的表现。可见，这只不过是将房屋完全看作是一件物品的一种塑造方式而已。在中国古典建筑设计上，因为塑造的目的不同，就存在着另外一种不完全相同的设计观念。在典型的院落式布局建筑群中，表露出来的屋身立面只有面对着庭院的正面，其余部分如两侧或者非面对另一个院落的背面，它们都是仅具构造上意义的作为围护结构的简单的实墙。至于屋身的正面，与其说目的在于表现房屋本身的外观，倒不如说看作庭院的"四壁"的时候还来得多一些。

由于屋身的立面更多的时候被看成用来构成一个环境的元素，它们因而产生一种另外的性质，尤其作为空间上的封闭的时候，更不希望成为一种空间上的绝对的直接的断然的分隔，否则人在院中就有如困在其中之感了。室内外的空间是要求连通的，互相之间的关系是连续的、彼此伸延的，要求产生一种和谐的过渡而达到完全的统一。因此，在构图上室内外空间不希望产生一种固定的硬性的交接，在接连的面上最好就是能达到空无一物，以免妨碍空间上的展延。

假如，我们对一个典型的中国古典建筑的屋身立面分析一下，我们会看到在一般情况下，檐口与台基之间所形成的第一个向外的面完全是空的。檐柱、额枋、雀替、斗拱等结构构架退缩在里面，构成第二个向外的交接面。这个面

屋身的立面并不是单纯为单座建筑本身而设计，更多时候它们是作为院子的"四壁"或者说背景来考虑。

完全由梁柱构架和隔扇所组成的典型的屋身构图。

179

有两种特性：其一就是它们只是一个框架，在构图性质上是属于"虚"的，完全没有妨碍空间的流通；其二它们完全是支承屋顶构造的一些功能形状，和屋顶所构成的关系大于屋身。真正成为屋身构图的实体就是金柱之间的门窗隔扇，或者包括槛窗下的"槛墙"。门窗的图案因为已经退缩到第三个层次的面上，似觉只是一个背景。这时它可以当作为屋身立面的一个部分，但是同样可以说是一种室内装修。在一般情况下，门窗隔扇是可以全部开启甚至拆下的，当室内外完全连通和开敞的时候，这个面也就同样是空无一物。

实际上，无论哪一个层次的构造都不是为了屋身立面本身而设计的，但是也不能说它们不是屋身立面的一个构成部分，奥妙的地方就在于这个没有自己的立面的立面，同时又是完全满足屋身立面本身种种要求的一个构图。或者我们可以这样理解，屋身立面是从结构设计及室内设计借来的，自己本身不必另外创立形制。这种构成方法是十分合理的，它使台基、屋身、屋顶整个立面得到了一种和谐的关系，室内和室外之间有了一种柔顺的过渡。也许，这种立面的关系得来不是出于一种偶然，中国传统的"以无作有"、"以虚当实"等一系列相对的哲学意念对此不会没有影响的。

当然，并不是所有的屋身立面都完全依照上述的典型法则所构成。没有檐廊的堂殿，立面就不再出现层次。有时，柱间用实墙填充，门窗的隔扇就不再成为立面上的肌理，券状的门窗洞便使屋身本身产生了自己的形状和构造。这

檐廊使屋身立面由多个层面来组成，由此而带来一种"流通的空间"的感觉，使室内、室外之间产生了柔顺的过渡。

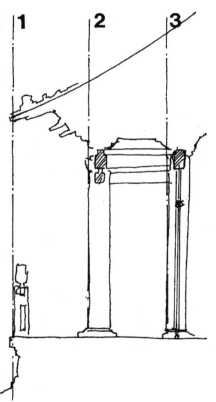

屋身"三维"构图的三个标准层次

层层表现出三个基本层次的"面"的屋身立面构图。

种变化，一方面出于材料和构造方法的改变，一方面也出于平面布局上的变化。当房屋已经不是用作为封闭空间的"四壁"的时候，作为一个空间中的"塑像体"，空间上的延展倒不如在"体量"上表现为一个实体来得更为适当了。

无论如何，檐口和台基之间的一个"虚"面始终还是保留的，也就是说立面必然在台基和檐口边线之内退缩。除了构图上的意义之外，这也是一种构造上的功能形状，飘出很远的檐口自然要求台基伸出以求构图上的平衡。檐口飘出除了遮挡风雨太阳之外，同时也是对所有的木结构构件和柱间装修的保护，因为木材是经不起长期直接的雨淋日晒的，这就是立面退缩在构造上的意义。

表面上看来，屋身立面是极富装饰上的趣味的，雀替、额枋、斗拱、椽条以及精雕细刻的门窗隔扇图案，无一不具丰富的美学形状。但是，它们同时无一不是结构或者构造上的必要的构件，它们完全来自一种合理的力学上的形状。在传统的建筑工程中，一切结构构架的工程都称为"大木作"，支柱、额枋、斗拱以及整个檐口构造都同属于"大木作"范围之内的工作。由此看来，在基本概念上，它们都是结构，并不是装饰。一切非结构性质的木作就称为"小木作"，叫做"装修"。位于室内部分的称为"内檐装修"，位于立面上的称为"外檐装修"，门窗隔扇等都是装修的工作。既然属于装修，它们就同时含有一种室内设计的构图的性质。隔扇的图案看来是一种十分丰富的装饰，但是通透的花格子基本目的就是为了室内的采光。在玻璃还没有在建筑上应用之前，只有这种方法可同时解决内外分隔和采光的问题。

20世纪之前，当钢铁和钢筋混凝土还没有进入西方的建筑舞台的时候，承重墙式的砖石结构体系大大限制了房屋门窗的扩大，立面基本上由实多于虚的一个个窗洞所组成。西方的建筑师们为了扩大窗洞而作了不少的努力，希望解

构架和门窗所构成的层面退缩在较大的出檐和台基之后除了在构图上的意义外，更主要的目的在于保护木结构避免风雨直接的侵蚀。

梁柱构架上所有的构件虽然都极富装饰趣味，但是它们无一不是结构所需的构造，本来就是一种力学上和功能上的形状。

屋身主要构成元素的各种"隔扇"图案

181

由于采用框架结构，中国建筑比任何建筑更早就存在完全由门窗组成一个整体的幕式墙构造。

除室内外之间空间上连通的障碍。框架式结构的中国古典建筑，对于门窗的装设从未有过任何局限。在设计上，处理这个问题最大的特色就是柱与柱间完全由门窗所组成的隔断来填充。位于檐柱间的称为"檐里安装"，位于金柱(即内柱)间的称为"金里安装"。这些"安装"就是门窗所组成的一个"整面"。在意义上，它和今日的玻璃盒子式的幕式墙是没有分别的。

在一般堂殿的正面上，门和窗在形式上实在是没有太大的分别的，门其实就是落地的窗，当门窗全部开启了的时候，室内和室外之间就没有了分隔，在风和日丽的日子，厅堂多半是一面全部开敞的。在立面上，柱间的"安装"构成了整个的图案，柱在图案中只不过是一些较粗的垂直框格，因为材料和颜色的一致，它们和门窗的图案就完全混成一片。虽然，它们基本上是由垂直的线条所构成，但是，总的来说它使屋身整个立面形成一条水平线条的粗带，与台基及屋顶所产生的强烈的水平线条形成一种富有变化的协调。不论"檐里安装"还是"金里安装"，柱身的颜色总是和门窗的颜色相一致的。由此就可以看到在设计原则上是不强调和突出任何垂直线条的。

在唐宋之前，门窗的图案是流行采用简单的方格形或者平行线的图案，在设计意念上和现代建筑颇为相近，原因都在于这类图案便于施工。

在宋代之前，门窗隔扇的图案是简单和雄浑一些。那个时候是流行用一组平行的线条来构成窗格的图案，用平行的垂直线条组成的窗格称为"直棂窗"，用平行的水平线条组成的窗格则称为"平棂窗"。用来组成门窗隔扇"格心"

全部采用砖石结构的明皇史成正殿的大门。

图案的木条就叫做"棂"。手工艺愈来愈精巧，棂的变化就愈多。格心图案的改变引起了屋身立面所形成的肌理的改变，也可以说是一种"风格"上的变更。我们可以想像，当门窗的图案还是完全由简单的平行线条组成的时候，它和现代建筑的一些构图会是何其相似。

垂直线条组成的窗格图案在古代称作"栊"。诗句中的"月明窗下房栊照"就是指月光通过直棂窗投射进来。因为这种窗格的构造较为简单，一般的房屋大概都采用这种形式的窗，只有皇宫巨宅才因显示豪华而在格心上去变花样。"栊"后来不大流行可能一方面是生产力有了发展的结果，另一方面它的形式与困鸟兽的笼有点相似，无论什么人都不喜欢如困"笼"中的感觉的。

在论述平面的时候已经提过，柱距有明间、次间、稍间、尽间之分，在屋身立面上自然反映出一种构图组织上的韵律来。这是中国建筑特有的形式，这样使柱间分割出来的形状产生了一些有趣的变化，明间较大，分割出来的多半是横向的矩形；到了次间或者稍间，所形成的就会是一个方形；尽间因为柱距较小，于是就构成一个直向的矩形。这是很有趣的一组形状上的排列，用不着另加任何强调中心的构造，中心线已经十分显著地表达出来。此外，还有一个衬托出中心的办法叫做"柱生起"，就是说中心间的柱最短，向两侧逐渐加高，用这个办法造成一个反曲的檐口线，使立面的线条产生有趣的变化。

> 不同柱距构成不同的开间，使立面在统一之中产生极大的变化，这是中国建筑所特有的创举。

明代之后，木构与砖石构造的房屋同时并行，有以承重砖墙来支承木结构的屋面，还有完全用砖石构成的"无梁殿"。由于结构方式不同，屋身的立面就完全属于另外一种类型了。可能由于运用这种材料来构造房屋的历史不长，以及使用得还不很普遍，在立面上并没有产生太多的成熟的和属于自己的形式，除了用拱券构成门窗洞之外，传统的室内外之间空间上连通的形式就受到了限制。16世纪明代在北京修建的"皇史宬"，因为是用作国家档案库，为了防火问题而全部用砖石来建筑，并且用砖石构造来模仿木结构檐口部分的构件作为装饰，除了这一部分是虚假的构造之外，整个屋身还是忠实于它的材料和构造的形式。至于苏州的和五台山显通寺等一类各地的"无梁殿"，它们则不但檐口部分模仿木结构形式，连屋身部分的柱、"须弥座"等也模仿起来。这种虚假的、非出自于自然的建筑形式肯定是没有生命力的，虽然几百年来也断断续续地出现，但在立面设计上这类形式是没有创作性的地位的。

> 用砖石构造来模仿木结构形式，即使在技术上十分成功，事实上它们只不过是一种过渡的形式。

由"开间"的变化和"柱生起"所形成的构图上的韵律。

　　明代之后开始出现完全使用砖石结构造成的房屋，一般称为"无梁殿"，由于功能、材料和构造方法的关系，屋身的立面就由"虚"而变成"实"了。皇史宬（下）及五台山显通寺的"无梁殿"（右）（丁垚　摄）就是其中的一些典型的例子。

屋顶

有人说过"中国建筑就是一种屋顶设计的艺术"。这话虽然不很全面，但是至少表示出一种初步的观感和深刻的印象。"屋"字最初本来是上盖或者屋盖的意思，后来却以它来代表整座房屋，可见即使是很早的古代，屋顶在一般人心目中的印象就足以代表整座房屋。在一幅中国古典建筑的立面图上，我们可以看到屋顶部分在图面上所占的比重是很大的。它的分量常常足以压倒建筑物的其他部分，而且，也常常比其他部分产生更多的变化。因此，将中国建筑和屋顶联系以至等同起来，实在是十分自然的事了。

台基、屋身、屋顶三个立面主要组成部分中，以外形设计而论，三者之中以屋顶设计最受重视。中国建筑之所以特别重视和强调屋顶的设计，最大的原因可能是屋顶是唯一的可以合理地取得加强和增大建筑物体量的手段，因为材料强度的关系，利用木结构而构成庞大的建筑体量是不容易的，屋身的部分不能过分地增高、增大，不论从结构上或防火上考虑，利用增加层数来求得体量都是不宜的，而通过屋顶的构造来增大建筑物的"形"和"量"的声势，显示殿堂所追求的"堂堂高显貌"实在是最为恰当的办法了。此外，因为屋顶位于房屋中最高的位置，无论远近都逃不出所有人的视线，而且更多的时候它们成为视线的焦点，成为对景；虽然在院落式的平面布局中，屋身的立面可以不外露，屋顶的形状却常常在围墙顶上伸出来。因此，无论作为城市的"天际线"也好，作为建筑物本身的表现也好，不能不认真重视屋顶在视觉效果上的考虑。

中国建筑对屋顶的设计最为重视，在古代就有以它来概括整座房屋的意思。

河北遵化清东陵的"隆恩殿"——屋面部分在立面上占着压倒性的比重。（汪江华 摄）

经过了长期的发展和创造的累积，中国建筑有过不少各式各样的屋顶形式。典型的今日尚可见的传统屋顶形式大概有六种，就是庑殿、歇山、悬山(或挑山)、硬山、卷棚和攒尖。所有的屋顶形式都是源出于人字形的两面坡屋顶以及四面坡的屋顶变化和组合而来。选择采用的标准大概是基于两方面的考虑：其一就是建筑物本身的造型的要求，很大程度是从房屋所在位置所产生的视觉效果上来做出决定；其次就是根据传统的制式上的规定或者习惯。

最早的时候，是以"两注"、"四阿"、"四霤"来表示屋顶的形式的①。"两注"就是指两面坡的人字形屋顶，"注"就是落水的意思，两注就等于俗称的所谓"两檐滴水"。"四阿"就是四面皆有檐，中为平脊的四面坡屋顶。"阿"指的是"垂脊"，屋面夹角构成的脊称"垂脊"，四面坡屋顶共有四条垂脊，故称"四阿"。"四霤"是"四阿"和"两注"的混合式，或者说变体。"霤"就是"流"或"溜"，也是指落水的檐口，四霤即四面落水之意。这三种就是最早、最基本的屋面类型。

由"两注"演变而成的有硬山、悬山和卷棚。侧面人字形的封闭面叫"屋山"，构成屋山的墙就叫"山墙"，山墙高出于屋面，屋面停收于山墙之内者叫"硬山"。相反地，山墙退缩入屋面之内，屋面遮盖着山墙，悬臂伸出山墙之外，这样就称为"悬山"或者"挑山"。一般居民采用的多半是这两种屋顶形式。至于"卷棚"，就是没有正脊的两面坡屋顶，夹角部分改变成为柔顺的圆形曲线，代以"蝼蝈筒板瓦"，有点像车上的篷盖的样子。在两侧山墙的处理方式上，卷棚也有硬山与悬山之分的。

"四阿"就是"庑殿"，庑殿是后来产生的名称，意即殿堂所采用的屋面形式。"四霤"就是"歇山"，屋山止歇在屋顶之内，这是一种形象上的说明。矩形的平面采用四面坡屋顶时可以构成"平脊"(或称"正脊")，假如平面是两轴对称的几何图形，如方形、圆形、六角形、八角形等的时候，屋面交会的地方就只有一个点，这个点就是顶，这时屋面就成为一个"锥体"，这些锥体式的屋顶一律称为"攒尖"。攒尖因平面形状的不同分别有方攒尖、圆攒尖、六角攒尖等种类。攒尖的顶点叫"宝顶"，多半设计成一个圆座的球体，仿佛是皇冠顶上的大宝石，大概其用意也差不多。

屋顶形式的进一步发展就是"重檐"。"重檐"多半就是檐廊部分自成一个屋顶构造而成，因为檐廊部分较为狭长，所构成的空间不宜太高，堂殿内部因为面积较大，应该有较大的空间，因而分别做出不同的屋顶高度。这种处理方式似乎也有其功能上的意义。不过，在设计意图上，基于将屋顶处理得更为美丽壮观似乎还来得多些。"重檐"的另一种形式则表现在多层的楼阁上，多半每一层均有一道飘出的檐线。

除了上述的六种类型之外，屋顶用各种组合的方式而产生的形式还有很多。例如紫禁城角楼的屋顶就是一个极为复杂的三重檐十字脊屋顶，这是一个双面歇山式十字顶，其下又将这个形式重复一次，产生一种极为巧妙而又有规律的形状的变化。因为它所在的位置要求它在任何角度看起来都要产生相同的效果，并且要和远近的屋顶产生全面的呼应，这种十分复杂的屋面形式就是在这么众

屋顶的另一种变化方式就是采用重檐，重檐本是由构造的要求而来，其后多半以此作为加强建筑物外观的一种手法了。

根据文字和图画的记载，中国建筑实在是产生过极为众多的屋顶形式的，远远不止我们今日尚可见的那些类型。

多的视觉效果要求下而创造出来的。在历史上，我们确信曾经有过不少类似这一类的极不简单的组合式的屋顶形式。在古代的绘画中，我们还可以找出更多的不同的屋顶类型，例如宋画中有在屋顶正中加上一个方锥形的小塔楼，顶上上置火珠；其次还有不等高的十字形"交脊屋盖"、组合式的多十字形屋顶、方锥十字屋顶等等。它们的产生都是基于将已有的基本屋顶类型巧妙地综合起来，很难当作一种独立的标准类型。此外，在古画中看到现已不存的屋顶形式还有"上舠棱而栖金爵"②式的形如覆槃的"四方屋顶"，以及"六方"、"八方"屋顶等。这种设计目的都在于加大屋顶的高度，强调它们在空间上的主导性。还有一种檐口部分卷曲的平屋顶，无脊无顶，自然是用于整体上希望减弱屋面体形的部分。

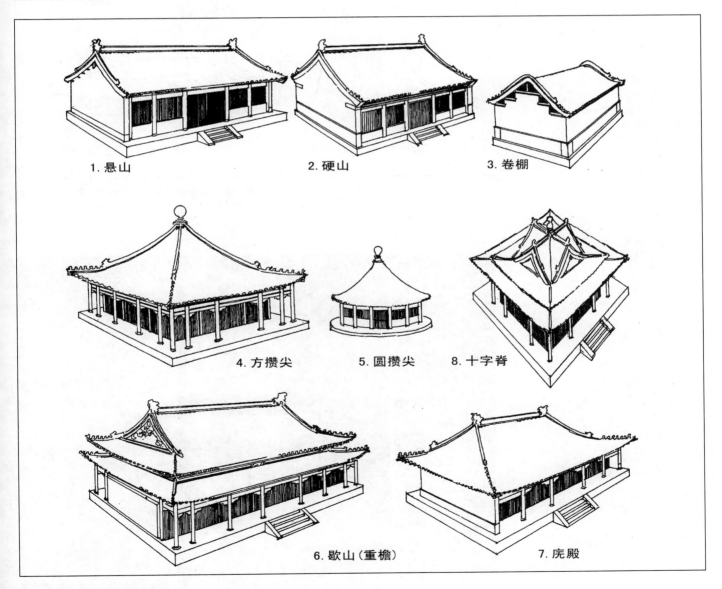

1. 悬山　　　　2. 硬山　　　　3. 卷棚

4. 方攒尖　　　5. 圆攒尖　　　8. 十字脊

6. 歇山（重檐）　　　7. 庑殿

中国建筑常见的主要屋顶形式

见于古代绘画中今日已见不到的一些屋顶形式。

三重檐十字脊屋顶的紫禁城角楼

有人曾对"图"或"文"记载的现已失传的屋顶形式发出慨叹，作为明清之后中国建筑艺术退步的说明。不过，除去形状上的"古雅"、"精巧"等等观感上的评价而言，过于复杂或构造上显得不大合理的屋顶形式不一定是一种优秀的设计，虽则曾经流行一时，但经不起力学上、美学上、经济上等种种考验，不论技术上或者艺术上，总会有些形式遭到淘汰，或因不合时宜而为人所抛弃的。应该说可惜的是没有详细的记录，而不是后世的失传。

总的来说，传统的中国式屋顶有三个最大的特色。第一就是出檐很远，由于达到这个目的而产生斗拱等一系列的檐口构造。出檐远对于加大屋顶的体量产生很大的作用，在体积上会加大至将近一倍，对强调屋面的表现力自然收到极大的效果，在经济上当然就很不合算。支持它长期存在的原因大概并不完全是形式上的目的，主要是它对木结构构架本身的保护产生了很大的作用。第二就是屋顶上的装饰构件很多，中国建筑的纯粹装饰性的构造都摆在屋顶上。这些装饰象征吉祥、安全和显贵，犹如帽子上的装饰一样。"正吻"和"套兽"以至屋山"博风"上的"悬鱼"、"惹草"等就是这一类的东西，除去它们的迷信成分外，对于丰富屋顶的轮廓线的确产生了不少的作用。第三就是弧线的屋面，由此而产生反曲的向上翘起的檐边和檐角。这种"曲线"的斜屋面成为中国建筑的一种主要的特征。近代的中外学者们曾经对这一条"曲线"的产生原因和效果作过十分多的讨论。有趣的问题在于全世界的屋面都是直线的，而为什么中国的却是"曲"线的。关于这一问题，我们以后在谈到结构和构造时还要作专门详细的讨论。

中国的屋顶特点是出檐远，装饰性构件多和屋面呈曲线，原因在于保护木构架的屋身，以及追求较大的体量和更多的变化。

屋顶各个部分的详细构造：1. 北京南海瀛台螺蛳垂脊；2. 文渊阁碑亭垂脊；3. 北海永安寺前殿正脊及垂脊；4. 保和殿"界墙"的屋顶式墙头。

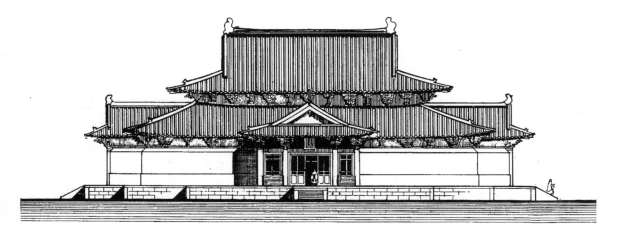

摩尼殿正立面图

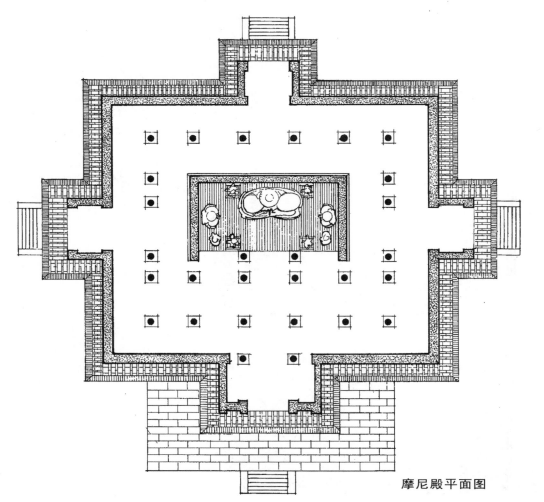

摩尼殿平面图

　　河北正定金代所建的隆兴寺的"摩尼殿"，由于采用十字形带"抱厦"的平面，屋顶"体形的组成"有了很大变化，并且以屋山作为入口部分的处理。这类形式的屋顶在宋画中常见，日本建筑以这种方式处理入口的也很多，大概，在唐宋的时候，这种形式的建筑物是不少的。

北京雍和宫"法轮殿"，非矩形的平面自然引起屋顶体形的丰富的变化。（吴晓冬 摄）

关于屋顶的坡度，《周礼·冬官考工记》中就有"葺屋叁（三）分，瓦屋四分"的规定。郑司农注云："各分其修，以其一为峻"。葺屋，就是说草屋；修者，房屋进深的跨度也；峻，就是指屋顶断面所成的三角形的高度。三分之一或四分之一的屋面坡度到了现在还普遍采用，西方的斜屋面也有不少采用这个决定坡度的办法，这个规定却在举世中应用了两三千年。对于个别的建筑物而言，后世为了强调屋顶的表现力，明清间有增至二分之一的。

对屋面的坡度，中国很早就做出各种标准的规定，实施的结果证明了它是一种正确的选择，所以直到今日还普遍地应用。

明清间遗留下来的古建筑，很少以屋山"博风"来构成一个正面，或者用以加强入口的部分。元代之前，十字形的平面和十字形的屋顶形式颇盛行，博风部分就有作为入口大门的立面构图了，例如现存的金代正定龙兴寺摩尼殿。现在还可以看到的日本古代建筑，入口部分大半是部分升起或另加一个屋山，以"博风"来强调中心，虽然一方面是他们自己的创造的结果，另一方面也脱离不了受唐宋时代中国建筑流行形式的影响。

从发展的经过来看，屋顶形式是由简而繁，又由繁而化简。所谓"物极必反"，似乎也很合乎客观事物发展的一种总的通则。"繁"是表明了文化艺术兴起时的一种意态，处处表现出前人所不能及的精巧。再度化简表示将前代的创造加以净化和使之更为成熟。另一方面琉璃瓦在屋面上逐渐地大量使用对于唐宋之后简化屋顶形式的设计是有一定的影响的。琉璃瓦随着工业生产技术的进步，颜色和花样愈来愈多，这种闪闪发光的大片彩釉的材料，本身的视觉效果已经十分强烈，因而在构图上以在较为简洁的面上应用为宜。材料改变，形式也随之而改变，这本来就是十分自然的事情。

琉璃瓦在屋顶上出现之后使建筑设计产生一定的改变，因为它在视觉上的效果十分强烈，必须减弱其他部分才能达到更好地衬托它的目的。

琉璃瓦和中国建筑屋顶设计艺术之间的关系很大，屋顶之所以能使人产生强烈的印象，相信由琉璃瓦的彩色光泽而来多于其形状，加上曲线和丰富的装饰自然就更为"相得益彰"。由于琉璃瓦大屋顶的色彩和形象过于浓重，除屋顶本身之外，在设计上也影响到整个建筑物的各个部分简化起来，以免互相之间发生冲突。

① 见焦循《群经宫室考》。
② 见汉班固《西都赋》。

第六章

结构与构造

- 结构·构造的设计
- 结构原则的演变
- 材料的选择和标准的制定
- 构件的形制
- 屋面的构造和屋面的曲线

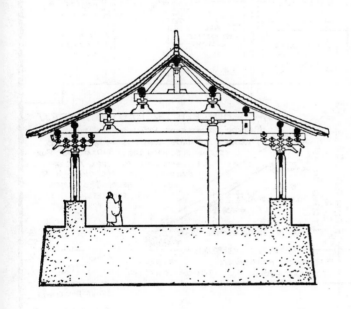

结构·构造的设计

　　中国古典建筑的结构和构造，无论方法、取材、形制、用料大小等问题大部分都是主要依照当时所用的"法式"、"做法"、"定制"等来决定的。大概，建筑者所用的技术规范有两种，一种是官方颁布的，如宋代的《营造法式》、明代的《营造正式》、清代的《工部工程做法则例》等。另一类是各地的匠师们，根据自己的经验并结合当地的具体情况创造出来的一套习惯方法；个别杰出的工匠，总结经验以钞本流传，也有著述成书如《木经》等出版的。因而建筑物表现出来的构造就有"官式手法"和"地方手法"的差异。有时，"官式手法"和"地方手法"，当代方式和前代法式交混并用，以此来丰富结构和构造上的设计。

对于结构和构造，历史上的每一个时代都制定有一定的标准和规范，当时的房屋大体上都是按照这些法式而建造，较少各自去独创方法和制式。

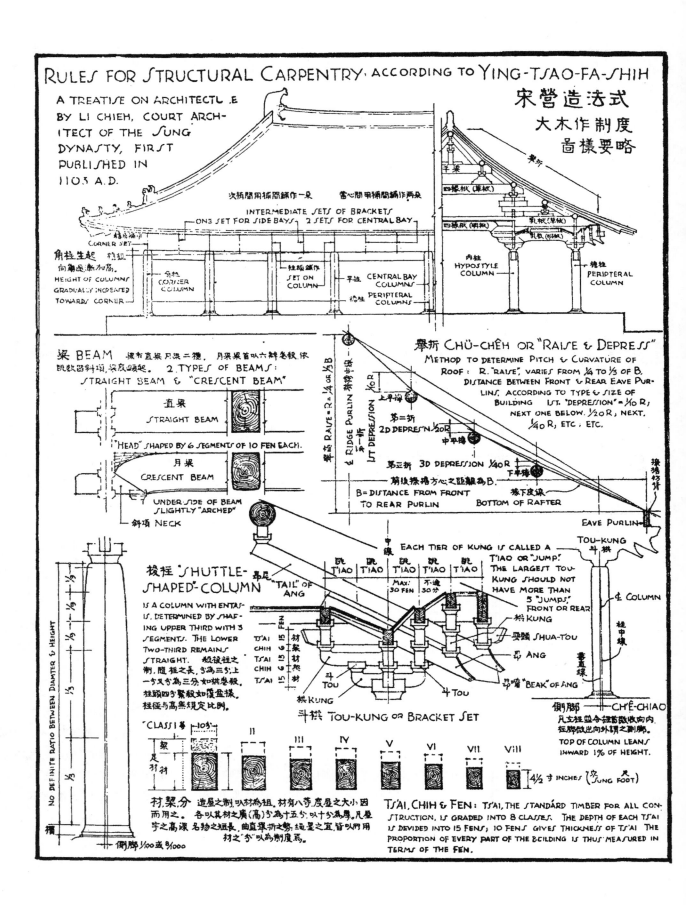

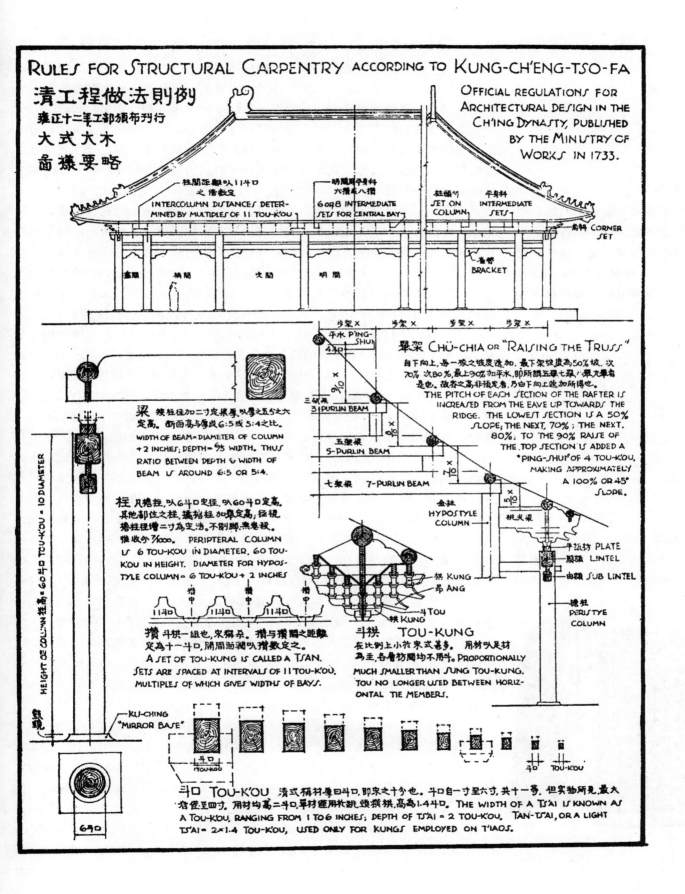

RULES FOR STRUCTURAL CARPENTRY ACCORDING TO KUNG-CH'ENG-TSO-FA

清工程做法則例
雍正十二年工部頒布刊行
大式大木
畵樣要略

OFFICIAL REGULATIONS FOR ARCHITECTURAL DESIGN IN THE CH'ING DYNASTY, PUBLISHED BY THE MINISTRY OF WORKS IN 1733.

柱間距離以11斗口之倍數定
INTERCOLUMN DISTANCES DETERMINED BY MULTIPLES OF 11 TOU-K'OU

明間用平身科六攢或八攢
6 or 8 INTERMEDIATE SETS FOR CENTRAL BAY

柱頭科 SET ON COLUMN

平身科 INTERMEDIATE SETS

角科 CORNER SET

老簷 BRACKET

盡間　梢間　次間　明間

梁 採柱徑加二寸定梁厚 以厚之五分之六定高。斷面高與厚成6:5或5:4之比。
WIDTH OF BEAM = DIAMETER OF COLUMN + 2 INCHES; DEPTH = 6/5 WIDTH. THUS RATIO BETWEEN DEPTH & WIDTH OF BEAM IS AROUND 6:5 OR 5:4.

柱 凡簷柱，以6斗口定徑，以60斗口定高。其他部位之柱，據柱加高定高；柱徑視簷柱徑增二寸為定法。不剔脚，無卷殺。雅收分7/1000。
PERIPTERAL COLUMN IS 6 TOU-K'OU IN DIAMETER, 60 TOU-K'OU IN HEIGHT. DIAMETER FOR HYPOSTYLE COLUMN = 6 TOU-K'OU + 2 INCHES

HEIGHT OF COLUMN 柱高 = 60斗口 TOU-K'OU = 10 DIAMETER

攢中　攢中　攢中
11斗口　11斗口　11斗口

攢 斗拱一組也，宋稱朵。攢與攢間之距離定為十一斗口，開間尚闊以攢數定之。
A SET OF TOU-KUNG IS CALLED A TSAN. SETS ARE SPACED AT INTERVALS OF 11 TOU-K'OU, MULTIPLES OF WHICH GIVES WIDTHS OF BAYS.

步架 × 　步架 × 　步架 × 　步架 ×

平水 P'ING-SHUI 4斗口

9/10

3椽栿 3 PURLIN BEAM

8/10

五架梁 5-PURLIN BEAM

7/10

七架梁 7-PURLIN BEAM

金柱 HYPOSTYLE COLUMN

5/10

舉架 CHÜ-CHIA OR "RAISING THE TRUSS"
自下向上，每一架之坡度遞加，最下架坡度高為50%坡，次70%，次80%，最上90%加平水，即所謂五舉七舉，舉凡舉者是也。故各之高非預定者，乃由下向上遞加所得也。
THE PITCH OF EACH SECTION OF THE RAFTER IS INCREASED FROM THE EAVE UP TOWARDS THE RIDGE. THE LOWEST SECTION IS A 50% SLOPE; THE NEXT, 70%; THE NEXT, 80%; TO THE 90% RAISE OF THE TOP SECTION IS ADDED A "PING-SHUI" OF 4 TOU-K'OU, MAKING APPROXIMATELY A 100% OR 45° SLOPE.

挑尖梁

平板枋 PLATE
闌額 LINTEL
由額 SUB LINTEL
簷柱 PERISTYLE COLUMN

拱 KUNG
昂 ANG
斗 TOU
拱 KUNG

斗拱 TOU-KUNG
在比例上比宋式要小甚多。用材以斗材為主，各層枋間均不用斗。PROPORTIONALLY MUCH SMALLER THAN SUNG TOU-KUNG. TOU NO LONGER USED BETWEEN HORIZONTAL TIE MEMBERS.

KU-CHING "MIRROR BASE"

斗口 TOU-K'OU

6斗口

斗口 TOU-K'OU 清式稱材厚曰斗口，即宋之十分也。斗口自一寸至六寸，共十一等。但實物所見，最大者僅至四寸。用材均高二斗口，單材應用於跳頭橫拱，高為1.4斗口。THE WIDTH OF A TS'AI IS KNOWN AS A TOU-K'OU, RANGING FROM 1 TO 6 INCHES; DEPTH OF TS'AI = 2 TOU-K'OU. TAN-TS'AI, OR A LIGHT TS'AI = 2 × 1.4 TOU-K'OU, USED ONLY FOR KUNGS EMPLOYED ON T'IAOS.

当然，并不是所有建筑设计上的结构问题都是可以根据法式上的规定来解决的，特殊的建筑要求就会出现特殊的结构要求，遇到了这种情况就要大胆地创新，经过详细的试验和研究之后提出新的结构设计方案。例如北魏洛阳的永宁寺塔、宋开封的开宝寺塔和现存的佛宫寺木塔等，设计这些庞大而高耸的多层木结构就不是单纯抱着"法式"可以解决问题。两三千年来，一方面依据官方的和民间的建筑技术法规来解决建筑技术的应用与普及问题，另一方面则由经验丰富的有创造才能的匠师们去发展和提高新的、复杂的结构技术。

《周礼·冬官考工记》是中国最早的一本有关建筑技术的记载和规定，无论如何它最少说明了在建筑技术上中国很早就倾向于建立一种统一的规定和制式。为了使这些规定更方便于应用，规定的内容自然就愈来愈详尽，为了求取使用范围的扩大，一切的定规就要非常灵活。有人估计在唐以前的相当时期内，一些经验公式和以"模数"为基础的计算方法产生和初步发展起来，中国建筑结构和构造技术的"标准化"和"模数化"的基础就是这样逐渐地奠定的。

在已有的资料基础上，我们今日无法确切地断定全面地做出结构和构造的规定成熟于何时，标准和模数的概念在什么时候完全确立起来。宋代李明仲《营造法式》的出现毫无疑问说明了宋代时已经达到了十分完善的地步，但是，《营造法式》并不是一个开始，而是在历史基础上的一个总结，只是说明在此之前，这个问题并没有完全系统化起来而已。"以材为祖"的建筑设计上的"模数制"使很多人都粗略地认为是《营造法式》颁行之后才确立起来的。假如，我们仔细考虑一下，这种"模数制"绝不是在短短的时间有如法令一样可以制定来执行的，况且《营造法式》不是创作性的技术著作，而是总结性的技术规范。相信，以"材"作为决定材料大小的计算标准方法当时已经在实践中流行，而且证实了是可行的方法，李诫只不过是"勒人匠逐一讲说"[1]而进行编修而已。

在《营造法式》刊行之前，有喻皓的《木经》三卷流传，因已佚，真实内容不可复知，但尚存的片断有："凡梁长几何，则配极几何[2]，以为榱等[3]。如梁长八尺，配极三尺五寸[4]，则厅法堂(万历本作堂法)也，此谓之上分。楹[5]若干尺，则配堂基若干尺，以为榱等。若楹一丈一尺，则阶基四尺五寸之类。以至承拱榱桷，皆有定法，谓之中分。"[6]从这一个有关结构问题的说明看来，"皆有定法"似乎应该是有了很长的历史传统了。沈括在《梦溪笔谈》中说："近岁土木之工，益为严善，旧《木经》多不用，未有人重为之，亦良工之一业也。"[7]写这段话的时间是《营造法式》颁行前十年左右，可见当时对出版一本完整而系统的实用技术规定是一种客观形势的迫切要求。

《营造法式》上详细列出的以"材"为祖的"模数制"产生了很大的作用，使中国建筑的结构和构件沿着一条标准化的道路发展下去。到了清代，《工部工程做法则例》公布之后，以"材"为标准改成以"斗口"为标准，"模数"使用的范围随之更为扩大，制度更为细致和严谨，连平面开间和立面制式中的一些尺寸也受约束，纳入"模数"的约制之中。虽然，在现代建筑中曾经有过不少提倡实施"标准化"和"模数化"的理论，近代建筑师柯布西埃(Le Corbusier)就是著名的倡议者。但是，至今为止，世界上真正实现过建筑设计"标准化"和"模数化"的只有中国的传统建筑。无论如何，全面和系统地建立结

即使远至公元以前的时候，中国对建筑就采取了实行统一技术规定的措施，由于这个历史基础，"标准化"和"模数化"就逐渐成熟地发展起来。

喻皓的《木经》流行在《营造法式》颁布之前，说明民间早就存在编汇技术规条的传统。

载有《木经》片断的沈括《梦溪笔谈》的明代(1631年)刊本

构和构造的标准"法式"，使结构和构造在实践中得到了一定的便利和安全的保证，这一点不能不说是中国建筑技术上的一项最重要的成就。

在另一方面，我们还应该总结和衡量一下一两千年来中国建筑在结构上究竟达到了一个怎样的水平，对于建筑结构的认识到了哪种程度。有一些人是"疑古派"，对于古代文献上有关建筑的记载或者文学上的描述一律看作是"夸大之词"，不足置信。另外一些人是"重古轻今派"，认为历史后期的建筑大大不如历史前期所取得的成就。关于这些问题，就要作一些科学的分析，因为任何事物在历史上的发展都不是那么简单明了的。

中国建筑从开始的时候就把主力放在木骨架结构上，因此对于建造"骨架"就有了两三千年的实践经验，除了建立稳妥可靠的建筑和一般殿堂房舍的标准结构体系之外，还要负担各个时代的各种特殊的建筑任务。从秦汉至魏晋期间，建筑物产生过朝高空发展的倾向，别风阙、井干楼、通天台、铜雀台、金虎台、冰井台，以至永宁寺的佛塔等都是著名的例子。虽然，它们的高度部分是以建筑高大的夯土台基取得的，但是，无论如何引起了构筑高大的木框架技术的发展。它们积累了无数成功的以及失败的经验，这一点，对结构技术的提高和结构原理的认识都是大有帮助的。

南北朝刘义庆所著的《世说新语》在《巧艺篇》中有过一段有关高楼结构的故事："陵云台楼观精巧，先称平众木轻重，然后造构，乃无锱铢相负揭。台虽高峻，常随风摇动，而终无倾倒之理。魏明帝登台，惧其势危，别以大材扶持之，楼即颓坏。论者谓轻重力偏故也。"⑧"先称平众木轻重"当然就说明了设计者对材料的自重(dead load)以及力学上的平衡(equilibrium)的充分认识。木材和木框架具有"弹性"，故"随风摇动，而终无倾倒之理"。从结构观点而言，这样的设计不符合"稳定性"(stability)和"功能性"(functionality)(使人惧其势危)对结构的基本要求。加固的时候(也许不经原设计者之手)使之失却了力学上的平衡，因重心偏移超过底线而倾倒了。在古代，类似的例子还很多，这些教训都会引起对结构原理、工程力学等认识的加深和提高。高大的塔楼在结构上的要求比一般的堂殿为高，在大量兴建楼观佛塔的情况下，有了较多的具体实践机会，木框架结构技术的提高就会打下了一个良好的基础。

"三维"的空间结构本来就是中国建筑结构的一个基本构成观念。宋代沈括的名著《梦溪笔谈》里有这样一条："钱氏据两浙时，于杭州梵天寺建一木塔，方两三级，钱帅登之，患其塔动。匠师云：'未布瓦，上轻，故如此。'方以瓦布之，而动如初。无可奈何，密使其妻见喻皓之妻，赂以金钗，问塔动之因。皓笑曰：'此易耳。但逐层布板讫，便实钉之，则不动矣。'匠师如其言，塔遂定。盖钉板上下弥束，六幕相联如胠箧⑩。人履其板，六幕相持，自不能动。人皆伏其精练。"⑩"六幕"就是指上下前后左右六个方向，在各个方向上互相联结是取得整体稳定的条件。有楼板和没有楼板的塔楼，在结构设计上是有不同意义的。

另外一段有关喻皓的故事见于《归田录》，他为开封开宝寺建筑了一座塔身向西北微倾的"斜塔"。"塔初成，望之不正而势倾西北，人怪而问之。皓曰：'京师地平无山而多西北风，吹之不百年，当正也。'"有关这座塔据

中国有极为漫长的发展框架结构的经验，在不断负担重大建筑工程的实践中积累起对力学的认识，当时来说确实已经达到了一个很高的水平。

在被焚的开宝寺"斜塔"基础上重建的琉璃砖塔。塔高十六丈余，八角十三层。（张兰　摄）

李廉《汴京遗迹志》说："时木工喻皓有巧思，超绝流辈。遂令造塔八角十三层，高三百六十尺，其土木之宏壮，金碧之炳辉，自佛法入中国未之有也。"用这个方法来考虑如何抵受经常来自同一方向的风力，在结构上倒是一个十分独特的方法，同时说明喻皓在设计思想上其时已存在着"预加应力"的观念和认识。

当然，我们还可以举出更多的古代有关结构设计的实例。不过，中国建筑的结构设计问题不在于有没有创造过重大的成绩，很多事实都能说明中国在这方面很早就达到很高水平。问题在于始终没有做出很好的总结，使之上升成为理论，成为一门专门的学问。与西方的建筑结构设计相比较，李约瑟这样说："在法国某些建筑物中安装巨大的铸铁屋架只不过恰好在革命之前的时候，而真正划时代的建筑物是查理斯·贝治(Charles Bage，1752年—1822年)在1797年于斯尔斯堡(Shrewsbury)完成的一座五层的、至今仍然保存良好的亚麻工场。铸铁的梁由铸铁的柱子来支承，并且与砖砌的半圆拱券相连，于是就构成了第一座铁框架的建筑物。横向的稳定仍然有赖厚厚的外墙，在添加正面风撑使三维的铁构架能独立之前，它存在了40年——类似的木构架在中国已经有长久的历史了。在水晶宫(Crystal Palace)和史尼斯博(Sheeness Boat)百货公司时代，铸铁、锻铁和钢全都在第一座'摩天楼'型的建筑物上用上了，例如1884年在芝加哥建造的十层家庭保险大厦(Home Insurance Building)，此后全部钢铁的骨架也很快就产生。这种发展的结果使建筑物的外墙差不多可以全部以透明的玻璃片来代替，考文垂(Coventry)重建的大教堂因而在今日可以取得十分戏剧性的效果。从事这个伟大运动的建筑师和工程师也许很少会认识到从承重墙摆脱出来的做法他们中国的前辈行家们早在两三千年前已经行之有素了。"[11]

西方建筑采用框架结构比中国迟得多，到了18世纪才开始着手尝试，不过他们很快就后来居上，发展成为高度的现代建筑技术。

William Le Baron Jenney设计的芝加哥"家庭保险大厦"

19世纪下半叶才发展起来的欧洲钢铁"框架结构"——1871年—1872年间建筑的一座巧克力工厂。这座工厂被称为"第一座真正的骨架结构建筑"。

相反地，中国人在16、17世纪之后却更多地发展承重墙式的砖石结构。有一些房屋设计便陷入砖墙的局限之中，因而出现晚清时一些并不太理想的房屋。尤其是流行于南方的一些宅舍，因为承重砖墙的关系，建筑的传统优点反因此而失却。技术的发展有时颇为反复，主要的原因是中国没有注意建立正确的科学理论工作，用以总结经验和作方向性的指导建筑的实践。

① 宋李诫《营造法式》序目·"劄子"。
② 梁，是指梁架中的草栿；"极"为"草栿"之上的平梁，即梁架上的上下二梁。
③ 榱，即椽子。
④ "梁长八尺，极三尺五寸"，适好是构成四分之一屋面坡度的梁架。
⑤ 楹，指支柱。
⑥ 《木经》原书已佚，此文见沈括《梦溪笔谈》卷十八"技艺"299条。大多数人都认为这是《木经》内容的片断，但亦可能为沈括对《木经》内容的概述，以行文的方式来看似非引自原著。
⑦ 同⑥。
⑧ 唐代欧阳询撰的《艺文类聚》的引文中无"而终无倾倒之理"之句。
⑨ 胠箧原为盗窃的意思，即翻箱倒柜。这里指打开了的箱子。
⑩ 见沈括《梦溪笔谈》卷十八"技艺"312条。
⑪ Joseph Needham.Science & Civilisation in China Vol IV:3.Cambridge University Press, 1971.103-104

1851年建筑的伦敦水晶宫

上：河南陕县庙底沟文化房屋复原图
下：西安半坡仰韶文化长方形房屋复原图

结构原则的演变

从原始型的房屋构造方式来看，中国建筑一开始就同时存在着框架结构和承重墙结构两种设计意念，就是说摆在面前的有两条不同的发展道路。

根据考古学上的发现，半坡仰韶文化地上的及半地穴式的居住建筑是中国的一种最古、最原始的房屋类型。它们的面积不大，平面呈圆形、椭圆形或者圆角方形，一般直径或边长在十五至二十英尺左右，相当于后来房屋中的一个房间。它们的结构就是在房屋的中心部分设置几根木柱，用来支持一个外斜的有如伞形的屋面，屋面的构造是在紧密排列的木椽上加茅草或涂以相当厚的草泥。房屋的周边排列着密集的木柱，外抹八九英寸厚的草泥而构成墙壁。

从房屋结构的角度来分析，上述的构造是一个十分有意思的起点。假如，我们把构成一个封闭体或者说容器的方法分为两类：其一就是由一些"面"状的构体来组成，这些"面"状的构体同时负起结构和封闭两种作用；其二就是先构成一个骨架，然后在骨架之上披上一个外壳，骨架和外壳分别分担结构和围护的功能。以密集的立柱构成的墙壁及紧密的椽子组成的屋面究竟是属于面状的结构，还是属于骨架式的结构呢？它们实在是同时具有两者的特性。正是因为它们具有两者的特性，在结构的发展上就摆有两条可走的路：一条就是框架式的结构，一条就是承重墙式的结构。自然，两者有时也可以混为一体。

值得注意的一个问题就是中国最早建立的墙壁就是带有木骨架的土墙，因而墙壁本身就具有双重的意义。从殷商时代的房屋构造情况来看，由新石器时代以至这一个时候的一段时期，我们或者可以说在房屋结构上主要是采用骨架式承重墙的体系。附有木骨架的墙壁的存在是毫无疑问的，在考古学上已经有了确实的证明，问题就是这些墙壁究竟是用作承重呢，还是仅作为一种封闭用的围护构造。大多数人都受后期的中国建筑结构观念所影响，认为它们也只不过是大部分用作为"幕式墙"(curtain wall)。

1974年在湖北盘龙城发掘了一座商代的宫殿遗址①，从考古报告的实测平面图来看，它的墙壁是完全由木骨架构成的土墙，它周围的檐柱排列得很密，而且前后的数量不等(前二十后十七)，柱网并不在同一的直线上，显见檐柱只为构成檐廊而设，并不是用来支承屋面构造的梁架(或者说屋架)的，屋顶的结构因而应该是由"骨架墙"来支承。可是，另外一篇理论性的文章中②，附有这座房屋的复原剖面图，在剖面图中却可以看到屋面的结构是由一些人字屋架来支承木橼。在图中看到的三角形屋架，似乎在中国建筑历史上从未出现，室内的间隔墙并没有伸展至屋顶，并不作承重之用。这个复原图在结构上来说，与中国建筑发展的"源流"并不怎么符合，很多地方还值得详细商榷和讨论。

从郑州大河村仰韶文化房基遗址③、河南偃师早期商宫殿遗址④等考古报告中，我们可以确信中国早期的建筑使用过骨架式承力墙体系。结构上的发展所以蜕变成为骨架结构，问题就在于墙内骨架构造的变化，由密集的立柱改为有规则的排柱，利用这些排柱来支承屋顶的构造，同时也作为墙壁的骨架。柱距由楞木的距离来决定，这就是后来的"穿斗式"房屋柱架。大概，这是方格形的柱网制式开始建立之后的事情。

早期的房屋是采用木骨架承重墙作为支承构造的结构方式，说明了最先采用的还是承重墙式的建屋方法。

木骨架承重墙其后发展为"穿斗式"柱架，柱架最后演进为梁架，中国式的木框架结构体系到此才正式确立起来。

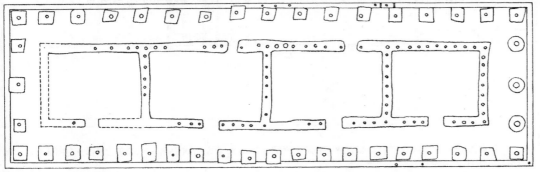

上：湖北盘龙城商代宫室遗址
下："田野考古"实测记录的"平面图"

203

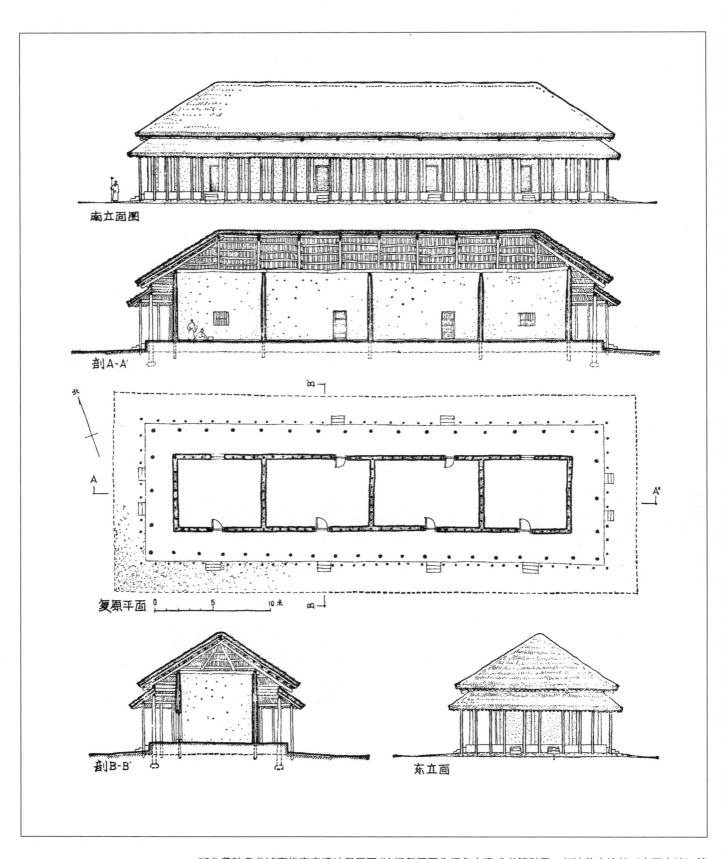

南立面图

剖A-A'

北

A — — A'

复原平面　0　　5　　10米

剖B-B'　　　　东立面

湖北黄陂盘龙城商代宫室遗址复原图(这幅复原图为很多文章或书籍引用，郭沫若主编的《中国史稿》第203页亦引用作为插图)。

方格形规则的柱网布置开始的时候完全是因屋顶的构造而决定的，这个问题可以从相传是周代制定的《士寝图》中得到证明⑥。在《士寝图》中，立柱的名称和楞木的名称是一致的，可见立柱纯粹是为了支承楞木而设。楞木完全由立柱支承，屋架自然就不存在。支承屋顶构造的排架柱和柱之间在每一楞木位置的水平面上都有连梁，以保持整个构架的稳定，整个屋面就成为了一个三维的框架。但是当房屋的面积愈来愈大，在功能上要求室内空间扩大和伸延的时候，立柱就成为一种阻碍，为了取消其中一些支柱，梁架就产生了。简单的办法就是把不承重的连梁改为支承重量的大梁，只是省去了立柱，立柱以上的原有形式不变，相信这就是中国式梁架形式的由来。

中国建筑本来并不存在"屋架"的结构观念，梁架的出现不过是由减柱造而来的产物。

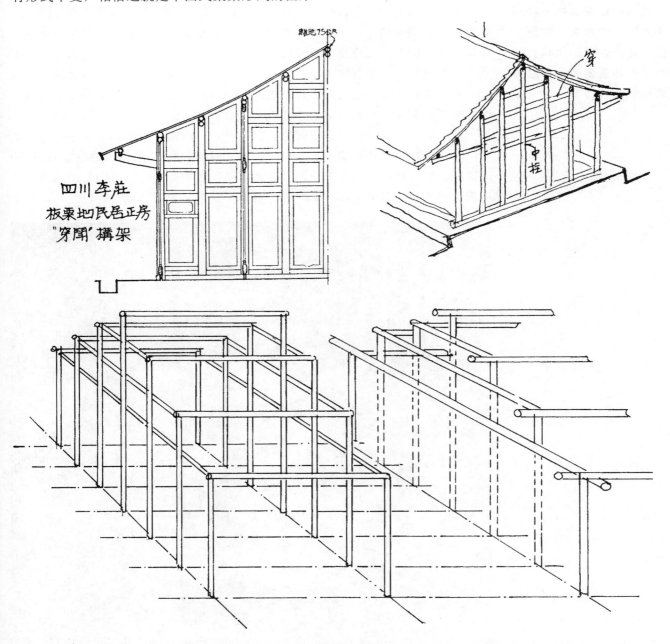

上图为今日仍然可见的"穿斗式"房屋构架（原载刘致平《中国建筑类型及结构》）。下图左方表示房屋构架本来的基本意念，右侧表示省去了立柱之后出现的梁架形式，由此可见在中国建筑中独立的屋架概念本来是不存在的。

205

其实，在中国建筑本来的结构观念中，梁架并不是一个自成一体的部分，叠梁中的每一根梁正如其他水平方向的构件一样，是整个房屋构架方格体中的一根组成构件而已。或者可以这样说，所有的梁架不过是"减柱造"的产物，柱可以任意减，无论如何，梁架的形式还依照着原本的式样，仍然保持着还未减去柱子时本来就具有的形状。有人去研究中国建筑为什么不采用西方的三角形屋架，其实问题不在于采用什么形式的屋架，因为屋架的观念本来是不存在的。有人说中国的梁架形式是为了取得一个曲线的屋面，其实这是将问题反过来说。

根据文献记载，在古代，还有一种省却房屋内部柱子的屋顶构造方法，这就是"罍"式结构。在一个方形或者多角形的平面上，在底架上以抹角梁层层叠起，逐层缩小，这样便可以构成一个锥形的无中柱的屋顶构架。这种罍式屋顶产生得很早，它的顶部留下一个天窗，这种情况和原始型的房屋要求是一致的，古代文献上也说过这是一种上古的屋顶形制。这种结构方法并没有失传，而且被后世看作是一种代表尊贵的形式。

罍式屋顶形成的是一种四面坡式的屋顶，"四罍"屋盖的名称就是由此而来。《礼记》有"其礼中罍"之句，说明了周代的时候用这种形式的屋顶结构来建造礼制建筑，"土主中央而神在室，是以名室为罍"。"罍"的构造方法后来发展成为建筑物中的一个局部的构造，就是后来的"藻井"，此外，亭台

"罍"式结构是最古的一种屋顶结构方法，它带来"四罍"式屋顶，此后这种形式和方法就带有一种神圣的意义，成为表现尊贵的象征。

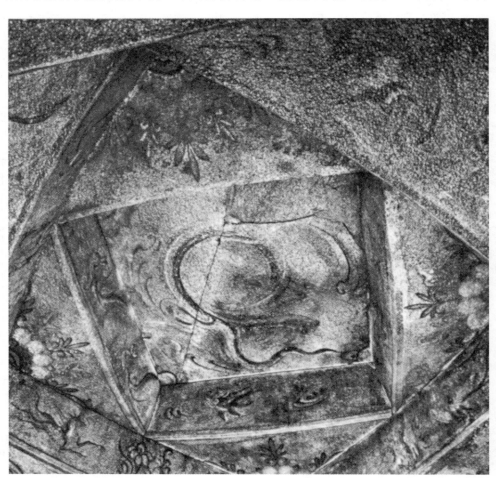

古高丽建筑表现出来的"罍"式结构意念。

206

楼阁中的方锥形屋顶结构很多时候也采用了"罍"的结构原则。可能因为它已经不再是一种独立的构造方法和屋顶形式，很多人都不大注意它本来就是中国建筑结构的一种最早的方法，或者说是一个结构的起源。

与罍式结构相类似的还有"井干式"结构。所谓"井干式"就是用木材在水平方向作井字形架叠起来，用这个方法构成的封闭体在结构上比任何其他方法更为稳固和稳定，而且整体性很强，相信，很早的时候人们就懂得采用这种构造方式。甚至，我们可以这样推想，"罍"式屋顶之下可能就是"井干式"的屋身，屋顶结构不过是屋身的结构演变而成。"井干式"结构在力学上可以发挥很大的效能，因此可以堆叠得很高。在汉代有一座据说高达五十丈的井干楼，就因"井干式"的结构方法而得名。后汉张衡《西京赋》中有"井干叠而百增，……上飞闼而仰眺"之句。《长安志》曰："井干楼，积木高而为楼，若井干之形也。"相信，在古代以这种结构曾经作过高楼和高台的一种重要的构成形式。有人谓汉之"柏梁台"应为"'百'梁台"，百梁台就是用数以百计的梁作台；古代把巨大的木枋也称为"梁"，可见这也可能是一座"井干式"构造的台。这种结构大概是因为耗费木材太多，以后就不再出现了，可是这种方法也还断断续续地流传，直至今日，在中国西北还可见古代遗留下来的"井干式"楼阙⑥。

"井干式"曾经是中国建筑一种结构方式，古代曾经通过这种技术而达到建造高层楼阁的目的。

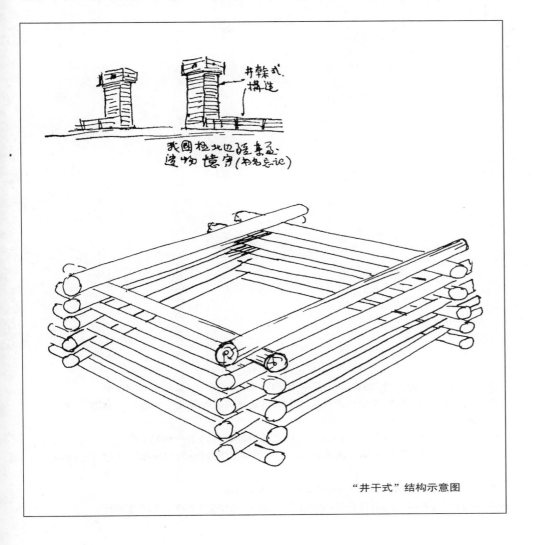

"井干式"结构示意图

207

密柱式骨架墙和"井干式"等结构方式因为在材料使用上很不经济，因此没有继续发展。后来的建筑主要着重于如何更完善地去设计骨架式的结构，随着建筑要求的提高，完全基于屋顶构造的方格形柱网开始有了改变。纵向的间增大，横向因梁架的出现而可以尽量减省柱位，原来用以支承楞木的柱架除外墙部分多半都已消失。最后演变成一个这样的结构柱网布置原则：位于中心部分的"间"柱距较大，位于周边的柱距较小。这样不但符合了建筑的要求，在结构上这样的柱网布置同时也十分有利，可以更好地抵受水平方向而来的推力。

典型的中国建筑柱网布置原则除了满足使用功能和美学的要求外，在力学上同样也是一种合理的方式。

不论殿堂或者塔楼，檐廊的设置不但在建筑上起了很大作用，在结构上也是一种很合理的增加建筑物稳固度的必要手段。在高层的木结构中，这种处理方法同时便于立面上的分层收束，以保持整座建筑物的稳定。中国建筑结构的一个最重要原则就是"六幕相持"，尽量构成一个"三维"的框格立方体，不论如何组合，必须坚持整座建筑物的结构在各个方向上联结成一个整体。也许，对称的观念并不是完全出于一种形式上的要求，很多时候还是出自于一种结构上更为完善的考虑。对于力学上来说，对称的形状常常是一种较为有利的结构形状，在一座单座建筑物上，视觉上的平衡自然是一个问题，力学上的平衡在好些情况下有时会显得比前者更为重要。

① 湖北省博物馆《盘龙城一九七四年度田野考古纪要》《文物》1976,2期
② 杨鸿勋《从盘龙城商代宫殿遗址谈中国宫廷建筑发展的几个问题》《文物》1976, 2期
③ 郑州市博物馆《郑州大河村仰韶文化房基遗址》《考古》1973,6期
④ 中国科学院考古研究所《河南偃师二里头早商宫殿遗址发掘简报》《考古》1974, 4期
⑤ "士寝图"见第三章第二节中插图，本书第84页。
⑥ 刘致平《中国建筑类型及结构》北京:建筑工程出版社,1957.274页279图

材料的选择和标准的制定

一般地说，"就地取材"是建筑发展所必然产生的普遍现象，并且由于特殊材料和方法的采用就此而反映出各种独特的地方风格和特色。在建筑学上，往往都是用这种逻辑来研究问题的：客观存在的条件决定材料的选用，基于对材料的了解和认识去决定结构和构造的方法，方法和功能决定各个部件以至整体的形式。这种推论是承认建筑发展是有其客观存在的规律，问题在于人的认识是合乎还是违反这些必然的规律，一般以此来作为辨别设计优劣和成败的标准。

李诚在他的《进新修营造法式序》中说："……榱栌枅柱之相枝，规矩准绳之先治，五材并用，百堵皆兴。唯时鸠僝之工，遂考翚飞之室，而斲轮之手，巧或失真。董役之官，才非兼技，不知以材而定分。乃或倍斗而取长，弊积因循，法疏检察，非有治三宫之精识，岂能新一代之成规。"[①]其中，有两个问题在这里值得详加讨论，一个是"五材并用"，另一个是"以材而定分"。这两个问题就是中国古典建筑结构和构造设计的最主要实践原则，或者说是最基本的精神所在。

什么是"五材"呢?《左传·襄公二十七年》有"天生五材"之句，本来就是指"金、木、水、火、土"而言的古代认为物质的基本组成元素。言下之意，

> "五材并举"是中国古代对建筑材料选择所确立的一个基本观念，换句话说对材料的使用实在是无所偏重的。

汉代的空心画像砖

209

秦宫所用的"扳瓦"、"筒瓦"

周丰宫所用的瓦当，四周为朱雀、玄武、青龙、白虎等图案，中间为一"丰"字。

中国建筑是一种"混合结构"，材料的选择和应用主要是基于当时的认识和要求来取舍的。

《营造法式》是以不同材料的制作、加工来划分章节，直至今日，我们还是采用这种分类法来组织施工。

"五材"就有包括一切材料的意思。或者，附会说是建筑上主要使用的材料——砖、瓦、木、石、土。"五材并举"就明确地表示，在房屋建筑上，无论什么材料都是可以和应该使用的，并无偏废，基于此而达到"百堵皆兴"。在《营造法式》刊行之前，建筑师喻皓写了三卷"营舍之法"的著作，称为《木经》，重点放在"木"字上，以木构代表了建筑工程。李诫和喻皓之间的观点为什么有所差别呢？因为一位是建筑工程的主理官员"将作少监"，一位是建筑结构工程师"都料匠"，看问题的角度多少总会有些不同了。

事实上，古代中国的建筑和结构设计确实是基于"五材并举"、"百堵皆兴"的原则。用木材作为结构构架及其所有的组成构件并不表示中国的木材特别多，不过是在经验和认识中确认这种材料的性能符合结构的要求。另一方面，在重大建筑设计中，台基、栏杆、墙身、台阶、地面等等，石材的使用量实在是不少，这就不能说因缺乏佳石而少"石构"，只是说明在设计认识上认为石材的性质宜于作为这些部分的构造而已。典型的中国建筑是一种混合结构，尽量使用各类材料，使之能够各尽所能，各展所长。除了土、木、石等自然材料外，由"火"而生的砖、瓦、金属等人工材料也逐渐介入，在建筑构造上担任重要的角色。

三十六卷的《营造法式》是基于材料的处理方法去划分纲目，所谓"以至木议刚柔，而理无不顺，土评远迩，而力易以供，类倒相从，条章具在研精"②。直到今日，我们在建筑工程的施工组织上，仍然还是保持以材料和工种作为分类的行之已久的老办法。《营造法式》中的制度共有十二类，计有：一，壕寨制度(场地平整，土方工程)；二，石作制度；三，木作制度——其中分为大木作及小木作两部分，大木作指结构构架部分，小木作指非结构的木作；四，雕作制度；五，旋作制度；六，锯作制度；七，竹作制度；八，瓦作制度；九，泥作制度(沙浆和壁面抹光)；十，彩画作制度；十一，砖作制度；十二，窑作制度。

汉代的画像石——
陕西米脂出土的东汉墓门石刻

　　上述的诸作制度包括了木材的加工和砖瓦等材料的制造工作。无论古今中外，在重大的工程项目中，往往都希望将材料的加工和制作纳入施工组织范围之内。虽然，在制度的内容上，有关木作和木材的加工部分占了三分之二以上③，这只说明了这部分工作的细致和复杂，并不表示它们在建筑工程中占据了这么大比例的工作量和材料使用量。

　　不过，无论任何体系的建筑，在历史发展的过程中都是首先主要应用天然的材料，随着生产力和科学技术进一步发展之后才逐渐加入或者代以人工的材料。人工的建筑材料就是为了补救天然材料在性能上的不足以满足构造上的要求才创造出来的。在中国建筑的构造问题上，首先表现的是一种"防护"的精神。瓦在中国的人工建筑材料中出现得很早，因为"茅茨"并不是理想的屋面材料，不能很好地防水也不能防火。屋面之所以发展得很大和很重要，主要是希望建成一个"保护伞"，以求得在屋顶之下的人和物得到一种避免火水侵扰的保障。砖最早的时候也是作为一种保护层而产生的，用于地面、台基的护壁，或者用于易磨损的墙壁底层部分。

　　中国建筑的构造设计是沿着这样的以"防护"为目的的道路而发展的。为了取得更好的防护作用，"五材并举"因而相继地出现。因为木材和泥土都抵受不住露天时的日晒雨淋，所以露天的部分其后都改用砖石的构件，例如以砖来铺地面，以石作台基、台阶和栏杆，以瓦作屋面等。木材虽然在性能上用于作构架很适合，但是抵受不了水火之侵，于是便尽量想办法来保护它。虽然，很早就曾经设想过用金属来代替，就是"铸铜为柱，黄金涂之"④。但是限于生产力的关系，偶一为之则可，不可能普遍采用。在木柱、木梁和木门上，很

延长构件的寿命是构造发展的一个目的，总的要求就是希望房屋能达到较长的使用年限。

多时候都采用金属片覆面作保护层；在春秋战国及秦汉时期，还流行用一种铜制的"金釭"作为木构件转角部分的加固和保护。木柱本来是埋在泥土中的，后来因为这样做容易腐烂而将它上升到地面上来，立于石的柱础之上，而且还用金属片或其他构造的"櫍"作为防潮的措施。油漆是一种保护木材的方法，颜色和彩画等装饰上的效果不过是一种保护木材而产生出来的形式。屋顶上深远的出檐虽然作用很多，但是以保护屋身构架的木材的意义来得最为重大。

中国建筑结构和构造的系统是按照严密的组织层次建立起来的，所有构件都有一种"模数"的内在关系。

结构和构造的系统，正如建筑计划的平面布局一样，同样是按照严密的组织层次而建立的。构件和构件间，必然依附着一定的关系，因而所有构件的形状和尺寸可以归结于同一的基本尺度标准，这就是"模数"制度产生和确立的基础。中国建筑的"模数制"应该看作是一种发展而成的制度，是在实践中形成的，并不是先行制定而加以推行的结果。从李诫的"董役之官，才非兼技，不知以材而定分"一话中便可以看到，《营造法式》颁布之前这种方法已经普遍地应用。

"模数"这一名词是现代的外来语，来自英文"module"一字。希腊、罗马的柱范(order)曾经很早就用"module"为求得其标准形式的单位。中国的"模数"使用范围则更为全面，"凡屋宇之高深，名物之短长，曲直举折之势，规矩绳墨之宜，皆以所用材之分，以为制度焉"⑤。"材"就是宋代所采用的"模数"名称，它是高和宽(广与厚)三与二比例的一系列标准的木材断面，"材有八等，度屋之大小因而用之"⑥。换句话说，根据拟建房屋面积之大小，分别以不同等级的"材"为基数，由此将所有构件及构造上的所用尺度推算出来。

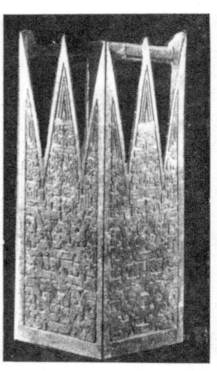

▲ 陕西凤翔出土的先秦宫殿所用的铜制"金釭"

◀ 北魏司马金龙墓的柱础

"分"其实是最基本的单位，"各以其材之广分为十五分(份)以十分为其厚"。其中以三分(尺寸上的)为一份(数据上的)开始，每一级递增五厘。但是四等材至六等材之间，则分三次递增，分别为四分四、四分八，可能因这几级的材较为常用，因而划分得细致一些。兹将"宋式"八种等级的材的计算方法和使用范围表列如下：

构件的尺寸都以"材"来决定，"材"的值以建筑物的型类而分等，由此显示古代的"模数制"已经具有极为细致和科学的内容。

等级	每分尺寸	材断面尺寸		应 用 范 围
		广(高)15 分	厚(宽)10 分	
一等	0.6	15×0.6＝9	10×0.6＝6	9至11间殿身
二等	0.55	15×0.55＝8.25	10×0.55＝5.5	5至7间殿身
三等	0.5	15×0.5＝7.5	10×0.5＝5	3至5间殿或7间堂
四等	0.48	15×0.48＝7.2	10×0.48＝4.8	3至5间厅堂
五等	0.44	15×0.44＝6.6	10×0.44＝4.4	小殿3间或堂大3间
六等	0.4	15×0.4＝6	10×0.4＝4	亭、榭、小厅堂
七等	0.35	15×0.35＝5.25	10×0.35＝3.5	小殿、亭榭
八等	0.3	15×0.3＝4.5	10×0.3＝3	藻井、小亭榭

注：表中所列尺寸以寸为单位。

在上表中可以看到"材"的等级的选择是根据建筑物类型的不同(如殿、堂、亭、榭等)以及"间"数的多少而决定的。为什么建筑物类型不同所用的"材"级有异呢？原因就是不同类型的建筑物在构造上各有不同的规定，跟着在结构力学上就会产生不同的自重(dead load)[7]。至于"间"数的增加之所以选用较高的"材"级目的就是取得较大的"分值"，"分值"的增大同时意味着"间距"的增大。反过来说就是"间"数愈多就应该采用较大的"间距"，较大的间距自然也就该采用较大的材料了。总的来说"材"分八等以及由此而决定"分值"完全是基于力学要求而来的，当中存在着一种极为精密的力学关系。

除了"材"之外，还有一个称为"栔"的辅助单位，"栔广六分，厚四分。材上加栔者谓之足材"[8]。我们要注意上面所说的材虽然是木材断面的一种尺寸，但并不是说以上的殿间构件就采用这一个断面尺寸，而是以此基数再来推算出各种构件的大小。例如，"凡用柱之制若殿间即径两材两栔至三材，若厅堂柱即径两材一栔，余屋即径一材一栔至两材"[9]。两材两栔就共为四十二分，九至十一间用一等材的大殿每分为零点六寸，柱直径即应为二十五寸二分；如三材即四十五分则应为二十七寸；如为五至七间大殿，用二等材则每分为零点五五寸，直径就应为二十三寸至二十三寸七分五厘。

材的等级由堂殿房舍的大小规模而决定，不同等级的材推算出不同大小的构件，不同大小的构件决定每个部分的尺度，由此一直演绎出整座建筑物所采用的"绳墨之宜"。因此，建筑物不论大小，它们在外形上的权衡总是一致的，

湖北玉泉山唐代所建的"铁塔"塔基上所铸的雕像和浮雕图案。

互相之间永远存在着因"材"而产生的一种基本比例关系。所有的构件随房屋的规模增加而增大，当中不但含有力学上的意义，同时也还具有美学上的目的。这种中国建筑特有的全体在权衡上统一和总的协调，就此便体现出一种完全基于内在统一的中国文化的精神。假如，我们不了解"材"的内容，我们是无法对此现象得到真正理解的。

关于《营造法式》上的"以材为祖"的整个制度，最近有人以现代结构力学的方法对它作了详细的分析和验算⑩，初步得出如下一些结论：(一)3：2的矩形截面是从圆木中得出的最强的抗弯距的截面；(二)八等材的划分是按材料强度成等比级数而划分出来的等级，每一等材之间构件应力的增加不超过三分之一；(三)"以材之分"为结构及构造尺寸的规定是按等应力的原则设计出来的，同时达到精简数据便于应用的效果；(四)验算的结果证明了如法应用之后基本上符合设计安全的要求。在这些结论的基础上，便做出了中国最迟在北宋时代可能已掌握了材料力学的初步计算方法的推论，理由就是否则的话是不容易制定出如此科学和合理的"模数"制度⑪。

"模数制"由宋至清将近一千年间有了很多变化，虽然由"材"变成了"斗口"，但是这个原则始终坚持应用下来。

到了清代，"模数制"由"材"而改为"斗口"，可能因为斗拱成为了建筑设计的基准，模数由力学作为基础转变为由形式作为出发点。以材之厚，即宋式的十分作一斗口，斗口自一寸至六寸，共十一等，用材均为二斗口，单材仅用于跳头横拱，高一点四斗口。柱则凡檐柱以六斗口定径，六十斗口定高，其他的柱则以檐柱加举(依照屋面坡度)而定高，径以檐柱增二寸为定法。梁则以柱径加二寸定厚，以厚之五分六定高。梁的断面由宋代的3：2变为6：5或5：4，在力学上这是一种不合理的改变，因为3：2的矩形梁是比6：5的接近方

秦代的铜制建筑构件、支座及连板

中国人用铜制作建筑构件的历史很长，历代以来都有以"金属"——铜或铁来铸造整座建筑物的记载。图为明代铸造的五台山显通寺的"铜殿"。"铜殿"中可以看到柱的比例缩小了，表明了一种"金属结构"的形状。　(何蓓洁　摄)

形的梁在力学上合适得多[12]。

西方现代建筑的先驱者柯布西埃以人体的尺度出发，随着"费布尼斯级数"(Fibonacci Series)演化出来一系列数字而提出作为用于建筑设计基准的"模数"，模数的精神完全在于解决使用上的功能。由此可见，从古代到现代，从中国到西方，在建筑设计上"模数"问题一直受到重视。从"材"到"斗口"间差不多一千年的实践经验，实在是值得我们仔细地去研究，至少我们要明白，它对建筑的发展究竟带来了一些什么样的重大影响，在实施过程中会产生一些什么问题。

① 宋代李诚《营造法式》卷一"序目"。
② 见《进新修营造法式序》，"丹楹刻桷，淫巧既除"可能指在此之前存在着一种过分着重装饰的倾向。
③ 《营造法式》中有关诸作制度部分共占十三卷，由卷四至卷十二基本上都是有关木作的部分，共占九卷(卷十二包括竹作制度)。
④ 见《汉武故事》，引自唐欧阳询撰《艺文类聚》卷六十一。
⑤ 宋代李诚《营造法式》卷四。
⑥ 同上。
⑦ 据《营造法式》上用料的规定推算出不同建筑类型的屋面自重最大值为：

殿堂　　　　400 kg/m²
厅堂　　　　280 kg/m²
其他建筑　　200 kg/m²

⑧ 李诚《营造法式》卷四。
⑨ 李诚《营造法式》卷五。
⑩ 杜拱辰，陈明达《从营造法式看北宋的力学成就》《建筑学报》1977,1:42~46
⑪ 这个推论似乎欠缺足够的证据。所用的数据可以通过实验的方法取得，不一定非经过力学计算不可。当然，我们并不排除当时已存在掌握力学计算方法的可能性，这个说法是否成立应有待于进一步的证明。
⑫ 用"斗"或"材"作为"模数"的单位在宋代已经同时并行，见李诚在《营造法式》中"乃或倍斗而取长"之句。

湖北玉泉山的"玉泉铁塔"，这是一座北宋时完全以"铁"来铸造的佛塔，塔身高七十尺，十三层，"规模"已经不小了，表明了中国很早就有以"金属"来建造整座建筑物的设计，充分显示出中国古典建筑是实行"五材并举"的取材原则。这是以"金属"来模仿"砖木"构造形式的一个重要的实例，虽然外形上没有摆脱由砖木结构所形成的形式，但是在"权衡"上已经表达了材料的性能，因为砖石构造在力学上是不可能表现出这样狭长的比例尺度的。可惜的就是古代没有以"铁"来代替木框架，由此而作出"结构上力学的突破"。

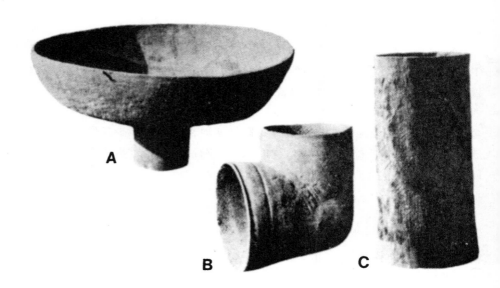

陕西出土的秦代陶制建筑构件：A.陶漏斗；　B.陶弯头；　C.陶制水管。

构件的形制

中国建筑长期坚持力学和美学相结合的原则，这和今日的"实用就是美"的理论大致上是不谋而合的。

举世研究中国传统建筑的学者，他们差不多都极力称赞中国建筑结构和构造上的力学和美学相结合的原则。这个原则和现代建筑的功能主义"实用就是美"的理论大体上是相吻合的。同意这种主张的建筑师们自然就不会忽略历史上所出现过的先例。

为什么中国建筑长期坚持着这样的一个原则呢？有人说这是基于古代对建筑设计问题的一种见解，有人说是由于有标准制式的规定。其实，主因是在于木结构的本身，因为在构造上，木材是不宜于置于完全密封的状态下的。假如，我们将木料埋入泥土或者砖石之中，或者用其他的构造将它们遮盖和包藏起来，结果其中的木材就十分容易腐烂。任何一种木构件朽坏，或多或少都会影响房屋的稳固和安全。因此，为了使木构件能够有更长的寿命，最好的方法就是使它们处于经常通风的境地中，结果，任何一部分的构件就必须毫无遮掩地直接暴露出来。这个原则并不需要任何理论的指导，只要通过实践，很容易就会对这个问题有充分的认识。

在必须暴露结构的要求下，对于构件就不得不做一些美学的加工，经过长期的发展就使它们形成了优美和成熟的形状。

开始的时候，并不是所有的结构设计都会符合美学上的要求，由于解决力学问题而来的构件并不是看起来一定是美观的。一些建筑师常常会把不大好看的地方用别的东西遮盖起来，或者为了好看而添加一些虚假的构造。但是，在木结构的构架上，这是不能采取的办法，因为材料的性能不宜于作任何的遮掩。唯一解决的办法就是使所有的结构和构造在力学和美学上完全统一起来。

在满足结构要求的前提下，几乎所有中国建筑构件的形制都是经过美学上的加工的。它们一方面不失其原本的功能形状，同时又显现出极为丰富的装饰趣味。这种要求并不是一下子就达到完善的。中国建筑中的每一种构件，它们各自都有自己的长远历史，它们的形状、它们的构造方式都经过数以百年甚至千年的考验。总的来说，中国建筑的构件都是倾向于将来自力学要求的几何图形的功能形状改变成为一系列柔顺的曲线，也许是想借此改变由规则整齐的构造而带来的呆板感觉，直线的主体和一系列曲线的构件就此而形成有趣的对比。这符合中国传统的美学观点：相反的意念交替地出现——刚中带柔，柔中有刚。

以框架中的主要垂直杆件柱而论，在大多数情况下它保持木材圆形的断面和力学上的功能形状，虽然偶然也有使用方柱、八角柱、梅花柱、雕龙柱等，这只不过是个别时代的特例。但是，为了使这构件看起来更为柔顺一些，梭柱的形式就产生了，就是柱身逐渐往上收小，柱头则成为覆盆形。《营造法式》上的规定就是："凡杀梭柱之法，随柱之长分为三分，上一分又分为三分。如拱券杀渐收至上径比栌枓底四周各出四分，又量柱头四分紧杀如覆盆样，令柱项与栌枓底相副。其柱身下一分，杀令径围与中一分同。"[①]我们可以看到，这种处理的目的就是希望柱身的纵断面由直线而变成一条柔顺的曲线，而这种改变又完全与力学上的功能完全无损，而且可以使节点的关系更为紧密一些。

至于水平杆件的梁、额枋等，它们的断面转角地方很少是尖锐的方角的，多半都处理成小圆角。在另一方面，在梁制之中发展出一种弓形的"月梁"，

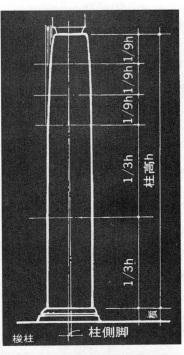

结构和装饰的配合——祈年殿的藻井（丁垚　摄）

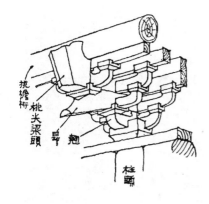

拱垫板
桃尖采头
斗
翘
柱头

斗拱是一组优美的空间结构，它是中国建筑所特有的构件，无论在力学上或者美学上都可以代表整个中国建筑的设计精神。

"雀替"也是由结构要求而来的构件，它那具有丰富装饰趣味的形状会使很多人误以为仅是一种建筑艺术上的装饰品。

这也是中国建筑所特有的一种梁的形式。这种形式的梁除了在制作上耗费工料之外，它本身毫无疑问也是一种力学功能上的形状。相信，这是由拱券承重概念而带来的一种形式，或者是一种与枡木合并而演变成的形状。无论如何，它在构图中又成为一条活泼的曲线。在结构意义上，支承梁架叠梁(橡栿)的托木本来需要的只是一根垂直的短杆，为了它的稳定或者两侧可添加三角形的夹角。但是，在中国建筑上就发展成为一种极富装饰趣味形状的构件——驼峰。驼峰的形状是由一些有趣的曲线构成的，但是它却不失其原来的功能形状。"叉手"本来是一种对角的斜撑，其后又发展成为柔和线条的人字拱。总之，因为构件要完全显露出来，在制作时就不得不作很好的表面处理和形状上的艺术加工。

斗拱的构成、形状和意义都很能代表整个中国建筑的设计方法以及表达整个结构原则的精神。它是由柱头上面扩宽的构造"栌"以及栌上的横木"枡"发展起来的。栌成了后来的斗，枡就变成了"曲枡"而至拱，斗拱由斗和拱两个部分重复又重复，再加上了斜杆"昂"而组成。它同时在前后左右伸展，成为一组"三维"的空间力系组织，在力学上不但减少了梁柱接合部分的剪应力，而且使较大面积的构造得到更多的支点，增加水平方向杆件抵受弯距的能力，荷重通过这一个空间的力系而集中传达到柱头上。无论如何，斗拱的形状是一种结构上的需要而来的形状，但是，斗和拱都被加工成为一种在美学上十分成功的体形——一组优美的空间结构。

在古代的建筑者心目中，斗拱大概是被认为最成功、最得意之作，在形状上它的权衡是经过一番研究而确立的。因此，它在制式上比任何构件规定得更为详尽；恐怕它在制作上失去了权衡，它的艺术意义就会消失，甚至会成为一堆难以入目的混乱的物体。因为它在形状上的效果愈来愈受到重视，很多人都醉心于它们在装饰上所产生的作用。明清之后，斗拱在力学和构造上的意义便逐渐降低，进而变为装饰性意味来得更强的东西。这是一种开始脱离力学与美学相结合的原则的发展倾向。

由拱形的替木演变而来的"雀替"最后也成为了在视觉效果上很重要和很突出的构件，它像翅膀一样附在柱头的两侧，力学上的作用就是用以加强额枋的剪应力和减少跨距。本来，它是一种真真正正的力学上的功能形状，由于在外形上稍加改变，它以生动的曲线构成的轮廓便成为了极富装饰趣味的图案了。此外，我们可以看到，在构造上任何突出的部分，如昂嘴、耍头(梁头)等无一不做出一些艺术上的加工而使之成为带有优美的曲线形状。构造和装饰配合得如此无间，对于不大明白构造关系的一般人来说，感觉上所有的构件都成为了一系列富丽而有趣的装饰。

由力学上的几何图形转变成为美学上的柔顺的曲线，除了归因于艺术思潮之外，木材性能的本身也是一种决定的因素。因为木材本身容易加工、改变以至雕琢成任何图案也不是太难于完成的工作，因此所有的构件都能普遍地做出装饰性处理，而且并不仅限于在个别的建筑物上才能实现。根据文献的记载，在历史上是曾经有过一个时期部分建筑还流行在所有的构件上遍施雕镂以做装饰的。所谓"雕楹玉磶，绣栭云楣"②，"雕栾镂楶，青锁丹楹"③，"龙楹螭楄，山节云墙"④等都是描写构件上布满木雕的图画装饰。《楚辞》中的"红壁沙版，玄玉之梁些，仰观刻楄，画龙蛇些"以及《汉武故事》中的"椽首皆作龙首，衔铃，流苏悬之"等句就说明了当时房屋构件雕成各种装饰图案的情况。

　　在构件上雕刻是会伤害它的力学功能的，过分地强烈装饰作用对构件本来的意义就会减弱，这种"淫巧"的风气不断受到批评和制止，相信，宋《营造法式》的颁布刊行也起了相当的作用。可是，这种流风还是断断续续地延续，不过，在结构构件上已不多见，精细的木雕艺术转而在隔扇、屏风以及室内装修的"罩"上来表现。在理论上，古代制止过分和多余的建筑装饰是出于提倡节约，反对浪费，并不是基于美学与力学应该相结合的认识。而事实就是这样，在结构构件因材料的性能必须使之暴露以及提倡节约的风气下，中国建筑的结构和构造就此便达到了客观上的功能与形状密切地构成一体的效果。

　　其实，现代建筑的机能主义是现代机械化工业生产和现代科学技术发展下而形成的一种观念，繁琐的装饰和非几何图形的形状是机械化生产所难于制作出来的式样，不规则的形状也难于作科学技术上的计算和分析。无论如何，由于所产生的时代背景的关系，中国古典建筑始终是一种手工业生产方式的产物。不过，它已经很清楚地告诉了我们，无论在什么情况下，表现出忠实的形状的同时在美学上也是一种最好的效果。

古代肯定有过在构件上做各种雕刻的艺术加工之举的，因为雕刻会伤害木材构件的强度，到了对力学有更多认识之后就不再流行了。

在手工业生产方式的条件下，中国建筑的构件大致上都保持着是一种"忠实的形状"。

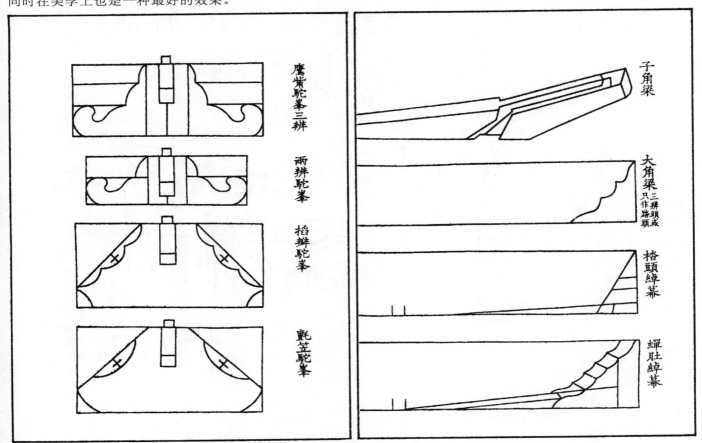

宋《营造法式》一书中的一些插图，图示一些构件在功能要求形状的基础上改变成为具有装饰性的柔和的曲线。

219

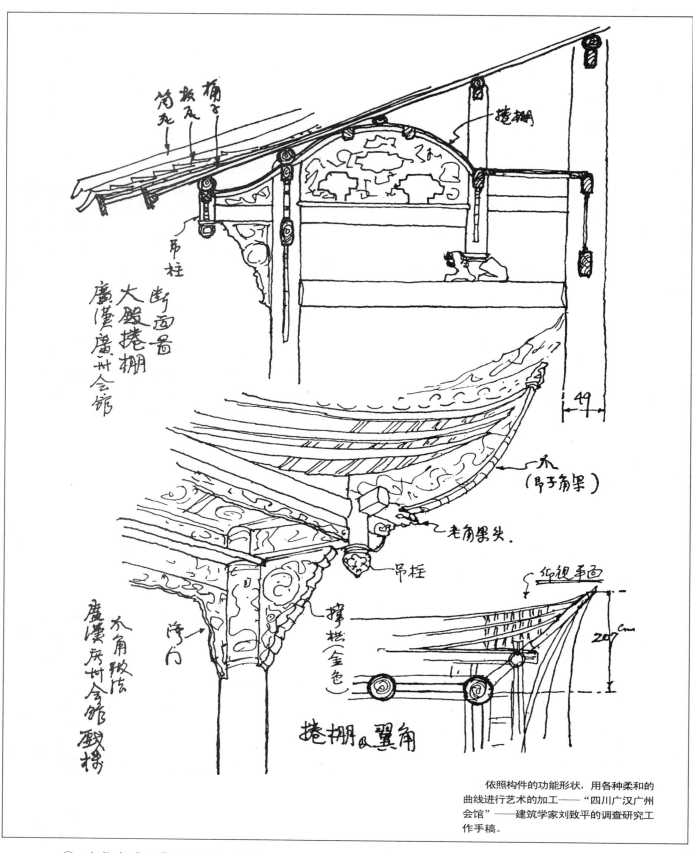

断面图
大殿捲棚
廣漢廣州会館

桷子
敁瓦
筒瓦

捲棚

吊柱

49

太
（吊子角梁）

老角梁头.

廣漢廣州会館
戲樓

木角做法

净门

吊柱

撑栱（金色）

仰視平面

207cm

捲棚之翼角

依照构件的功能形状，用各种柔和的曲线进行艺术的加工——"四川广汉广州会馆"——建筑学家刘致平的调查研究工作手稿。

① 宋代李诚《营造法式》卷五。
② 楹，指柱；碣，指柱础；栌即斗拱的斗；楣指过梁。见后汉张衡的《西都赋》。
③ 栾为曲枅；櫨为栌，即指斗拱。见晋代左思的《吴都赋》。
④ 见三国（魏）徐干《齐都赋》。

出土的汉代陶器房屋模型屋面
都是直线的斜屋面的。（丁垚 摄）

屋面的构造和屋面的曲线

　　中国建筑的斜屋面所形成的特有反曲面，一向都是近代很多建筑学家感兴趣的一个问题。关于它的成因和作用因为在古代有关的文献中都找不出直接的答案，于是就引起了学者们议论纷纷。大体上说，外国人对这个问题注意得更多一些，因为他们觉得"此乃盖世无比的奇异现象"①，所以看法和意见就很不少。中国人自己则看得平淡一点，也许已经是司空见惯，不值得为此大惊小怪。不过，最近中国学术界中已对这一问题开始作专题研究②。

　　伊东忠太在他的《中国建筑史》中一共总结出四种不同的成因说。其一就是仿天幕(帐幕)形说，论据谓汉民族在古代是中亚细亚或塞北地方营游牧生活，其时皆住在帐幕中，到了定居的时候就仿帐幕的外形来建筑屋顶。其二为构造起源说，这种说法认为中国建筑的斜屋面是主次房屋并合的结果，因为主屋屋面坡度较大，外厢则采用坡度较小的屋面，不同坡度屋面综合起来的折线其后就成为中国式的屋面曲线。其三乃是受到喜马拉雅山形的影响，据说屋顶的形状是受到其枝垂下的杉树的形状启示而来的。这不过是哥特式建筑受到欧洲森林形貌影响的说法同一方式的推论而已。据伊东忠太本人的意见就是汉民族固有的趣味所使然，因为中国人认为直线不如曲线来得更为美一些。

　　李约瑟的意见却是这样的："不论我们对帐幕学说(tent-theory)的想法是怎样，在中国向上翘起的檐口显然是有其尽量容纳冬阳、减少夏日的实用上的效果的。它可以减低屋面的高度而保持上部有陡峭的坡度及檐口部分有宽阔的跨距，由此减少横向的风压。因为柱子只是简单地安置在石头的柱础上而不是一般地插入地面下，这种性质对于防止它们移动是十分重要的。向下弯曲的屋面另外一种实用上的效果就是可以将雨雪排出檐外离开台基而至院子之中。"③

外国学者对中国的屋面曲线产生过极大的研究兴趣，多年来曾经做过不少的议论和猜想，因为可提供研究的资料有限，难于做出恰当的结论。

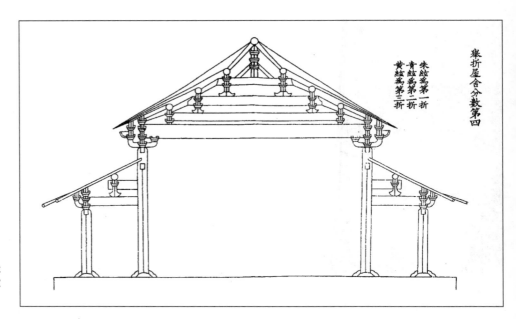

"举折屋舍分数第四"——《营造法式》中的一幅插图，表示屋面曲线定位的方法。

部分中国学者认为曲线的屋面只不过是技术上或者构造上的缺点而引起的后果，大概这也是不符合事实的说法。

《营造法式》中就有屋面曲线定位之法，对此颇为重视并有详细记述，可见它绝不是无意而来的产物。

曲线的屋面始于何时，产生的原因主要是美学上的、功能上的或者构造技术上的，都是颇值得推敲的问题。

刘致平是中国著名的研究中国建筑的专家，他对中国屋面曲线的成因仅仅看作是一种补救技术上不足而来的措施。他说："中国屋面之所以有凹曲线，主要是因为立柱多，不同高的柱头彼此不能画成一直线，所以宁愿逐渐加举做成凹曲线，以免屋面有高低不平之处，久而之久，我们对于凹曲线反而为美。"④另外一位较早期的中国建筑研究者乐嘉藻说："考中国屋盖上之曲线，其初非有意为之也。吾人所见草屋之稍旧者，与瓦屋之年久者，其屋面之中部，常显下曲之形，是即曲线之所从来也。愈久则其曲之程度亦愈大，是可知屋盖上之曲线，其初乃原因于技术与材料上之弱点而成之病象，非以其美观而为之也。其后乃将错就错，利用之以为美，而翘边与翘角，则又其自然之结果耳。"⑤

以上的意见，大部分只是属于一种主观的推测。我们可以从《营造法式》中"举折"和"柱生起"之制中看到，屋面的曲线和檐口的曲线都是一种严格的构造上规定的产物，可见在中国建筑中，对屋面的曲线是十分重视的。无论如何，它绝不是无意而来，或者是技术上有所不足而出现的现象。从外形上说，中国人很早就有追求屋顶两侧翘起，像鸟类张开翅膀要飞起的姿势那样的形状，因而不论在正立面或者侧立面上都希望做出这样的构图。《诗经》中就有"筑室百堵……如跂斯翼，如矢斯棘，如鸟斯革，如翚斯飞"之句。这大概不是直线和曲线的问题，而是整个构图的象征和意匠的问题。

有人对汉代出土的房屋模型和画砖等图像观察，发觉汉代的房屋屋面都是平的，于是就推断曲线的屋面是六朝以后才出现的事情。这并不能算作是一种确实的判断，因为出土的图像只是代表部分的房屋，曲线的屋面却多半用于皇宫庙宇等重大的建筑物上。魏韦诞的《景福殿赋》中就有"伏应龙于反宇"之句，"反宇"就是形容翘起的反曲面的屋顶，因此我们不能做出肯定汉代无此式之说。"反宇"的字句其实还可以见诸更多的汉代前后的文学作品中，应该可以证明曲线的屋面是一种有极为长远历史的传统。

从构造上而言，德国人华纳·斯比西尔(Werner Speiser)的意见似乎符合事实一些，他说："中国人肯定企图以他们精心设计的屋顶作为陈列品，展示它们沉重的梁及柔顺弯曲的线条，对极为古怪的曲面也许最好的解释是来自本来采用弹性的竹杆作为椽条(附带说明一下，这是年代较为接近的样品；它们可以究本追源至公元刚刚开始的日子)。千变万化的屋顶设计也可以成为一定地区的特殊风格。"⑥用竹杆作为椽条却不是正规的构造方法。实际上是用"竹笆"置于木楞和木椽上，在竹笆上抹泥然后铺瓦。按《营造法式》的规定，"造殿堂等屋宇所用竹笆之制，每间广一尺，用经一道，每经一道，用竹四片，纬亦如之。殿阁等至散舍，如六椽以上，所用竹并径三寸二分至径二寸三分，若四椽以下者径一寸二分至径四分。其竹不以大小，并劈作四破用之"⑦。

　　由此看来，虽然屋面的构造不是用竹杆来作椽条，但是仍然要考虑竹笆在受力之后所产生的情况，如果竹笆产生局部变形的话，在直线式的斜屋面上就会出现凹凸不平的现象。反过来在曲线的屋面中，竹笆所组成的面就会十分平顺，而且抹泥后所形成的是一个"壳体"，在刚度上自然好得多。因此，曲线的屋面和构造的材料——竹之间显然是不会毫无关系的，基于实践的经验，在设计上便会有意识地使形式和材料的性能密切配合。

　　中国南方建筑物的屋顶比北方的翘起得更大一些，不同的翘起程度似乎代表着不同的性格，表现出不同的气质。曲线的屋面绝不会仅限于一种功能的形状，同时是由材料和力学、构造方法而来的形式。它们本身同时是一种有意识地去创造的艺术语言，在天空中画出的一条条优美的天际线，也许象征威严和

东南沿海房屋的屋面"翘起"比北方大，原因并不完全是基于天气条件，目的在于表达另一种性格的艺术语言。

苏州名园"网师园"的一角，图中可以看到翘角很高的亭子。大概，以江南的建筑翘角最大最高，有所谓追求"万尖飞动"之说。（丁垚　摄）

宋代对屋面曲线的定位标准是采用作图法，到了清代却改变为采取数据法，两相比较就是屋面愈来愈显得峻峭。

以飞动的屋面曲线而称著的上海龙华寺（陈霜林　摄）

伟大，也许代表轻逸与愉快。总之，它们已经成为了一种凝结着民族思想感情的产物。

在宋代，关于屋顶坡度和屋面坡面的处理叫做"举折"，举是"举屋"，折是"折屋"。到了清代，折屋就称为"举架"。"举屋"就是决定屋面的坡度，《营造法式》上说："今来举屋制度，以前后橑檐方心相去远近分为四分，自橑檐方背上至脊槫背上，四分中举起一分。虽殿阁与厅堂及廊屋之类略有增加，大抵皆以四分举一为祖。"实际情况是这样，早期的建筑屋顶坡度较小，以后就逐渐增大。如唐代南禅寺大殿梁架中举高约为前后橑檐槫中距的1/6，佛光寺东大殿则为1/4.77，宋、辽、金、元各代建筑多为1/4~1/3，清代规定约为1/3。实际有些建筑是超过这一规定的，如山东曲阜孔庙大成殿，就高达到1/2.5。

屋面的曲线不是随便地决定的，"折屋"之制就是对取得标准屋面曲线方法的规定。《营造法式》提出的是一种作图法，用十分之一比例尺做出大样图然后定尺寸，称为"定侧样"或"点草架"⑧。屋面曲线的坐标是用这样的方法求得的："折屋之法以举高尺寸，每尺折一寸，每架自上递减半为法。如举高二丈，即先从脊槫背上取平，下至橑檐方背，其上第一缝折二尺，又从上第一缝槫背取平，下至橑檐方背，于第二缝折一尺。若数多即逐缝取平，皆下至橑檐方背，每缝并减上缝之半。"⑨这是一种类近于几何学的作图法，用如此精确的办法规定曲线的坐标，可知是如何地郑重其事。

到了清代，上述的作图法演变成为数据法，方法似乎简单一些。清《工部工程做法则例》规定为："如檐步五举(即如步架水平长为一尺，即举高五寸之类)，飞檐三五举，如五檩脊步七举；如七檩金步七举，脊步九举；如九檩下金六五举，上金七五举，脊步九举；如十一檩下金六举，中金六五举，上金七五举，脊步九举，或看形势酌定。"宋制是先由举屋之法定了高度然后往下"折"，清制则由下而上"举"，而上举的尺寸是由步架(檩距)为依据，因而脊高就没有固定的标准了。

因为要构成屋面的曲线，檩木必须位于曲线上的一点固定的高度，梁架的构造尺寸就由檩木位置而来，而非由梁架本身来决定，椽栿(承托楞木的横梁，组成梁架的水平杆件称为"椽栿")之间的距离(高度)就要由"折屋"或"举架"的公式计算出来。不管设计和施工这是要增添工作量的，或者说添上了一些麻烦。因此，事情的本身绝不会是刘致平所说的——构成曲线比构成直线在技术上较易解决。其实只要从比较重要或者高级的建筑物才用曲线的屋面这一情况就可以说明反曲的屋面才是更高、更难达到的技术。至于李约瑟所说减少风压是曲线的屋面产生原因之一，在结构上似乎是说不过去的，按照中国建筑柱网布置的一般形式上说，减轻横向的风压并不重要，屋面的坡度日渐加大，同时也意味着风压的增加，相信，有关风压的问题在一般情况下并未予以考虑。

① 伊东忠太《中国建筑史》第一章第三节。

② 参见《科技史文集》第2辑，杨鸿勋的《中国古典建筑凹曲屋面发生，发展问题初探》上海科技出版社，1979年10月。

③ Joseph Needham.Science & Civilisation in China Vol IV:3.Cambridge University Press,1971.102

④ 刘致平《中国建筑类型及结构》北京:建筑工程出版社,1957.80页

⑤ 乐嘉藻的《中国建筑史》1932·武林。

⑥ Werner Speiser.Oriental Architecture in Colour.London:Thames & Hudson,1965.386

⑦ 宋代李诫《营造法式》卷十二。

⑧ 《营造法式》卷一序目中有："举折之制先以尺为丈，以寸为尺，以分为寸，以厘为分，以毫为厘侧画所建之屋于平正壁上，定其举之峻慢，折之圜和，然后可见屋内梁柱之高下，卯眼之远近。今俗谓之定侧样，亦曰点草架。"

⑨ 李诫《营造法式》卷一。

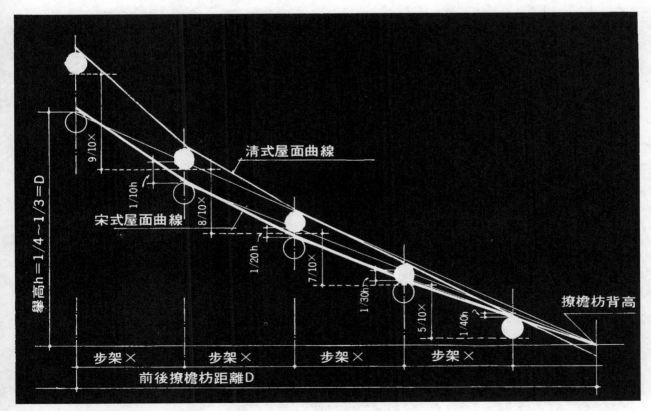

宋式与清式屋面曲线定位方法比较图

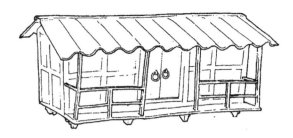

西汉出土的铜制房屋模型并未表现出
曲线的屋面。

一般住宅的屋顶同样是采用"折屋"或者说"举架"之法来取得一条柔和优美的屋顶曲线。

第七章

主要构件的形制

- 柱和柱础
- 斗拱
- 雀替·驼峰和隔架
- 栏杆
- 槛框和隔扇

柱和柱础

　　有些建筑艺术理论是这样说的：建筑物的形状和构成最初的时候是从森林的外形得到启示，树干是柱子，横枝是栋梁，树叶就是屋顶。在木结构中，柱子是用树干造成的，它的作用、形状和树干也完全一样。相信，就此利用树干来盖搭房屋的设计也有过不少，不过，树干还会继续生长，高度和体形会变化，利用天然树干作支柱虽然可省却不少气力，但是终非长久之计。

　　以笔直的树干来理解中国建筑的柱子似乎是颇为恰当的，不论材料、功能和形状基本上相一致。简陋的房屋中的柱子很多时候就是未经任何加工的一些树干；柱子的式样只不过是对之如何加工的结果而已。柱子的直径和高度之间的比例因为树干本身已经做出了很好的"天然的范例"，因此不需要花很多的努力便可以找到合理的比律。埃及和希腊人因为用石头去造"树干"，木石之间因为材料的强度和性能不同，不能引以为据，是故对柱子的"细长比"(slender

中国建筑很早就对柱式做出合乎力学要求的"细长比"的规定，并不像西方古代那样长期使用过分粗壮的柱式。

ratio)如何才适度问题是颇为花了些脑筋的。中国建筑中的木柱很早就采取大体合乎力学要求的1∶10左右的柱径与柱高之比。唐及辽代初期，柱径较为粗一些，多半约为1∶8与1∶9；宋、金时代檐柱仍保留这种粗壮的比例，但内柱则较为细长，为1∶11至1∶14左右；元明之后则趋向细长，多为1∶9至1∶11之间；清代则规定为1∶10。

　　自古以来大多数木柱的截面都是圆形的，一方面这合乎力学的要求，另一方面又便于对木材的加工。圆柱又分有直柱与梭柱两种，直柱是整根柱圆径都是一致的，梭柱则在三分之二以上开始收小。"杀梭"看来主要是基于美学的要求，而木材本身原来是逐渐向上收小的，说此举是配合原材料的形状也未尝不可。此外，还有八角柱(八角柱可分正八角与小八角两种)、方柱、梅花柱、雕龙柱等不同的柱式。上一章说过，木材是易于加工的材料，对于柱必然会不断地尝试做出种种不同的样式，大概，在统一的标准形制出现之前，柱子的样式会更多。现存的唐代建筑的五台山南禅寺大殿用的就是方柱，山西晋祠圣母殿是宋代的建筑，留下来的是木雕的盘龙柱。木方柱和木雕盘龙柱在明清以后较少用，它们后来成为了石柱的形式。

　　不论东方和西方，大多数重要的古典建筑都以柱廊作为它的主要立面，因此"柱的艺术"很早就受到重视。一列与水平面绝对垂直的柱，因视觉偏差的

山东曲阜孔庙的"雕龙"石柱

关系，看起来却不是完全平行和垂直的。为了纠正视觉的偏差，便故意将柱弄得稍为偏侧，使它们看起来是平行和垂直，这个办法在两千多年前希腊建筑上已经采用了。中国建筑关于柱廊部分的处理不约而同也有这一个办法，这种微向内倾斜在宋代称为"柱侧脚"，规定正面柱侧脚为柱高的1%，侧面柱侧脚为柱高的0.8%。这就是《营造法式》所说的："凡立柱并令柱首微收向内，柱脚微出向外，谓之侧脚。每屋正面随柱之长每一尺即侧脚一分，若侧面每长一尺即侧脚八厘，至角柱其柱首相向各依本法。"[①]至于多层的楼阁，这个方法也是重复使用的，"若楼阁柱侧脚底以柱以上为则，侧脚上更加侧脚，逐层仿此"。这些规定见于宋代，并不是说宋代开始才有此法，从唐到元的实物中都发现有此做法，而且实测的结果大多数超过这种规定，有达到柱高2.9%的偏侧的，如永乐宫的龙虎殿。至于是否年代过久柱子发生更大的偏斜就很难确断了。

除了内侧之外，同时各间的柱还向明间中轴倾斜，即所有柱子除明间外都向两个方向微倾。这种建筑上的视觉偏差的纠正(optical correction)是十分细致的问题，古代的人就是那么小心地去解决。希腊的帕提侬神庙(Parthenon)，柱高是34英尺2$\frac{3}{4}$英寸，柱轴与垂直线内侧2$\frac{3}{8}$英寸，倾斜度不到0.6%，但是正面却内收39英寸，在视觉上就达到了倾斜2.15%左右。实际的数据和中国的"柱侧脚"是大致上相同的，相信，二者都是实验出来的结果。在西方建筑史上，"柱侧脚"(西方称为"视觉的纠偏")是一个很为人所熟知的问题，不知为什么，很少人提起中国古典建筑同样地存在这种方式，这种办法是曾经正式地列入形制的规定之内的。也许是因为明清之后"柱侧脚"已经不再作为形制之一了，因此就不再为人所注意。

中国建筑有如希腊建筑那样，很早就注意柱廊外形的"视觉偏差"问题，因此二者对柱子都采取大体相近的内侧倾斜度。

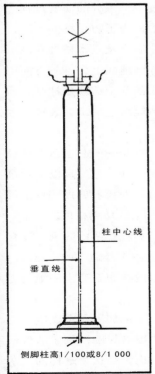

侧脚柱高1/100或8/1 000

中国建筑的"柱侧脚"

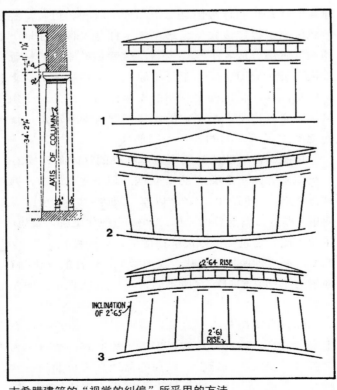

古希腊建筑的"视觉的纠偏"所采用的方法

中国建筑的"柱侧脚"和希腊建筑的"视觉的纠偏"内倾柱式方法和效果大致相同。如依照图1方式建筑看起来就是图2的样子，只有按照图3的方式建筑看起来才是图1的效果。

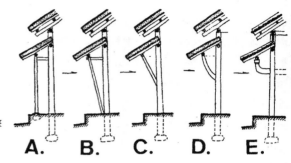

由擎檐柱发展为斗拱的推论：A. 擎
檐柱；B. 落地撑；C. 腰撑；D. 栾；
E. 插拱。

A. B. C. D. E.

位于房屋内部的柱称为"内柱"或者"金柱"。构成檐廊的外柱就称为"檐柱"，正立面上的面貌多半由檐柱组成。虽然，从力学的观点而言，檐柱所要负担的荷重不及金柱，但是为了外观，它的圆径一般和内柱都是相同的。檐柱之外，在一些建筑物上还有作为支承雨篷式屋面的擎檐柱。从考古学的资料来看，擎檐柱存在得很早，殷商时代的宫殿就有擎檐柱的遗迹，最初的时候是一檐柱对二擎檐柱，其后才发展成为一檐柱对一擎檐柱。有人作过这样的推断，擎檐柱发展为落地撑，再后成为腰撑，以至成为栾和插拱，最后利用斗拱造成有雨篷功能的出檐，结论就是附在檐柱前的细柱——擎檐柱最后演变成为斗拱②。是否真的如此，这个问题还值得再三讨论。

希腊、罗马以至世界上其他建筑体系的柱式大都是由三个部分组成的，即基座、柱身和柱头，这是一种柱本身的功能形状，因而不谋而合。本来，中国建筑的柱式也同样是由这三个部分组成的，可是，经过了一系列的演变过程之后就脱离了"三段式"。最早的木柱是"种"在地下的，为了防止柱的下沉，便在柱脚部分放置了一块大石，这就是最原始的柱础。后来发觉木柱埋在泥土中很容易潮湿而腐烂，于是将原来位于柱脚的石块上升到地面上去，一方面用作柱基，其次将地面上露明的支座作为柱式的一个组成部分，这就是柱基。自从柱础冒升出来之后，它的形状问题就受到注意，逐渐地对之加工、装饰，因而便产生了一系列的各种不同的样式。

按照《营造法式》的规定，标准的柱础是这样的，"其方倍柱之径(谓柱径二尺即础方四尺之类)，方一尺四寸以下者，每方一尺厚八寸，方三尺以上者厚减方之半，方四尺以上者，以厚三尺为率"③。到了清代，对础石的做法规定得简单一些，《营造算例》称："柱顶(应作碇解，梁思成谓清式所谓柱顶之"顶"殆即"碇"之讹④)见方按柱径加倍，厚同柱径。"⑤边长为柱径两倍的规定没有改变，厚度则增加了一些。在力学上，这样的一块础石基本上是适当的。当然，地耐力不同它们自应有所不同，不过这些规定大概是假设在卵石夯土的地基之上⑥。

础石有露明与素平之分，露明者即在方形的础石面上再加上一个支座，用来安装柱身，这部分唐宋以来多用覆盆式，故有称为"覆盆"的；到了清代，"覆盆"变为"古镜"，鼓曲的盆边变为反曲的形状，也许是认为这样的"踢脚线"会更为合适一些。这个支座也有造成较高、较复杂的"礩墩"的，有单

举世的古典建筑柱式都由柱头、柱身、柱础三部分组成，中国建筑其实也不例外，不过后来柱头部分由于发展而消失，于是就不成为一种独立的柱式。

因为柱头的消失，有关柱子的艺术加工就只好在柱身和柱础上打主意，由此便产生了与其他建筑体系相反的意匠。

层、双层、三层的，有下层是方形，或八角形，上层为鼓形等各种雕刻形式。大概，早期的支座曾经倾向于复杂和多变的样式，甚至完全变成了一种雕刻艺术。这种风气其后受到官方的注意和反对，宋制就有"非宫室寺观，毋得雕镂柱础"的规例。有些柱，例如墙内的柱等无须露明部分，但是础石还是要造的，那就是素平础石。唐代喜欢在覆盆上雕宝装莲瓣；宋、辽、金则除莲瓣外还有各式花纹；元代则用素覆盆，不加雕饰；明清在元的传统上重作雕饰，但图案亦崇尚简朴了。

曲阜孔庙大成殿如意云纹柱础

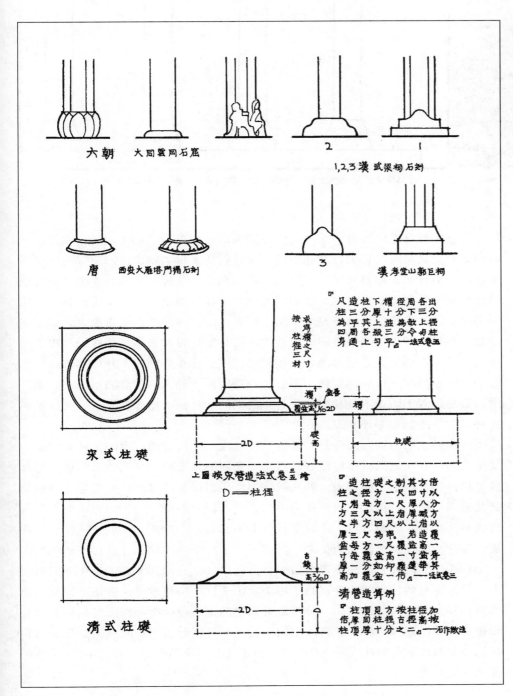

六朝　　大同云冈石窟

1,2,3 汉 武梁祠石刻

唐　　西安大雁塔门楣石刻

3　　汉孝堂山郭巨祠

宋式柱礩

『凡造柱下櫍径周各出
柱三分厚十分下三分
为平其上挞杀令上径
四周各三分令与柱
身通上匀平』——法式卷五

上图按宋营造法式卷五绘

D＝柱径

清式柱礩

求碣櫍之尺寸
按柱径三材

櫍　盆唇
覆盆高1/10·2D
櫍

2D
礩高

柱礩

『造柱礩之制其方倍
柱之径方一尺四寸以
下每方一尺厚八分
方三尺以上厚减方之
半方四尺以上以厚
三尺为率。若造覆
盆每方一尺覆盆高一
寸每覆盆高一寸加
厚一分如仰覆莲华其
高加覆盆一倍』——法式卷三

清营造算例
『柱顶见方按柱径加
倍，厚同柱径古径高按
柱顶厚十分之二』——石作做法

古镜
高3/10·D

2D

各个朝代的柱础

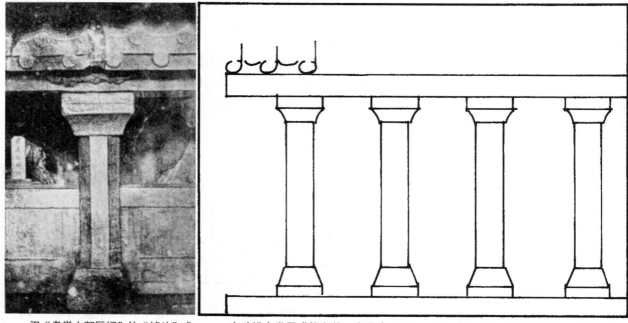

汉"考堂山郭巨祠"的"栌斗"式
柱头及柱础。

在斗拱未发展成熟之前，中国建筑相信有过一个时期曾经应用过这样一种柱式。

"栌"、"枅"本来就是柱头，后来却演变成为梁柱间一个"三维"的接合点——斗拱，脱离开柱子而独立存在了。

支座和柱身之间还有一个过渡部分的构造，古称为"质"，质有写作锧、碩和櫍的，只是表明它们曾经分别用金属、石及木材来制造。"质"的应用历史很早，估计起于铜器时代，用铜制的柱座来保护柱脚和防潮。文献上就有战国时董安于治晋阳公宫之室，皆以铜为锧的记载。铜是一种贵重的材料，当然并不是普通的房屋都可以普遍地采用；再者，当宫室的规模愈来愈大之后，似乎也会负担不起大量用铜，因而质就改用石和木。为什么木柱的柱脚还再加另一段木质呢？原因就是质的部分木纹平置，可防止水分顺纹上升；再者，这部分木材腐烂后亦可以局部置换，不必影响整根柱子的大局。总的来说，"质"的构造是起源于防止木柱柱脚部分易于腐烂的一种技术措施，到了后来，就成为柱式的一个似乎是不可缺少的部分了。

柱和梁之间的接合部分是需要有一种过渡性的构造的，原因是柱是圆的，梁是方的，互相之间就不好配合；再者即使用的是方柱，柱头的面积也不足以满足梁柱接合构造上的要求，柱头就因而产生。最早的时候，柱头是斗形的，就是所谓"栌"，再加上一块称为"枅"的冠板。根据"考堂山郭巨祠"仿木构的石柱来看，大概有过一个时期柱的上下都是一个斗式。枅很快就发展为曲枅，与柱头的窦结合演变为栌栾，再而成为了后来的斗拱。斗拱已不能再当作一个柱头了，因为它后来不仅应用于柱头，经过了一系列复杂的变化之后另成为一种很重要的独立的构件。到了后来，由于柱头构造过分的变化，最后反而成为一种没有柱头的柱式。一种起连梁作用的阑额继而在柱的上部与柱在柱身相接，到了后期又产生了雀替，中国的柱式于是便起了一种有趣的变化。它和其他部分的构造完全有机地结合起来，再不是"亭亭然孤立，旁无所依"⑦的一件孤立的构件了。

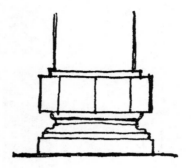

1. 云冈石窟须弥座式柱础
2. 古镜式柱础（因柱有侧脚故古镜内斜）
3. 覆盆式柱础及石𣚾
4. 多层式的柱础

① 宋代李诫《营造法式》卷五，"大木作制度二"。
② 杨鸿勋《从盘龙城商代宫殿遗址谈中国宫殿建筑发展几个问题》《文物》1976,2期
③ 宋代李诫《营造法式》卷三"石作制度"。
④ 梁思成，刘致平的《建筑设计参考图集》第七集中"柱础简说"第1页。
⑤ 《营造算例》第七章"石作制度"。
⑥ 有关标准的夯土地基构造在第五章台基一节已作详述。
⑦ 这是古代对独立的柱——"楹"的一个解释。

斗拱

虽然斗拱是由柱头形式演化而来的，但是它已不再是一种柱式上的构造，而独立成为既负结构任务又富装饰效果的构件。

在古典建筑中，支柱往往是立面中很主要的组成元素，无论在视觉上、构造上，柱头部分都占着相当重要的地位。因此举世的建筑都在柱头上下过不少功夫，做过相当多的文章。著名的希腊、罗马的五种柱式，长期以来成为西方古典建筑的典范，柱头的形式对柱式的变化起着很大的作用。有人觉得奇怪，为什么举世建筑都着重柱头装饰的时候，而中国建筑却连个柱头也没有。其实，中国建筑是有过一个有柱头的时代，不过，由于过分重视柱头的设计，柱头部分就演变成了另外一种构件——斗拱，自成一体独立存在而已。

我们已经在前面谈过，斗拱的前身就是"栌栾"。"栌"就是柱头，在古代名称很多，有称"楣"和"㮰"的，它们就是一种斗状的柱头。栌之上还有称为"枅"或者"槫"、"楂"等横木或冠板，合称起来就是"栾栌"、"薄栌"等。"枅"其后就发展成为向上弯的"曲枅"，于是便改称为"栾"；这个时候就开始形成了斗拱的雏形。大概从周代至汉代，中国是采用一种斗形或者斗拱形的柱头形式。问题就在这里，因为还在栾栌时期，这种"山㮰"形的柱头形式便不仅用于柱头，而且用于如梁下的其他部分，因此，一直以来都很少有人将斗拱看作是早期的一种柱头形式。

天龙山隋代的石窟，在仿木构形式的石作中可以看到其时斗拱还脱离不出作为柱头的一种构造。

希腊的"爱奥尼克"(Ionic)柱式是柱头的冠板向下弯曲，在四角构成螺旋式的卷耳(Volute)。在构造上，也是由柱头的托架帽(bracket cap)转变而来。有趣的问题在于中国柱头上的横木向上弯起成为了斗拱，而希腊的柱头向下卷曲成为了纯粹的柱头装饰。向下弯曲因为再没有与任何其他构件相接触，于是便自由地发展成任意的装饰图案，向上弯曲因为与其他构件相联结，不得不不断地考虑构件间如何配合和使之联成一体。于是，一个"向上"，一个"向下"就产生了两种不同构件发展的形式。

　　有人推测斗拱是由树杈的形状启示而来①，最近有人提出斗拱是由擎檐柱转变而成。其实，结合所有文字和实物资料来看，正确地理解斗拱的产生应该是由柱头部分构造演变而成。从构造的观点来看，水平与垂直杆件接合的时候，在夹角部分很自然会加上斜撑用以加固接点并保持整个构架的稳定。栾栌就是这种构造观念的发展，或者说是一种与美观相结合的较高阶段的处理形式。假如，我们承认斗拱是一种功能的形状，它本来就是由构造的需要而产生，对它的形式就不必猜想是出于何种形状而得来的启示。虽然，斗拱后期大部分负起悬挑出檐的任务，但是，汉代之前，它们多半是横向的托架而甚少向外挑出的，到了它发展成为一种悬臂梁式的支架的时候已经是后期的事了。因此，我们只能说由于它的发展而代替了擎檐柱，很难说它是由擎檐柱演变而来。

　　最初的"栌"是比柱身还大的斗状柱头，栾为了与栌的比例相配合，也是颇为粗大的。这种简单而粗大的"山"字形柱头构造只能显示出一种有变化的外形，并不能完全满足装饰上的要求。因此，在它们身上必然会另加装饰，古有"雕栾镂楶"②之句，就表明当时的"柱头"还有雕饰或彩画。或者我们可以建立一个这样的观念，在汉代之前中国建筑还是一个有柱头的时代，汉魏六朝时代文学上的"百楹列倚，千栌代支"③，"层栌外周，槺桴内附"④，"见栾栌之交错，睹阳马之承阿"⑤等所描写的是有柱头的宫室景象，和我们今日还能看到的明清时代的古建筑物实在是大不相同。在实物上，汉代的明器、墓室、画像石、石阙等等对此也做出了很好的说明。

柱头冠板两端向下弯曲产生了纯粹装饰性的希腊"爱奥尼克"式柱头，向上弯曲则出现了中国的一种梁柱间过渡构造的斗拱。

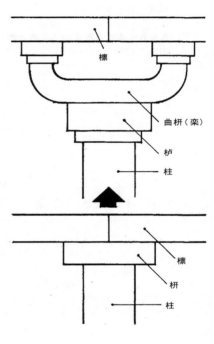

由"枅"到"栾"的发展

希腊"爱奥尼克"柱范及柱式的前身"托架帽"(bracket cap)

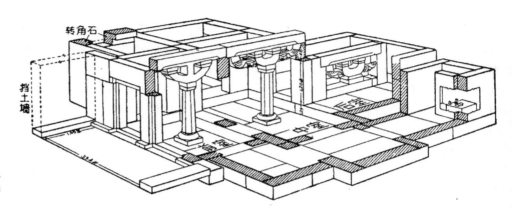

转角石

挡土墙

上：沂南汉墓柱顶上巨大的"斗拱"显然说明其时的"栌"、"栾"本来就是一种柱头形式。

下：易县开元寺观音殿室内部分的"悬臂梁"式斗拱。

当斗拱成为一种独立的构件之后，它就不一定非要与柱头相关不可，从而成为了到处可用的一种托架的形式。

另一方面，斗拱很快就发展成为完全独立、自成一体而与柱头无关的构件形式了。它由单层发展至多层，单向发展为双向，成了一种十分复杂和巧妙的构造，在外观上使人产生了一种莫测其高深奥妙之感。在世界上，从未出现过类近的功能和形式的托架，在结构体系上，它和现代的空间框架(space frame)有点类似。在建筑上，斗拱是中国特有的形式，也是独有的结构和构造，无论从艺术或技术的角度来看，它的确足以象征和代表中国古典建筑的精神。

梁思成对斗拱有过这样的解释："在梁檩与立柱之间，为减少剪应力故，遂有一种过渡部分之施用，以许多斗形木块，与肘形曲木，层层垫托，向外伸张，在梁下可以增加梁身在同一净跨下的荷载力，在檐下可以使出檐加远。"⑥这些话说明了斗拱在中国建筑中应用和存在的意义。也许它的形成愈来愈受到更多人喜爱，到了后期它的装饰意义受到了很大的重视，构件变得纤巧和精细，偏重于外形上的效果和作用。在整个建筑形制上，一直采用"倍斗而取长"的尺寸设计关系，立面的构图以斗拱为中心而展开，到了清代，完全以"斗口"作为标准的"模数"单位，开间的柱距也以置放斗拱的朵数来决定。

在使用上，斗拱不但用于外檐，也用于室内(内檐)，早期的建筑内檐斗拱使用较多，自唐以后便逐渐减少，明代只剩一小部分，清代除重要建筑外，内部多不施斗拱⑦。外檐斗拱的分布和变化，主要在于补间铺作的式样和数量。唐代的补间铺作与柱头铺作的式样多不一致，即柱头以上的斗拱和位于柱间额枋上的斗拱形式不同，或者不一定施用补间铺作。南北朝时应用的人字拱唐时亦沿用。斗拱这个时候还未被看作是统一的檐口装饰。到了宋代，柱头和补间所用的斗拱形式趋于统一，不过，用量较少，每间一朵，有时明间两朵。明代补间铺作数量开始增加，逐渐增至四至六朵，清代最多就达到八朵，这个时候对斗拱的看法主要是构成一条华丽的装饰性檐口线了。清初之前斗拱与斗拱之间的距离是不一定一致的，其后在清《工部工程做法则例》中统一规定中距为十一斗口，称为"攒当"，面阔就以"攒当"的倍数来计算，斗拱不但影响了立面构图，连平面尺寸也受到了约制。

在外观上，斗拱的式样粗略看起来似乎都很相似，但是实际上它的种类和做法是非常繁多的。每个时代、每种类型的建筑物都会有其特殊的制式和变化，不过，总的来说它们都有一定的构成规律。《营造法式》将斗拱的形制作了一次详细的总结，宋以后的斗拱大体上依照所规定的标准形式发展。宋制斗拱是由"斗"、"拱"、"昂"、"枋"四类部件组成，每一部件因所在的位置或作用不同，分别有它自己专门的名称，颇为繁复，如果只作名词上的解释或分类，一时是不容易弄清楚的。

也许，依照斗拱组织的层次作分析，相信会较为容易明白一些。位于最下层的就是"栌斗"，栌斗本来就是作为柱头的"栌"，到了发展成斗拱的斗后就缩小了一些。栌斗之上向外伸出一对互相垂直的拱，与立面平行的横拱称为"泥道拱"，垂直的向外挑出的叫做"华拱"。华拱有单层和双层的，每一层谓之一"抄"，单层曰"单抄"，双层曰"双抄"。除了华拱之外，以后再往外挑出就不用拱而用"昂"，往外伸出一拱或一昂则叫做一"跳"，根据跳的次数而决定昂的数目，昂之数可到三层，称为"单下昂"、"双下昂"及"三下昂"。华拱与下昂就成为了整朵斗拱前后挑出的主干。

在华拱和昂所组成的层次之上再承托着一系列的横拱，每出跳一次即置放一列。在华拱或昂之上的横拱称为"瓜子拱"，"瓜子拱"和"泥道拱"都是横向第一个层次的拱，因此拱式都是一致的。位于最后一次跳出的横拱就不称"瓜子拱"而称为"令拱"。"令拱"之所以与"瓜子拱"不同就是令拱不再作上层的发展，而且中间伸出一个"耍头"作为构图的收束。瓜子拱和泥道拱之上还作另一层的发展，位于它们之上的拱则称为"慢拱"，慢拱是一个拱上之拱，在构图上就要拉长一些然后才能使上层部分不致重叠而产生挑出的效果。

斗拱的组织就是斗——拱——斗地不断重复，斗上有拱，拱上有斗。在"山"字形的拱中正中部分所支托的小斗称为"齐心斗"，两端所支托的小斗则一律名为"散斗"。因为直向的华拱及昂所支承的是与之垂直的横拱，所以承托这些改变了方向的拱的斗就另称为"交互斗"。制式上的"四斗"、"五拱"就是按此而分布。

各跳横拱之上均放置有一横枋，就是说一跳一枋，在柱头中线或者说泥道

斗拱在中国建筑中的地位似乎愈到了后期愈显得重要，清代建筑以"斗口"为模数，整座建筑物变成了以斗拱为核心而展开的人工物体。

斗拱的组成原则历代基本上都没有变化，而出现的斗拱类型和式样却是十分繁多和复杂的。这似乎在表明其发展依随着中国传统艺术的"形每万变，神唯守一"的规律。

拱系列的上面的枋叫"柱头枋"，内外跳中慢拱之上的名"罗汉枋"，内跳令拱之上的叫"平棋枋"⑧，外跳令拱之上的称做"橑檐枋"。在第一层昂下往往将华拱前端减削，自交互斗间伸出"两卷瓣"来承托下昂，这个部分便称为"华头子"。

宋代至清代的一千年间，斗拱的各种部件名称有了很多改变，我们应予注意以免产生理解上的混乱。

以上所说的只是宋制的名称，到了清代，各个部件的叫法就大起变化了，如栌斗称为"坐斗"或"大斗"，华拱则叫"翘头"，泥道拱改称"正心瓜拱"，瓜子拱叫"瓜拱"，慢拱改称"万拱"，散斗叫"三才升"，交互斗叫"十八斗"等。因为斗拱是用预制部件装配式的方法造成的，不同的部件自然应有不同的名称加以区别，以便制作和装配工作。这就是为什么斗拱弄出那么多的名堂来的原因。无论如何，即使以现代的科学技术观点来看，斗拱的设计和组成都是一个很严密的构想。

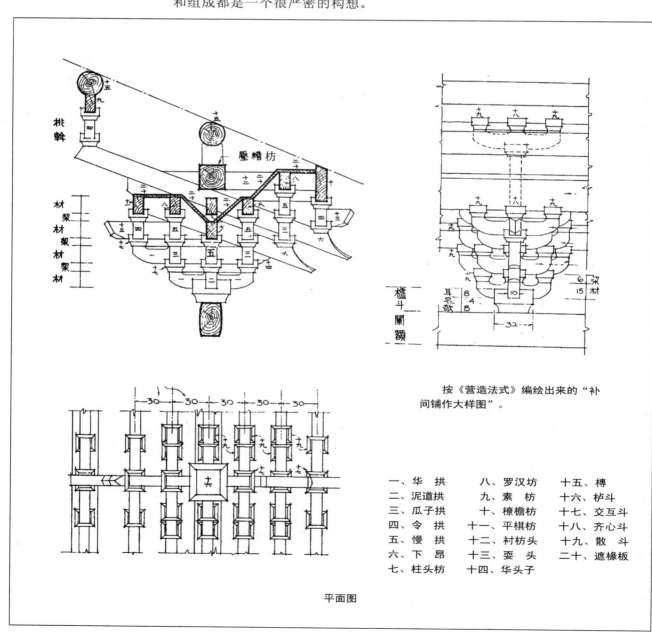

按《营造法式》编绘出来的"补间铺作大样图"。

一、华　拱	八、罗汉枋	十五、槫
二、泥道拱	九、素　枋	十六、栌斗
三、瓜子拱	十、橑檐枋	十七、交互斗
四、令　拱	十一、平棋枋	十八、齐心斗
五、慢　拱	十二、衬枋头	十九、散　斗
六、下　昂	十三、耍　头	二十、遮椽板
七、柱头枋	十四、华头子	

平面图

240

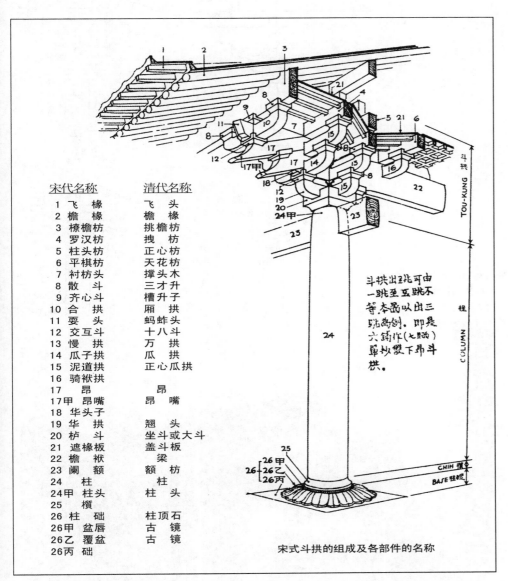

宋代名称	清代名称
1 飞 椽	飞 头
2 檐 椽	檐 椽
3 橑檐枋	挑檐枋
4 罗汉枋	拽 枋
5 柱头枋	正心枋
6 平棋枋	天花枋
7 衬枋头	撑头木
8 散 斗	三才升
9 齐心斗	槽升子
10 合 拱	厢 拱
11 耍 头	蚂蚱头
12 交互斗	十八斗
13 慢 拱	万 拱
14 瓜子拱	瓜 拱
15 泥道拱	正心瓜拱
16 骑袱拱	
17 昂	昂
17甲 昂嘴	昂 嘴
18 华头子	
19 华 拱	翘 头
20 栌 斗	坐斗或大斗
21 遮椽板	盖斗板
22 檐袱	梁
23 阑 额	额 枋
24 柱	柱
24甲 柱头	柱 头
25 欂	
26 柱 础	柱顶石
26甲 盆唇	古 镜
26乙 覆盆	古 镜
26丙 础	

斗拱出跳可由一跳至五跳不等,本图以出三跳为例,即是六铺作(七踩)单杪双下昂斗拱。

宋式斗拱的组成及各部件的名称

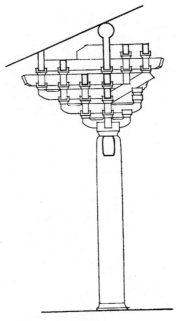

按照宋《营造法式》编绘的标准"无下昂"式斗拱大样图。

斗拱部件的尺寸以"材"或"斗口"为准,房屋愈大,斗拱的用料愈大,体形也愈大。因为"模数"的关系,它们与其他构件恒成一定的比例,假如失却了权衡,在视觉上就会产生不协调的感觉。每组斗拱称为一"朵",每"朵"之中,向外可作五跳,向内则最多三跳。斗拱层数相叠出跳多寡次序谓之"铺作"[9],出一跳谓之"四铺作"(内一外一),出两跳谓之"五铺作"(内二外二),出三跳谓之"六铺作"(内二外三),出四跳谓之"七铺作"(内三外三),出五跳谓之"八铺作"(内三外四)。"铺作"有时作为斗拱构造的总称,如位于柱顶的称为"柱头铺作",凡于阑额上坐栌斗安铺作者谓之"补间铺作"[10]。

在建筑学上,不论古今,有关斗拱的技术资料都比其他部分更为详尽,由此可见斗拱受到之重视。可惜今日大多数人仍然集中注意它在造型上的效果,较少人对这本来是一种结构的构件来作结构上的更为深入的分析和研究。假如,我们对它能够作一些力学上的计算或者受力的试验,也许研究这种巧妙地使用了两三千年的构件在结构力学上会带来一些新的发现和贡献。

斗拱的大小是按房屋的规模而增减的,由此而确定它和其他构件以至整座建筑物的比例关系,离开了这种关系的设计就会完全失却中国建筑应有的权衡。

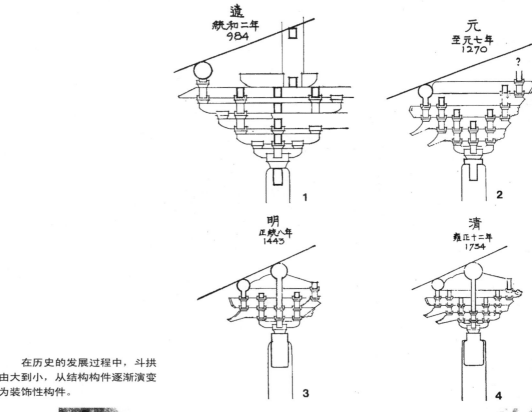

在历史的发展过程中，斗拱由大到小，从结构构件逐渐演变为装饰性构件。

正定隆兴寺宋摩尼殿位于实墙上面的斗拱，说明斗拱的功能完全在于支承出檐。（张龙 摄）

① 刘致平《中国建筑类型及结构》北京:建筑工程出版社,1957.82页及图33
② 晋代左思《吴都赋》。
③ 北齐邢子才《新宫赋》。
④ 三国（魏）夏侯惠《景福殿赋》。
⑤ 三国（魏）卞兰《许昌宫赋》。
⑥ 梁思成,刘致平《建筑设计参考图集》第四集"斗拱".北京:中国营造学社出版,1936.
⑦ 这种发展倾向更能说明斗拱是由柱头构造而产生。
⑧ 平棋就是天花，故清代改称为"天花枋"。
⑨ 这个解释见《营造法式》"铺作"条子注。
⑩ 此句亦来自《营造法式》"总铺作次序"条。

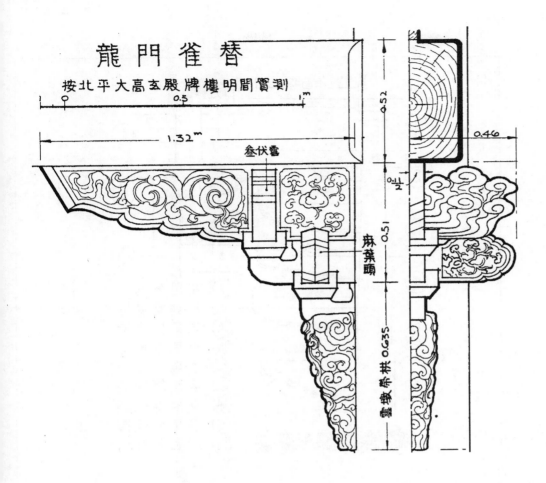

龍門雀替

按北平大高玄殿牌樓明間實測

叄伏雲

麻葉頭

靈燈條拱 0.635

1.32m

0.52

0.51

0.46

雀替·驼峰和隔架

　　自从斗拱脱离开柱头的范围独立发展成为一种新的构件之后，中国建筑似乎就没有了柱头，但是柱头部分的装饰仍然受到了注意。"雀替"的变化和斗拱的施用方式的关系很大，在唐宋时代斗拱仍然主要用于"柱头铺作"上，"补间铺作"用人字拱或者只置一朵斗拱，在立面构图中斗拱作为一种柱头装饰的地位还很重。到了后来，补间铺作的斗拱愈放愈密，最后竟成了一条檐口线，斗拱作为柱头装饰的意义就完全消失，因此不得不作另行的填补措施。在时间上，雀替的发展和斗拱在补间的发展恰好是相一致的，由此可见柱头和雀替二者之间恰好存在着一种彼消此长的关系。

　　在漫长的中国建筑史中，雀替是一种成熟较晚的构件和制式。虽然，它的雏形可见诸北魏，但是到了宋代，还未正式确立成为一种重要的构件。《营造法式》上只是说到"阑额"时提到它，"檐额下绰幕枋，广减檐额三分之一，出柱，长至补间，相对作楷头或三瓣头"[1]。这个时候它还只是柱上支托阑额的一根拱形横木，所起的装饰作用很小，并不受人注意。"雀替"就是由"绰幕枋"而来，"绰"字到了清代讹为"雀"[2]，"替"则是替木的意思。大概明代之后雀替才被广泛地使用，并且在构图上得到不断的发展。到了清代之后，便十分成熟地发展成为一种风格独特的构件，大大地丰富了中国古典建筑的形式。

斗拱专用于柱头铺作的地位改变之后，雀替就兴起成为柱头部分的必要构件，这种交替现象说明任何时候对柱头的装饰效果都会加以足够的考虑。

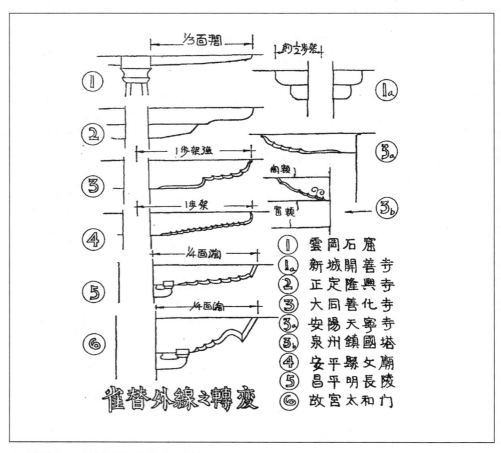

图中标注：
- ⅓面阔
- 约½步架
- 1步架强
- 1步架
- 阑颏
- 窗颏
- ¼面阔
- ¼面阔

① 雲岡石窟
①ₐ 新城開善寺
② 正定隆興寺
③ 大同善化寺
③ₐ 安陽天寧寺
③ᵦ 泉州鎮國塔
④ 安平縣文廟
⑤ 昌平明長陵
⑥ 故宮太和門

雀替外線之轉變

由"枅木"、"绰幕枋"发展到"雀替"

雀替虽然也是由力学而来的构件，不过其后的发展更多时候是由于美学的原因所促使而产生。

虽然，雀替似乎是因解决立面上的构图问题而发展，但是它本身也是出于一种构造上的需要而演化成的构件。在方形的梁柱所形成的框格中，在边角上附加上了联结梁柱二者的三角形木块，一则可以防止方形框格的变形，二则可以加强水平构件产生的剪力，同时又使其在同一净跨之内可承受更大的荷重。在结构上，这是常用的减短净跨的方法，斗拱的产生同样地也是基于这一种构造的概念。雀替的形状可以说是一种十分精确的功能形状，四分之一的跨距中所形成的三角形，除了装饰性的外轮廓线之外，它几乎就是像由图解力学所得出来的那样的一个图形。

由于雀替像一对翅膀一样在柱的上部向两边伸出，柱头部分的装饰问题就得到了很好的解决，另一种生动的柱式就此出现。它取得的并不只是柱头本身的单一效果，在柱间所形成的框格的形状也随之改变，空间的外框轮廓由直线转变成为柔和的曲线，由方形变为有趣的、更为丰富自由的多边形。在艺术上，它的出现是一种十分成功的创作，也是明清建筑上的一项重要成就。

因为雀替的形式不受其他构件的限制，于是便可以极为自由地发展，结果就出现比任何构件更多的类型、更为富于变化的图案和形状。

正如其他构件一样，雀替也是由简而繁地演变出来，由一种形式变化成多种多样的形式。不同类型雀替之间形状的变化比斗拱为大，而且很容易就可以分辨出来。根据可见的资料，雀替的形式可以归纳成为七大类，就是：大雀替、龙门雀替、雀替、小雀替、通雀替、骑马雀替和花牙子。雀替有用于室外的，也有用于室内的；室内装修主要的构造之一的"罩"似乎也是由花牙子演变而来。雀替的发展一如斗拱，早期的建筑多用于室内，后期才着重地施之于外檐。

"大雀替"就是左右连成一片，作为柱头与梁额之间的一种过渡性的构造，其作用类似"替木"，或者可以当作一种横向伸延的柱头形式。其长度等于开间净空(面宽)三分之一至四分之一，无论明间、次间长度均相同。大概这是最早出现的一种雀替形式。"龙门雀替"多用于牌坊上，除了雀替之外，它的特色就是增添了一些装饰性的附件，如"梓框"、"云墩"、"麻叶头"或"三福云"③等。就是说雀替从水平方向发展到沿着柱身的垂直方向上来，当然这部分的部件纯粹是为了装饰，不论对结构还是构造都是没有意义的。

"雀替"就是指明清建筑中常用的雀替，按照清《工部工程做法则例》的规定，它的大小就是长度是面阔的四分之一，高度与檐枋相同，厚度则为柱径的十分之三。此外，《大木大式》④还有另外一种规定："雀替长按净面宽四分之一分即净长，外加榫长按柱头径十分之三分凑即长。宽按柱径四分之五分，厚按柱径五分之二分。"因为在明清建筑物中，除城楼外几乎是无处不见雀替的，而且雀替多半都油漆雕刻得很华丽，给人的印象很深，大有无雀替不成中国建筑之感。"小雀替"是指只构成梁柱直角间的一个小斜角的雀替，多用于户内。

"通雀替"的所谓"通"就是连通的意思，但它并不像大雀替那样放在柱顶上作为柱头，而是夹在柱顶之中而过，可以说是大雀替的另一种构造方法，在外形上显然就相异了。这也是一种早期的雀替形式，以用于户内为多，明清之后，这种形式的雀替已经甚少见了。"骑马雀替"就是柱间间距太小的时候，两端的雀替就会碰连在一起，因此就索性将它们处理成为一整片的人字形的开口装饰板了。骑马雀替多用于垂花门上，长按垂步架，高按绦环宽五分之七，榫在内，厚按高折半⑤。"花牙子"不过是模仿雀替形位的一种通花装饰，因为是纯粹的一种饰物，它们的设计就是颇为任意的了。

在交角的地方雀替似乎成为不可缺少之物。由于所在的位置不同就产生不同的要求，结果就出现了各种形式、风格各异的雀替。

北京大高玄殿牌楼龙门雀替（张凤梧摄）

245

中国建筑的柱头演变成为两类独立的构件：斗拱和雀替。西方古典建筑的柱头虽然曾经千变万化，但是到了完结时柱头自然还是柱头，并没有发生过"质"的突破。

雀替形状的变化也经过了好几个世纪的历史。它由狭长而逐渐变得宽厚，表示了人们对这个构件作用的一个认识过程，到了最后才达到美学和力学结合起来的一个成熟阶段。当它还是狭长的时候（如云冈石窟中所见），柱头仍然存在，到了柱头消失之后它才变得宽厚。由此可见它也是柱头处理方式的一种演变。中国建筑的柱头演变出两种不同形式的独立构件：斗拱和雀替，由量的渐变而引起质的突变。西方古典建筑的柱头就是柱头，尽管在图案上经历了千变万化，到了它完结的时候也没有产生任何的突破。在建筑艺术发展史上，这是值得注意的两种不同的发展方式。

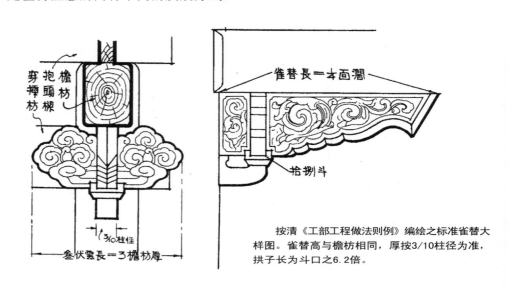

按清《工部工程做法则例》编绘之标准雀替大样图。雀替高与檐枋相同，厚按3/10柱径为准，拱子长为斗口之6.2倍。

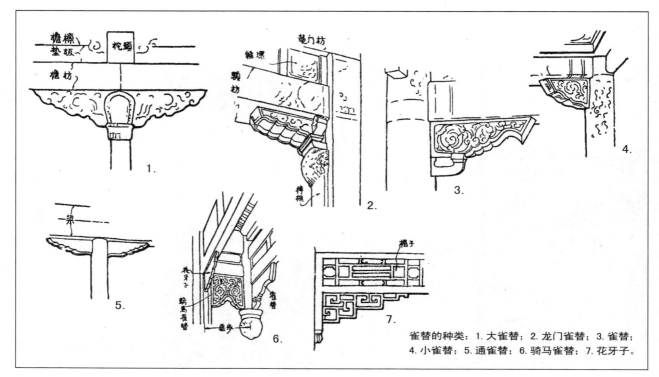

雀替的种类：1. 大雀替；2. 龙门雀替；3. 雀替；4. 小雀替；5. 通雀替；6. 骑马雀替；7. 花牙子。

碧云寺后殿通雀替

沈阳大清门大雀替

颐和园垂花门骑马雀替

太和殿小雀替

现存古建筑中的一些雀替实例，不论其种类形式如何，它们都同具极为繁琐的装饰意味。

驼峰是对支墩的艺术加工而产生的构件，在构造意义上和雀替相近，不过一个向上，一个向下而已。

在中国建筑中还有一种形状类近雀替的构件就是"驼峰"。驼峰的地位和作用与雀替完全不同，它用来支承叠梁，或者说是叠梁(梁架)间的梁上短柱或者支墩。用类近三角形的驼峰作为支点在结构上是合理的。首先，它使这个支点更为稳定；其次，它将上部的荷重传达到更大的面积上，以减少下梁所受的剪力。在功能形状上，柔和的曲线改变了它的外形，因而就产生了十分丰富的装饰作用。宋《营造法式》上一共有四种驼峰的式样，实际上当使用者完全明白它的意义和作用之后，便做出了极多的变化。

驼峰的产生本来就是一块三角木，还是由瓜柱(短柱)及角背(稳定瓜柱的两侧三角木)合并而来呢？我们可以推测在更早的时候必然是分件的，其后才合成为驼峰，同时分件的做法仍然存在，就是明清时所用的瓜柱、角背。清代将驼峰称为"荷叶墩"，或者将整个支点叫做"柁墩"。"角背"和"雀替"在手法上有点相同，都是在垂直杆件的两侧加上三角形的夹角，不过一个在上，一个在下而已。这是由来已久的在凡是交角的地方加上一个加固体(stiffener)的构造观念，直至今日，在很多构架中仍然采用。

不论驼峰、柁墩或者角背，作为这部分的整个支点来说，常常出现多种类型的构件组合形式，如驼峰上另加斗或斗拱，或者瓜柱两侧上下均加上角背，总之尽其变化的能事。在上下两层平行的长度相等的横梁之间，常常放置一种联系性的构件，因为它的功用只在于使两层的梁联结得紧密一些，不负担力的传递的作用，因此在形状上就可以十分任意和灵活。明清间就用驼峰、斗拱、雀替合成在一起，称为"隔架科"。隔架科在装饰上是一种很有意思的做法，它把中国建筑的典型构件都集中在一起，在艺术上可以说是很有代表性的东西。

"雀替"、"驼峰"、"隔架"是三种不同功能和性质的构件。但是，我们可以从它们的形状和图案中看到都是由同出于一源的转角加固而做出的不同形式的组合，三者之间因而存在着极为密切的有机的关系。它们都是一些十分成功的设计，完善地达到"形式追随功能"和"统一中求变化"⑥的目的。只要对它们深入了解，就可知道它们并不是随意而来的构图游戏。

宋《营造法式》上的几种驼峰式样：
1. 鹰嘴驼峰；2. 两瓣驼峰；3. 掏瓣驼峰；
4. 毡笠驼峰。

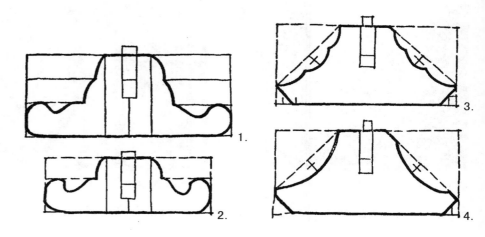

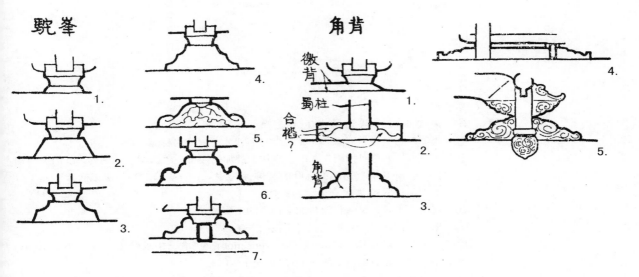

駝峯 角背

1. 2. 3. 4. 5. 6. 7.

微背
蜀柱
合梲?
角背

1. 2. 3. 4. 5.

历代建筑中所见的"驼峰"及"角背"。驼峰：1. 正定摩尼殿；2. 大同善化寺；
3. 正定阳和楼；4. 正定文庙；5. 定州天庆观；6. 正定隆兴寺转轮藏；7. 正定文庙。
角背：1. 蓟县独乐寺；2. 易县开元寺；3. 正定摩尼殿；4. 安平圣姑庙；5. 章邱常道观。

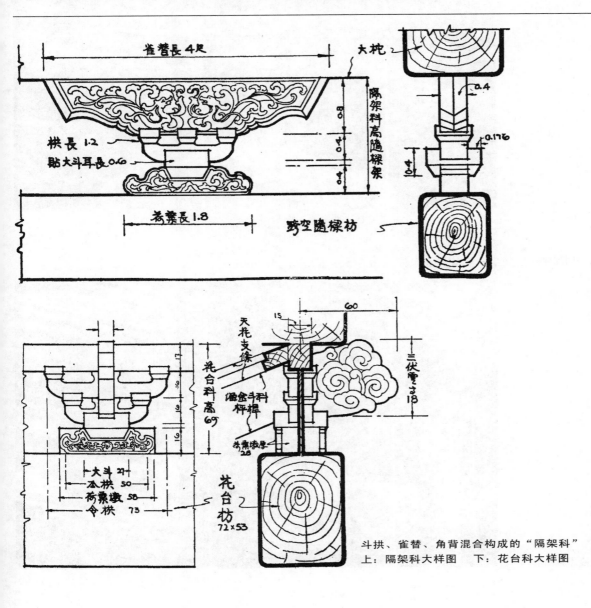

雀替長4尺
拱長1.2
貼大斗耳長0.6
荷葉長1.8
跨空隨樑枋
大枕
0.4
0.176
隔架科高隨樑架

天花支條
描金斗科枰榫
荷葉墩厚28
大斗21
本拱50
荷葉墩58
令拱73
花台枋72×53
花台科高69
三伏雲高18
60
15

斗拱、雀替、角背混合构成的"隔架科"
上：隔架科大样图　下：花台科大样图

249

① 宋代李诫《营造法式》卷五"阑额"条。

② "绰"与"雀"同意。"雀替"是清代才产生的名称。

③ "梓框"亦称"抱框"，即在立柱上外加的线饰。"云墩"是刻满云纹的装饰构件。"麻叶头"即刻有麻叶的装饰性构件。"三福云"亦作"三伏云"、"云头"，一种梁头式刻云纹的构件。

④ 《大木大式》是清代流传的手抄本的工程做法。

⑤ 据清《营造算例》第三章"垂花门"条。

⑥ "形式追随功能"(Form Follows Function)及"统一中求变化"(Variety in Unity)是现代设计所提出来的两大目的(aim)。

北京阐福寺山门隔架科

易县崇陵隆恩殿隔架

栏杆

大概，世界上自古至今的建筑形式中，只有中国古典建筑曾经以栏杆作为建筑构图的主题，或者说让它占据着相当显著和重要的地位。我们可以想像，没有栏杆的天坛和祈年殿，没有栏杆的太和、中和、保和三大殿，这些建筑艺术的杰作马上就会黯然失色。

栏杆之所以成为中国建筑主要构件之一，原因就是台基和栏杆有着不可分割的关系，"栏"必然随着"台"而至，台基的形状和构图主要通过栏杆而表现。其次力求"空间的流通"(flow of space)是中国建筑的一种基本设计意念，在空间的组织和分隔上，常常喜欢要有规限而又不封闭视线，因此使用栏杆的机会就特别多。由于使用的机会多，而且在视觉中的地位重要，很自然就会对栏杆的设计重视起来，促使它在构造上和形式上都发展到一个很高的水平。

栏杆古作"阑干"。阑干者纵横也，纵木为阑，横木为干。"阑"，门遮也，也含拦阻的意思；横木的"干"古有称为"楯"和"柃"的。在汉魏六朝的文学作品中，描写栏杆多用"槛"或"阑槛"；"槛"本来指牧场中的畜圈，大概那就是最早的"栏杆"。"槛"有"櫺槛"、"轩槛"、"槛栊"及"阶槛"之分，它们指不同的栏杆形式："櫺槛"就是说栏杆中用的是方格子的通花图案，"轩槛"则用的是实心栏板，"槛栊"就是指直线组成的框格，"阶槛"意即阶梯的扶手栏杆。同时，栏杆也有称做"钩阑"的，这种称呼大概是因在木栏杆中附有铜制的构造和装饰而产生。

栏杆和台基通常是不可分割的一体，因为台基在中国建筑中占重要的地位，所以栏杆也常常成为建筑构图中的主要元素。

251

木栏杆先于石栏杆出现，石栏杆的形式是模仿木栏杆的构造而来，外形上二者基本上是统一的，并没有因材料不同而形状完全相异。

木栏杆随着木结构而来，相信出现了一个颇长的时期。其后，位于室外部分的栏杆因不堪风雨的侵蚀，就改用了石栏杆。石栏杆的形制始终模仿木栏杆的构造，可见石栏杆后于木栏杆出现。石栏杆的使用只限于户外，木栏杆并没有因石栏杆的发展而消失，二者是并存并用的。此外，唐宋之后也有砖砌栏杆或者铁花栏杆的出现，它们只是偶一为之的构造，并没有发展成一种常用的标准形制。

其实，栏杆的最基本构成形式是始于一个横向的矩形框格，称为"阑"的纵杆其后就成为"望柱"，称为"楯"的横杆同时用作扶手则名"寻仗"，位于下面的横杆就是"地栿"。望柱、寻杖、地栿构成了主要的边框，所有栏杆形式的变化就在于如何处理框格中的图案。框格的处理方法大概有三种：全部是通花的；全部是实心的；一半是通的，一半是实的。一般地说，以后者的方式设计的为多。至于为什么标准形制上采取"上虚下实"的"半虚半实"形式，除了是一种功能形状之外，相信和强调水平方向横线条的整个建筑立面的构图有关。

在古代的石刻和绘画中，我们可以看到有一种以简单的横线条为主构成的"寻杖"栏杆，也许"阑干"最初就是指此而言。有时"阑"和"干"用的都是圆形截面的木杆，看起来十分愉快和轻巧，颇适合用于楼阁上，可以说是最早、最合理和简单的栏杆形式。"寻杖"除了构造上的作用之外同时还用作扶手，这是不可缺少的杆件。"框格"中图案的变化和"虚实"的采用主要是基于不同情况的考虑，例如与立面构图的配合、使用的要求以及当代的装饰趣味的趋向等。

汉代画像石及明器上所见到的古代栏杆式样。

虽然，历代以来栏杆上的装饰性的花纹和图案有着极多的变化，但是在发展过程中逐渐地形成了一种基本的构造形式，将通透的寻杖栏杆与实心栏板的形式各取一半，并且与门窗的构造方式联系起来，取得了与窗台以下部分构造形式的统一。或者可以说，栏杆就是窗台以下部分的构造，这一点，我们在古代的绘画中经常可以看到。在成熟了的制式中，寻杖用装饰性的支座承托起来，支座以下就是"盆唇"，与"地栿"及"蜀柱"组成框格，其中填充有各种装饰性花纹的"华板"。这些原来是木构造发展出来的形状，到了发展石栏杆的时候，就完全以石材来模仿这些木作的形式。使用一种新的材料来代替原来材料的时候，开始的时候必然是毫无改变地模仿原来所用的形式的。

在《营造法式》记载的"重台钩阑"和"单钩阑"中，我们可以看到它显然就是一种木构造的形式。寻杖作圆形，盆唇是一块平板，这样是很不宜于石材的加工和制作的。据悉一如《营造法式》所载的宋式石钩阑的实例至今仍然未有发现，可能在使用中发觉这种构造方法与石材的性质不怎么符合，因而得不到普遍地推广。自然，这种形制是曾经存在，而且有过重大的影响，只不过是应用的过程中因地、因时制宜而做出了修改或变换。

"重台钩阑"和"单钩阑"的区别在于前者较高(四尺)，后者较矮(三尺五寸)，盆唇以上支托寻杖的支座，前者用"云拱"和"瘿项"组合，后者用"云拱"及"撮项"组合。盆唇之下，重台钩阑用束腰分隔两层华板，单钩阑则只有一层的"万字板"。"万字板"是一种受佛教影响而来的图案，可能最初用于佛寺建筑。重台钩阑以七尺为一段，单钩阑则每段为六尺，4∶7和3.5∶6在

宋式的石钩阑木构的意味仍然很重，到了清代就逐渐改变成为更符合石头这种材料所应有的形式。

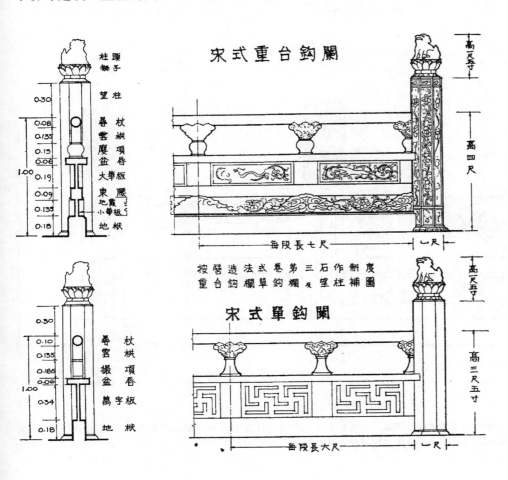

望柱的狮子头——《营造法式》二十九卷的样图

253

比例上是近乎一致的。宋式钩阑并不是每一段都用望柱来收束的，望柱一般只是在转角和开始的地方使用，这是一种木构性质的表现。在唐代或者宋代的绘画中，如赵伯驹的《仙山楼阁图》[①]、李容瑾的《汉苑图》[②]等，望柱都是在转角或者较远的距离中才出现。但是，在另外一些绘画如《湖亭游骑图》[③]等，又可以见到望柱作为分段的形式而存在。虽然，画家笔下的画不一定完全真实，不过，望柱的分布开始的时候并没有一定之规，这点倒是可以肯定的。

清式钩阑的形制基于美学要求多于其他的原因，其高度取决于立面的构图，不再以人体尺度为标准，一段一望柱目的在于加强装饰趣味以及产生强烈的节奏感。

清代的石栏杆有了较大的改变和发展。第一就是强调了望柱的作用，每一个标准段都是以望柱来收束，因为石材的长度有限，过长易于折断，增加望柱是十分合理的。栏杆的高度不作规定，而以望柱的高度为基准来决定各个部分的尺寸和比例。每一标准段的高度与长度的比率从宋代的1：2.25改为1：2，八角形的望柱变为方形，柱身简化，柱头的装饰却加高。寻杖和栏板粗壮得多，这样在构造上和形式上就较合乎于石材的性质，虽然基本形状还是有点类近，可是显然已经表现出木构和石构之间材料形状的不同了。

"清式钩阑"的望柱高度是按台基的高度而决定的，其他各部分的用料尺寸由"长身柱子"而来。按《营造算例》的规定："长身柱子高按台基明高二十分之十九。下榫长按见方十分之三。见方按明高十一分之二。柱头长按见方二份。如殿宇台基月台安做。高按阶条上至平板枋上皮高四分之一即是。"[④]由此看来，这个时候把栏杆在立面构图上的意义看得比本来的功能意义更重了，望柱间的构造被看作是一整片的栏板，已经不再是组合式的构件，不过栏板的形式还多少保留有宋式钩阑的形状而已。栏板的高度因台基的高度而变化，不

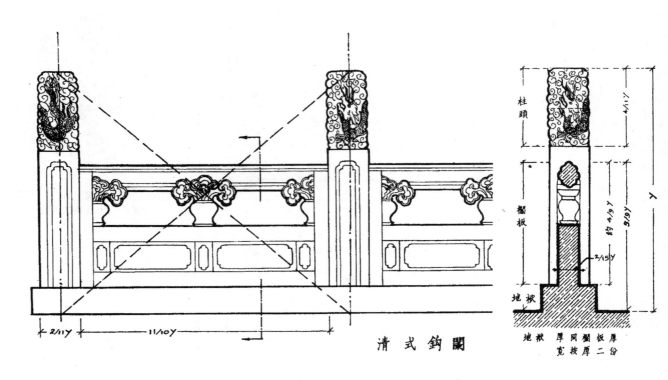

清式钩闌

根据《营造法式》及清《工部工程做法则例》的规定绘制出来的宋式及清式栏杆标准大样图。在实际应用上，并不是完全按此标准设计施工的，尤其是宋式的钩阑，尚未发现有一如标准规定的实物。

再是固定于适合于用作扶手时的尺度了。

此外，引起栏杆视觉效果产生根本性的变化莫过于柱头形制的变更。宋制为仅高一尺五寸的狮子，位于覆盆莲华的座上。到了清代，这种写实外形的雕刻转变成了图案化的圆柱形的浮雕，柱头的形式不但加大加高，更主要的还是每段一柱地加多了，因此在构图上产生一种十分强烈的节奏感。从建筑艺术而言，这是一种相当成功的进步。虽然，圆筒形的柱头上所刻的图案各有不同，有龙、凤、夔龙、云纹等等，它们只不过是一种肌理，无论花纹的内容如何，它们在建筑构图的效果上总是相同的。

栏杆的开始和终结的地方，多半还附加另外的图案作为引导和收束，常见的就是在几层卷瓣之上放置圆形的"抱鼓石"，也有的用水纹或者瑞兽作主题。之所以如此，充分表明在任何中国建筑的构图上都是有"始"有"终"，很少突然而来以及突然地消失。无论宋式和清式的钩阑，我们不可忽视它的比例尺度。这些尺度使各部的部件在构图上取得关系上的平衡，例如，位于每段中部的云拱都是正好位于望柱高度的对角线上，假如失却了权衡关系，云拱的位置就会变更，整段栏杆的构图就会处于不稳定的状态。

另一方面，栏杆还有"一物多用"的发展方式。在游廊中，栏杆从扶手的高度降至坐凳的高度，圆形截面的寻杖变成可以坐的板状"平盘"，这就成为了"坐凳栏杆"。这时候它们就既是栏杆又是凳子了。"平盘"和立柱相连接，宽度有时和立柱一样，故此同时可看作是整个构架的一个组成部分，因为它们实际上也起着连梁的作用。平盘之下所用的多半是通花的格子，外形上尽量使之不失却栏杆的形式。进一步的发展就是由凳子变成椅子，平盘之上另加上靠背成为"靠背栏杆"。这在亭榭或楼阁中很常用，有些曲面的靠背使这些"栏杆"形成了极为有趣的形式，表现出一种浓重的中国式的"诗情画意"的内容和风格。

假如，我们把任何的"半截间隔"都当做是栏杆的话，栏杆的形式就多到不可胜数了。可是，很多时候它们只不过是配合其他部分的设计而来，并不能算作是栏杆这种构件本身的发展。中国建筑同时还出现过各种形式的砖栏、竹栏和铁栏，并且还有混合构造的木石、木铁栏杆等，这是难于一一细述的。我们必须知道的就是那些有代表性的制式。

栏杆本身在设计上常常也是自成一个整体的艺术创作，有始有终，很少是突然而来无故而去之物。

栏杆和家具结合产生出好些十分有趣的组合形式，合二为一常常是一种理想的方式。

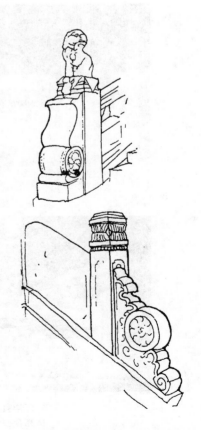

作为栏杆的"开始"及"终结"的各种形式的"抱鼓石"。

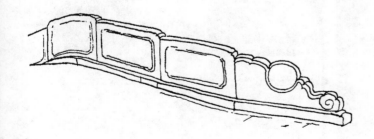

① 赵伯驹(1120年—1182年)，宋代画家。
② 李容瑾，14世纪元代画家。
③ 《湖亭游骑图》据称为唐代作品，图中所见为每两个标准段有一望柱。
④ 梁思成的《清式营造算例及则例》中第七章七节。

255

1. 还带有木构意态的石制单钩阑——南京栖霞山舍利塔依照发掘所得的古栏杆式样重修的栏杆。2. 石材的实栏板完全按照石材的材料形式而制作。3. 已经转变成为显示出石材形态的空心石栏杆。4. 表现石雕艺术的"垂带栏杆"。5. 园林建筑所用的栏杆——苏州严家花园栏杆。6. 安阳安阳桥栏杆。7. 天安门东侧华表栏杆。8. 武英殿石桥"龙纹"栏板。

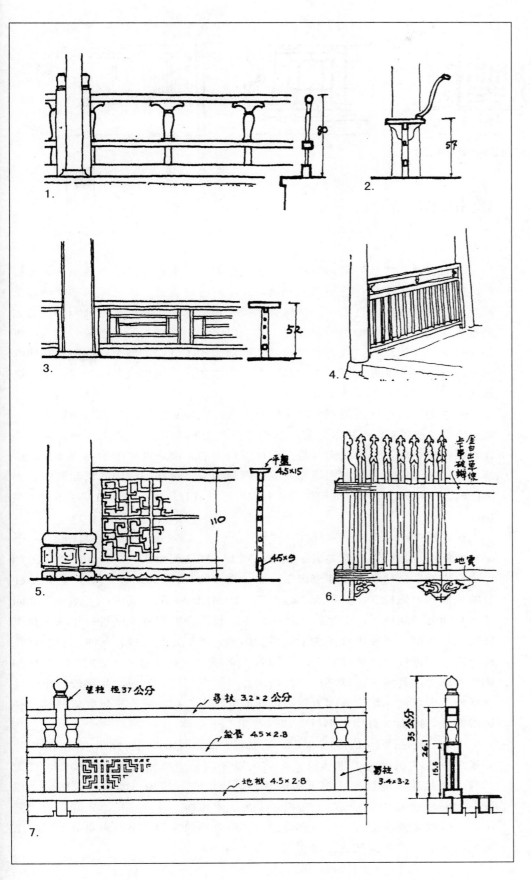

各种形式的木栏杆：

1. 寻杖栏杆——北京智化寺万佛阁的明代栏杆；

2. 靠背栏杆；

3. 坐凳栏杆；

4. 直棂栏杆；

5. 花栏杆；

6. 叉子——《营造法式》中的插图；

7. 大同下华严寺的辽代木栏杆。

汉明器所显示的壁带和门窗。

槛框和隔扇

槛框是从古代墙壁的木骨架——壁带演变出来的，它们一直都是用来安装门窗的框格。

上面说过，"槛"最初的时候指的是畜圈，后来所指的是"槛阑"——栏杆。唐代大诗人李白在他的《清平调》中，同一诗篇里有"春风拂槛露华浓"及"沉香亭北倚阑干"之句，虽然有"槛"和"阑干"的用字之分，所说的大概是相同的东西。假如，一定要将二者加以区别，"槛"的意思较广一些，可指窗以下的"槛墙"，或者表示构造的框格。到了清代，整个柱间"幕式墙"(curtain wall)的门窗框格就称为"槛框"。在槛框中，可以安装门窗，也可以镶嵌实板，按照设计的要求而决定。

槛框的构造可以说随着框架结构而出现，大概是由墙壁的骨架发展而成，就是所谓"壁带"。在唐宋之前，很多实心的墙壁都表露出"壁带"的木骨架。在骨架的框格间，或虚或实，是完全可以自由的，所表现出来的形式十分轻盈活泼。这种表露木骨架的实墙在元明之后就消失，可能与砖墙的兴起有关，因为砖的强度较大，无须在墙壁中另作骨架，于是就只保留下安装门窗所用的"槛框"。

在槛框中，水平的横向杆件称"槛"，上接檐枋或金枋的称"上槛"，下贴地面的叫"下槛"。假如房屋较高，则上下槛之间距离较大，于是便再另加一道"中槛"，或者说"挂空槛"。至于垂直的直杆则仍然叫"柱"，位于柱旁的边框叫"抱柱"，又称为"抱框"。在面阔较大的开间中，"抱柱"之间还有分间的"间柱"。于是，上、中、下三槛，左右抱柱及间柱就组成了整个柱间的"槛框"。在宋代，这个框格的构成并不一定是这样，其时所有的杆件称"额"，抱柱叫"槫柱额"，窗框叫"立额"，下槛则叫"地栿"。框件都称为"额"，其实大可以将整个框格叫做"额框"的。不过，始终没有出现过这样的一个名词，相信是因为"额框"的处理很自由，并没有发展成熟为一种标准制式，因而没有像"槛框"那样产生一个总称。

中槛一般是位于门扇的高度上，上槛和中槛之间如果用窗则叫"横披窗"，如果用固定的板就叫"走马板"。门头以上的另一框格就叫"横披"、"走马"，就是连通的意思。窗下的矮墙为"槛墙"，槛墙上的窗台板叫做"榻板"，宋时则叫"槛面板"。榻板之上另加"风槛"作为窗框，宋则称为"腰串"。槛框主要就是为安装门窗而设，它们分隔门窗的大小，本身并不显露出明显的图案，在立面构图上希望与门窗连成一片。

258

在"槛框"还没有称为槛框的时候，安装门窗的框格的图案是曾经被强调的，在唐宋的绘画以及汉代的明器、画像等上面，我们可以看到多种变化的安装门窗的框格形式。原因是明清之前，墙身大半由骨架的图案构成，门窗的框格当然要与之相配合；其次，就是其时用的多是直棂窗，门窗的图案简单，以框格来取得立面的变化是必要的。明清之后，显露骨架的实墙已不存在，门窗的图案变得愈来愈精细、华丽和复杂，框格的变化不但不必要，反而要力求将它们隐藏起来，否则立面看起来就会觉得混乱。

一般称中间镶嵌通花格子的门为"隔扇"或"槅扇"，宋代叫"格子窗"。"隔扇"由古称"阖扇"而来，阖扇原来并不是指格子门，《礼记·月令》有："仲春之月，……耕者少舍。乃修阖扇，……"注云：耕事少闲而治门户也，用木曰阖，用竹苇曰扇。所说的"阖扇"实在只是木门、竹门的意思。阖扇发展成为隔扇实在是很必然的，其一就是在中国古典建筑上，门兼有窗的功能；其二就是玻璃还没有在建筑上使用的时候，裱上纱或纸的通花格子是达到既挡风又能透光目的的唯一手段。

古代所说的"窗"和我们今日所理解的窗其意义并不完全相同。窗，古作囱，按照《说文》的解释就是"在墙曰牖，在屋曰囱，象形，凡囱之属皆从囱"。潘鸿及吴承志的《门窗考》上说，在墙上而能开阖的为牖，在屋面上不能开阖的曰窗。大概，最早的时候"囱"就是指屋面上的天窗或者烟囱等；我们今日所说的窗，古代则称为"牖"。不过古代的牖一般都很小，相当现在的

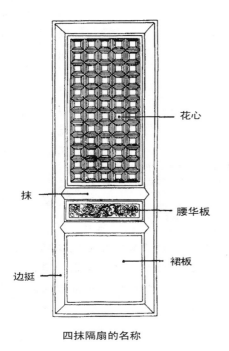

花心

抹

腰华板

边挺

裙板

四抹隔扇的名称

气窗，主要的采光和通风任务都由户或者说"阖扇"来负担。《淮南子》这本汉代的著作就说。"十牖之开，不若一户之明"，又说，"受光于隙，照一隅；受光于牖，照北壁；受光于户，照室中无遗物"。可见在当时的观念上，解决采光问题主要由"户"来担当。直至后世，房屋本身的"门"除了作为出入口之外，同时都兼具窗的作用，或者说是一种落地的长窗。

隔扇的构造就是先做出一个门扇框，框木宋代叫做"柱"，清代则称直的为"边梃"，横的为"抹头"。其中分成三种不同部分：安装透光的通花格子或者说"窗榥"的上部，称为"格眼"或者"花心"；下部多半装的是实心的木板，宋时叫"障水板"，清则叫"裙板"；在花心和裙板之间常另加一条宋称"腰华板"、清叫"绦环板"的腰带。上、中、下三部均用"抹头"来分间，假如隔扇特别高长，则分别在裙板之下以及格心之上再加绦环板，绦环板增多也就是抹头增多，因而隔扇就有"四抹"、"五抹"及"六抹"不同的类别，其实就是以"抹"的数量来代表它的形式。有些隔扇不用裙板和绦环，上下一整片全都是格心，就叫做"落地明造"；这时就只有"二抹"，只有裙板而无绦环的，就是"三抹"。

在宋代，格框中的格眼、腰华、障水板等都做两重。两重格眼就是为了将透光的"纱"夹在中间，外层是固定的，内层是活动的，以便更换其中的纱或纸。到了清代，除格心还有保持两重的做法外，多半全部改成单层，也许认为双重做法虽然质量会好一些，但却是一种劳动力的浪费，而且减轻门的重量对

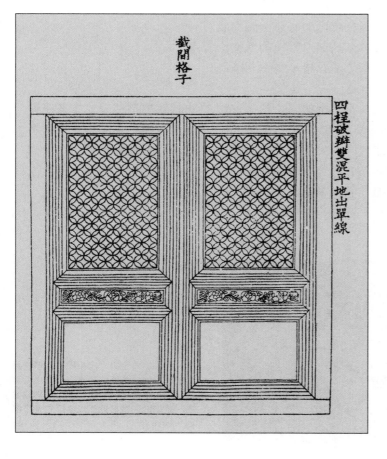

截間格子

四桯破瓣雙混平地出單線

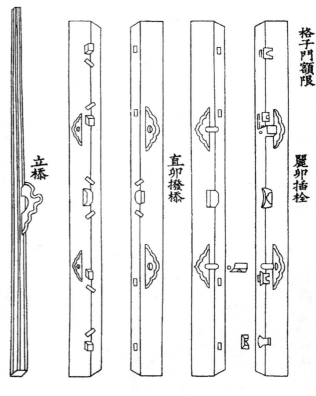

格子門額限

立棜

直卯撥棜

瑕卯插栓

《营造法式》所载的"槛框和隔扇"——截间格子。右方为格子门的一些构造部件。

260

门本身也会有好处。

　　每一隔扇的宽和高约为1：3至1：4，每"间"的隔扇数量大多数用双数，因为隔扇是以扇门的形式，有四扇、六扇、八扇不等。障水板与格眼高度之比则为1：2，裙板与格心之比则为2：3，就是说清代是将格心的面积在比例上收小了一些。清代的隔扇和模数发生了关系，用料和各部分的尺寸以柱径为基准，这种规定使外形永远不会失却权衡，但是会失却人体比例和功能的形状。总的来说，这和清代的建筑着重流于形式有关。

　　组成格心图案的木条或者雕刻叫做"棂"、"条棖"，清代则称为"棂子"，因而整个图案就名为"窗棂"。因为隔扇的意义既可说是门，又可说是落地的窗，所以格心又称为"窗棂"是完全说得过去的。在现代的建筑物中，窗棂已经全部由玻璃来代替，在功能上窗棂自然不及玻璃，但是，作为一种艺术表现力来说，它所能产生的趣味和魅力是玻璃所大大不如的。隔扇的设计目的及其艺术效果完全落在通花的格心上，格心所形成的效果不但成为房屋立面的"肌理"，由于层出不穷的图案构图的变化，它们同时还着重表达出种种不同的精神和风格，形状本身就有其自己的艺术语言，刻画出所在建筑物的一定的性格。

　　《楚辞》中的"网户朱缀刻方连"，"欲少留此灵琐兮"的"网户"和"灵琐"就是很早的对门窗花格子的描述。其后，在文学上诸如"绮疏青琐"[①]，"网户翠钱"[②]，"青琐银铺，是为闺阈"[③]，"棂槛丕张，钩错矩成"[④]等字句都是形容门窗的格子图案。窗棂中的棂子有两种做法：一种叫"平棂"，就是矩形的木条，这些木条构成各种纹样；高级一点的做法叫"菱花"，就是雕刻的棂子，组成雕刻性质的花纹。菱花本身常常就是极为细致复杂的木雕艺术，反映出中世纪开始已经存在的高度技巧的工艺水平。

格心的形式和图案随着时代而变迁，它反映着当代的美术风格和工艺水平。

《营造法式》插图中的"隔扇"。由左至右：1."挑白球文格眼"——四程四混中心出双线入混内出单线；2."四混出双线方格眼"——四程破瓣单混平地出线；3."通混出双线方格眼"——四程通混压边线；4."通混压边线四撺尖方格眼"——四程素通混。

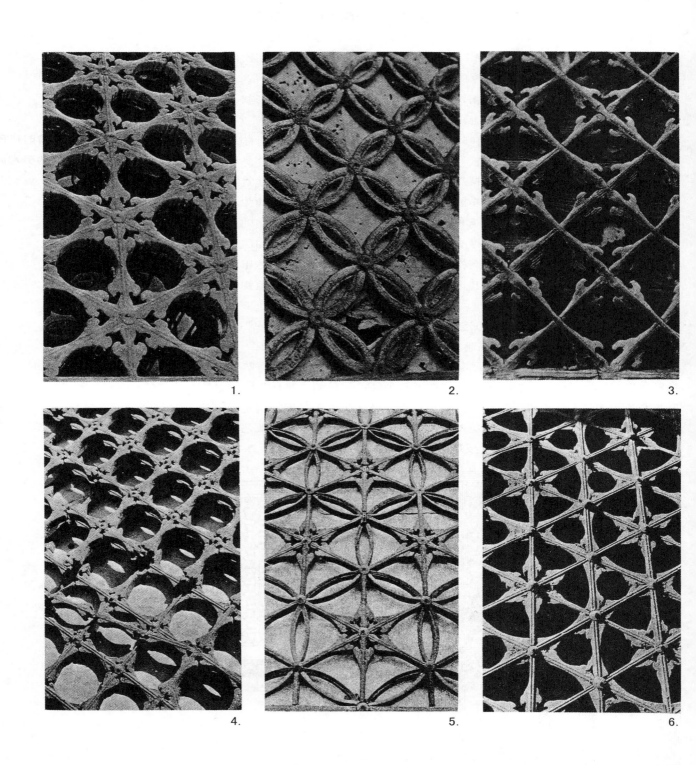

格心的图案。由左至右：1. 三
交六椀菱花；2. 白球文格眼；3. 老
钱菱花；4. 双交四椀菱花；5. 球文
菱花；6. 三交灯球六椀菱花。

在很多情况下，隔扇都是连续相继地并列，大片地构成柱与柱间的整个立面，因而"格心"或者说"窗棂"所造成的效果是十分强烈的，它们是一种立体的、有阴影变幻的、有规律而又有丰富变化的、有象征主义内容的图案。现代建筑也常常表现出在追寻这样性质的效果。我们试看一下被认为是近代建筑杰作之一的柯布西埃为印度设计的昌迪加尔高等法院大厦(Chandigarh High Court)的立面，它的处理原则不外乎就是求得通花格子所形成的构图，力图获得由此而来的阴影和节奏的趣味。原则上设计的目的和中国古典建筑的隔扇是类同的，不过因材料不同，表现出来的形状各异而已。平心而论，前者是一种功能形状合理的表达，后者除了遮阳目的之外很难说不是故意地搬弄"通花"的效果，强调这种趣味而达到"艺术"的表现。

投射在隔扇通花图案上的光线所产生的阴影效果在建筑构图中是十分强烈的，今日的建筑仍然十分着意追求这种趣味。

① "绮疏"指美丽图案的"窗棂"，《义训》："交窗谓之牖，棂窗谓之疏"；"琐"，即交错的花纹。"绮疏青琐"见《楚辞》。
② "网户翠钱"见南朝（宋）何尚之《华林清暑殿赋》。"网户"即网纹，"翠钱"就是清式的"眼钱"，指在菱花相交处之圆形小木块。
③ 见三国（魏）何晏《景福殿赋》。闺闼就是说半圆拱形的宫门。
④ 同见《景福殿赋》。

柯布西埃1957年设计的印度法院大厦。William Muschenheim在他的《建筑艺术的元素》(Elements of the Art of Architecture)一书中说，通透的表面产生一种奇幻的效果，自古以来举世的建筑都在追求这种趣味。

第八章

色彩·装饰及"内檐装修"

色彩的由来

　　中国古典建筑素以色彩丰富、设色大胆、用色鲜明、对比强烈而见称，各种标准形制同时带来一定的"设色方案"（colour scheme），虽然细节间变化很多，但是总的来说各有特"色"。建筑物之所以色彩缤纷，很多人说这是中国民族的特性，自古以来一向就喜爱热情的、欢乐的、富丽的色彩的结果，即使在石器时代就喜欢以红色作为主调的热色来做装饰。自然，一个民族对色彩的感情会反映到建筑上面去，不过，中国建筑所以颜色特别丰富，最主要的原因还在于和建筑物所使用的材料、构造方法以至制式体形等有关。

　　建筑物的颜色很大程度是由材料本身带来的。砖瓦、石头、金属、木材等本来就各有其原色，在常用的"五材并举"的混合结构形制中，便自然地形成多种的色彩。"土被缇锦"①、"中庭彤采"②、"丹墀夜明"③等所说的红色的地面就是由本来是红色的铺地砖所造成的；台基和石栏杆大部分是白色的，这就是"汉白玉"或者其他的花岗岩等石材的原色。屋面和墙身的颜色主要由砖瓦本身所具的颜色而决定，古代的墙砖几乎都是青砖，常用的是青灰色的板瓦或者筒瓦，这些都是焙烧而得来的颜色。至于板筑的夯土墙，表面均施白石灰粉刷(plaster)以防雨水冲刷，在它们上面虽然可以随意另加其他颜色，不过习惯上常用的色素还是不多的。

中国建筑首先因为其构材提供自由设色的机会，结果就形成了一个世界上色彩最为丰富的建筑体系。

267

本来，大部分建筑材料造成的都是大片调和的中间色调，丰富的色彩主要产生在木材的油漆、金属的装饰以及中世纪之后大量出现的琉璃建筑材料上。因为油漆是防止木材腐坏，延长它的使用年限的最好、最简单的方法，添加油漆是木结构必需的表面处理。油漆是可以随意加入任何颜料的，在功能上任何颜色的油漆都是完全一样的，因此以木结构为主的中国古典建筑材料本身就首先提供了一个可以任意地采用任何色彩的条件。反过来说，假如中国建筑一早走的就是砖石结构的道路，即使中国人再喜欢绚烂的色调，色彩丰富的建筑形制还是发展不起来的。

由于木材必须油漆，就提供了一个自由设色的前提，中国建筑就在发展的过程中建立起自己独特的色彩风格。典型堂殿的"红墙绿瓦，画栋雕梁，青琐丹楹"从何而来呢?相信这是和中国的绘画的历史分不开的。在古代，房屋油漆和图画是同属一个范畴的东西。"施之于缣素之类者谓之画，布彩于梁栋斗拱或素像杂物之类者谓之装銮，以粉朱丹三色为屋宇门窗之饰者谓之刷染"④。"油画"很可能是由房屋装饰、保护木材的实用目的发展起来的。在很早的秦汉时期的文学作品中如张衡《西京赋》的"采饰纤缛，裛以藻绣，文以朱绿"，张璠《汉记》的"文井莲华，壁柱彩画"等都说明了在其时的建筑构件上都满布着"油画"的。由此看来，中国以油漆来作"油画"的历史实在比在纸上或绢帛上作的水墨画、水彩画长远得多。

虽然，在今日看来，独立的绘画和雕刻与作为建筑装饰用的绘画(图案)和雕刻在性质上有所不同，但是，在历史的早期，这两件事就是同一回事，很可能以后者为主才发展起来。作为保护木材的形式的"油画"的主题有很多，有完整的壁画以及构件上的装饰图案之分。《风俗通》曰："殿堂象东井形，刻作

建筑物的色彩源自古代的绘画，绘在房屋上的彩画的历史比诸独立的绘画创作实在是还长远得多的。

敦煌石窟寺内北魏时代的五彩缤纷的壁画，由墙身至屋顶，壁画似乎无处不在。

荷蓁，菱水物也，所以厌火。"在梁上绘画或者雕刻一些水生的植物图案在中国建筑装饰上是一种很主要的思想，希望通过这种象征"水"之物来避免火灾。虽然，绘上任何图案实际上也不足以防火，但是，在那个时代的人是相信这些"象征主义"可能带来的一些效果，在装饰的"美学"上还做出了一些心理学上的问题的解决。屋顶构架的构件如梁、额枋、平棋(天花)等的颜色其后多以青绿色为基调，从传统的连续性看来是和早期在它们上面绘画一些水生植物的"防火意念"有关，即使图案的内容已经有了改变，在颜色上也不失原来的意义。

盛唐时代的敦煌壁画(摹本)

假如，我们认识到中国古典建筑的色彩很主要的一个方面是由"图画"发展而来，那么对其设色的丰富就十分容易理解了，因为在构件上面的"油画"本来就是五彩缤纷的。唐以前的建筑物，虽无实物可寻，但是从文字的描述以及出土的地下建筑作为佐证，我们可以想像到那个时候的装饰图案是较为抽象化的绘画。唐宋之后，绘画的技法有了很大的提高，建筑装饰上就转变为一些写实主义的图画。这些以写实主义为基础的图画图案在《营造法式》插图中可以看到，对于这一个问题是毫无疑问的。到了明清时代，又逐渐抽象化起来，以加强装饰上的趣味。

在宋代，不但画梁雕栋，连柱子也是"锦绣花圃"。"五彩偏装柱头作细锦或琐文，柱身自柱櫕上亦作细锦，与柱头相应。锦之上下作青红或绿叠晕一道，其身内作海石榴等华(或于华内间以飞凤之类)，或于碾玉华内间以五彩飞凤之类，或间四入辨科或四出尖科(科内间以化生或龙凤之类)"④。这是《营造法式》上有关"五彩偏装"彩画用于柱上的做法说明。虽然我们今日已无法找到当时这种如花似锦的柱式，因为彩画实在无法保存一千年。不过，我们可以想像到，在唐宋时代，建筑上出现的彩色比起我们所能见到的明清建筑，在色彩上更是丰富得多。

在另一方面，建筑物色彩除了决定于"象征主义"的观念外就是官方以至礼制的规定。在汉代"阴阳五行"之说对建筑设计颇有影响，继而下来的就是到了20世纪还隐约存在的"风水"之说。"五行"中各有其代表的颜色，金为白，木为青，水为黑，火为红，土为黄。朱雀、玄武、青龙、白虎等代表方位的颜色就是由此而来，土就是中心，以黄色来表示，所以黄色就象征权力，"以黄为贵"成为了帝皇专用的颜色。很多时候，建筑物上一些用色的含义只有根据五行之说才能得到确切的解释。

建筑物的颜色一方面取决于各种象征主义的要求，另一方面则依据礼制或者官方表示门第等级的规定。

在奴隶社会和封建社会时代，部分建筑构件的颜色还作为房屋的主人身份的标志。《礼记》有"楹，天子丹，诸侯黝，大夫苍，士黈"，就是说皇帝的房屋柱子用的是红色，诸侯黑色，其他的官员只能用黄色。大概这种规定适用于周代以至春秋战国时代，此后"青琐丹楹"就成为重要建筑物的主要设色标准了。以房屋某些部分的颜色来表示使用者的身份这一制度后世一直继承着，例如明代官方正式规定公主府第正门用"绿油铜环"，公侯用"金漆锡环"，一二品官用"绿油锡环"，三至五品官用"黑油锡环"，六至九品官用"黑门铁环"。到了清代，正式规定黄色的琉璃瓦只限用于宫殿、门、庑、陵、庙，此外的王公府第只能用绿色的琉璃瓦。于是，黄色琉璃瓦屋顶的建筑就表示出一种特有的尊严。

琉璃材料在建筑上大量使用之后，中国建筑取得了真正的彩色的内容，用彩色的材料建造彩色的房屋。

琉璃建筑材料的普遍使用成为了增添后期中国建筑色彩的另一个很重要的因素，因它除了具有鲜明的颜色之外，同时还有特有的光泽，在阳光照耀下闪闪生辉，由此而得来的彩色效果似乎比任何材料上的颜色更为强烈。在建筑色彩方面而言，琉璃瓦的出现可以说是一种划时代的因素，它掩盖着其他部分的彩色效果。唐宋时代"五彩偏装"彩画的消失可能和琉璃瓦的大量使用有关，因为在"设色方案"上，琉璃瓦色彩效果已经十分强烈，柱身构架就不再宜于五彩缤纷。

古希腊曾经使用过琉璃来装饰屋顶，可是其后没有很大的发展，可能是欧洲石制的古典建筑没有提供表现它的优越性的机会。据一般的推断，中国建筑使用琉璃瓦覆盖屋面始于5世纪时的北魏。《魏书·卷一百二·西域》中有这样的记载："世祖时，其国人（大月氏国）商贩京师，自云能铸石为五色瑠璃，于是采矿山中，于京师铸之。既成，光泽乃美于西方来者。乃诏为行殿，容百

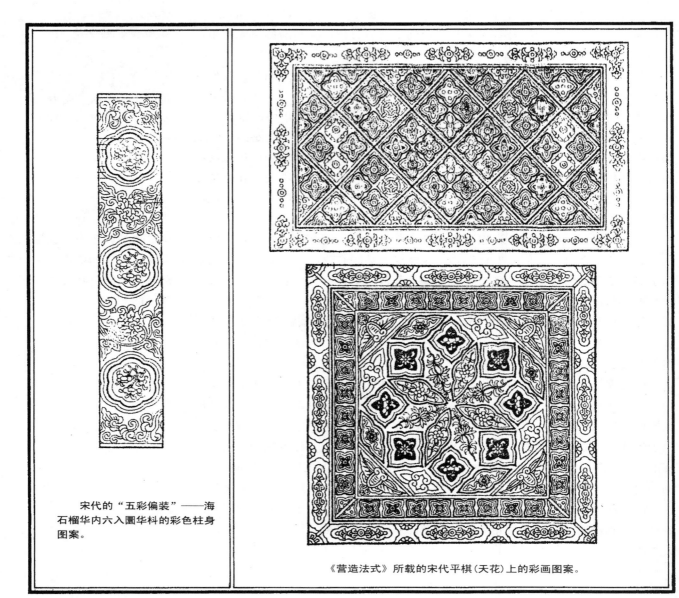

宋代的"五彩偏装"——海石榴华内六入圜华科的彩色柱身图案。

《营造法式》所载的宋代平棋（天花）上的彩画图案。

270

余人，光色映彻，观者见之，莫不惊骇，以为神明所作。自此中国瑠璃遂贱，人不复珍之。"此后，由南北朝至唐宋，琉璃瓦屋顶的出现就逐渐广泛。唐代诗人杜甫的"碧瓦朱甍照城郭"之句大概就是对绿色琉璃屋顶的写照；宋《营造法式》也载有"造琉璃瓦等"之制。

元明之后，琉璃制品和颜色就愈来愈多了，除了瓦和屋顶上的装饰"正吻"等外，还发展了面砖(facing file)和"墙画"，著名的"九龙壁"就是琉璃建筑材料的高度艺术成就。全部用琉璃制品罩面的佛塔在宋代已经出现，现存开封的铁色琉璃八角十三层塔，高达一百八十多英尺，至今仍然"觚棱闪烁"，完丽无缺。清代所建的香山昭庙琉璃塔、颐和园中的多宝塔、皇宫府第的琉璃照壁等都是说明琉璃增添中国古典建筑色彩之佳作。老实说，假如没有了琉璃，中国建筑富于色彩的说法就要大大打上一些折扣。

北京天坛的祈年殿，它的三重檐本来是分别采用三色琉璃瓦的，上青、中

建于明代的北京北海九龙壁（局部）。
（丁垚 摄）

镶嵌琉璃是增添中国建筑丰富色彩的一个重要因素。（张宇 摄）

清代所建筑的全部铺贴琉璃面饰的北京香山昭庙琉璃塔。（丁垚 摄）

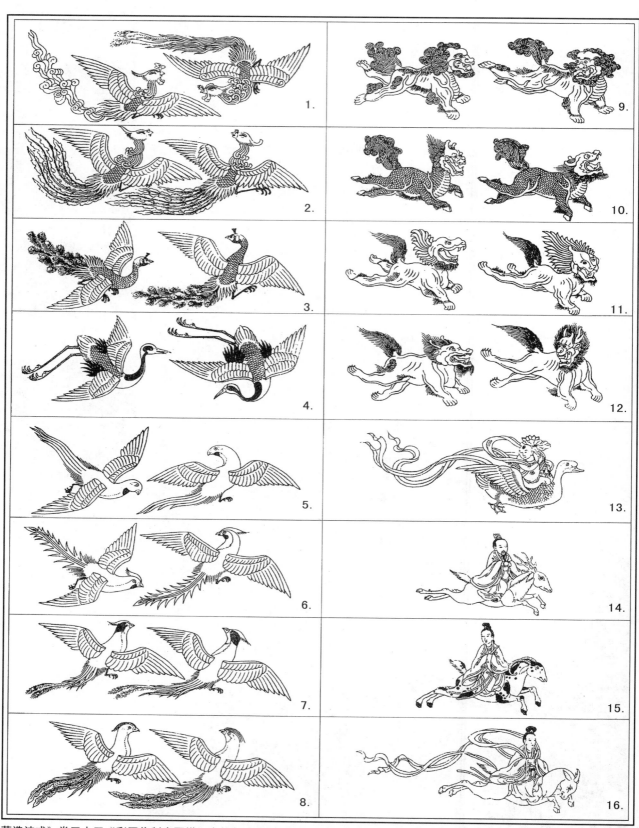

宋《营造法式》卷三十三"彩画作制度图样"中的各式建筑装饰彩画: 1.凤凰; 2.鸾; 3.孔雀; 4.仙鹤; 5.鹦鹉; 6.山鹧; 7.练鹊; 8.山鸡; 9.狮子; 10.麒麟; 11.狻猊; 12.獬豸; 13.化生; 14.真人; 15.女真; 16.玉女。

黄、下绿。最初的时候之所以如此决定，一方面可能是出于承袭早期存在的设色愈丰富愈好的思想，另一方面可能有意表现琉璃制品的新的技术成就。过了一个时候就觉得色彩太多反而不美，也显得不够庄重，因而改成一色纯青以像天。这种改变也许同时反映出清代时建筑用色思想的一些变化，经过无数实践的体会，觉得色彩似应由繁而简，在构图上要做出一些抽象的归纳。事实上，在建筑设色上，清代的确出现另一番不同的风尚。

　　日本人伊东忠太说中国建筑之所以施用大量的彩色，原因在于建筑木材质量不佳，工艺粗劣，所以施用彩色来美化，以此来遮盖。日本建筑则因为工精料美，所以无再施彩色的必要⑤。这是一种非历史的观点，而事实上日本古代建筑也存在过一个一如中国建筑那样的五彩遍布的时期，现存的日光东照宫⑥就是一个很好的说明。总的来说，影响建筑色彩的因素是极为众多和复杂的，整个东方建筑的色彩都较为类近，事实上这是历史条件所形成的一种东方文化的特色。

日本学者曾经说中国建筑之所以施用大量彩色目的在于补救材料和施工的粗劣，实际上这是毫无根据之说。

日本古代的建筑很多时候都是遍布类近中国建筑的彩画的，虽然在艺术风格和内容上很不一样，但是我们可以看到是有共同的技术基础的。毫无疑问，这是受到中国建筑影响的结果。图为建于17世纪日本日光的中禅寺的一些建筑装饰细部。

① 见仲长统《昌言》，土被缇锦指红色的铺地砖。缇，土色黄赤者曰缇。
② 见《汉书》，中庭彤采也是说庭院中铺地砖的颜色。彤，丹饰也，赤也。
③ 唐代李华《含元殿赋》。丹墀，红色的宫殿中阶上地面。
④ 宋代李诚《营造法式》卷十四"五彩偏装"条。
⑤ 参见伊东忠太《中国建筑史》，第一章第六节。
⑥ 它是建于17世纪日本德川幕府时代的建筑，设色虽然和中国古代建筑很有分别，但同样是彩色甚多之作。

后期发展成的屋脊上的"鱼吻"

山西五台山佛光寺大殿的唐代鸱尾

装饰和彩画

在1世纪至5世纪的汉魏六朝时代，文学上产生了很多著名的、以"赋"为体裁的描述京都及重大建筑物面貌的作品，例如后汉班固的《东都赋》、《西都赋》，张衡的《东京赋》、《西京赋》，王延寿的《鲁灵光殿赋》，魏韦诞及夏侯惠的《景福殿赋》等。在这一系列的"赋"中，大半的内容都是用极为典丽、近乎诗句的文词对建筑和建筑装饰做出生动的刻画和充分的赞美。虽然作者的出发点并不完全在于对当时的建筑艺术忠实而详尽的记录，但是透过华美的章句我们至少可以看到一些建筑装饰和形制的具体情况，反映出它们为人所喜爱以及所给与人愉快的印象。

在另一方面，反对建筑中过分的奢华与浪费很早又成为一种舆论的力量，历代不断地继承这些论调，已经成为了一种非常常搬出来不可的惯用警句。李诫在编写《营造法式》的时候，也得恭敬地加上"恭唯皇帝陛下，仁俭生知，睿明天纵，渊静而百姓定，纲举而众目张，官得其人事为之制，丹楹刻桷，淫巧既除，菲食卑宫，淳风斯复"①的主张节约的字句。减省建筑中的装饰似乎常常就是反浪费首先要执行的工作，因此，自古以来中国的建筑装饰就是在一片热诚地赞美和有力地反对这两种相反的意见声中发展和演变的。在这种情况下，自然有碍于建筑艺术的放手和放胆的创作，但是相反地却促成建筑装饰沿着一条合理的道路发展，美学与力学、视觉效果与使用要求不得不完全相结合，装饰与功能的目的很少各自孤立地去考虑。

在中国古典建筑中，一般来说"构件的装饰"是多于"装饰性的构件"的。因为在"皇帝陛下，仁俭生知"的基本政策下，建筑上的构件和构造是很难纯粹以美观的名义和艺术的目的添加上去，很多时候装饰都因象征主义的理由而存在。在视觉效果上，中国建筑是十分重视屋顶设计的，屋顶上的装饰是非常丰富的，其间事实上存在着最多纯粹装饰性的构件。不过，安装它们上去的原因并不是说可以增添如何的美观，而是借口象征平安和吉祥而非装置不可。

在古代文献和文学作品中，赞美建筑装饰和反对奢华的文学作品都不断涌现，实际上出现的建筑装饰就是这种矛盾的意念支配下的产物。

中国建筑构件的装饰多于装饰性的构件，即使实际上纯粹是装饰性的构件通常也须借口于象征吉祥才允许存在。

在屋顶上搬上了水生动植物的图案是基于"防火"观念而来，将屋面寓意为湖海，有了"水"就能克"火"了。

屋脊的两端，很早的时候便如兽角般弯起作为构图的收束，这个部分后来称为"正吻"。汉代之后，正吻多半装设一种名叫"鸱尾"的图案。"鸱尾"是什么呢?《唐会要》说："汉柏梁殿灾后，越巫言海中有鱼，虬尾似鸱，激浪即降雨，遂作其像于屋，以厌火祥，昔人或谓之鸱吻非也。"据说鸱尾是佛教输入后带来的一种意念，所谓"虬尾似鸱的鱼"就是"摩诘鱼"，所谓"摩诘鱼"就是今日所称的鲸鱼。鲸鱼会喷水，因此将它的尾部的形状放在屋顶上，象征性地希望它能产生"喷水"的防火作用。因为这是一种象征性的"防火设备"，绝不能说它是一种浪费而取消。鸱吻也有索性造成一条鱼的形状或者是龙尾的，总而言之将屋顶象征作为一个海，海就不会着火了。

理由就是这样提出，不过设计者更大的兴趣其实在于它的装饰性效果。清式鸱尾以柱高四分之一来定高，宋代的规定就是："八椽九间以上，其下有副阶者，鸱尾高九尺至一丈，若无副阶高八尺，五间至七间(不计椽数)高七尺至七尺五寸，三间高五尺至五尺五寸。"②由此我们可以看到，它们在立面构图上面所占的比重是很大的，主要的目的在造成一条丰富而有动感的天际线。鸱尾在明清之后产生了很多变化，吻身上面有小龙，鱼尾的形状渐渐消失，向脊部分变成龙口，并且加上凸出的"剑靶"和"背兽"。

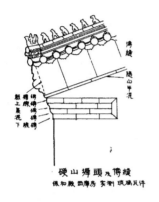

硬山搏头及搏缝
俱和殿四庑房 实测 琉璃瓦件

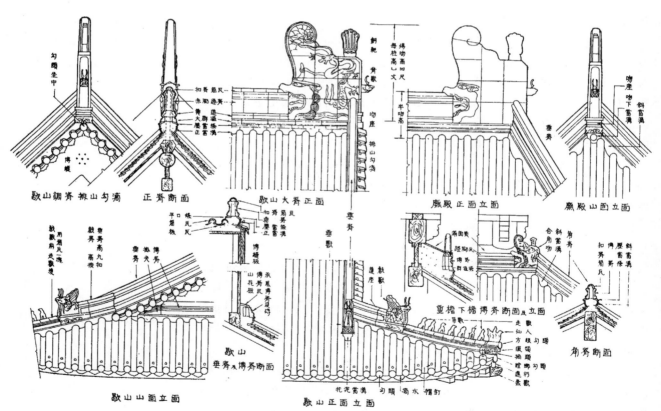

清式屋顶琉璃制作详图

琉璃通分八"机"，每"机"有标准尺寸，按柱高十分之四定物高，然后用交度相符或相近之物定"机"数。

20世纪30年代时"营造学社"经过详细调查实测后所绘制的清式屋顶琉璃装饰构件图样，由于琉璃装饰是一种工业产品，屋顶上的装饰构件就逐渐发展成为标准的形式。

除了鱼和龙等水中动物之外，跟着也把很多象征吉祥的瑞兽搬到屋顶上面去，城门楼的正吻就用"脊兽"或者说"兽吻"，垂脊之前则有戗兽，四角的角脊则排列着一排"套兽"，仙人在前，龙、凤、狮子、天马、海马、狻猊、押鱼、獬豸、斗牛、行什等等在后。无论如何，把什么形象弄到屋顶上去所起的完全是装饰的作用，和房屋的结构和构造、使用功能等完全无关。但是，摆设在屋顶上的雕刻(陶瓷或者琉璃制品)都有一番象征吉祥的根据或者故事，正如装上鸱尾以厌火一样。此外，也有一些屋顶将正吻和垂脊发展为"鳌尖"，高高地向上翘起，目的是取得更为活泼的屋顶轮廓线，改用"鳌尖"同样是基于寓意于鱼的"防火"观念。

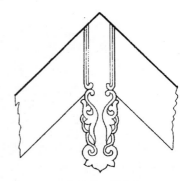

屋山的"悬鱼"

下檐的垂兽及整套走兽：(上排由左至右)仙人在前，一龙二凤三狮子；(中排)四海马五天马六押鱼七狻猊；(下排)八獬豸九斗牛十行什，行什之后以垂脊下端的垂兽为结束。

277

屋山的三角形顶角上，很多时候都加上"悬鱼"和"惹草"，这也是一种象征性的"防火"观念而来的装饰。惹草是一种水生植物，与"悬鱼"配合在一起是顺理成章的。这也是一类纯粹装饰的构件，到了后期在形状上有了很大变化，鱼的形状不见了，成为蝙蝠、如意等等形状，"悬鱼"只被看作是一种山墙构造的制式。

用金属片包覆部分构件，同时起着加固、防火和装饰作用，很多彩画图案都保留这类金属构件形状的痕迹。

由于木材容易燃烧，历代都遭受过火灾带来的惨痛教训，重大的宫殿和庙宇被火烧毁的很不少，对防火问题不得不相当重视。在古代，曾经流行过用金属(主要是铜片)包覆部分构件的构材，这种做法除了起加固和装饰的作用外，相信也带有防火问题的考虑，部分构件或者构件部分用金属，或者金属片覆盖，至少也可以产生一些减少火灾机会的作用。在考古学中，目前已经确切地证实东周的宫殿建筑广泛地使用铜构件，南京博物院藏有铜斗拱，1930年燕下都遗址出土铜构件123件，1958年陕西临潼曾出土战国时代的"铜门楣"③，1973至1974年间，陕西凤翔出土了64件先秦宫殿使用的铜"金釭"④。这些实物清楚地表明从周代至汉代期间，重大建筑物上使用金属的构造和构件是相当广泛的。

古代所谓"金"就是指金属或者铜，黄金才是指金的。"金釭"就是铜釭之意，"釭"就是套在器物上的外壳，套在车轴上的铜件也称为"釭"。建筑上所用的"金釭"用作节点上的加固，继而发展成为一种装饰性的形制。《汉书》谓"切皆铜沓黄金涂，白玉阶，壁带往往为黄金釭"(颜注："壁带，壁之横木露出如带者也。于壁带之中，往往以金为釭，若车釭之形也。")。《西都赋》的"金釭衔壁，是为列钱"，《三辅黄图》的"黄金为壁带"等就是对秦汉时代这些铜构件的运用的描写。

山东维县大成殿歇山上的"悬鱼"及"惹草"。

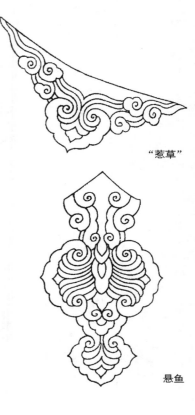

"惹草"

悬鱼

278

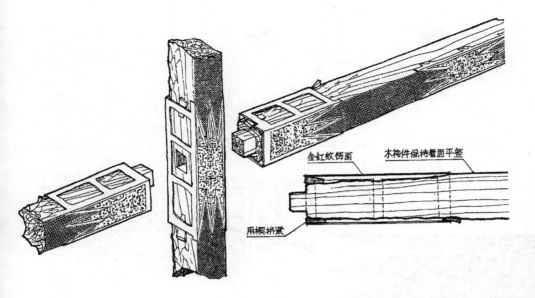

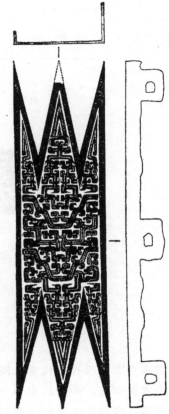

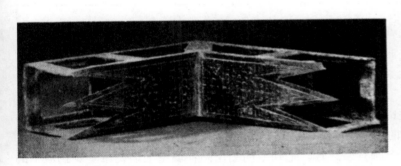

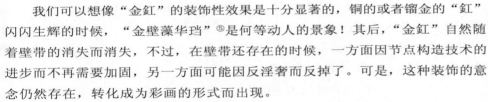

金釭和金釭的应用方式

　　我们可以想像"金釭"的装饰性效果是十分显著的，铜的或者镏金的"釭"闪闪生辉的时候，"金壁藻华珰"⑥是何等动人的景象！其后，"金釭"自然随着壁带的消失而消失，不过，在壁带还存在的时候，一方面因节点构造技术的进步而不再需要加固，另一方面可能因反淫奢而反掉了。可是，这种装饰的意念仍然存在，转化成为彩画的形式而出现。

　　彩画并不是因"金饰"的消失而产生的，只不过在不再用"金釭"的时候，用彩画在其原来的位置做出近似的图案，以保存看惯了的构图和风格。北宋初期所建的敦煌莫高窟廊柱、壁带、门框等处的彩画就明显地采用金釭原来的装饰意匠。其后，成熟了之后的彩画制式，在梁头部分的所谓"箍头"或"藻头"，历来都保持金釭齿饰而带来的形状的意味。宋式彩画虽然多采用"象真"的花纹，但是如意头的构图不能不说是由"釭"而来的装饰意念；清式彩画倾向于图案化，"齿饰"的形状就更为明显。至于在彩画上贴金，可以说是对古代金属装饰的一种模仿，不论是否有意如此，可能受到一种传统的装饰观念的影响，总觉得节点部分应该要有一种金属的颜色和光泽。

　　中国建筑中所用的彩画到了一定时候就是由"图"或者"画"逐渐演变和综合成为装饰的图案，其后形式和方法达到了定型化。到了宋代，彩画的制式已经到了相当成熟的地步，《营造法式》载有多种不同设色方法。同一图案可以有不同的设色，每一基本方法称为"装"，计有"五彩偏装"、"碾玉装"、"青绿叠晕棱间装"、"三晕带红棱间装"、"解绿装饰"、"解绿结华"、"丹纷刷饰"、"黄土刷饰"等。至于彩画图案的内容就非常之多了，《营造

在《营造法式》中可以看到：到了宋代彩画已经定型化，它们多半已经不再是自由创作的艺术品了。

清代的和玺彩画，"箍头"、"藻头"还保留着"缸齿"的形状。

法式》上列出的有六类二十六"品"，动植物、人物、几何图案均有，当然实际应用当远不止此数。大概，最早的彩画图案内容应该还是"藻"这种水生植物。为什么要在梁柱构架上画一些"藻"呢？在谈色彩的时候已经说过是取意于防火了。

除了构件装饰的彩画之外，"壁画"在中国建筑中也曾经有过大量存在的时候，愈是早期的建筑，壁画就愈多。在汉代一些宫室殿阁里里外外全是壁画，故有"画室"、"画堂"之称。把功臣的图像画在墙壁上，是帝皇表扬臣下的一种方式，汉宣帝画功臣于麒麟阁，唐代画功臣于凌烟阁都是很著名的历史故事。这些画虽然可以看作是建筑构件的一种表面处理方式，属于建筑设计中的一种形式，不过，因为它们主要是画，画本身有时比建筑物的艺术价值来得更大。因而就划入绘画史中去研究了。

壁画肯定曾经在古代重大建筑中大量存在，而且历史也十分长远，今日所能见的汉唐时代墓室壁画就是对这个问题的一个很好的说明。

总结起来，中国古典建筑的装饰主要可以归纳为三大类，就是"金饰"、"彩饰"和"雕饰"。"金饰"之中还应包括古代有过的"玉饰"等贵重材料用于建筑上的装饰的。"彩饰"指刷饰、彩画以及壁画。"雕饰"则指各种刻花、浮雕以及独立的雕刻品。在早期的建筑物中，这三类的装饰在比重上可能是相等的，到了后期，金属装饰构件变得很少，可能是金属的用途太多，价值愈来愈高，在建筑中就不再多用了。

大概愈是远古的建筑就愈多采用雕刻作为建筑装饰，不过无论如何也比不上其他建筑体系的盛行，相信这和中国人的基本建筑态度有关。

在梁柱中遍施雕刻是曾经盛行过一时的，所谓"龙楶螭栭"⑥是也。在谈及柱式的时候我们已经说过木和石的盘龙柱了，"龙柱"直至今日还是很多人对古代建筑的一种颇为深刻的观念，其实，元明之后就不多采用。"刻栭"大概是指"橼首皆作龙首，衔铃，流苏悬之"⑦一类的橼头处理，目的是加强檐口部分的装饰趣味。大体上说，在结构构件本身的装饰上是不作雕饰的，因为这种做法会损害材料的强度。雕饰的另一方面发展就是装饰性的建筑材料的制作，如后期的琉璃制品以及砖雕等。石头是宜于雕刻但无法施彩的材料，因此在所有石头构件中都几乎无一不做出各种的雕饰。

西方古典建筑的装饰以雕刻为主，中国古典建筑的装饰以色彩为主，其中的区别相信最主要的原因还是由材料的性能而产生。

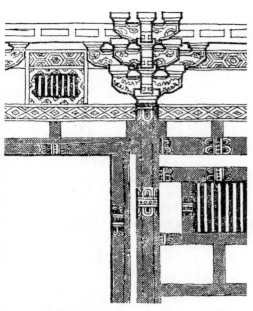

彩画的图案基于"金釭"的遗意。敦煌莫高窟
北宋初窟廊木构上取意于金釭的彩画。

2.

1.

各种材料的中国古典建筑装饰：1.湖北武当
山寺观中的铜像"捧剑武士像"；2.砖雕建筑装饰
构件；3.元代永乐宫的壁画。

3.

① 宋代李诚《营造法式》序目，"进新修营造法式序"。
② 李诚《营造法式》卷十三"用鸱尾"条。
③ 杨鸿勋《凤翔出土春秋秦宫铜构——金釭》《考古》1976,2:106
④ 凤翔县文化馆,陕西省文管会《凤翔先秦宫殿试掘及其铜质建筑构件》《考古》1976,2:121
⑤ 见南朝（陈）周弘正诗，"名都宫观绮，金壁藻华珰"。
⑥ 三国（魏）徐干《齐都赋》。
⑦ 见《汉武故事》。

明清时期常用的建筑装饰性构造和构件。上图为昌平琉璃渠村的一个壁饰，构图十分优美。左图为故宫文渊阁所用的琉璃脊饰及垂花门。

沈阳清代入关前的盛京宫殿内的藻井，它的构造、式样和《营造法式》内所规定的"斗八藻井"大致上相符合。

天花和藻井

为了避免屋顶构架的木材易于朽坏，最好的办法就是令它们能够处身在一个干爽的、经常通风的环境中。因此，中国古典建筑很多时候都不在室内部分另作天花，让屋顶的构造完全暴露出来，将各个构件做出适当的装饰处理，这种做法一般就称为"彻上明造"。尤其在南方，因为天气潮湿和炎热，不论什么建筑物，以彻上明造更为适宜。

但是，彻上明造也有它的缺点，望板、椽檩、梁栿等地方易于积聚灰尘，不易清扫，灰尘会经常落下。在北方，室内空间的体积过大，对于保温和采暖都是不利的，因此，梁架之下也常有"顶棚"的装置。顶棚之上可以置放一些白灰、锯末等作为防寒层。在大多数情况下，与其说顶棚是因美观的要求而来，倒不如说是因为求保暖的效果而至。当然，在重大的建筑物中，顶棚的装饰效果是十分重要的，因为它的构造并不受到屋顶结构的限制，形式上有较大的自由，可以灵活地变化，构成一种新的室内空间的感觉，在视觉效果上由此而达到集中和产生高潮。

顶棚形式种类很多，主要可以归纳为三类：天花、藻井和卷棚。平坦的平面顶棚清代称为"天花"，天花又称为"承尘"，说明了它的功能。宋称为"平棋"、"平暗"，在更古的文献中称为"平机"、"平橑"。以"雷"式结构形成一个穹顶的顶棚称为"藻井"，清式却叫做"龙井"，古有称为"方井"、"天井"、"绮井"、"圆泉"、"斗四"、"斗八"、"覆海"等等。目前，很多人将方格形的天花误称为"藻井"，其实二者在形式和用途上是不能相混的。向上弯曲构成"单曲筒形拱"式的顶棚则叫做"卷棚"，亦称"轩"。这个"卷棚"或"轩"与屋顶形式之一的卷棚在用字和形式上都是相同的，不过，这里所指的是顶棚的一种形式，可以存在于非卷棚的屋顶构造之下。

由于材料性能的关系，中国建筑多半采用让所有结构和构造完全暴露出来的"彻上明造"。

遮盖屋顶构造的望板古代总称为"顶棚"或者"承尘"，按其形式之不同有天花、藻井、卷棚之分。

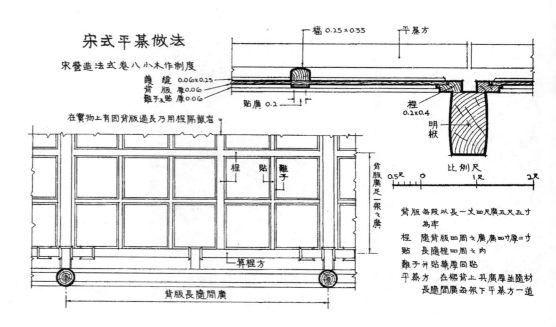

宋式平棊做法

宋营造法式卷八小木作制度

榑 0.25×0.35　　　平棊方

贴廣 0.2

福 0.06×0.25
背版 厚0.06
難子及贴 厚0.06

榑
0.2×0.4

明栿

在寶物上有因背版過長乃用榑隔截者

榑　贴　難子

背版廣足一架之廣

算桯方

比例尺
0.5尺　0　　1尺　　2尺

背版各段以長一丈四尺廣五尺五寸
為率
榑　隨背版四周之廣，廣四寸厚二寸
贴　長隨榑四周之内
難子并贴華厚同贴
平棊方　在榑背上具廣厚並隨材
長隨間廣每架下平棊方一道

背版長隨間廣

宋式的"平棊"构造是按
"桯"（大梁）、"贴"（次梁）
等组成的。

宋代称小方格式的天花为"平闇"，大方格式的天花为"平棊"，到了清代平闇就很少应用了。

在宋代，"平棊"和"平闇"分别指两种不同的天花形式。平闇的做法就是用方椽相交成为小方格，方格的距离仅为椽的两倍——"一椽二空"，再在木格上盖板，四周与斗拱相接部分则形成一个斜坡面，称为"峻脚"，整个平闇便有如一个方形的覆盆。平闇的形式较古，多存在于辽宋的建筑中，现存的宋代蓟县独乐寺观音阁上层即可见这种做法，敦煌石窟八十一洞中也可见到这种天花形式。元代之后，这种形式已不多见，其时已演变成为"木顶格"，格子较大，"一楞六空"，其下糊纸，因而失却了格子的图案。

宋式的平棊和清代的天花都是大方格形的格子图案，虽然可算是同一的原型，但二者在构成上是有些差别的。平棊中的格子采用两度的组织层次，先用较大的木条"桯"，按"步架"(即檩距)之大小构成较大的边框框格，在桯上钉上背板(即天花板)，然后在背板上用称为"贴"及"难子"的木条再划分方格。清式的天花就减省了桯这一个层次，一律用名为"支条"的木枋代替"桯"和"贴"来划分方格，方格的尺度与步架无关，按井口大小分块。支条并不是用作支承天花板重量的骨架，大部分的重量用挺钩挂引到梁架上面去。格子形的天花本来也是起源于构造上的一种功能形状，由于"吊天花"构造的改变，"格子"就纯粹变成一种遗留下来的习惯形式了。

天花的骨架本来有过很多不同的图案，清代时整理和简化标准形制后便多半清一色采用正方格形。

天花的骨架图案除了正方形或矩形外，还有六角形、八角形等格子的，不过因为构造较为复杂，并不怎么流行。在宋元的建筑中，天花的格式变化很多，到了清代却习惯了用清一式的正方形格子。方格之内的天花板上的图案是属于彩画的一种，最早时候所用的相信也是"藻绣"、"莲华"等一类水生植物，希望起点"厌火"的作用。后来这种意念淡薄了，到宋代则发展为盘球、斗八、叠胜、琐子等十三"品"。这些图案都是几何图案，并不怎么生动活泼，云冈石窟内的则用写实手法的飞仙、莲龙等绘在天花上。宋代的天花图案多间杂并用，到了清代在同一殿内多半都是清一式的"圆光加岔角"的构图，这是不同时代形成的不同的对图案的喜爱。

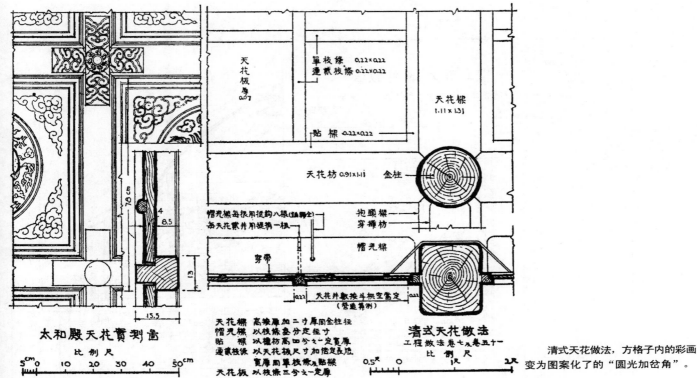

太和殿天花實測圖

比例尺

5cm 0 10 20 30 40 50cm

天花棚　高榛厚加二寸厚同金柱径
帽兒棍　以榛棍皇分足径寸
貼　棍　以榛枋高四分之一定長厚
連蒙枝條　以天花榛尺寸加倍足長應
　　　　　寬厚同單枝條大貼榛
天花板　以枝條三分之一定厚

清式天花做法

工程做法卷七八卷五十一

比例尺

0.5尺 0 1尺 2尺

清式天花做法，方格子内的彩画
变为图案化了的"圆光加岔角"。

除了以支条构成的格子形天花外，也有无支条成桯贴的平版天花，这种光面的天花称为"海墁天花"。古代也有将天花的图案纹样印在纸上，然后贴上顶棚，这种"墙纸天花"就叫做"软天花"。

在第六章中我们已经谈过"罳"式结构，典型的藻井就是在罳式结构消失之后保留它作为一种顶棚的形式。因为周代曾经把这种结构的建筑物用于神庙，相传下来就使这种形式带有神圣和尊贵的意义，所以只有皇宫、庙宇等重要的建筑物的重要部分中才予以采用。《新唐书·车服志》载有"王公之居不施重拱藻井"。沈括在《梦溪笔谈》中也指出："屋上覆橑(橑即椽也)，古人谓之'绮井'，亦曰'藻井'，又谓之'覆海'。今令文中谓之'斗八'，吴人谓之'罳顶'。唯宫室祠观为之。"①可见藻井并不是随处都可以施用的。

藻井在中国建筑中也称得上是一种特殊的形制，它的发展由简而繁，由结构形状而演变为装饰的构造。张衡《西京赋》有"蒂倒茄于藻井，披红葩之狎猎"，魏何晏《景福殿赋》有"芙蓉侧植，藻井悬川"之句，说明了汉代时藻井已经是宫室中常见之物，并且在装饰上坚持模仿远古的形义。《六书正义》说："通窍为囧，状如方井倒垂，绘以花卉，根上叶下，反植倒披，穴中缀灯，如珠窑窅而出，谓之天窗。"这大概就是"圆渊方井，反植荷蕖"②的形式的由来。茄，即荷径，与荷蕖、莲华等同属一物，绘上这些植物图案同样也是寓意防火③。"藻"是水生植物的总称，"藻井"这一个名词可能就是由此而来。

"井"虽然源起于"罳"式结构，但是在其后的发展就变化出很多新的方式，斗拱等构件也加入在内，总之以构成一个凹入的井式的"穹顶"，高起如伞如盖为度。《营造法式》小木作中载有"斗八藻井"和"小斗八藻井"的具体做法。所谓"斗八"就是指由"斗八阳马"——角梁所组成的一个八面体的"宝罩"而言的，其下则由斗拱叠起支承，基于用抹角梁将方井改变成的八角

藻井的形式源于"罳式结构"，在传统的观念上被看作是一种具有神圣意义的象征，只能在宗教或帝皇的建筑中应用。

285

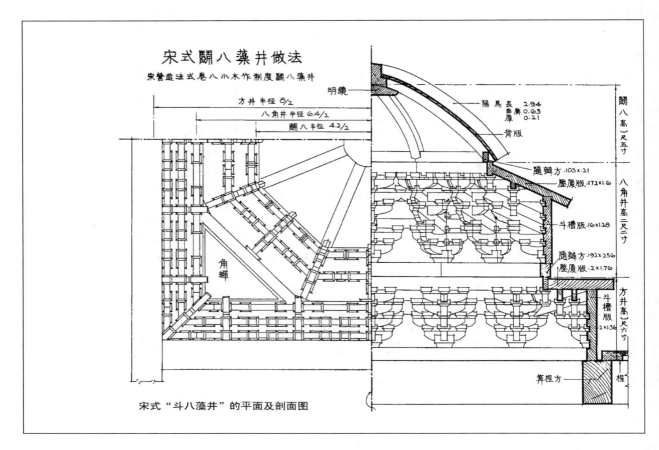

宋式斗八藻井做法

宋營造法式卷八小木作制度斗八藻井

方井半徑 8/2
八角井半徑 64/2
斗八半徑 42/2

明鏡

陽馬長 2.94
曲壽 0.63
厚 0.21

背版

隨瓣方 .105x.21
壓厦版 .172x1.6
斗槽版 .16x1.28
隨瓣方 .192x.256
壓厦版 .2x1.76

角蟬

斗槽版 .2x1.36

算桯方

桯

斗八高一尺五寸
八角井高三尺二寸
方井高一尺六寸

宋式"斗八藻井"的平面及剖面图

井之上。"小斗八"形式相近，规模则较小。"斗八藻井"用于殿内照壁屏风前或殿身内前门的天花内，"小斗八"则用于殿内较次要地方，如四隅转角处等。

明代之后，藻井的构造和形式有了很大的发展，极尽精巧和富丽堂皇的能事，除了规模增大之外，顶心用以象征天窗的明镜开始增大，周围置放莲瓣或中绘云龙。后来这中心的云龙愈来愈得到强调，到了清代就成为了一团雕刻生动的蟠龙，蟠龙口中悬珠，自下仰视，有如吊灯，同时又不失去原来明镜的形式。因为清代的藻井流行以龙为顶心，于是便改称"龙井"了。

从室内装饰的观点来看，中国建筑中的藻井的确是极为成功的创作。曾经出现过的形式之多和变化之丰富，使人不得不佩服设计者的智慧和天才。例如天坛祈年殿和皇穹宇的藻井，丰富的装饰和结构密切地配合起来，富丽之中不失其功能的形状。虽然色彩和构造都复杂得很，构件的组织显然是为了构图上节奏的要求，但是，每一部分的形状似乎都是因力学上和构造上的要求而来。下层雀替形的悬壁梁结合小斗拱的构造，是一种极富创造性的巧妙和合理的安排。

在历代的殿阁中，彻上明造、天花和藻井在同一建筑物内常常视实际的需要而交互并用。藻井多半在格子式的天花之中升起，二者常为相连之物。定兴慈云阁及宣本延福寺大殿内，中间部分用天花遮盖，四周仍然留着"彻上明造"，屋顶梁架的构件和天花相配合，同样可以产生出一种自然和有趣的图案来。

北京智化寺如来宝殿藻井

286

至于卷棚，可以说是变体的天花形式，它不表示富丽堂皇，只表现出轻快和素雅。卷棚式的天花多用于民间或者园林建筑，在较为朴素雅致的房屋中，做出一些波动曲面的顶棚使室内环境突然起了一种活泼之感。因为便于弯曲，卷棚是用板形的"卷桷子"作为骨架构成。这些动感的活泼线条多半是由白色的望板衬托出来，色素简单雅淡，给人的是与平棋、藻井完全不同的另一种清新的印象。卷棚的意匠似乎带有一些"书卷味"，也可以说是中国文化艺术在另一方向上发展必然出现的形式。除了廊式的卷棚之外，也有"卷棚式的藻井"，或者说"藻井式的卷棚"。这种混合的创造看来也很有意思。民间这种优雅的创作很多，只不过是不如富丽堂皇的殿阁能引起较多人注意而已。

是否可以这样说：藻井和天花反映着中国的政治和宗教的气势，卷棚却是代表着文化和学术的意态。富丽堂皇和清新雅淡是两种不同的表现目的，不同的使用要求自然会选择和要求不同的图案和颜色。虽然，这些形式和内容"俱往矣"，但是我们今日面对它们的"因"和"变"的规律，能说不会得到有益的经验么？

卷棚式天花令人有雅淡、轻快之感，反映出一种知识分子所寻求的意态，因而多半见诸画室、画斋中。

① 宋代沈括《梦溪笔谈》。见胡道静校注《新校梦溪笔谈》香港:中华书局版,1975.196页，335条。
② 见《鲁灵光殿赋》。
③ 沈约《宋书》中有此解释："殿屋之为圜泉方井兼荷花者，以厌火祥。"

带有"藻井"意态的"卷棚"式天花

在尊贵和重要的部分才施"藻井"，其他部分仍然采用"平棋"的混合做法。上图为元代永乐宫纯阳殿的顶棚（丁垚　摄），下图为永乐宫三清殿的顶棚。

1.

2.

3.

4.

5.

1. 独乐寺观音阁上层的宋式"平棋"（吴晓冬 摄）；2. 观音阁佛像顶的"斗八藻井"（吴晓冬 摄）；3. 开元寺昆庐殿的"斗八藻井"；4. 大同善化寺大雄宝殿内的藻井；5. 北京隆福寺三宝殿的藻井。

以上的实例说明天花和藻井自宋元以来由"简"往"繁"的发展。

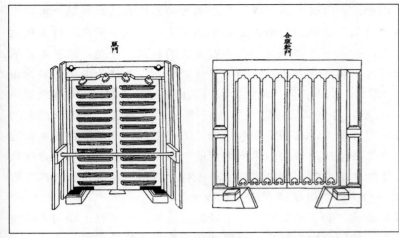

《营造法式》上所载的"版门"和"合版软门"

门窗

在上一章"槛框和隔扇"一节中已经谈及过隔扇，因为隔扇是一种"窗式的门"或者说"门式的窗"，我们把它当做是中国古典建筑特有的构件之一来论述的。除了隔扇之外，中国建筑同时还存在着一般的门和窗，而且由于用途或者要求不同，曾经出现过相当多的形式和类型。

在中国建筑中，"门"有两种含义：其一就是表示平面中的组织层次，从最外的大门、仪门，以至各个建筑组群入口的独立的门，继而就是每座单座建筑的门以及室内间隔、房间等的门；其二指的就是"门扇"，不论独立的门或者建筑物中的门，它们都是装有门扇的。一般地说，门随着所在位置的不同，分别应用着不同的门扇形式。在古代，门扇称为"户"。

宋式的大门根据《营造法式》所载有版门、软门和乌头门三种。版门和软门代表两种不同的门的构造方法，乌头门是一种"六品以上宅舍，许作乌头门"①的标准官家大门。版门就是现在的"实心门"(solid door)，软门就是"池板门"(panel door)。版门之中有双扇版门和独扇版门之分，软门之中有牙头护缝软门和合版软门两种形式。不论什么门，门的尺寸比例以双扇门合起来成为一个方形为标准，如门太高，要减少一些宽度时也不应超过五分一。门高规定为七尺至二丈四尺。为什么有些门要达到三倍以上的高度呢？相信是为了容许人骑着马，拿着长矛之类的武器还可以从容地通过。

在发展程序上来看，"版门"是先于"软门"而产生的，因为版门的构造方式还带有原始型的木栅等一类构成的意味。版门的基本形式就是在并排起来的木板"肘版"背后钉上与之垂直的横木"楅"(也称"捎带")，由楅将肘版连接起来。肘版的大小按"门高一尺，则广一寸厚三分"的数据来推算，楅的间距则由一尺至二尺不等。于是，门就有了正背面的不同，正面看起来就是连成一片光滑的板。后来，把一些表面平滑如镜，不加任何线饰的门称为"镜面版门"，一般民间住宅的大门都采用这种形式。

中国建筑以"门"来代表组织层次，因此不同地位的门便要求安装与之相应配合的不同形式的门扇。

带有"浮鏂"的板门原来是一种忠实的构造形状，其后才发展为表示尊贵的形式。

在大型的大门中，"肘版"和"横楅"最牢固的连接方法就是用"铆钉"栓紧。因此，有"钉头"布满的门最初是由构造而来的形状，后来，钉头排列成规则的装饰图案，并定下一些制式，代表着尊贵的意义。于是，这种形式的大门就专用于皇宫、寺庙等重大建筑物当中了。"钉头"改变为大门的装饰很早就产生，称为"鏂"，后来称为"浮沤"。《义训》称："门饰，金谓之铺，铺谓之鏂(子注：音欧，今俗谓之浮沤，钉也)。"作为"推手"之用的门上的"兽头铜环"称为"铺首"，意即主要的门饰。清代之前，浮沤的数量和位置是自由设计的；清之后，规定每扇门纵横两列的"鏂"数都相等。所规定的数字叫做"路"，比如"七路"，就是说门上有七行"浮沤"，每行的"鏂"数也是七个，"鏂"与"鏂"纵横都在同一直线上。

镶板门古称"软门"，包括隔扇在内它们是工艺技术进一步发展所得出来的成就。

版门的形式很笨重，到了木工技术有了较高发展的时候，就出现用木框镶嵌薄板的"软门"。软门就较为轻巧，可以变化出多种多样的形式。宋式用于大门的软门形式就有牙头护缝软门、合版软门，至于乌头门在门扇形式上也属于软门的一类。这些门装饰性的意味很重，很精巧和细致，是木工工艺技术高度发展的成品。宋式的东西不一定始于宋，而多半是继承前代的传统而做出的一些总结。这些门其实有更长远的历史，乌头大门等就是唐代列入舆服制式中的一种门的形式。

隔扇就是一种软门构造方式的发展，乌头大门上部作"直棂"式的百叶就是隔扇的一种形式。门和窗在功能上和形式上相结合在中国建筑上很早便产生了，应该说这是框架结构的必然产物。其后，由此原则而演变成为种种式式的门，如屏门、风门、三关六扇等等不外乎因所在位置和用途的要求而加以适当变化而已。唐以前，盛行着简单线条的门窗图案，直线的、横线的以及格子的。

殿堂所用的"四抹隔扇"

明代的木版门上的故事画浮雕

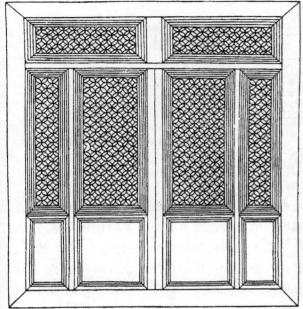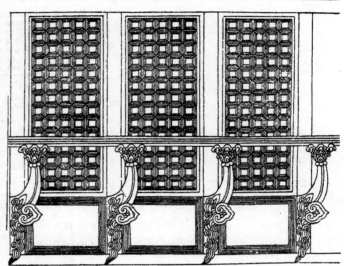

《营造法式》上的"截间带门格子"（左）清楚地表明门窗同时组织在同一的槛框内。"阑槛钩窗"（右）就是一种楼阁上落地窗的一种形式，窗和"钩阑"组合在一起是一种安全设施。

我们在古画中常常可以看到。复杂和精细的装饰花纹图案不一定说明工艺技术的发展，更大的影响力可能还是社会上的风气，每一个时代的艺术意念有时也在很小的装饰构件上反映出来。

并不完全落地的隔扇称为"槛窗"，因为它下面有槛墙，并不容许人由此出入。在外形上，槛窗和隔扇多半是统一的，只是没有了障水版部分而已。有时，为了形式上的一致，槛墙之外也装了虚假的障水版，看起来槛窗及其相邻的隔扇就毫无分别。《营造法式》上载有一种"阑槛钩窗"，就是将栏杆和槛窗组合在一起的设计。有人说这是靠背栏杆，开窗后便可坐在上面欣赏景物②，但是从《营造法式》图文上仔细来看，这种说法是不成立的。其实应该说，因为扩大视野，窗开得很低，必需附加一道栏杆以求安全，现代的落地大玻璃窗也常作这种防护措施。

假如以开启的方式来分类，单扇的或双扇的向左右推开的窗，向上下或两边拉开的拉窗，支撑起来的摇头窗式的"支摘窗"，名为"翻天印"的有中轴的翻窗等在中国古典建筑中都存在，而且各自都有自己颇长的历史。窗在木框架结构的中国建筑中，并不是在一个个窗洞中安装的窗扇，而是整片地连续组合成为"幕式墙"，窗本身同时是分隔室内外的一种"围护结构"。于是，窗的大小和形式在设计上十分自由，丝毫不受结构上的限制，它的形式在于构成室内外分隔的一幅美丽的图案。由于没有局限，在形式和构造上便有了极为宽广的创作天地，因此，在早期的历史上，窗的式样和图案的变化，中国建筑比同期世界各地的建筑就来得更为多种多样。

不落地的隔扇称为"槛窗"，其实就是将隔扇一分为二的一种做法。

在框架结构的房屋中门窗的大小和形式都没有受到力学上的局限，因而中国建筑就产生了极为繁多的门窗类型。

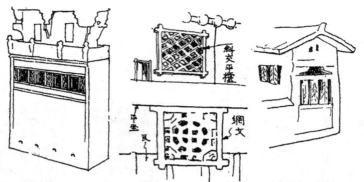

出土汉代明器中所见的各种"牖"的形式。

固定的通花格子也属于窗的一种类型，它们的历史很长，也应用得很广。

中国古典建筑的正面大多数都有"庑"或者说前廊，而且屋面出檐很远，因此大大减弱了风雨直接向门窗冲击的机会。很多时候，窗的作用只是可以透光和通风的内外的分隔，并不一定要求带有可以开关的窗扇的。"窗"的概念于是就包括了今日我们称为"窗花"的大片木格子在内。整片的木格子，我们可以说它是窗，也可以看作一种通透的幕式墙。在唐宋或者唐宋以前的时候，一方面为了施工方便，另一方面当时的立面构图崇尚简朴、明快，格子式幕式墙的窗的图案一般都是简单的几何线条组成，《营造法式》上所载的"破子棂窗"、"牍棂窗"、"睒电窗"就是指这一类的窗格。今日我们还经常可以见到的日本传统建筑上常用的"梳子"，相信就是受唐宋建筑影响而来的"余韵"。

梁思成主编的《建筑设计参考图集》第八集中有"破子棂窗"的插图③，假如，我们和《营造法式》的规定对照仔细地研究一下，这个插图是有问题的。《营造法式》上说："造破子窗之制高四尺至八尺，如间广一丈，用一十七棂，若广增一尺，即更加二棂，相去空一寸(不以棂之广狭，只以空一寸为定法)。

20世纪30年代出版的《建筑设计参考图集》第八集"外檐装修"简说中的"破子棂窗"插图。

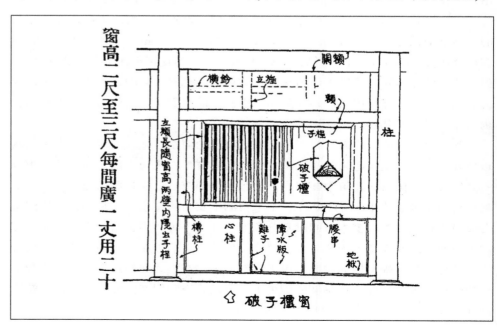

其名件广厚皆以窗每尺之高积为法。破子棂每窗高一尺，则长九寸八分(令上下入子桯，内深三分之二)，广五分六厘，厚二分八厘(每用一条方四分，结角解作两条则自得上项广厚也)。"④按上述规定，棂广五分六厘，空一寸，即中距一寸五分六厘，十七棂即十八个中距，合共二尺八寸八厘，与"间广一丈"相去很远。因此应理解为间广一丈用每扇十七棂的窗格，如此则每丈可分成三格，如间广加一尺，即加二棂，二棂的中距为三寸一分二厘，三格恰好将及一尺之数。《建筑设计参考图集》中"外檐装修简说"文中又有"破子棂尺寸较版棂大"⑤之说，而实际上按《营造法式》规定"版棂"广二寸，厚七分⑥，二寸何来比五分六厘小呢?可能是对《营造法式》文字一时不及详细研究了。

"版棂窗"同样是直线排列的图案，宽二寸厚七分的棂相去也是空一寸。

"睒电窗"可以说是"版棂窗"的变体，棂的断面和中距相同，不过却做成直

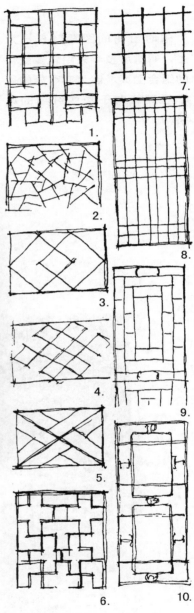

窗棂图案的一些名称:
1. 井口字；2. 冰裂纹；3. 方　胜；
4. 盘　长；5. 八块柴；6. 正万字；
7. 豆腐块；8. 码三箭；9. 步步锦；
10. 灯笼框。

上: 北京南海瀛台带支摘及纱屉(飞罩)的槛窗。
下: 支摘窗所构成的室内空间景色。

293

线的水波纹，"曲广"也是二寸。从"棂"的尺寸来看，《营造法式》上所载的窗都是很细致灵巧的窗格，尤其是"破子棂窗"，和日本的"梳子"的大小很相近，是一种十分轻巧的格子。现存的古代建筑中有尺寸较大的"破子棂窗"，可能已经不是《营造法式》上所指的一种，过于细致轻巧的木作大概无法保存得那么长远的日子。

明清之后，窗格的图案倾向于较为复杂的花纹，单纯用直线条、横线条、方格子构成的已经很少，可能认为这些形式过于单调和简陋，不入大雅之堂。于是，轻快、精巧、简洁的唐宋"格子"就没有继续流行。相反地，明清时代一些粗简的直线条窗格，它们不过是基于节约而产生，实际上和《营造法式》所说已经不很相同，但是却十分容易为人误认这就是唐宋时的制式。

唐宋时窗花的图案以直棂为主，明清后多半采用较多变化的组合图案，因为其时总的美学思潮倾向于华丽纤细的风格。

① 见《宋史·舆服志二》，《唐六典》亦用"六品以上仍用乌头大门"。
② 刘致平《中国建筑类型及结构》北京:建筑工程出版社,1957.99页
③ 梁思成,刘致平《建筑设计参考图集》第八集"隔扇".北京:中国营造学社出版,1936.6页
④ 宋代李诫《营造法式》卷六"小木作制度一"。
⑤ 见注③。
⑥ 见注④。

1. | 2. | 4.
   | 3. | 5.

1. 颐和园听鹂馆的什锦支摘窗及三连横披；2. 亚纹支窗；3. 长斜棂窗；4. 直棂推窗；5. 北海快雪堂支摘窗。

隔断

建筑学家刘致平是以对现存的中国古建筑作过大量的调查研究而著名的，基于他自己亲身的体会，对室内设计曾有此赞叹："若不是我们先民历代智慧的积累，我们凭空是不容易想像出这么多的办法的。就是在国外，也没有看见这么多的内檐装修方式，说这是世界文化的精华，也并非是过誉之词。"①事实上是这样，中国古典建筑在室内设计方面有过极多的创造和很大的成就，原因在于中国建筑本身存在着令它们能够得到充分发展的条件。

假如，我们把室内设计理解为"室内装饰"，或者说是建筑构件的美学上的表面处理，中国建筑比其他的建筑并没有十分特殊的成功的地方。但是，关于房屋内部空间的组织和分割上，中国建筑的确是积累了其他建筑体系所不及的无比丰富的创作经验。主要原因就是自从建筑技术和艺术初步成熟以来，"室内设计"和"建筑设计"就开始互相独立来处理。由于建筑设计与结构设计结合而产生的一种标准化的平面的结果，室内房间的分隔和组织并没有纳入建筑

在标准化平面设计的房屋中，室内空间在具体使用时必需再行组织和分隔，因而提供大量的各种室内设计创作机会。

从两千年前的汉代石刻中可以看到"屏风"和"帷帐"是中国建筑室内空间分隔的主要手段。

因为室内装修与结构无关，所以材料的选择、形式和构造都得到了很大自由，这都是能够产生多种类型隔断的先决条件。

中国最早用以分隔室内空间的方式就是使用活动的帷帐、帘幕和屏风，大概固定的分隔概念最初是不存在的。

平面的设计之内，内部的分隔完全在一个既定的建筑平面中来考虑。中国建筑长期面对着如何处理标准化和规格化了的平面问题，不断地千方百计使其能满足各种要求；在这样一个基本条件下，必然就会创造出极多、极成功的空间分隔和组织方式。

其次，中国建筑是世界上最早运用框架结构的建筑体系，使用范围的广泛和应用时间的长久是任何其他建筑所不能比拟的。在"框架"结构中，任何作为空间分隔的构造和设施都不与房屋的结构发生力学上的关系，因而在材料的选择、形式和构造等方面都有完全的自由，这就是另一个促使能够产生多种多样分隔方式的基本条件。相反地，在承重墙结构的房屋中，内部的间隔常常考虑同时利用作为承重的构件，因而分割空间的方式往往只能限于是实墙，难于超越力学上的要求而出现更多的变化。

在宋代，室内空间的分隔称为"截间"，意思就是将"开间"分截开来。其后，所有分隔的形式和设施都统称为"隔断"，隔断在观念上也许全面一些。古代遗留下来的典籍文献以及图画十分清楚地说明，中国建筑最早用于室内空间分隔的设施是不属于建筑构造的活动性的帷帐、帘幕和屏风。"宫室帷帐"是常常连用的字句，《史记》有"沛公入秦宫，宫室帷帐狗马重宝妇女以千数"。大概，秦汉时代的作品中"帷帐"二字有相当于房间的含义。

使用帷帐、帘幕、屏风作为室内空间上的分隔或者可以推想和古代另一种房屋类型"帐幕"或者说"篷帐"有关。游牧时代和征战的军旅是居住于帐幕之中的，对于帐幕的优点自然有所认识以至于偏爱。再者，古代的帝皇将相多半会有好些时候生活在军旅的"帐幕"中，所谓"运筹帷幄之中，决胜千里之外"，"帷幄"就是指军中的"营幕"。此外还有所谓"幄宫"，就是指古代天子出游，张帷幕以为宫殿。"帷帐"和古代的生活既然有这样密切的关系，早期的宫室用以作为空间上的分隔就是十分必然的事情了。

当然，古代用帷帐、帘幕等来作室内的间隔并不是由于一种习惯而来，更大的存在原因还是这些装置本身存在着非常多的优点，所在位置可以随时变更，可开可合，变化灵活，在装饰上同时可以得到很大的效果。我们可以想像到，布满锦绣花纹图案的巨幅帷帐，无论张开或者挂起时，室内的环境会变得何等富丽堂皇，彩色缤纷。本来，帷帐最初是用作隔断而出现的，到了后来，隔断的方式有了更多的发展，于是便逐渐强调它的装饰作用了。

由"天子当宁而立"发展来的沈阳清宫中御座的屏风和隔扇。（刘瑜摄）

与"帷帐"的历史一样长远的室内空间分隔的设施就是"屏风"。《周礼》中有"掌次设皇邸","邸,后版也,谓后版屏风与染羽象凤凰羽色以为之"。《礼记》称:"天子当扆而立","又天子斧扆依南乡而立。"扆,屏风也,斧扆为斧文屏风于户牖之间。由此可见,屏风最早是室内正面的一道背壁。《释名》谓"扆,倚也,在后所依倚也;屏风,言可以屏障风也"。顾名思义,它本来是用作为挡风的一种设施,后来就发展成为礼制上面的"扆"。无论如何,它是中国建筑最早的一种内部空间分隔的元素。其后,屏风发展成为一种活动的间壁,渐渐演变成为精巧的家具。

秦汉时代前后,帷帐和屏风是室内不可缺少的设施,在观念上被看作与房屋相关的一个部分,甚至以此来称呼或说明室内的各部分空间,"帐里帐外,屏前屏后"在这个时代的文学作品中不乏这样的描述。虽然,到了唐代,帷帐与屏风已经被视作一种服饰或者家具了,但是,我们不难看出所有的中国建筑中的室内分隔方式都是沿着"帷帐"及"屏风"的观念,或者说是其遗意而发展的。宋代用于室内部分的"小木作"很多都称为"帐",木板间隔墙其后一直称为"壁帐"或"版帐",还有所谓"屏门"。我们从名称上就足以联想到"帐"和"屏"是中国建筑最早使用的"隔断"设施了。

总的来说,中国建筑室内的隔断沿着三类不同形式发展。

其一就是完全的隔断,这就是指在视觉上完全封闭的间隔墙,这种间隔墙包括土墙、砖墙、木框架(壁带)的土墙或者版墙、木格子(平棋)的壁帐、镜面的版墙等实面墙,形式和材料的选择是根据使用的要求以及当时流行的技术措施而决定。当然,在很多情况下是要求作完全的隔断的,例如基于安全和保密的理由等。因为室内的间隔墙不负担承重或者防寒(保温)的要求,在构造的形式和方法上就可以有很多的变化,由构造的方式而来的"肌理"常常就产生十分丰富的表面图案。

其二就是非完全的或者说半隔断,其中包括活动的或者可移动的隔断。在很多情况下,室内的空间并不要求作绝对的固定的分隔的,在有些被分隔出来的房间,希望间壁还同时具有通风及采光的作用,于是就将用于外檐装修上的"隔扇"用于隔断上。"隔扇"或者说"格门"形式的隔断因为上部是通透的"格心",不但有美丽的通花图案,而且还能通过一定的光线,内外之间在视觉上还未至于成为完全的阻隔,其中还有一些呼应,成为一种有趣而实用的形

屏风是最早产生的用以分隔室内空间的元素,它可以是可移动的板壁,或者是一种轻巧的可折叠的家具。

固定的隔断也是从"帐"和"屏"的遗意而来,到了今日我们还有称完全的隔断或半隔断为"屏门"或者"版帐"。

中国很早就产生与家具相结合的隔断,例如书架、博古架、储物柜等都是常见的形式。

从10世纪时南唐顾闳中的名画《韩熙载夜宴图》(局部)中可以看到"屏"和"帐"是一连串室内空间分隔的主要手段。

式。而且，格门有时还能全部开启，在需要空间上完全连通的时候，将格门打开就可以达到这个目的。与这种"门式隔断"性质相同的还有一种"窗式隔断"，所不同的地方就是"裙版"以下的部分固定，只有上部有如"槛窗"一样可以开关。虽然，这种形式的隔断和外檐装修的门窗一致，在尺度上，它们常常是比较小巧一些的。这种隔扇式的隔断所分隔成的房间在清代称为"碧纱橱"，这种称呼是因为"格心"上多半是糊纱而来的②。

"屏风"可以看作一种不完全的隔断，位于大厅"明间"后金柱间的"扆"后来发展为可开关的"屏门"，关起来就是"屏风"，遇到必要的时候才打开来。另外一种变化就是中间部分是固定的板壁或者窗花，两侧才开门，这种形式称为"太师壁"。用书架、古玩架(博古架)作为隔断也是一种半隔断，家具和间隔墙的综合设计形式在中国建筑上同样有相当长的历史。

见于宋《营造法式》的完全的隔断做法有"截间版帐"、"厢壁版"、"壁帐"等；半隔断的做法有"殿内截间格子"、"堂阁内截间格子"，所谓"格子"就是"格门"。此外还有"照壁屏风骨"、"殿阁照壁版"、"障日版"等。这些"小木作"详细地说明了唐宋时代内檐装修已经出现了极多的变化和多种多样的形式。

"罩"是第三种类型的隔断的形式。这是一种空间上并没有阻隔的隔断，空间仍然保持流通，只不过在视觉上做出区域的划分。一般来说就是在分割的地方略加封闭，由此而引起一种空间上展延的规限的感觉，从而达到在感觉上产生一种两个空间分隔开来的效果。"罩"就是为达到此目的而产生的构造，利用通透的木雕图案在高度上及宽度上作适当缩小流通空间的封闭，形成一种"门洞"的形式或者感觉，使人觉得通过它便进入另一不同的空间里。在历史上，相信"罩"是随着帷帐而兴起的，开始时应该是为了适应帷帐的张挂而造出一些辅助装置，其后就是用以"模仿"帷帐的装饰效果进而有代替帷帐之意。

"罩"的出现较晚，也是一种在艺术上最成熟的室内设计元素，通过它来示意各个不同性质地方的区分而同时又保持空间上连通的关系。

明代名画家仇英所作的《汉宫春晓图》。图中可以看到屏风、栏杆、直棂及格子的隔断等所构成的流通的室内空间的分隔。

"罩"作为一种室内设计的形制的名称出现得很迟，大概在发展上也成熟得很晚，宋《营造法式》还没有谈及这类的构造。在形式上，罩是花牙子的一种发展，唐宋时建筑风格为粗壮雄浑，虽然在室内设计上有此意匠也不会出现这类细致的雕琢。在梁柱上作为减低净空的高度而装设的叫"几腿罩"或"天弯罩"。其形有如两边挂起来的帷帐，减少净空宽度的称为"落地罩"，又称"地帐"，相信也是取意于两边拉开来了的帷帐。简单的做法就是两边安隔扇各一道，再在隔扇的顶上装一条"横披"，"横披"与隔扇转角的地方再装上一些花牙子一类的装饰，以打破方形门洞形状的呆板。有一些同一形式的罩将隔扇改为栏杆，因而就称为"栏杆罩"，栏杆罩在视觉的流通上更大一些。形式上最富丽的就是"花罩"，花罩就是整个"隔断"的面满布通花，然后在当中开一个门洞，门洞可以是圆的或者方的，完全视乎于构图的要求而定。"花罩"就是罩的形式最高的发展，已经完全摆脱"帷帐"之遗意，尽力去追求通透的花格子所产生的动人的艺术效果。

　　在明清时代，"罩"发展成为室内设计中颇重要和颇流行的设施，甚至在

利用"屏风"和"罩"做出的十分出色的三维室内空间分隔的构图——坤宁宫内皇帝的新房。

沈阳清故宫内的"炕罩"。

颐和园乐寿堂内的各种"隔断"形式。前面的是隔扇和天弯罩，博古架、栏杆罩构成第二个层次，内进可见屏风和碧纱橱。

更小的空间分隔上也常常应用罩，如"炕罩"(或者说"床罩")，总而言之罩是用来示意空间的区分。在传统的中国室内设计观念中，大部分的室内空间是要求划分而不作绝对的封闭，要求变化同时又要有连通和连续的过渡，这和现代的室内设计观念基本上是相一致的。主要的原因并不是一种巧合，或者为了取得一致，或者基于美学理论，而二者同时都是基于"标准化"的平面以及"框架"式结构的共同条件下的产物。

① 刘致平《中国建筑类型及结构》北京:建筑工程出版社,1957.102页
② 小说《红楼梦》中第三回就提过"碧纱橱"，林黛玉初到宁府时，贾母说："……把你林姑娘暂且安置在碧纱橱里。等过了残冬，春天再与他们收拾房屋……"有些版本在注解上说："碧纱橱——帏障一类的东西。用木头做成架子，顶上和四周蒙上碧纱，可以折叠。夏天张开摆在室内或园中，坐卧在里面，可避蚊蝇。"在原文文义中来看，这个注解是不合适的。"碧纱橱"原是指由隔扇间隔出来的房间，这样理解就清楚和合理得多了。

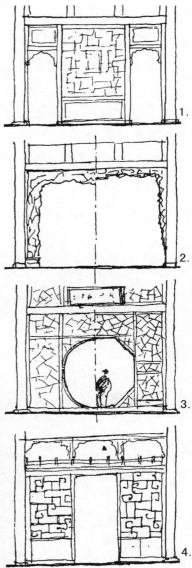

罩的种种：
1. 太师壁；
2. 天弯罩；
3. 门洞式花罩；
4. 多宝格。

翊坤宫体和殿内的"花罩"

第九章

园林建筑

设计思想和意念

中国建筑中的"园林建筑"和现代西方的所谓"风景建筑"(landscape architecture)或者"风景设计"(landscape design)在内容上似乎相近，但是在性质上以至基本概念上，二者之间是有一定的距离的。中国的园林建筑不但是一个独立的项目，而且在发展上成为与一般建筑相平行的另一个体系。"风景建筑"或者"风景设计"，即使它们的规模十分巨大，但是它们的设计目的不外乎是配合城市或者建筑的需要，或者说是从属于一定的设计。事实上，在中国古代的城市和建筑计划中，也同样存在着这种"风景设计"的要求。至于称为"园林建筑"的设计，就不是指这类城市中的绿地，而是指那些独立的、自成一体、纯然另成一种自我性格的"小天地"。

在中国建筑中，园林建筑是有别于其他建筑的另一体系，它并不等同于风景建筑或者绿化设计。

園林建筑和一般建筑是基于两种不同的目、两种不同的设计思想发展起来的。

中国的园林建筑是中国建筑历史特殊条件下发展起来的一种特殊产物。以往，曾有人对园林建筑作过这样的理解："人类建筑，有两个目的：其一为生活所必需，其一为娱乐所主动。就我国历史言，其因形式而分类者，如平屋，乃生活所必须也；如台楼阁亭等，乃娱乐之设备也。其因用途而分类者，如城市宫室等，乃生活所必需也；如苑囿园林，乃娱乐之设备也。……中国文化，至周代八百年间而极盛，人为之势力，向各方面发展，大之如政治学问，小之至衣服器具，莫不由含混而分明，由杂乱而整齐。而生息于此世界者，长久缚束于规矩准绳之内，积久亦遂生厌，故春秋战国之际，老庄之学说，已有菲薄人为返求自然之势，人之居处，由宫室而变化至于园林，亦即人为之极转而求安慰于自然也。"①

由上述的看法，可以引申出一些结论：园林建筑和一般建筑是基于两种不同的目的而分别地发展起来，其次就是园林建筑兴起的思想基础在于摆脱一般建筑的"规矩准绳"的"束缚"。大体上说，这是符合中国园林建筑发展实际的一种分析，在总的发展过程上，愈是历史的后期，园林建筑得到愈充分的发展，甚至可以这样说，建筑技术和艺术的注意力已经转注到园林建筑方面去。

中国建筑很早就朝向标准化和规范化方向发展，这原是一种进步的表现。但是，过分的规限和约束，到了一定的程度之后，反过来就是对建筑技术和艺术发展的障碍，尤其是礼制和官方定制的种种规限，使建筑设计陷于难于创新的境地，于是就引起了一种对此突破的要求。在强大的思想以及法令的压力下，实在是无法做出正面的根本性的变革。因为"逾制"并不只是设计上的优劣，或者人们是否乐意于接受的问题，往往涉及政治上的严重后果，这是主事者及建筑师所不能、所不敢承担的责任。为了逃避种种清规戒律，不受管制约束的园林建筑就以另一姿态、另一种设计思想和技术方法发展起来了。

"园"和"屋"因为性格有别，二者很少混同，即使"屋中有园"或者"园中有屋"，它们多半都是分离开来的两个部分。

所谓"宫室务严整，园林务萧散"，二者之间分别产生于对立的性格和不同的设计原则，因此就无法混同起来。这是两种不同的人工环境、两种不同意境的世界，其中的关系很难统一及调和起来，因此，即使附属于某一建筑群的"园"，它们互相之间都是隔离的，各自独立的，各自保存自己的性格和意境。至于宫室、住宅、寺庙等建筑群中的庭院中布置有花草树木以至山石鱼池，这只能算作是"风景设计"，是建筑设计要求的衬托，在基本概念上不能认为是一种园林建筑，一般就只称之为"庭"而非"园"了。

博伊德认为城市和房屋是受儒家思想支配的结果，花园和风景是受道教思想影响的产物。无论如何，中国建筑的确存在着这种玄妙的二重性。

即使是外国的建筑师，也清楚地看出中国的"园"与"屋"之间在设计上相持着完全不同的、相反的原则。安德鲁·博伊德(Andrew Boyd)对中国的园林建筑就有过这样的描述和分析：

"在一座中国房屋中，花园以及人工景色是基于与所有建筑根本不相同的原则。我们曾经指出过中国的思想受到儒家和道家的双重影响。这种相反的二重性清楚地表现在中国房屋和中国花园，以及它们的扩大，城市和园林之间互相对立、互为补充的关系上。

房屋和城市由儒家的意念所形成：规则、对称、直线条、等级森严、条理分明，重视传统的一种人为的形制。花园和风景由典型的道家观念所构成：不规则的、非对称的、曲线的、起伏和曲折的形状，对自然本来的一种神秘的、本源的、深远和持续的感受。

即使规模不大，中国的园林都在追求唤起对原始自然的联想，以由此而引导出来的原则来模塑园林的风格；避免笔直的、一览无遗的园径和视线，无论何处都要使之望之不尽，尽量不致千篇一律；制造假山和起伏的地形，放置石块以及经常引入流水。园林成为一种成功的事物，它就是游山玩水经验的反映和模拟的创作。当人置身其境时有如在最荒寒的山水画中，其间差不多常常都有一些人物、茅舍、山径和小桥。建筑和自然之间是没有被分割开来的。中国的园林较之欧洲的有更多的建筑元素，这种合而为一的东西是中国传统上的一种伟大的成就。"②

"水面"和由水面带来的廊（陈霜林 摄）、桥（陈霜林 摄）、亭（陈霜林摄）、榭（丁垚摄）是中国园林建筑不可缺少的组成元素。图为著名的江南园林内的景色。

园林建筑和中国的文学和绘画之间存在着一定的关系，它们互相影响而发展，常常表现出一些共同的意境和情怀。

中国传统的山水画和中国的园林建筑之间有着一定的关系并不能看作是偶然而来的一种印象或者联想，事实上它们之间有着一些内在的联系。换句话说，它们有共同的美学意念、共同的艺术思想基础。中国历史上的画家、艺术家、文学家中都有一些人参加主持建筑计划，例如唐代著名的大画家阎立本、阎立德等都是著名的建筑计划负责人。自从山水画以至所谓"文人画"兴起之后，作为知识分子的画家和艺术家就较少投身建筑设计工作，大概认为建筑为制式所限，已经不成为一种创造性的艺术了。但是，对于园林建筑又当别论，园林的设计和布局被看作和绘画大体上相等的艺术，很多士人曾经在园景上发挥过才能和极尽心思。典型的、成功的园林意态是完全和当代的绘画思想、艺术风格相一致的，当中也注入了不少士大夫阶层的思想情趣。我们很难从一般建筑当中看到兴建时代的艺术家们的感情，相反地在园林建筑中所追求的正是当代诗画所追求的意境。

中国的绘画和文学与园林建筑之间的关系是十分密切的，甚至可以说已经融会成一体。它们之间常常产生一种交互影响的作用。园林设计者很多时候在追求文学上所描写的境界，将诗情画意变为具体的现实。同样，不少著名的绘画或文学作品描述园林建筑的景色，或者反映园林建筑中所产生的事物。明代著名的画家文征明就有著名的《拙政园图三十一景》，查士标就绘有《狮子林画册》图景等，那个时候，名园的景意已经盛行成为画家和诗人们的主要创作题材之一了。

园林建筑和文学艺术相互之间影响最深、最显著的大概算清代著名的小说——曹雪芹的巨著《红楼梦》了。红楼梦人物主要的活动背景就是"大观园"，

园林的意趣常常是中国传统绘画的一个重要主题。

308

大观园的意匠绝不只是文学家主观想像出来的空中楼阁，它是当时已经发展起来的园林建筑，一种已存在的客观事物的反映。没有明清间蓬勃发展起来的园林建筑，文学艺术的大观园形象是不可能出现的。尤其在第十七回"大观园试才题对额，荣国府归省庆元宵"中，将"文"与"景"、"人"与"园"之间的种种关系作了充分的解说，生动活泼地总结出造园的理论和设计的原则。虽然，这只是一部文学作品，但是它对园林建筑所起的作用比技术上的专著还会来得重大。当《红楼梦》面世和流行之后，它对其后的园林建筑产生过相当广泛的影响③。也许，在建筑史上，文学作品对建筑产生最大、最直接影响的除了《红楼梦》之外，我们实在难于再举出另外一个更好的例子来。

　　总的来说，将中国的园林建筑简单地归结为一种道家意识的反映是并不足以完全说明问题的。其实，它凝聚着中国人的美学观念和思想感情，它根据绘画和文学的艺术意念来追求和创造美的世界，或者说它是"凝固了的中国绘画和文学"④。西方一些建筑著作说"中国人醉心于自然之美而较少着意于建筑的设计"⑤，很可能就是把大型的园林建筑误以为是出自天然的美景。假如，我们把园林建筑同样看作是一种建筑、一种由人创造出来的"人工环境"，那么，对这样的一个问题自然会有另外不同的体会，由此又可得出另外不同的结论了。其实，整个人类文化的出发点和目的往往是完全相同的，所不同的很多时候只不过是手法和形式而已。

中国的园林建筑是凝固了的中国绘画和文学，它比一般建筑蕴藏着更大、更多的艺术目的。

① 见乐嘉藻的《中国建筑史》第二编"苑囿园林"。
② World Architecture,An Illustrated History.Paul Hamlyn.London.1968.107-108
③ 中外有关中国园林建筑的著作多半提及《红楼梦》对其设计的影响。如刘致平在他的《中国建筑类型及结构》一书中说："自从曹雪芹《红楼梦》面世以来，造园几乎全以《红楼梦》大观园为蓝本。于是大观园的造园理论，如曲折变化，高低疏密有致，实中有虚，虚中有实，山路婉转，水面平阔，楼台映掩，花木扶疏，曲径通幽等，遂为我国封建社会末期造园的发展规律了。"
④ 西方有"建筑是凝固了的音乐"之说，此句乃借此而言。
⑤ 取自弗莱彻所著 A History of Architecture on the Comparative Method 中之文意。

苏州"拙政园"，园中创造出来的景色充分体现出中国文学艺术所寻求的境界。（陈霜林 摄）

历史的基础

早期的"园"生产目的大于观赏，其后就是二者并重，锐意发展的结果就成为了集中和重现天下美景的地方了。

在早期的历史上，我们可以找寻出两个形成园林建筑的根源，并且可以"追踪"出两条进展的线路。其一就是独立性质的"园"的设立和演变，其二就是宫室住宅园林化的发展。后世成熟了的"园林建筑"，毫无疑问都是这两方面积累的技术经验的成果。

"园"，相信是随着农业社会的产生便出现。最早的时候，园的含义并不是指专供欣赏、游憩、娱乐之用的"花园"，而是指用作生产的果园、饲养动物的兽园。关于"园"，《说文》所下的定义是"树果曰园，树菜曰圃"，"园"不过是说用于种植果树的地方。这种农业生产性质的园一直存在着。但是，在发展的过程中，部分的园就有了目的性的改变，它们往往同时产生观赏和游憩的用途，对于权贵之家来说，游玩比生产来得更为重要。于是园就更多地按照游玩的要求而兴筑，虽然如此，原来的生产目的多半仍然保留着。《春夜宴桃李园图》[①]就对这个问题说明得很清楚。"夜宴"是享乐，"桃李"是生产的果树。古代的"园"很多时候都具有"享乐"和"生产"的二重性。

中国最早、最大的园就是三千年前周文王的位于长安以西四十二里，方圆七十里的"灵台，灵沼"。对于这个规模巨大的御园，《诗经》有过这样的描述：

经始灵台，经之营之。庶民攻之，不日成之。经始勿亟，庶民子来。

王在灵囿，麀鹿攸伏。麀鹿濯濯，白鸟翯翯。王在灵沼，于牣鱼跃。

这是一个有山、有水、有建筑物的园林，是经过大规模人工改造的自然环

明代著名画家仇英所作的《春夜宴桃李园图》（局部），历史上的"园"是由生产性质的"果园"开始发展的。

310

境。园中有鹿有鱼，显然是同具观赏与生产的双重目的。

基于这个传统，其后历代的帝皇都有"御园"之设，春秋战国时代的"章华台"、"丛台"，秦汉的"上林苑"都是这一类的皇室园林。"园"的用途除了生产和游憩之外，还视需要而扩大，有时还兼及政治和军事的内容。汉武帝在他的上林苑中，仿照昆明的滇池开了一个"昆明池"，池中"设戈船各数十，楼船百艘，船上建戈矛，四角悉垂幡葆簇盖，以教习水战。池鱼给诸陵祭祀，余付长安尉"。这个园围就同时成为了训练"海军"的基地。一直到了清代，乾隆还打算继承汉武帝这个传统，将颐和园的西海改称"昆明湖"，在此训练"水兵"。

从秦汉时代开始，各个朝代都出现了不少的著名的皇家苑囿，例如汉代的"樊川园"、"御宿园"②，魏晋洛阳的"芳林园"、"琼圃园"、"灵芝园"、"石祠园"，邺都的"鸣鹄园"、"蒲萄园"、"华林园"③，北宋汴京的"艮岳"等等，都是纯粹以"园"作为主题的独立的"御园"。除此之外，民间也同样存在着很多由生产性质的"园"转化而成的优美的名园，著名的如五代钱氏的"金谷园"、宋史氏的"网师园"等。

在发展的过程中，"园"的内容是逐渐地转变的，在古代人的生活中，部分的园成为了一个寄托情怀的环境，于是实用的目的就会让位给艺术的内容，因而造园的建筑元素就日益增加和丰富起来，园景设计的理论也得到了发展。据文献记载，仿照自然的景色创造人工的山水树石风景大概始于汉代，茂陵商

见于记载的以人工模仿和创造自然景色始于汉代，在园林中加入亭、台、楼、阁等元素则盛于唐时。此后，它们共同表达过无数的醉人的艺术语言。

到了18世纪，乾隆还有过将这个"昆明湖"仿汉武帝的"上林苑"用作训练海军的基地之想。

清宫背后附属的"御花园"

人袁广汉于北邙山下所筑的园就是据知的先例④。园中普遍地建筑与园景相结合的亭、台、阁、榭，相信是始于隋唐之后。当然，这是指作为园林中的建筑元素而言，至于楼、观、阙等建筑物，在汉苑中早已出现。

另一方面，除了以"园"为基础发展起来的建筑设计之外，还有以建筑群为基础发展起来的"园"。以后者而论，大体上可以分为两个类型：一个是园林化的宫室宅舍，另一种方式就是在建筑群之外另附一个"苑"或者"园"。园林化的房屋是自古以来就存在的建筑类型，虽然有人崇尚高楼大厦、规则整齐的人工环境，但是不少人仍然十分眷恋自然。园林化的建筑可指简陋的"竹果荫宇，茅茨之屋"，也可指豪华的"壁柱彩画，鱼池台苑"，无论如何，它们在开创着各种"园林化"的建筑形式。自从房屋建筑受到了形制的约束之后，不论宫室或者宅第都不能任意地违制摆布，二者兼顾的办法将园容纳进去成为另一个组成部分，使它们既可符合制式的要求，同时又可享受自然景色之趣。

假如，我们对古代文献的记载或者文学上的描述详加分析一下的话，印象中似觉是园林建筑的皇宫或者宅第，它们大部分其实都是由两个部分组成的——"宫"和"苑"的组合，"宅"和"园"的并举。虽然，"宫"之中也许有园，"苑"之中也会有"宫"，或者说"宅"之中有"园"，"园"之中也有"宅"。但是，这两个部分显然分属两种不同性格的环境，形成两种格调不相同的地区。比方，汉刘歆在《西京杂记》中说："汉高帝七年，萧相国营未央宫。因龙首山制前殿，建北阙未央宫。周回二十二里，九十五步五尺，街道周回七十里，台殿四十三，其三十二在外，其十一在后，宫池十三山六池一山亦在后宫，门闼凡九十五。"假如，我们根据这一类文字粗略地加以想像，它就是一座园林化的、处身在山水林木中的皇宫。问题就在于"前殿"和"后宫"。其实，这个建筑群极可能是这样布局的：阙和三十二座在外的台殿，必然就是严肃、对称、巍峨地排列着的建筑群，强调对称的构图。当然，空间中会有花木和宫池作为景色的点缀和衬托(宫池的另一用途就是防火)，但并不构成一种园林化意境的环境和布局。至于山池等园林部分则是称为"后宫"的另一个地区了，当中也有台殿，不过这就是"苑"，就是与前殿性格全不相同的"园林建筑"。

这种"二重性"不但存在于汉代的未央宫，其实这就是古代皇宫普遍的规划方式，不论秦的"阿房"、隋的"大庆"、唐的"大明"以至历代的皇宫几乎无一不是采用这种布局原则的。因此，我们可以说所有的中国皇宫都包括有"园林建筑"的内容，但是，我们绝不能认为皇宫就是"园林建筑"。这种"二重性"同时也同样存在于王府以至民间的宅院，甚至寺庙以及其他用途的建筑。

虽然常见"宫"和"苑"组合，"宅"与"园"并举，但是它们多半基本上都是"组合体"而不是"混合体"。

"宫"与"苑"、"宅"与"园"同时组织在一个建筑单位内，两种不同的元素不相混合，各自分离而并合，这种方式是中国古典建筑中的一个很主要的精神。它反映出很多思想，也包含着极多的含义。它的并合表现出人们的双重生活要求，它的分离而存在使各自能按照自己的要求而互不干扰地发展，各自开创自己的天地。中国的园林建筑之所以能够取得高度的成就，相信，是和历史上一开始就使它不处于一种互相从属的地位，保持独立自成一体的性格分不开的。在技术上，这也是解决矛盾的一种最好的方式，总的来说，也完全符

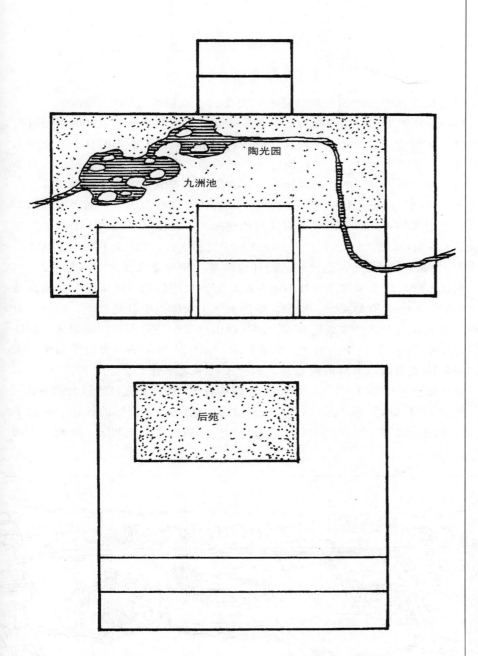

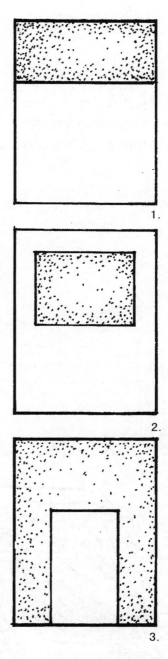

上图为唐东京(洛阳)宫城中的"宫"和"苑"组织关系示意图。下图为宋汴京(开封)宫城中的"宫"和"苑"位置关系图。这是比较典型的两种不同的构成关系，大体上在没有地形特点的情形下，"苑"只是在宫城所在位置中切割出来的一个部分。假如宫城位于有池河山丘等地形上的特色的地方，"宫"就成为了"苑"中切割出来的部分，因为切割的方式必然要求与地形条件相结合，组织关系因而便较为复杂并且存在较大、较多的变化。

中国的"宫"和"苑"成为"园"和"屋"的关系，大体上采取以上的三种组成方式：1.前"宫"后"苑"式，这是本来的基本意念；2."苑"在"宫"中式；3."宫"在"苑"中式。后两种方式都是在前"宫"后"苑"的概念下结合具体的自然条件而产生出来的变化。

合中国建筑艺术所追求的一幕一幕不同变化的"戏剧性"展开的意念。

在园林建筑史上，显得最为突出和最重要的就是明清期间独立的大型园囿的发展。虽然造园活动大盛于清代，但是它的形成有赖于明代所打下的思想上的、技术和艺术上的基础。"江南园林"是造园之风兴起的一个立足点，明御史王敬止退休后所经营的"拙政园"；元菩提正宗寺演变而来的"狮子林"；五代"金谷园"故址改建而成的"颐园"或者说"环秀山庄"；宋"网师园"旧地兴建起来的"瞿园"；吴越时便开始建园，宋时便成名迹的"沧浪亭"等都成了为人所称颂的"人工风景"。文人雅士交相题咏，此举反映出一个现象：在士大夫的心目中，此时已经确认园林建筑是一种可登大雅之堂的艺术。

明代末期，北京也产生了许多著名的私园，如李伟的"清华园"、米万钟的"勺园"，还有诸如梁园、槽园、李渔的"半亩园"等都是名重一时的。更值得注意的就是在这些实践的基础上，同时出现了一些有关的理论著述，如计成(无否)的《园冶》、李渔的《一家言》等。虽然，作品的内容过于偏重士大夫阶层的闲情逸致，可喜的就是总算为"工匠"之事开了言。

爱新觉罗·玄烨(康熙)和弘历(乾隆)算得是清代大型园林建设的最大推动者，著名的"圆明三园"和"热河行宫"(避暑山庄)都是始于康熙的计划，完成于乾隆之手的。圆明三园周围七十里，避暑山庄面积三倍于颐和园，这都是大如

清代是园林建筑取得最大成就的时代，它们的成功有赖于明代在思想和技术上打下的良好基础。

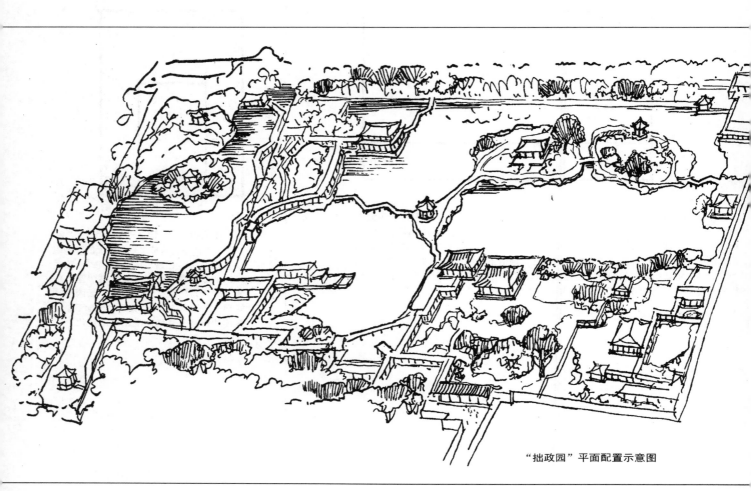

"拙政园"平面配置示意图

314

明李渔的"半亩园"

一个城市的"园群"或者说"围城"。此外，乾隆还在前代的基础上，完成了重建"三山"、"三海"的计划。三山者，香山、玉泉山、万寿山也。香山称为"静宜园"，玉泉山名为"静明园"，万寿山则为"清漪园"(颐和园的前身)。三海者，即北京市中心的北海以及中海、南海，合称为"三海"。圆明园被外国人称为"万园之园"(garden of gardens)，大概自古至今举世的园林建设都还没有人超过玄烨和弘历的大手笔。

整个清代可算得上是一个园林建筑的时代。过去的朝代，开国时大多数都要忙于宫殿都城的建设，清代因为继承了明代的皇宫和都城，它们不但完好无缺，而且称心如意，于是就不必为此事而尽心费力，转而专注于皇家园囿的建设计划上面来了。除了康熙和乾隆之外，几乎历代的清帝都是园林建筑的爱好者，即使在内忧外患严重的清末时期，慈禧还不顾一切，两次重修颐和园。除了皇家的园囿之外，全国各地的官商人等的私人园林在"上行下效"的风气下，相应普遍地有了极大的发展。江南名园在明代的基础上，做出更进一步的扩充，重视造园之风整整维持了三四个世纪。这种情况表示了在这个时代的人的心目中，造园才是人工环境或者建筑艺术所能达到的一个最高的境界。

康熙和乾隆是举世最大的几个园林建筑计划的创议者，至今为止相信再没有人有过超过他们的大手笔。

① 唐代大诗人李白有"春夜宴桃李园序"之作，反映了当时的文人生活。
② 见《三秦记》："汉武有名园曰樊川，一名御宿，有大梨如五升，名含消"。
③ 见《晋宫阙名》谈到：洛阳宫有琼圃园、灵芝园、石祠园；邺都有鸣鹄园、蒲萄园、华林园。北魏洛阳城有"华林园"，一般人提起"华林园"多半指的是洛阳的"华林"。《洛阳伽蓝记》对华林园有详细的记载。
④ 见汉代刘歆《西京杂记》："茂陵富人袁广汉……于北邙山下筑园，……构石为山高十余丈，连延数里"。

315

始建于康熙，完成于乾隆之手的热河行宫——避暑山庄的一角。

湖中有岛，岛中有池的西湖"三潭印月"。桥和亭、榭就是景色中的趣味中心。

构图的原则

安德鲁·博伊德在说完了他对中国园林建筑的理解之后，接着便对具体印象做出描述：

"园的自然元素就是：泥土本身和它的堆砌；水、石块和岩石；沙、树林和灌木；花及苔藓。少许草或者没有，草坪则是从来不采用的。崇尚奇形怪状的石头是中国的一种特殊的传统，它本来的功能就是借此作为中国风景中山峦起伏的缩影。事实上，找寻更多形状不寻常的石块已经成为了收藏家们热衷追求的事情，也许是把它们看作一种自然形成的抽象雕刻。

园的建筑元素除却四周的建筑物之外就是：围墙(必然有的)，园门或者门洞，格子木作，栏杆，小径及通道，庑廊，桥以及亭、榭、馆、阁。常用的作为分隔功能的围墙，在形式上是较之在其他地方所见的自由，在平面上呈曲线或者折线，跨越等高线，在立面上蜿蜒起伏。园中各种形状的门洞是另一种中国的特殊传统；有椭圆形的、圆形的、扇形的、六角形的以及很多其他的形状。目的是构成一个景框，或者通过这些形状使园景产生一种特殊的外貌。装饰性丰富的隔扇，在园林建筑中是毫不吝啬地使用。道路和小径都有通花的木栏杆，其式样是变化无穷的。两边开敞的庑廊连接着建筑物的一部分，或者在园的平面中迂回起伏，替灰绿色的石头、水池和树木平添上一些明亮的色彩。在流动的溪水或者水池上跨越着多种形式的桥。

平面形状富于变化的亭、台、楼、榭对于成为一个趣味的中心显得特别重要，同时也是为了实用，因为它们是户外的房间，位于荷池中心的一个岛中或者小山丘上。"①

中国园林有其特有的各种元素，也有其特有的布局和组织方法。

圆形的或者其他形状的门洞是中国园林建筑的一种常用的空间分隔元素。（陈霜林　摄）

317

对于见惯欧洲花园的外国人来说，看到中国的园林自然更觉得新鲜和有趣，以上所说的并不是某一园林建筑的描写，而是一种综合的印象，各种细节大概来自北京的颐和园、北海、杭州的西湖以至江南的园林。博伊德是一位对中国建筑有研究的英国建筑师，说出来的自是内行的话。但是，在具体问题上，他没有谈及怎样去设计和为什么要这样设计，没有说明原则和现象之间如何联系起来。

令有限的空间产生无限的感觉是由来已久的园林布局的基本原则。

5世纪时的著作《世说新语》，其中就有一段这样的话："简文入华林园，顾谓左右曰：'会心处不必在远，翳然林水，便自有濠、濮间想也，觉鸟兽禽鱼自来亲人。'"什么叫做"翳然"呢？遮遮盖盖，隐隐约约之谓也。就是说，园景不必令它一望无尽，只要若隐若现，就会引起对自然美景的联想，得到了一如置身在宽广的自然间的感受。也许，这是见诸文字的最早的造园方法和理论。这个概念一直支配着中国园林的布置和设计，很多具体方法，如弯曲的园径，不断地封闭景色等都是为了求得"翳然林水"的效果。平面上的曲线和折线、立面上的起伏有致，其目的主要是使景象产生层次，产生自然的节奏，并不是代表或者象征任何的哲学思想而来的。

水面是不可缺少的造园素材，并且常常要求水面面积要占压倒性的地位。

典型的中国园林建筑最主要的自然元素就是"水"。一切的设计都是环绕水而展开。为什么一定要以水为中心呢？有人解释说是始于第一个规模巨大的皇家园林周文王的"灵沼"，以后的皇家园圃就继承了这个传统。如汉未央宫有"沧池"，建章宫有"太掖池"、"中池"，上林苑有"昆明池"，隋兴庆宫有"龙池"，唐大明宫有"太液池"等。其实，将水作为一种建筑构图的中心并不限于皇宫，依水而居早就是一个很多人的追求目的。《楚辞》有"筑室兮水中，葺之兮以荷盖；荪壁兮紫坛，播芳椒兮成堂；桂栋兮兰橑，辛夷楣兮

园林建筑曲线的、自由的布局——北京北海琼岛的复道及倚晴楼。（孔志伟　摄）

318

药房"。诗中所指的就是一个当时最理想的环境。"近水"并不单纯是一种情趣，没有水无法很好生活，更无法灌溉园林，园林建筑首先围绕水而展开实在是十分合理的选择。

并不是所有的地方都有天然的池沼，并不是所有的天然池沼都是合乎理想的造园要求。古人进行垒土而筑台的时候，动用平地上的土方的话就可能同时弄出一个人工的池沼。相反，开掘人工湖的时候，所挖出来的泥土必然会"堆积如山"，所以在人工风景的工程计划下，为了求得土方的平衡和运输距离的缩短，就出现了"有水必有山"、"有山必有水"的设计。北京的景山、颐和园的万寿山，从工程的观点来看，它们不过是疏挖三海和昆明湖时土方平衡的产物，微妙的地方在于这些山是按照人的意志去构成它们的形状而已。园林建筑中的"山水画"并不是纯然出于强求，实在是十分顺乎自然而来之物。

上面已经提过，园林建筑规划曾有"三分水，二分竹，一分屋"的说法，这个比例大概同时基于功能上以及景物上的平衡而来。没有三分水，大概供给不了二分竹(指所有的花草林木)灌溉的需要，建筑密度不大于百分之十六(六分一)，这也是一个很合理的密度。较为典型的园林建筑的实际规划，各部分所占的面积大致上是符合这个比例的②。当然，有专重水竹，以偏取胜者；有专重山石，奇巧见称者；也有水面甚广，专供泛舟者：总之，各有千秋，并不是非按此说，三者兼备而平衡不可的。

"翳然林水，便自有濠、濮间想"——北京北海的"濠濮涧"大概就是取意于此说而名。（丁垚　摄）

319

园林设计的构思和主题常有仿临名山大川、历代胜迹之意。事实上这同样是中国艺术创作的一种传统方式。

园林建筑中的"人工风景"是否就是大比例尺度来模仿的名山胜迹，真山真水呢？很多人有过这样的见解，这是值得讨论的。这个说法并不是出于一种假想，而是可见诸文献的记载——《汉记》曰，"梁冀聚土筑山，十里九坂，以象二崤"。"二崤"者是指位于河南洛宁的崤山，有东崤与西崤，故称为"二崤"。崤山以石坂险绝而称著。这就是最早的有关仿拟真山真水的记载。唐宫城内有九洲池，池中有九洲，这都是"天下"的象征。象征主义既然在建筑设计中运用，同时在人工风景设计中出现就十分容易理解了。汉上林苑中的昆明池和颐和园的昆明湖意效滇池则又是众所皆知的事，这都是此说的有力的说明。

无可否认，在中国的人工风景设计中是具有模仿具体的自然景色内容的，甚至也包括了模仿已有的成功的名园胜景，圆明园的设计原则就声明是"写仿天下名园"。"仿临"是中国艺术创作的一种方法，绘画如此，雕塑如此，建设自然也不例外。"秦始皇每灭诸侯，写仿其宫室作之咸阳北阪上"已经做了一个开端。不过，中国艺术的"仿临"的含义并不是一成不变的照抄照搬，而是吸取成功经验使之再进一步的提高，或者取其意而变换另一种表达方式。这是有生命的另外一种形式的创作，颐和园中的谐趣园仿自无锡的寄畅园，二者之间就并不表现同一的面貌，只不过是意趣的基础相同而已。问题说到这里似乎明白了，所谓"模仿"，也可称"取法"，就是从某一著名景物中取得创作的启示或者灵感而已，自然更多的还是创作。

　　著名的杭州西湖十景之一 ——"玉泉观鱼"。以"水池"代替建筑群中封闭空间的"庭院"是园林建筑另一常用的构图，北海的画舫斋、香山的见心斋都是采取这样的组成方法。于是，"园"和"宅"之间的平面布局在同一的关系中十分巧妙地达到了"性格"的转换。

另一个造园的基本原则就是"人工仿效自然"。园林建筑本来是一个"人工环境"，但是它的成功在于创造出一个有若天然的境地。天然景物是自由的、不规则的、非几何图形的，在设计布局上之所以采用自由的线条目的就是使自然的元素有若天然，建筑元素尽量使之和自然元素相调协，由此得到一种完全和谐的景象。表现"天然"不但着眼于表象，同时还讲究"深意"。《红楼梦》中有一段对话，对这个问题做出很好说明。"古人云'天然图画'四字，正恐非其地而强为其地，非其山而强为其山，即百般精巧而终不相宜……"③所谓"天然"，还包括形式和内容的合理，符合客观存在的规律。

直线的、规则的、几何图形的并不是自然景色本来的面貌，园景的创作目的既然效法天然，设计上就不再去利用人工的形状。在园林中，建筑元素处于一种从属的地位，它们是用于增进景色，并不是利用自然景色来衬托它们的重要性。因为"主"、"宾"地位的不同，它们的形状就必须强调和景物调和及配合。虽然，建筑元素的"人工形状"不可避免，但是它们就要形成更多柔和的线条，表现出为构成景物的一个部分，力求不损害"天然"。因此，随着地形起伏，依着山水曲折，前提并不完全在于求得建筑设计本身的变化，更重要的是保持总体设计的精神，使人觉得事事都顺乎自然。

对于中国的园林建筑来说，设计素材和元素虽然变化多端，但是它们并不是一种形状的游戏。其之所以如此，不过是通过经验的积累，确认为这是达到基本目的和要求的一些最好、最有效的形式和方法。"回复自然"和"创造自然"是中国园林设计的基本目的和要求，它们包含着"人工的伟大"的含意，但不表达"人工的伟大"的外形。这些原则支配着所有的设计，元素的变化只不过是取得"点景"(主题)的手段，绝不是集结特有的元素形成它们有趣的景色。

① World Architecture,An Illustrated History.Paul Hamlyn.London.1968.108
② 在目前尚可见的实例中，颐和园水面面积为总面积的四分之三，北海则为三分之二。
③ 《红楼梦》第十七回中贾宝玉语。

"效法天然"是一种传统的造园构思，意即在人工风景中同样尽量避免显露人为的痕迹。

四川新都的"小西湖"——桂湖。杭州的"西湖"既有"天堂"之称，各地也就出现了不少"小西湖"了。

园的构成元素

关于构成"园"的要素，有所谓山、水、树、石、屋、路"六法"之说；有人则归结为一曰花木，二曰水泉，三曰山石，四曰点缀，五曰建筑，六曰路径①。明末李渔的《一家言·居室部》则分作房舍、窗槛、墙壁、联匾、山石五个方面。此书虽可称为"造园艺术理论"之作，但所论者不外乎是有关细部设计的一些巧思而已。

在中国造园的术语中，"花木"或者"竹"的含义通常都是概括了所有的植物。花木之中分为花、树、藤、草四类，种植之法称为成林、成丛、成行、攀附四式。小园以花为主，中园花树并重，大园则以茂林而见胜。花木是自然之物，必须以原来自然之态而出现，用人工使花木构成规则的几何图形，或者

花木在园林景色中是主要的角色，最高的布置手法就是令它们能够以天然的意态、翳然的效果表现出来。

（陈霜林　摄）

322

堆砌成有组织的图案等在中国园林中是甚少出现的；西方和日本的庭园都喜欢这样处理花木，这种做法和中国传统造园理论恰好相违背。花木布置、组织的目的常常是为了希望达到"翳然"的效果，求取扶疏的情趣，因而以自由活泼的构图为合适。

中国的园景是否没有草坪呢？其实并不是没有，只不过不占显著的位置而已。宋叶绍翁的《游园不值》诗中有"应怜屐齿印苍苔，小扣柴扉久不开"句，"苍苔"即草坪之谓。草坪古称为"规矩草"，多用于临水斜坡上，像西方园林那样的大片草坪是没有的。因为草坪要在一望无尽的开敞的视域中才能显出其美，"园中所有之景悉入目中，更有何趣"？③除了水面之外，无遮无挡正是中国造园原则的大忌，因此何来乎大片的草坪呢？

在传统的中国绘画和文学中，"竹"是一个重要的主题，这个意念相应地反映到园林建筑上。"竹"作为花木的通称，并且还有"不可居无竹"之说。

在园林的平面组织上，尽量避免一目了然，极力保持"寻幽探胜"的兴趣。图为颐和园中的"寻诗径"。这条"径"本身的命名已经高度表达出这种艺术的精神了。

水赋予园林以生命，任何水面都足以使景色倍添情趣，至于飞瀑和流泉对环境更会带来无限的活力。

面积较大的湖沼本身已经有其本身极不平凡的意境，自具天然的美色，所谓"湖光山色"，最是动人的景象。所以大型的园林，无一不以大片的水面作为其构成的基础。但是，并不是所有的园都能有理想的水面的，尤其是中小规模的私园。退而求其次就是在园中构成池、塘、泉、溪、涧了。取水之法有二：其一就是引水入园，所谓"利用有源之水"；其二就是利用地下水，亦即所谓"潜流"。如水源来自高处，还可以构成人工小瀑，可作飞瀑，可成溢流。引水入园与引水出园的一段过程中，流水就可形成种种不同的景物，或成池沼，或作溪涧。地下水可以利用池塘存贮，种上莲花就是园景中常见的荷池。荷池之中有水榭是一种颇为典型的中国园景，但亦有台榭之中有荷池的，即以荷池为中心，台榭绕池而筑。北京香山见心斋就是一个有趣的例子。"小桥流水"是一种诗情，"亭中听泉"是典型的画意，"园"和"水"的关系就是那么极为难舍难离。

中国的园景多用"流泉"，现代和西方的园景都喜欢用喷泉。中国自己就没有创造出喷泉，在圆明园中所装的是法国教士蒋友仁(P.Michael Benoit)所设计的"大水法"——机关喷泉。相信并不是中国人想像或者发明不出人工喷泉，问题可能在于名山胜景中就没有"黄石公园"④一类的天然喷泉，园景之中就没有人想及列入一个这样的项目。

造山和叠石是园林中用以分割空间的元素，在工程上来说就是一种运用自然主义手法的场地整理工作。

园中利用人工造土山，见于文献记载最早的是汉代。《汉宫典职》有"宫内苑聚土为山，十里九坂"。其实，造山的历史和筑台的历史应该相同，因为这是差不多的工程，不过一个使其成为规则的体形，一个构成自然的外貌而已。汉以前为什么不见有记载呢？假如不作此举主要还是"自然主义"的思想还没

由"水面"而来的诗情画意——南京莫愁湖畔的亭园。

324

有成熟。"造山"除了前面说过的有平衡场地土方工程的作用外，在构图上起着封闭视线和制造高潮的效果，它自然地将空间分割构成多个环境，使有限的空间产生一种无限的感觉。造山也可以看作是筑台的另一种形式，用以加高楼观的高度，取得登高远观的位置。总的来说，堆土造山问题可以看作是自然主义的"因地制宜"的"场地整理"(site formation)，其中还包含着节约的经济意义。大概，汉以后，这种方法就确立了起来，成为造园的基本方法之一。

"叠石"和"造山"有相同的和不相同的两种意义。叠石可以象征山，或者代替计划造山的位置，同样产生分隔空间以及封闭视线的作用。造园之法常称："造山不宜过小，叠石则不宜过大；不宜造山时，可代之以叠石，叠石嫌其过大时，则造山为宜矣。""山"与"石"之间就有着这样的一种"量"的关系，故"叠石"一般就叫做"假山"。假山之中常常还有山洞，用以增添一些趣味。

另一方面，园中的石并不是被看作一种建筑材料，它被认为是一种"艺术品"。《南史》就记载有一段这样的故事："（到）溉第居近淮水，斋前山池有奇礓石，长一丈六尺，（梁武）帝戏与赌之，并《礼记》一部，溉并输焉。……石即迎置华林园宴殿前。移石之日，都下倾城纵观，所谓到公石也。"一块石头，竟然引起如此轰动。所谓"礓石"就是称为"松皮石"的砾石。综观文献，大概六朝之后就开始产生一种"癖石"之风，出现不少奇石的爱好者，搜置成为了一件"雅事"。于是，小者置诸案头，大者就不得不陈设在花园中了。唐代之后，此风更盛，难得之石被视为天下奇珍，很多人就从艺术的角度专门研究起这一类知识来，而且纷纷将它们分类定品。如《长庆集》说，"石有族，太湖为甲，罗浮、天竺之属次焉"。此后，太湖石就被认作是最好的置于园中的"天然雕刻"。宋徽宗修筑他的皇家园林"艮岳"时特别组织运输队伍去太湖运石，就是所谓"花石纲"。金人后来从汴京把艮岳中的石搬到北京去，现在北京北海假山所用的就是这些几朝的遗物。由此可见，园中的石在意义和价值上并不是很简单的。

从建筑的角度来看，说园中置石一如西方建筑设置雕像并不是说不过去的。博伊德说它是"天然的抽象雕刻"，比较起现代西方建筑中的抽象雕刻，无论在哪一方面说似乎都十分相近。园中置石之法有所谓"特置"、"群置"、"散置"及"叠置"，这就是构图方式，正如雕刻作品有所谓"单像"、"群像"等。在传统的观念上，这些"抽象雕刻"只应作抽象的构图来处理，假如将它们"标题"仿作某一形物就会降低了艺术水准，成为"俗人"的事了。在写实主义雕刻的时代，西方人对中国园中的置石很不理解，抽象雕刻流行起来之后，对这些天然的"构图"就能有所领会了。

石案、石墩、石床、石屏、石盆和石灯等是园中的另一类特殊的组成元素。古代的人在园中活动甚多，这些物品一方面是必要的设置，另一方面也是园景重要的点缀品。在中国园林建筑的发展上，这些物品却逐渐消失，除了案和墩外，床、屏、盆、灯到了后期就不多见。大概，明清之后，园林布局和造园元素的设计趋于复杂和繁琐，追求纤细绮丽的风格，体形简洁朴实的石作在园景中就显得不调协，加上生活方式的改变，园的内容也就随之变化。但是，在日本人的庭园中，中国唐代时流行的石灯、石盆，今日还是一种代表性的点缀品。无可否认，他们有时比我们还保留着更多的古代生活方式和情趣。唐代诗句中

自然景色中的山石是园林叠石所摹写的对象。

园中置石很多人理解为设置"天然的抽象雕刻"，它和现代建筑中的抽象雕塑在效果上即使不完全相同，在性质上也极为相近。

古代的园中常有石头制作的家具，它们一方面满足园中生活的需求，另一方面也是园景的点缀品。

各种形状的图画窗大概是从室内墙壁多以图画为装饰的意念启发而来的，就房屋的立面而言就失却了这种意义。

图画窗同时也用作"灯窗"，于是就反过来只有在室外而且在晚上才收到这种效果，白天来看只是一堆毫不相关的形状。

的"石上自有尊罍洼"及"烟灭石楼空，悠悠永夜中"就是指园中的石盆和石灯，那个时候这些东西就是庭园中的常见之物。

因为园的设计是着意于求景，着意于人在其中在视觉上取得一连串美的感受。于是，在建筑设计上，"图画窗"的意念在造园上便得到了很大的发展，除了室内的窗景被看作是一幅天然的图画外，户外隔断的门洞同时也是各式各样的景框。"画"要通过"画框"装裱以增其美，"景"也要通过"景框"来取舍、选择，使人极目四望，尽是佳景。江南名园"留园"就是以"图画窗"设计的巧妙而称著。门洞、窗洞等式样之所以众多，目的是加强园景浪漫主义的气氛，例如圆形的门洞称为"月亮门"，那是希望借此产生"月里嫦娥"的一种"仙境"的联想。

一系列不同形状的窗洞，除了可视作"景框"之外，还有另外一种作用就是称为"灯窗"。晚上，室内点上了灯火之后，不同形状的窗洞在园中看起来就似觉是一系列形状不同的"花灯"，假如"灯窗"面临着水面，灯色倒映在水中，所造成的情调是十分动人的。颐和园临湖的围廊上就设计了一长列的这样的各式各样的"什锦灯窗"，增添了不少良夜的美景。此外，"漏窗"也是园景的重要元素，它是达到半遮半掩效果的最好手段，位于户外产生隔扇效果

元代名画家吴镇（梅花道人）笔下园中的"石"，它是"抽象的雕刻"，还是对自然景色写实主义的模仿？（《草亭诗意图》局部）

将"窗洞"视为"景框"的北京北海"看画廊"。"廊"本身沿着地形上升，成为一条有趣的折线。

326

的一种形式。粗壮而通透的花格子本身不但在阳光下产生迷人的光和影的变幻景象，晚上产生"灯窗"的效果时也是灿若星光，无论何时都有如一曲"醉人的旋律"。

园中的道路，在功能上当然是"犹之植物枝茎与花果之关系"，但是，更多时候要考虑的是封闭景色和扩大空间的感觉。因此，"曲径通幽"就成为一种园径的设计原则。游园是一种缓慢的节奏、悠闲的运动，并不要求道路具有最大的工作效率。庑廊之所以成折线，桥之所以为"九曲"，作用都是延缓行动的步调，除了扩大空间的感觉之外，故意以折线或曲线延长距离就是令人在交通过程中有更多的时间，转换更多的视点，慢慢观赏领略园中的幽趣。

曲径、曲桥、曲廊目的在延缓人在园景中运动的速度，增加视觉变换的方向，并不仅仅是平面上有趣的线条和图案，而且引发寻幽探胜的好奇心理。

"景框"、"灯窗"、"窗花"等种种意义兼具的"漏明窗"细部。

上：圆形的门洞和本身同时具有美丽图案的"漏明窗"。
下：颐和园乐寿堂半廊的"什锦灯窗"。

颐和园中的"佛香阁","独处"于"视线的焦点"的"塑像体"的"三维"面貌而出现。（丁垚 摄）

为了配合园的要求，建筑物设计不断产生很多因园而设的形式，例如桥和亭组合的桥亭，取意船的形式的石舫以及各种水亭、水榭。因为在总平面布局上，"园林建筑宜独处，宅舍宜连屋"，园中建筑物多半表现着"三维"的外貌，并且经常都处于"视线的收束"(terminal feature)的地位中。建筑物的平面因而出现了极多形状上的变化，理由就是非此不足以配合环境的要求并产生丰富的体形，这是建筑物以"塑像体"形式出现的必然设计规律。至于"无壁"的亭榭或者楼台，虽然它们最早是由防卫意义的"观"、"阙"演变而来，到了后期就成为园林或者风景建筑的专有形式。因室内外完全"流通"成一体，是最好不过的达到人与自然融合的要求。在建筑形式的发展上，因为园林建筑没有受到种种限制，设计上有更大的自由，它的演变和进步就比较来得广泛和迅速。

① 乐嘉藻在他的《中国建筑史》第一编"庭园"中则称为花木、水泉、石、器具、建筑物、山及道路六类。
② 安德鲁·博伊德曾说中国园林建筑"草坪是从来不用的"。详见上一节"设计原则"。
③ 见《红楼梦》第十七回中贾政语。
④ 指有天然大喷泉的美国"黄石公园"(Yellow Stone)。

热河行宫——"避暑山庄"内的水心榭。"山庄"的设计主题在于创造一个"北国的江南"。（丁垚 摄）

"园群"的组织

从"园"和"屋"分立，平行地发展成为中国建筑的两种性格不同的体系这一观念上来理解，"园"的意义和内容就不仅限于它原来的功能：它只是一个用于游玩的花园。作为一整个建筑体系，"园"的含义就成为了以园的设计原则来处理的一系列建筑物，它们的功能和用途是没有任何规限的，大至可发展成为政治、经济、文化的活动中心，也可作为一般的公共活动场所，自然也可以用于居住和工作。"园"只是一种建筑布局的形式，园林化的建筑设计的通称，这是由发展而来的有关"园"的一种总的概念。

清代的大型皇家园囿的性质和用途绝对不仅是一个游憩用的花园，它们只不过是采取园林建筑的形式，建设一个综合功能的"离宫"，一个行政和政治的中心。玄烨最初是把明代的"清华园"改建为"畅春园"作为自己生活起居的御园，其后在畅春园北修了一座"圆明园"给还未登位的胤禛(雍正)。到了雍正登位之后，他便把圆明园扩建，使之尤胜于畅春，最后便索性搬"家"到这里来，每年御驾驻园达十个月之久，可见皇帝是爱"园"不爱"宫"的。皇帝既然住在园里，自然就在园中"听政"，大概在园中开会和办公比在紫禁城中舒服得多。因此，圆明园一开始就是一个"朝廷"，并不是闲来到此一游的花园。

"避暑山庄"虽以"避暑"而见称，它其实也不是仅用于度假，而是用以"统一多民族"的一个政治中心。山庄的外八庙是按照新疆、西藏、蒙古等少数民族的宗教建筑形式来建筑的，目的是团结各个少数民族。无论建筑的目的、意义和内容，实际上离不开政治，离不开构成一个中国多民族的大家庭的意念。在当时的建筑思想影响下，王公贵族认为"园"的形式比"屋"的形式更为理想，于是就计划兴建这一系列庞大的园林式的建筑群。

在民间，纳入"园"的内容或者园林式的建筑物是在所不少的，独立的园在用途上也有所发展，文化艺术活动的一种形式"雅集"多半在园林建筑中进行。寺庙的布局也多半倾向于园林化，"狮子林"就是一个典型的实例。南京的"瞻园"本来是明初徐达中王府的附属花园，弘历到江南旅游的时候，就"驻

园最后发展成为另一形式的建筑体系，它的内容不仅限于作为游憩之用的花园，也可以成为供任何目的使用的地方。

（丁垚 摄）

329

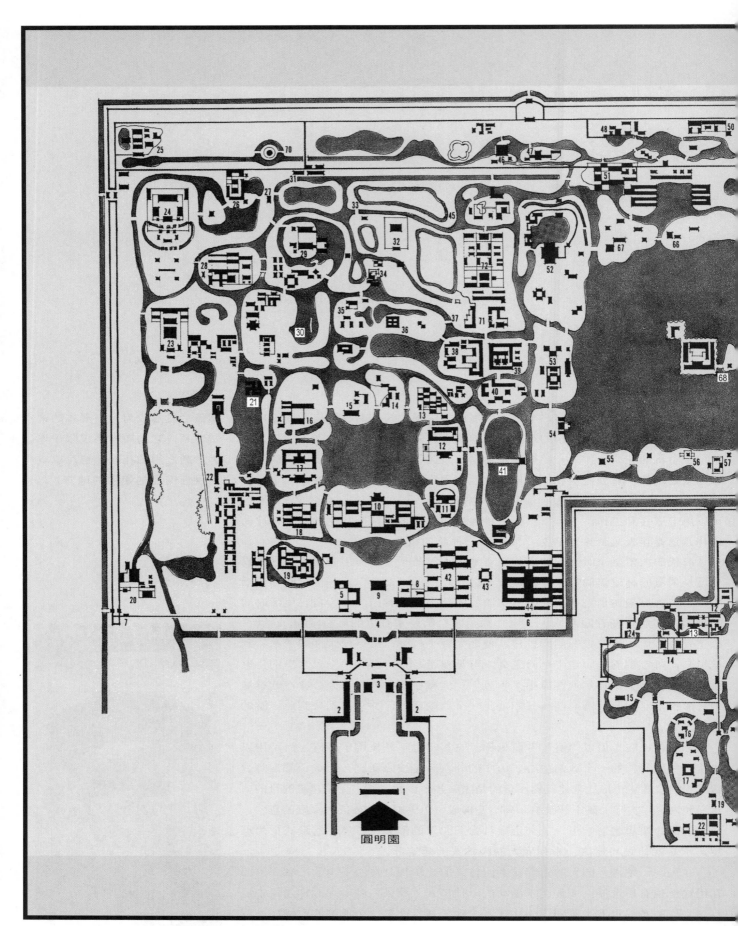

圆明三园复原平面图

在历史上，中国著名的建筑物毁于战火的甚多。换句话说，我们的建筑史大半给火烧毁了。圆明三园始建于

作品，因为它是一个"园群"，因此外国人称为"万园之园"（garden of gardens）。无论在中国建筑史或者世

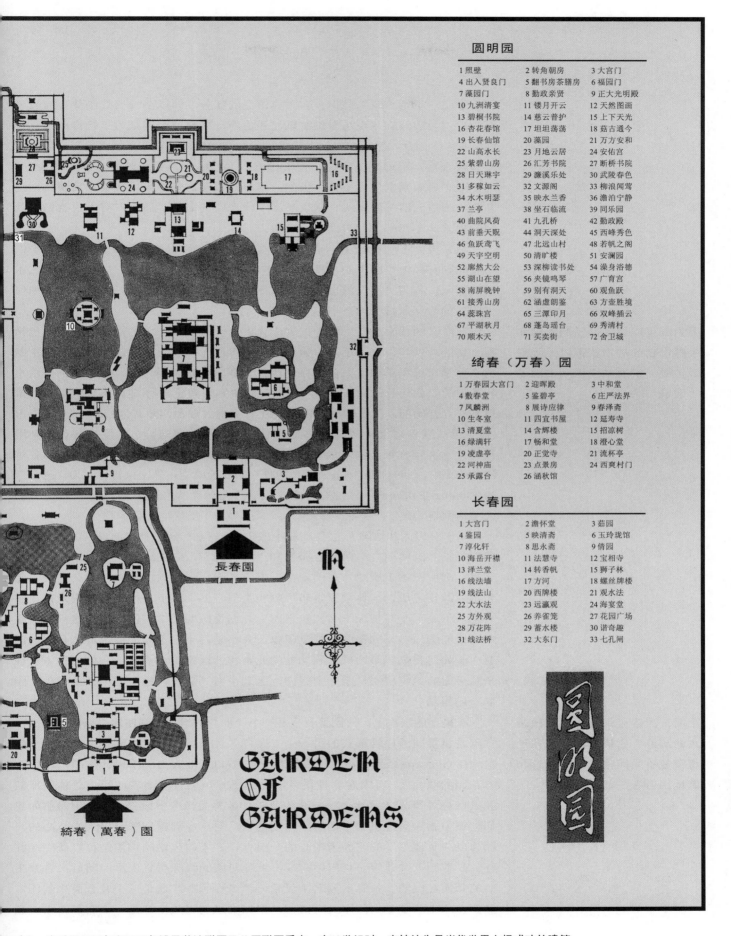

圆明园

1 照壁	2 转角朝房	3 大宫门
4 出入贤良门	5 翻书房茶膳房	6 福园门
7 藻园门	8 勤政亲贤	9 正大光明殿
10 九洲清宴	11 镂月开云	12 天然图画
13 碧桐书院	14 慈云普护	15 上下天光
16 杏花春馆	17 坦坦荡荡	18 菇古通今
19 长春仙馆	20 藻园	21 万方安和
22 山高水长	23 月地云居	24 安佑宫
25 紫碧山房	26 汇芳书院	27 断桥书院
28 日天琳宇	29 濂溪乐处	30 武陵春色
31 多稼如云	32 文源阁	33 柳浪闻莺
34 水木明瑟	35 映水兰香	36 澹泊宁静
37 兰亭	38 坐石临流	39 同乐园
40 曲院风荷	41 九孔桥	42 勤政殿
43 前垂天贶	44 洞天深处	45 西峰秀色
46 鱼跃鸢飞	47 北远山村	48 若帆之阁
49 天宇空明	50 清旷楼	51 安澜园
52 廓然大公	53 深柳读书处	54 澡身浴德
55 湖山在望	56 夹镜鸣琴	57 广育宫
58 南屏晚钟	59 别有洞天	60 观鱼跃
61 接秀山房	62 涵虚朗鉴	63 方壶胜境
64 蕊珠宫	65 三潭印月	66 双峰插云
67 平湖秋月	68 蓬岛瑶台	69 秀清村
70 顺木天	71 买卖街	72 舍卫城

绮春（万春）园

1 万春园大宫门	2 迎晖殿	3 中和堂
4 敷春堂	5 鉴碧亭	6 庄严法界
7 凤麟洲	8 展诗应律	9 春泽斋
10 生冬室	11 四宜书屋	12 延寿寺
13 清夏堂	14 含辉楼	15 招凉榭
16 绿满轩	17 畅和堂	18 澄心堂
19 凌虚亭	20 正觉寺	21 流杯亭
22 河神庙	23 点景房	24 西爽村门
25 承露台	26 涵秋馆	

长春园

1 大宫门	2 澹怀堂	3 茹园
4 鉴园	5 映清斋	6 玉玲珑馆
7 淳化轩	8 思永斋	9 倩园
10 海岳开襟	11 法慧寺	12 宝相寺
13 泽兰堂	14 转香帆	15 狮子林
16 线法墙	17 方河	18 螺丝牌楼
19 线法山	20 西牌楼	21 观水法
22 大水法	23 远瀛观	24 海宴堂
25 方外观	26 养雀笼	27 花园广场
28 万花阵	29 蓄水楼	30 谐奇趣
31 线法桥	32 大东门	33 七孔闸

長春園

綺春（萬春）園

GARDEN
OF
GARDENS

圆明园

709年），先后于1860年和1900年毁于英法联军及八国联军手中。在19世纪时，它被认为是当代世界上极成功的建筑

三园实在应占极重要的地位，可能因为流传的技术资料不够具体，今日的建筑著述提及它的已经不多了。

跸”于此，于是“园”又担负起“宾馆”的任务。即以小说《红楼梦》的故事而论，“大观园”并不是专供游玩而建造的，兴建的原因是为了接待皇妃元春回家省亲。因此，整个布局就以满足举行欢迎和庆祝仪式的需要而展开，以“面面琳宫合抱，迢迢复道萦纡，青松拂檐，玉栏绕砌，金辉兽面，彩焕螭头”[①]的正殿“省亲别墅”为主体。虽然，这不是事实，但却足以代表和反映18世纪左右中国造园情况的现实。南京清江宁织造府的旧园“商园”有人说就是大观园的模式。

酒家和食店在宋元间多称为“楼”，所以以“楼”称就是取意其建筑类型；明清间则有称为“园”的，就是表示“园林”为其建筑形式。居处别墅、艺术家工作室，称为“园”的也不少，虽然很多内容与形式不符，但是，无论如何“园”的含义就成为对一种建筑形式而言了。

因为园可以包括很多的内容和主题，它的规模就可以无限制地扩展，扩展的结果就出现了“园群”。

在广义的观念上，“园”扩大成为表示一类人工环境的形式，它可以包括着一切的功能和用途。于是，园的规模就可以无限制地扩展，园的内容和主题就不至于空虚和单调了。以现存的清代大型园林颐和园为例，它就包括了治事和管理的“朝廷及供应”部分，包括有庙宇等宗教建筑物(建园本来就是从大报恩延寿寺开始的，英法联军入侵之前还有喇嘛大寺和西藏式碉楼)，有苏州街市(毁于英法联军之役)，有二十多组居住和娱乐用的建筑群，一度也曾计划利用昆明湖水面用作训练海军的基地[②]。它的功能完全在于满足皇室的生活和各种活动的要求，同时也是一个处理“朝政”的政治中心。外国人有称它为“夏宫”的(Summer Palace)[③]，并没有将它仅仅看作是一个大花园或者只是一个出色的人工风景区。

毁于英国人和法国人之手的圆明三园显然就是一座园林式的皇宫。所谓“三园”是指“圆明园”、“长春园”和“绮春园”，它们成倒“品”字形组合在一起。圆明园始于康熙，兴于雍正，盛于乾隆，南为大臣侍直及朝会之处，北为帝后游宴之所，与典型皇宫布局颇相类似。弘历屡下江南，对江南景色大感兴趣，于是下令写仿天下名园筑之园中。据说圆明园中有四十景，这只能看作成功地创造出一系列不同的视觉印象，并不是四十组不同的建筑群。有趣的问题在于如何将众多不同风格和功能的元素和谐地组织在一起，巧妙的地方就在于总平面的组织层次，园之中有园，区之中有“局”，整个园不外是一种“园群”的集结。

圆明三园曾经是世界上规模最大的园群，它最大的特色在于将很多不同风格的建筑设计和谐地组合在一起。

在最高的层次上，三园聚合也是一个“群”的组织。圆明园以东的长春园，它就是包括国外建筑形式的另一个“园群”。长春园有意大利画家、传教士郎世宁(F.Giussepe Castiglione)和法国人王致诚(J.Denis Attiret)的设计作品，还有西方花园的喷泉[④]。有人对这种集天下名园于一炉的设想很表怀疑，总体的形貌和风格是否和谐?会不会使人产生混乱的印象？虽然今日园已不存，但是假如我们理解中国古典建筑的平面组织原则的话，对这个问题似乎可以大为放心的。因为以“负体形”的空间为中心的分组存在，不同风格的构图是可以统一地并存。长春园一共建筑了16年始完成，乾隆对园的兴趣意犹未尽，随后又合并王公的私园在圆明、长春两园之南另建一“绮春园”。这是一个并合而来的园，显然在原来的基础上园中又有诸园。根据文献的记载，这是一个布局自由、意趣活泼生动别具一格的园林。三园成一体，但风格各有不同，每园之中各部自成一局，性格意匠千变万化。我们可以想像，这个"万园之园"存在着多么复杂和变化的组织层次，其实也只有这样才能使园的规模扩大到比元大都更大的地步还有其存在的生命力⑤。

从另外一个角度来看，圆明三园可以算得上是一个存在于18世纪的世界上独一无二的真正的"花园城市"。虽然它只是为清代的皇室服务，但是对人类文化总算提供过一个近乎实现"理想"的生活地区的模式⑥。它的既有严格的组织层次又自由灵活的布局方式存在着很大的技术上的意义，兼收并蓄的原则开创出一种新的局面，不但并列着中国南北不同的建筑风格，并且吸收了西方的形式。明确地提出"写仿天下名园"，意欲"古今中外"皆为己用，真是风度泱泱。据《日下旧闻考》中所记："圆明园内之安澜园一名四宜书屋者，仿海宁陈氏园。园内之小有天，仿西湖汪氏园。"我们不能将"写仿"看作是没有创作性的模仿，能够将杰出的成功的意匠组织在一起而且处理适当并不容易，往往这种组织工作本身就是一种最大胆的创造。

其实，如果没有这种兼收并蓄的多元设计意念实在是无法充实巨大的园林

圆明三园可算是世界上真正存在过的唯一"花园城市"，19世纪英国人有过建立"花园城市"之想，结果只不过是纸上谈兵。

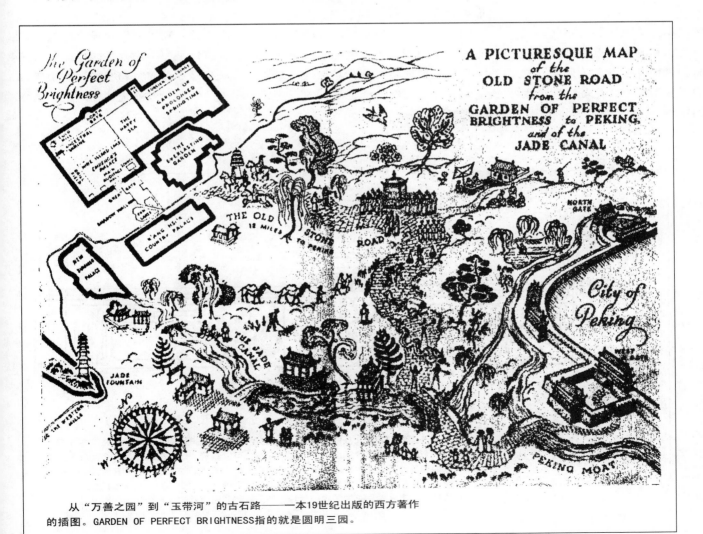

从"万善之园"到"玉带河"的古石路——一本19世纪出版的西方著作的插图。GARDEN OF PERFECT BRIGHTNESS指的就是圆明三园。

建筑群的。虽然，圆明三园和热河行宫等都是经过了差不多一个世纪的时间才建设完成，但是它们都是有计划地发展起来的，强烈地表现出它们的统一性和整体性。在布局的构图上，它们也同样表现出一种多元性。作为朝廷部分的便殿，建筑群一般都保持有对称的中轴线，但不为严格的传统制式所限。因为它们是园，总的构图是完全依循园的自由活泼的"自然"原则，结果就综合成一种内容十分丰富的新的构图方式，表现出一种既严格组织，又生动活泼的局面。

园群和建筑群在群体构成观念上基本上是相一致的，即使在自由活泼的园林布局中，它们从不失却严密的具有一定层次的组织关系。

假如，我们将问题再进一步分析和归纳，显然就可以看到"园"和"屋"在设计之间有不少的"异"，但是当中也存在很多的"同"。在总平面组织上，二者都保持着一种严格的组织层次，不论规则整齐也好，自由灵活也好，它们绝不会是"杂乱无章"。虽然各自有其不同的"章法"，但是"章法"是可以交错地使用的。尽管园内水面纵横，丘陵起伏，大多数的园在外形上都是方整的，这便和城市的其他部分取得协调和呼应。园内的建筑物虽然基于依山作势，因地制宜分布，但是大型的建筑群多半都保持层层院落、中轴对称的构图。总的轴线虽然消失，局部的中轴线大多数仍然存在，在众多的局部轴线之中仍然有主次之分，有顶点，有高潮。园的设计并没有离开总的构图法则，无论如何，它们毕竟都是一种"建筑设计"。

房屋和园林虽然各有不同的设计意念和方式，但在群体中经常和谐地共存。无论如何，它们到底是同一文化基础所产生的事物。

因为"园"之中有屋，"屋"之中有园，"园"和"屋"相异，屋与屋、园与园又是相同，有总体是园，局部是屋，有总体是屋，局部是园，二者之间的关系就是这样错综复杂。但是，二者的构成又是那么清楚和明确，在中国古典建筑中，它们绝不会是混乱的。"异"和"同"的问题就是这样产生，这样普遍地共存。

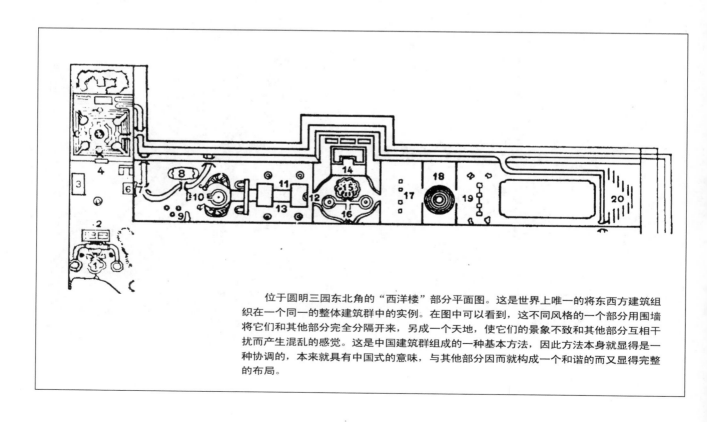

位于圆明三园东北角的"西洋楼"部分平面图。这是世界上唯一的将东西方建筑组织在一个同一的整体建筑群中的实例。在图中可以看到，这不同风格的一个部分用围墙将它们和其他部分完全分隔开来，另成一个天地，使它们的景象不致和其他部分互相干扰而产生混乱的感觉。这是中国建筑群组成的一种基本方法，因此方法本身就显得是一种协调的，本来就具有中国式的意味，与其他部分因而就构成一个和谐的而又显得完整的布局。

① 见《红楼梦》第十七回。

② 颐和园中昆明湖原称"西海"，乾隆为了效汉武帝在湖中习水操之事，更名为"昆明"。1860年英法联军焚毁园中大部分建筑物，慈禧以兴建海军为名，设海军捐，筹得的经费都用作修复颐和园。为了掩人耳目，曾在园中兴建武备学堂。

③ 在18世纪时，外国人曾称圆明园为"夏宫"，圆明三园毁于英法联军及八国联军之役后，就转称颐和园为"夏宫"。

④ 他们设计的为欧洲文艺复兴后的巴洛克式(Baroque)建筑物，毁后曾留残存的片断。

⑤ 圆明三园周围七十里，元大都周围六十里二百四十步。周长自然不能表示绝对面积，二者相较规模大概相差不了多少。

⑥ 18及19世纪欧洲有过不少"花园城市"的理想，认为生活居住在一个大花园中为最高的追求目的。

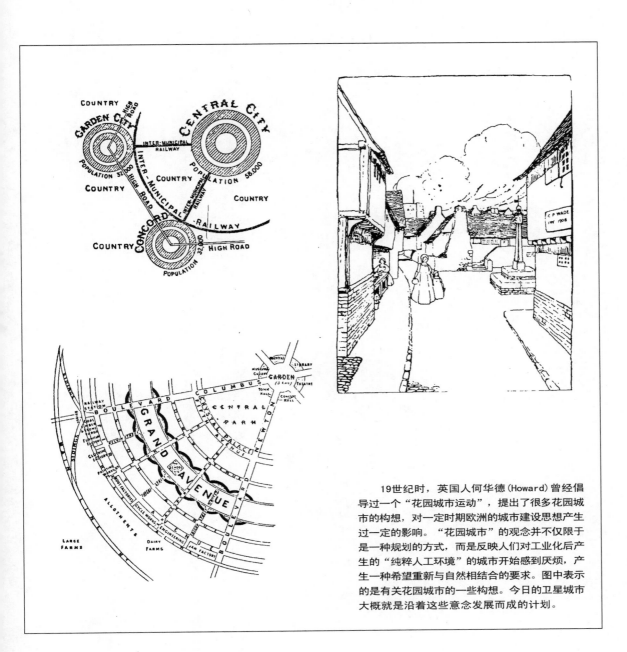

19世纪时，英国人何华德(Howard)曾经倡导过一个"花园城市运动"，提出了很多花园城市的构想，对一定时期欧洲的城市建设思想产生过一定的影响。"花园城市"的观念并不仅限于是一种规划的方式，而是反映人们对工业化后产生的"纯粹人工环境"的城市开始感到厌烦，产生一种希望重新与自然相结合的要求。图中表示的是有关花园城市的一些构想。今日的卫星城市大概就是沿着这些意念发展而成的计划。

第十章

房屋以外的建筑物

- 非房屋建筑
- 城墙和城楼
- 桥及"桥屋"
- "塔庙"及"塔坟"
- 陵堂与墓室

非房屋建筑

在现代工程学的分类概念上，房屋建筑以外的，艺术目的较小，功能和结构意义较大的道路、水利、桥梁等工程都称为"土木工程"。假如"城墙"被看作是一种军事防御设施的话，它和桥梁就同样是不属于"建筑"范围之内的项目。以兴建"地下室"为主的陵墓，结构意义较大，今日来说也应归于土木工程师的职责。李约瑟的《中国科技史》就在"土木工程"(Civil engineering)的总的名称下，把道路、城墙、房屋、桥梁、水利分项论述，显然，对"城墙"和"桥梁"就有不包括进"建筑"(Architecture)范围之内的意思，建筑指的就是"房屋"(Building)工程。

古代，分工没有那么精细，它们一律称为"土木营造"之事，都是"将作大匠"职责管理的范围。在现代工程还没有诞生之前，不论房屋建筑或者任何非房屋的建筑工程，不管处理方式或表达手法，无论技术上或艺术上，它们都是产生于同一基础的，并没有分成两种不同性质的工作。因此，中国古典建筑这一概念是应该将城墙、桥梁、佛塔、陵墓等这些非房屋建筑的类别包括在内的。事实上，这些类别的建筑在中国建筑的历史中占据着相当重的分量，它们是中国建筑主要成就之一。忽略了它们，我们得到的是一个不完整的"中国古典建筑"的概念。

近世虽然有土木和建筑工程之分，其实它们同出于一源。在古代，它们都是同属于同一技术类别下的工作。

城、塔、桥、陵、房屋建筑
以外的主要建筑项目（何蓓洁、
丁垚　摄）

除了为人的生活服务的房屋之外，事实上还存在着很多为其他目的而修筑的建筑物。为军事、交通、鬼神而设的城、桥、塔、墓我们暂且称之为"非房屋建筑"。

宋李诚的《营造法式》并没有提及桥、塔、陵这方面的建筑制式，也许认为无须将它们纳入规范之中。但是，"筑城"的技术和规范却是其中内容之一，可见在古代实在没有形成"土木"和"建筑"这样的分类意念。20世纪50年代，梁思成以中国建筑专家的身份为苏联的《苏联大百科全书》编写了"中国建筑和中国建筑师"这一条目[①]。文中将中国历史上的建筑分成八类：一、佛寺大殿，二、佛塔，三、宫殿御苑，四、城墙城楼，五、桥梁，六、陵墓，七、民间住宅，八、中西交通以后的建筑。这种分类方法是否合适，我们暂且不去讨论，我们要说的就是他曾将城、塔、桥、陵列为中国建筑中的与房屋建筑相平行的类型。

因此，我们不得不专门讨论一下中国古典建筑的城墙、桥梁、佛塔、陵墓等四大"非房屋建筑"。大概，"非房屋建筑"这一名词还未见正式应用过，在西方，"非居住"(non-domestic)建筑一词是流行应用的，但完全不相等于"非房屋建筑"。为了要将城墙、桥梁、佛塔、陵墓这四种各有不同性质的建筑类型归纳为一个"类别"，就只好创造出这一个"非房屋建筑"。在词义上，房屋建筑和非房屋建筑可以表示同出于一源——"建筑"；事实上，二者的关系的确如此，非房屋建筑只不过是在房屋建筑的基础上为另外的一些功能目的服务产生出来的建筑类型。

其实，房屋围墙的意义和构造进一步的扩大和发展就是"城墙"，或者反过来说城墙的"缩小"就是房屋庄园的"围墙"。究竟先产生"城墙"还是先有"围墙"呢？假如将历史推算至"石器时代部落社会"去的话，应该是先有集体防御性设施的"城墙"的。但是，在当时的技术水平上"城墙"——即使是原始型的是否曾经发生呢？这也算是一个问题。当然，横在水面上的一根木头也可算是一道桥，但是桥的发展相信是与"干栏式"建筑以及"阁道"等建筑技术有关。作为死人"房屋"的陵墓是活人的房屋发展到了很高的水平后才出现的"建筑"，中国的陵墓建筑很多时候是模仿活人的房屋"布局"，大概相信死后也可能和生前过同样的"生活"。塔的含义是"多层的佛殿"，同时也是一种"墓葬"。在某种意义上也是一种居住建筑，不过住的是"佛"而不是人。它的历史较短，是佛教输入后才产生的事物。

　　城墙、佛塔、桥梁、陵墓等这些非房屋建筑在历史上实际上是曾经有过很多不同的方式存在的，不同的地位决定它们不同的性质。假如，我们以它们和其他建筑的关系来考虑，大体上可分为以下的三种存在方式。其一就是独立存在的规模巨大的工程，它们和其他的房屋建筑大部分都完全没有关系。例如为了国防的要求而建筑的长城，作为沟通大河两岸而架设的大桥，独立存在的规模巨大的皇陵。虽然，佛塔多半依存在佛寺中，但是也有不少的佛塔是单独存

非房屋建筑因其性质、用途和地位的不同而决定它们不同的存在方式。它们有的作为一个主体而存在，也有的作为城市或者建筑群的附属元素。

天下第一关——山海关（朱蕾　摄）

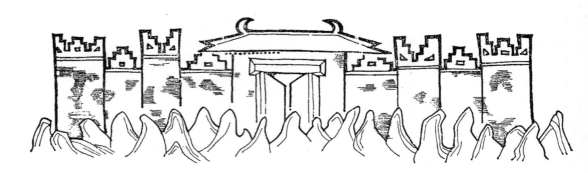

5世纪时的敦煌壁画——"阿修罗"故事画中的城墙。

在。其次就是作为城市的一种构成元素，或者说是城市设计的素材。古代建设起来的城市基本上都是城墙、城门以及城楼，它们是保卫城市安全的必要设施，是整个城市的一个"外壳"。如果城市中有河道，桥梁就是市区中道路的一个组成部分，如北宋的汴京城，桥就是城市的一种主要景色。洛阳曾经是一个佛塔林立的城市，大概魏晋之后，它们就成为了城市构图中必然具有的垂直线条。非房屋建筑的另一种存在方式就是作为巨大的建筑单位的一种构图上的内容，例如历代的皇宫多半都另有"宫城"，"御苑"中有河，有水面，水面上于是也就有桥。清故宫内外的金水桥在构图上意义就比它们功能上的要求来得大得多了。颐和园中本来有一座九层的佛塔，后来才变成佛香阁。北海就以"白塔"作为景色的一个"顶点"。在这种情况下，很多时候是故意安排这些非房屋建筑元素出现，目的并不是完全在于功能上的必需，而是希望由此而增强整个建筑布局的变化。就全局而言，它们的性质就成了一种点缀品。这样看来，它们只不过就是房屋建筑的一个部分而已。

重要的城、桥、塔、陵大多数被看作一种永久性和纪念性的建筑物，历史上它们常常是当代全力以赴的一些建设项目。

在建筑思想上，对待纯粹因其功能上的目的而来的独立存在的非房屋建筑是有其不同的"价值观念"的，因为军事、交通、宗教，或者作为巩固统治象征的"皇陵"，它们都具有一种"重于一切"的性质。因此，城、桥、塔、陵常常被看作一种永久性的、纪念性的建筑物，加上本身功能目的上的要求，因而理应采取一种不易于损毁的坚固的结构方式。结果，在结构材料上与房屋建筑做出了不同的选择，大部分都尽可能使用砖石来建造。以单座建筑而言，它们的规模大都比房屋建筑巨大，甚至有时实在大得很多。为了建设这些认为是根本大计的非房屋建筑，在历史上常常有动员全民"全力以赴"的。

中国历史上的非房屋建筑无论在规模、技术和艺术上的成就都是非常巨大的，原因是这类工程在当时受到极端的重视。

由于得到重视，在这方面就出现了极多成绩，除了长城这举世无双的巨构之外，北京的城墙和城楼无论在技术上、艺术上都是出色的杰作。应县佛宫寺大木塔五层的建筑面积合计约四万平方英尺，而最大的单座房屋建筑清宫太和殿只不过两万平方英尺左右，以单座建筑的总面积而论，还不及9个世纪前建造的"佛塔"为大。隋代建造的著名的河北赵县安济桥，单券(拱)跨径达一百二十三英尺，7个世纪后欧洲人才追上这个桥梁结构技术的水平。明十三陵是部署特殊的最大的"陵群"，至今还是布局最宏伟、关系延展最广的"人工环境"。中国古典建筑在这些非房屋建筑的伟大的实践中产生了非常重大的成绩，甚至可以这样说，在很多方面其造就还超越过一般的房屋宫室。

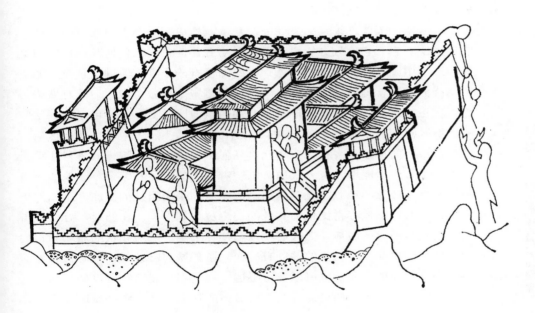

虽然，我们很难做出精密的比较，但以突出的作品而论，中国古代的工程技术在这方面常常表现得更为出色。因为城、桥、塔、陵以砖石结构为多，它们的寿命就大大地长于一般木结构的房屋宫室。因此，在今日遗留下来的年代更为长久的一些建筑物就以这一类的工程为多。它们代表着整个中国古代建筑很主要的一个面貌，没有了它们，我们的建筑历史会留下更多的空白，缺少了很多可夸耀于世的光辉范例。

时至今日，古代的"非房屋建筑"除了桥梁之外，它们作为一种建筑类型的功能意义基本上已经消失。现代的建设不再需要城墙，更不会将注意力放在佛塔的建筑上。它们的成就、它们在设计上积累下来的丰富经验除了供"历史研究"和作为纪念物之外，我们在当中还可以找寻出哪些有用的东西呢?这是值得我们详加研究的事情。因为城墙、桥梁、佛塔、陵墓各有其不同的性质，技术和艺术的意义都很不相同，很难一概而论，不得不在下面再分别作较详细的分析和讨论。

"须摩提女"故事中宫城的塔楼

① 《中国建筑与中国建筑师》一文原文曾发表于《文物参考资料》1953年10期。

城墙和城楼

中国是以"城墙"来代表"城市",可见城墙和城市间开始就存在一种必然的关系。

"城墙"和"城市"在中文里都可以用同一个"城"字来表达,可见中国古代的城市和城墙是分不开的。"城墙"是显示"城市"的一个具体形象,于是,城墙就用来代表城市了。20世纪之后,城墙在所有的城市中已经逐渐消失,"城墙"和"城市"二者就已经不再存在着必然的关系。不过对于上一代的人来说,城墙在人们的印象中是异常强烈的。中国的城墙有其显著的特色,外人眼中尤见深刻。一本20年代英国出版沙尔安(Sirén)著的《中国建筑》(*Chinese Architecture*)就曾经写过这样的话:

"城墙,围墙,来来去去到处都是墙,构成每一个中国城市的框架。它们围绕着它,它们划分它成为地段和组合体,它们比任何其他建筑物更能标志出中国式社区的基本特色。在中国没有一个真正的城市是没有城墙所围绕的,这就是中国人何以名副其实地将城市称做"城";没有城墙的城市,正如没有屋顶的房屋,再没有别的事情比此更令人不可思议。这些城墙不但属于'省城'或者其他的大城市,而且也属于每一个'大社区',即使是很小的市镇和乡村。在华北,任何年代或者任何规模的乡村几乎无一不至少有一堵泥墙,或者残垣,围绕着其中的泥屋和茅舍。无论如何贫穷和不受人注意的地方,就算是简陋的泥屋、毫无用处的破庙,围墙都仍然存在,通常都保存得比任何其他的构造更为好一些。在西北,好些城市部分已经为战火所破坏,无人居住以至片瓦不全,雉堞起伏的城墙和它们的城楼都仍然存在。光秃的城墙有时在一条护城河畔升起,或者孤独地面对着空旷的高地,在那里可以看得很远,视线不受建筑物所遮挡,那种气势往往比房屋或者寺庙更能说明古代城市的伟大。即使那些城墙并不怎样

明代所建的西安城墙和城楼

年代长远(任何现在矗立的城墙差不多都难早于明代)，它们无论如何都是古代的式样，带着战火所毁的残垣，破碎了的雉堞。修理或者重建的时候很少改变它们本来的形式，或者去改变它们的权衡和形状。"①

为什么城墙和围墙在中国显得无处不在呢？沙尔安并没有做出解释。对这个问题我们不得不在早期的历史去找寻答案。"城墙"的建筑在3 000年前的周代就已经被列为一种建筑的制式，《周礼·冬官考工记》有："匠人营国，方九里，旁三门。国中九经九纬，经涂（途）九轨，……王宫门阿之制五雉，宫隅之制七雉，城隅之制九雉，……"上述的"国"就是王城的意思，"雉"就是古代筑城的一个标准单位，或者可以说是"基数"。每雉长三丈，高一丈，宽度以高度为准。因为城墙很早就被列为一种建筑制式，虽然后世并不一定按照制式去办理，但是"墙"和"城"的必然关系就因而肯定了下来。虽然，城墙的主要用途就是一种军事性的防御工程，但是，由于制式的观念的影响，它显然同时具有多重的目的——它表现城市的平面形状和立面的面貌；对于整个城市来说，它的作用一如房屋的外墙。在古代的建城观念上，它是统治中心形象的扩大，城市也就是一座没有屋顶的露天"大房屋"。

有一个故事很能说明将城墙看作是一种军事防御工程和视为城市的"形式"与"外貌"的两种不同思想的矛盾。岳珂《桯史》说：

"开宝戊辰(公元968年)，艺祖初修汴京，大其城址，曲而宛如蚓诎(音屈，弯曲的意思)焉。耆老相传，谓赵中令鸠工奏图，初取方直，四面皆有门，坊市经纬其间，井井绳列，上览而怒，自取笔涂之，命以幅纸作大圈，纡曲纵斜，旁注云：依此修筑。故城即当时遗迹也。时人咸罔测，多病其不宜于美观。熙宁乙卯(公元1075年)，神宗在位，遂欲改作，鉴苑中牧豚及内作坊之事，卒不敢更，第增郫而已。及政和间(公元1111年至1117年)，蔡京擅国，函奏广其规，以便宫室苑囿之奉，命宦侍董其役，凡周旋数十里，一撤而方之如矩，墉堞楼橹虽甚藻饰，而荡然无曩时之坚朴矣。一时迄功，第尝侈其时，至以表记两命词科之题，概可想见其张皇也。靖康(公元1126年)胡马南牧，粘罕干离不扬鞭城下，有得色曰，是易攻下，令植炮四隅，随方而击之，城既引直，一炮所望，一壁皆不可立，竟以此失守。沉几远睹，至是始验，宸笔所定图，承平时藏秘阁，今不复存。"②

这个故事虽然是对筑城的"形式主义"的批判，但是故事本身同时说明中国古代对"城墙"是看作一种建筑形式的想法。宋太祖有军事经验，知道整齐规则的城墙不利于防守，因而下令建筑弯曲的城墙。其后的皇帝就不会打仗，蔡京是文人，书法很出色，就是不懂军事，也体会不到先王的遗意，因而就以形式主义的观点来改建城墙。宋金之战是人类战争史上第一次大规模使用火药为武器，假如，以后的战争都继续强调"火炮"的威力的话，城墙很快就会被打"曲"的。事实上并不是这样，以火炮取胜的金人自己规划金中都时，城市还是一个正方的外形。元大都也是一个直线的规则的城墙构成的都城，说明汴京之役并没有成为一个"历史的教训"。也许是因为"礼制"的关系，除了纯粹构成一道防线性质的城墙之外，城市的城墙，尤其是作为国都的城市，城墙的布局因为要和城市规划相配合，始终是十分受重视的，并作为一种建筑形式

城墙除了是一种军事性的防御设施外，另一方面它同时代表城市以至国家的面貌。

规则整齐的城墙不利于防守，宋金汴京之战曾经作过很好的说明。可是其后的城墙建设仍以外形整齐为重。

345

由于作战的需要不断改进城墙的设计，添加各种工程项目，以期能发挥最大的防御效果。

的一个方面而加以表现。

筑城是伴随着战争的历史而来的产物，在古代它是集体安全的一种基本保证。成熟地发展了之后，典型的中国式城墙是由墉、堞、楼、橹等部分组成，此外还加上登城用的"慢道"。"墉"就是指城墙的本体。早期的城墙是由夯土而筑，也就是所谓"版筑"，城墙和墙壁完全基于同一的构筑方法和技术基础。除了"土城"之外还有"石头城"，石头城大概只是个别的情况，并不列入制式之内。为了使"夯土"稳定，墙身的断面就要成为一个梯形。宋李诚《营造法式》上载："筑城之制，每高四十尺，则厚加高一十尺，其上斜收减高之半，若高增一尺，则其下厚亦加一尺，其上斜收减高之半，或高减者亦如之。"③大概保持陡壁的

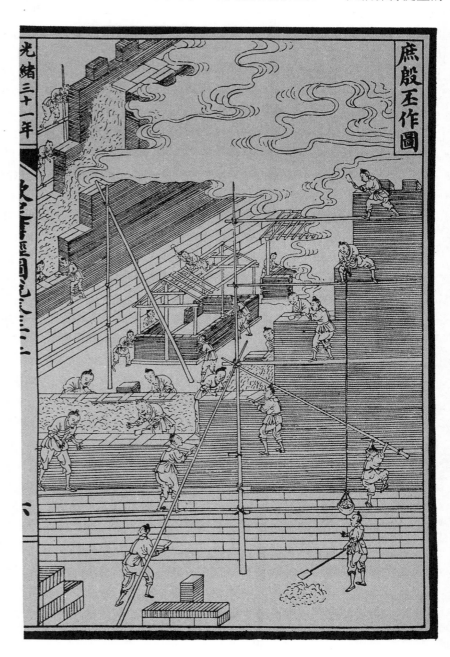

晚清时出版的《钦定书经图说》中的一幅插图，图中反映古代构筑城墙时的情境，并且表现出城墙的构造。

宋曾公亮《武经总要》一书中所指出的宋代的城制：1.2.战棚，3.马面，4.女墙，5.瓮城，6.羊马城，7.壕沟。

角度在七十度左右，角度太大夯土就难于稳定，太小则容易为敌人爬上。城墙表面用砖石护面，则角度可以增大一些，当然这样的城墙就更为坚固了。大多数的学者都认为城墙用砖石护面是始于明代，相信应该说是到了明代才广泛地普遍采用，以砖石为表面的城墙估计有相当长远的历史。

大多数城市的城墙都必然连带有"护城河"，或者称为"壕沟"，共同组成所谓"高城深堑"，"深堑"当然也是一道有效阻止敌人进攻的防线。城门部分是一个军事上的重点，门洞本身就是防守的一个弱点，为了加强防卫，这部分一般就构成一个"瓮城"，有时还另加一道"羊马城"④。"瓮城"就是构成两道城门，使进攻者即使突破一关还有一关。《东京梦华录》就有关于汴京的"城门皆瓮城三层，屈曲开门"⑤的记载。城墙凸出部分称为"马面"，马面伸出城墙外，可更有效地反击进攻城墙的敌人⑥。马面之上的防护设施就叫做"战棚"，"马面"之上不一定必然有战棚，战棚也不一定在"马面"上。

"堞"就是"雉堞"，它虚实相间地位于城墙上构成了城墙的特有的功能形状。雉堞古代称为"睥睨"，睥睨的意思就是偷看，或者就是只许自己看到别人，不许别人看到自己，其后有写作"埤堄"的。城面上的墙垣也称为"女墙"⑦，现在平天台上的砖栏杆也称为"女儿墙"，大概就是从城墙的称呼而来的。雉堞的高度和人体差不多，否则不足以遮挡矢石，保护守城的军士。

"楼"是指城墙上的门楼或者角楼等城楼，"橹"是瞭望台，"楼橹"常常结合来使用。"百步之内有一楼橹"⑧，就是说每隔一定距离设置一个碉堡。城上的楼橹使城墙的外貌显得十分富于变化，正因为它们都是一些忠实的功能形状，结果就形成了一种很具魅力的建筑形式。古代国都的主要门楼似乎由它们来第一次显示国家的威严，北京前门的箭楼就担任着这样的一个任务。因为

（丁垚　摄）

城墙是一种完全以功能表达其形状的建筑物，无论雉堞、楼橹、马面等构造均非来自美学要求，但它们无一不表现为一种成功的面貌。

楼建筑在城墙上，在古代的城市中城楼自然就是城市中最高的高层建筑。它们构成城市的主要天际线(sky line)，刻画出整个城市的轮廓，成为最强烈和最主要的景色，给人留下来的自然就是极为深刻的印象了。大概，因为它们在视觉上的效果颇为显著，在设计的时候除了从军事观点着眼之外不得不极为注意它们在建筑艺术上的表现。中国的城楼在建筑艺术上表现出来的面貌极为雄伟，那种盖世的气魄令凡是目睹过的人都为之神往。

登城的"慢道"或者"踏道"常常使城楼或城墙的构图产生有趣的变化，使静止的横线条活跃起来。它们好些时候都作对称的布置，显然目的是为了立面上的要求。规模巨大的城楼踏道两边都配以汉白玉的栏杆，丰富的白色线条和灰色的墙身做出愉快的对比，使城楼基座的构图顿时生动活泼起来。

元代之前，城楼和殿阁的形式相类似，基本上还是采用木结构。大概是16世纪之后攻城的火器日益进步，迫使土城木楼要更换更为坚固和防火的材料，城墙和城楼就开始改变采用砖石结构。材料和结构方法的改变自然引起形式上

明代曾经对城墙进行过一次全面的技术改造，建造过众多十分巨大的城楼。它们成功地创造出不失传统风格而又忠实于材料和结构形状的新建筑形式。

明代所建的西安城钟楼——登城的踏道使城门基座的构图生动活泼起来。

348

从《清明上河图》看到的宋代汴京城"东水门"。

的变异，"传统"的风格并没有抛弃，但是又必须纳入新的结构方式所带来的新材料和构造的形状。大概，这对当时来说是面临的一个新问题，城墙和城楼就表示出一种解决的结果。从北京的城楼的形式来看，我们可以认为是一种成功的解决方案，它们并不像砖塔模仿木塔那样只做出一种材料和构造形式的"翻译"，而是一种全新的"创造"。以多层建筑的建筑形式表现出来的北京各个箭楼，我们很难说它们不是一种忠实于材料、功能和结构方式的建筑物。

近世"仿古"的"现代建筑"在形貌上和城墙的城楼非常类近，可以说一方面是受到它的影响，更主要的是材料和构造方法所使然。几个世纪前是一种成功的创造，几个世纪后用相同的方式去解决似乎就难于说是高明的手法。也许是现代"创作"的思想包袱很多、很重，否则在这一点来说难免就不及古人了。

城墙和城楼在今日来说已经完全失去了它们的功能意义，相反地它们大大妨碍着城市新的、现代化的发展，因而它们逐渐在大多数的中国城市的景色中消失。有人很为不能再"发思古之幽情"而觉得惋惜，有人对城墙、城楼的"存"、"亡"问题极表关注，可见它的形象十分深入见过它们的面貌的人心。就建筑设计的观点而言，更重要、更使人感兴趣的问题还在于它们如何在材料和构造转变时在形式上继承传统。这方面的经验，实在是很有详加研究的价值。在今后的日子里，材料和构造方法必然改变得更为迅速，为了更好地解决我们目前面临的问题，详细地去弄清楚历史上"转变"的关键和解决的办法对我们今日的"创作"可能会带来不少的启示。

南京的城楼

① Siréno. 'Chinese Architecture' E.B.V.P.556

② 引自邓之诚注《东京梦华录》卷之一注三。商务印书馆1961年，香港版，第23页。

③ 宋代李诫《营造法式》卷三"城"条。

④ "羊马城"是城墙之外的另一道墙，位于"壕沟"的后面，制式见宋代曾公亮《武经总要》。

⑤ 宋代孟元老《东京梦华录》卷之一"东都外城"，香港:商务印书馆,1961.1页

⑥ 宋代沈括《梦溪笔谈》说："余曾亲见攻城，若马面长则可反射城下攻者，兼密则矢石相及，敌人至城下，则四面矢石临之。须使敌人不能到城下，乃为良法"。见《新校正梦溪笔谈》第121页。

⑦ 《五经异义》："城上垣谓之睥睨，言于孔中睥睨非常也，亦曰陴，言陴助城之高也，亦曰女墙，言其卑小，比之于城若女子之于丈夫也。"

⑧ 陆机的《洛阳记》："洛阳城，周公所制，东西十里，南北十三里，城上百步有一楼橹，外有沟渠。"

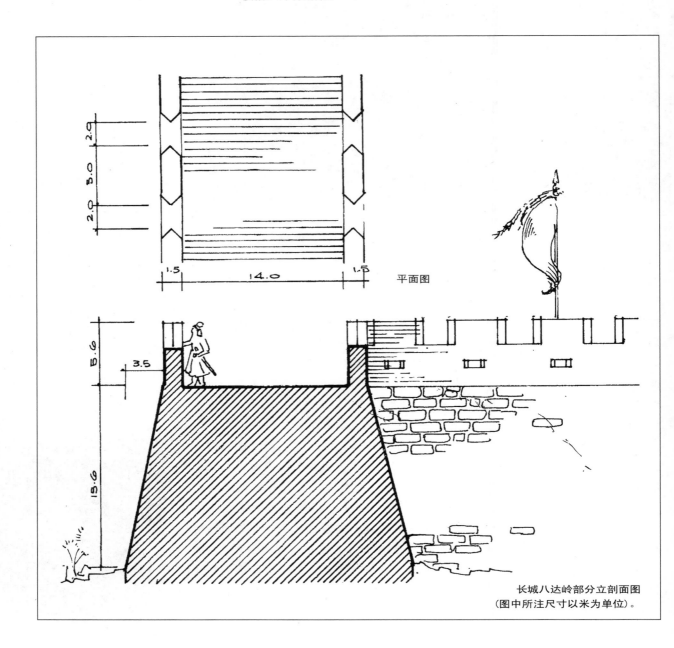

平面图

长城八达岭部分立剖面图
（图中所注尺寸以米为单位）。

邮票上的中国古代名桥：赵县安济桥、苏州宝带桥、灌县珠浦桥、三江程杨桥。

桥及"桥屋"

　　为什么中国的桥梁工程应该看作是一种"建筑艺术"呢？李约瑟的一些话可以看作从另外一个角度做出的解释。他论述中国的桥梁时一开始就说："当建筑师弗罗丁诺斯(Frontinus，35年—104年)写及1世纪时罗马的引水渠的时候，他描述完了之后加上了这样的话：'带来大量水的那一种必要的结构的模样，如果你愿意，可比之为无聊的金字塔，或者有名无实的希腊作品。'中国的同类作品就会在这个论点背后的思想态度有某些意识上的调协，但是他们的文化中的才能无一不是来自于巧妙地将理性和浪漫主义相结合，这就是结构工程所取得的结果。中国的桥梁无一不美，大多数的桥都极为美观。"①

　　建筑和结构、结构和建筑在中国是从来没有分离的。"城"我们不可能将其列为结构工程，"桥"自然也不例外。"桥梁"二字为什么合成为复词呢？在最早的时候，"梁"字最早的含义就是"桥"，《说文》称："梁，水桥也"；"桥，水梁也，从木乔声"；"乔，高而曲也"；"桥之为言趫也，矫然也"。大概，简支梁在桥梁上应用比在房屋上应用得更早一些。相信，房屋还处于用树枝和草泥弄成半地穴式"壳体"构造或者在"窨"式结构的时代，在河溪上架设的一些行人的"梁"已经存在，到了发展到懂得造"高而曲"的拱桥之后，"桥"的名称才出现，"梁"却被应用到房屋结构中去了。除了"桥墩"的建造是基于另一种技术基础外，桥身和房屋的构造在"思想态度"上表现出是完全一致的，大部分的桥都视为组成城市或建筑群的元素。

中国的桥梁是理性和浪漫主义相结合的结果。它们和其他的建筑物一样来自于同一的思想和技术基础。毫无疑问桥梁工程同时是一种建筑艺术。

在文献记载上，"列石为步"称为"矼"的"跳墩"早于"桥"和"梁"，于是有人便说桥的发展是由"矼"而"桥"的。其实，矼可理解为跳墩，也可以解释为"桥墩"，因为在矼上架设一些木梁并非困难的事，它们的发展不一定分成两个阶段，当然，在施工的时候它们是要分为两个阶段②。"高而曲"的拱桥是一种功能的形状，并非单纯是一种结构或者构造的形状，目的就是希望架了桥的河道上仍然不妨碍船只的通行。大概，拱桥是由木结构开始继而发展应用砖石法券，法券的构造形状和桥的功能形状恰好相一致。于是，砖石法券的应用大大提高了桥梁的结构技术，桥梁的建造也大大促进了砖石法券技术的发展。

从结构技术的角度来看，中国历史上曾经有过两座名桥：其一就是至今尚存的赵县安济桥，其二就是北宋汴京的虹桥。

以结构技术的进步和精巧而论，中国在历史上有两座桥很著名。一座就是建于隋大业年间（605年—617年）隋代的河北赵县的"安济桥"，这是世界上第一座"空撞券桥"，就是大券之上每端还有两个小券，单券净跨达一百二十三英尺。这座桥是由隋代工程师李春设计的，工程师和桥的故事一直为人所传颂。以建筑砖石拱券而称著的欧洲人到了14世纪才造出超过这个跨度的拱券桥，以这一点而言，中国在技术上就领先了达7个世纪之多。这座桥直到现在仍然存在，不但还好好地为人民服务，它的结构方式还被十分广泛地推广应用。

另一座就是北宋汴京(开封)城中的"虹桥"。这类桥早已不存在了，但是它曾经出现过却是无可置辩的事实。"虹桥"并不是某一座桥的专有名称，而

▲安济桥上精美的桥栏石刻

安济桥（丁垚　摄）▶

建于宋代横跨海上的晋江安海镇的"安平桥"，长达五里，俗称"五里桥"。

是当时的一种桥梁的类型。据宋代孟元老《东京梦华录》的记载就是："从东水门外七里曰虹桥，其桥无柱，皆以巨木虚架，饰以丹，宛如飞虹，其上下土桥亦如之。"③又，《渑水燕谈录》称："庆历中(1041年—1048年)，陈希亮守宿(今安徽宿县)，以汴桥坏，率赏损官舟害人，乃命法青州所作飞桥。至今汾汴皆飞桥，为往来之利，俗曰虹桥。"单靠文字的记载我们是无法清楚这种桥的结构和形状，幸而宋代的名画家张择端在他的名作《清明上河图》中将它颇为详尽地描绘出来，因而才得清楚它的形式和构造。虽然，中外有关著作提及这座桥的文字不少，但是都仅作为一种古代的"奇迹"来谈论。最近，有人对它做出工程学上的专门研究，推断它原来的设计和施工方法，并且评述它在桥梁工程中的意义，大大有助于"虹桥"正式地在桥梁工程学上占有它应占的地位④。

不论"安济桥"和"虹桥"，它们除了结构和功能上的形状之外，同时还充满了建筑学的"美"的意匠。例如安济桥，桥面本身同时形成一条十分柔和的弧线，再配上有节奏的"玉带"石栏杆，它的整个形象无论如何都是一件动人的艺术作品。我们对"虹桥"的印象来自一幅伟大的绘画艺术作品，它是《清明上河图》最吸引人的一个部分，原因可能是这座桥的形象十分有趣，是"现实主义"和"浪漫主义"高度成功地结合的一个实例。

《清明上河图》中的宋代木拱架构成的"虹桥"。

假如，要完全从工程或者结构、构造的观点来讨论中国的桥就得另外产生一本专著。19世纪时江西南昌就出版过一本谢甘棠的《万年桥志》，是一本详细的技术著作。现代桥梁工程学家茅以升也作过一些古代桥梁工程的评述。⑤在这里，我们进一步着重讨论的应该是组成城市或者建筑群的元素的桥。此外，桥和房屋建筑综合起来也是中国的桥的一个很大特色，这就是指廊桥、楼桥、亭桥以及屋桥。

唐代杜牧有一篇著名的《阿房宫赋》，其中有"长桥卧波，未云何龙?"之句，所指的是咸阳连接渭水两岸的大桥。杜牧没有见过这座桥，有关阿房宫和秦都的描写只是出于想像或者根据文献的记载。据说：渭水大桥桥长三百六十步，宽六十尺，由六十八座石拱券筑成，凡百五十柱，二百一十二梁，以石为墩，刻有力士孟贲等之像。这是见于记载的最大、最早的连接市区的大桥。古代的城市除了市区本身分布于河流的两岸之外，没有河流的也必然开人工的运河引水入市区的，除了供给城市用水之外还把它看作是一条交通动脉。因此，跨越河道的桥梁就成为城市中街道连接的主要手段。例如北宋汴京城，据《东京梦华录》的记载城中就有大小桥梁凡三十四座之多了。市区中的桥自然被看作是城市的重要组成元素，它们的设计自然就和道路及房屋等联系起来，它们要和周围的环境相协调。

宋代汴京的河桥曾一度发展成了"购物街道"(shopping street)。《宋会要辑稿·方城》中有"仁宗天圣三年正月，巡护惠民河田承说言·河桥上多是开铺贩鬻，妨碍会籥，及人马车乘往来，兼坏损桥道，望令禁止"的记载，可见当时的河桥曾经成为"摊贩区"。《清明上河图》中的"虹桥"桥面上是摆有售物摊档的，图文两相对照，证实此乃实情。清院本的《清明上河图》大概对文献的记载作过一些考证，索性就把桥的两旁全部绘成了小店铺，桥却变成了石拱桥，当然是完全出于想像。这类"购物街道桥"不但出现于宋的汴京，在其后的日子还在各地有了真正的发展，有些桥因为兼具"市集"的用途而全部架设了屋顶，成为了河上一座长廊式的市场。

添加更多其他用途是中国各地桥梁建设的另一个发展方向，这一来就使"桥梁"和"房屋"二者综合成一体。"虎廊"在中国建筑上有很长远的历史，它作为每一单座建筑之间的连接体，在起伏的地形上发展为"阁道"、"飞升"，很早就显示出了一种有屋顶的桥梁的意念。"廊桥"就是跨越水上的阁道而已，它们是建筑群当中传统的重要组成元素。亭桥、屋桥等就是这种设计概念的一些变化，桥身被看作是一个"台基"，在上面是可以添加任何建筑物的。添加了建筑物的桥梁就使桥的外貌产生了重大的改变，桥和屋的比重在构图上差不多相等，看起来桥就差不多像一座房屋，在印象上自然和房屋建筑等同了起来。

亭桥、榭桥、廊桥、屋桥等等是房屋建筑和桥梁建筑技术发展的一个交会点，二者似乎都各不从属，亭桥、楼桥等亦可称为"桥亭"、"桥楼"，也可视为亭或楼的一种。这样的"交会"并不是出于一种偶然，它们来自于中国古典建筑设计的基本体制。假如，中国建筑设计并不是采用分部组合方式，桥和"屋"就不容易那么顺乎自然地并合起来；假如，桥和"屋"没有共同的美学和技术的基础，即使并合起来也不会立刻就成为一件完整及和谐的建筑作品。

在河道纵横的城市中，河桥就是街道的连接和延续，这时候它们就变成城市设计的一种重要的素材。

桥和屋常常相结合，廊桥、屋桥、亭桥等到处存在，在这种情况下桥就被看作跨越水上用作建筑房屋的一个基座。

354

建于1757年扬州北门城外
莲性寺后的"桥亭"。

355

四川万县的"桥屋"

桥和房屋所采用的构件形制基本上是完全相同的，因而形成完全统一的风格，使人无法将它们从建筑中分割开来。

桥和"屋"还常常使用共同的附属性元素和完全相同的细部构件，由此使桥和"屋"之间产生非常紧密的有机的关系。桥的两端很多时候都立有标志性的华表，或者由华表发展而成的牌坊或者牌楼，附有"碑亭"或"碑楼"，作为"敕建"的纪念。桥身的栏杆就是建筑物上所用的钩阑，木桥用木栏杆，石桥用石栏杆，望柱和桥身水平方向伸延的线条组合起来形成一种十分有趣的节奏，也许这也是造成"无一不美"的一个重要因素。著名的建于12世纪的卢沟桥，望柱上每一只石狮子都雕刻成不同的姿态，就此大大增进了桥的艺术价值[6]，在总的形象来说，"卢沟晓月"是著名的燕京景色。不论大桥和小桥，它们和房屋建筑风格不但协调，而且是常常相一致的，因为它们使用相同的构件，使用着同一的"视觉语言"(visual language)。

① Joseph Needham.Science & Civilisation in China Vol IV:3. Cambridge University Press,1971.145
　罗马引水渠是形如桥梁的"行水"的拱桥，末句话原出于中国现代著名的桥梁学家茅以升。
② 《孟子》"岁十一月徒杠成，十二月舆梁成"。有人理解为分别完成"徒杠"与"舆梁"两项工程，如将杠理解为桥墩，则恰为说明两个不同的施工阶段。
③ 宋代孟元老《东京梦华录》。邓之诚注《东京梦华录注》，香港:商务印书馆.1961.第27页"河道"。
④ 杜连生《宋清明上河图虹桥建筑的研究》《文物》1975,4期
⑤ 谢甘棠《万年标志》光绪二十二年(1896年)刊行。
　茅以升《重点文物保护单位中的桥》《文物》1963,9期
⑥ 望柱上刻石狮子是"宋式钩阑"的标准形制。

园林建筑中的桥。因为"水面"是园林建筑不可少的组成部分。于是"桥"在大多数园中成为了不可缺少的元素。这些桥除了产生一定的交通功能作用外，更重要的就是使景色产生变化。它们常常成为景色中的主体，充满浪漫主义的色彩，如"月"、如"虹"，精美巧妙令人赞叹。

颐和园西堤玉带桥

颐和园亭桥

颐和园十七孔桥

"塔庙"及"塔坟"

佛塔是佛教输入之后才产生的一种建筑类型。一般都认为它源自于印度的斯屠巴，但是它多半完全以中国自己的形式出现。

20世纪之后，外来的文化开始大量地输入中国。学术界当中就产生过这样的议论：历史上中国对待外来文化的态度是经过消化然后吸收，变成了中国自己的东西才在文化中出现，"佛塔"就是一个最好和最明显的例子。其时这种理论是用以反对对外国的东西生搬硬套，一些建筑学者更以此为据来提倡民族形式。

"佛塔"自然是佛教输入以后才出现的建筑形式，几乎近代所有的学者都认为中国的塔是源自印度的"斯屠巴"(Stupa)或者"达格巴"(dagaba)。中国的塔，英文称为"pagoda"，用意就是用它本来的名称。印度的"斯屠巴"是一种什么类型的建筑物呢？根据菲利浦·罗华生(Philip Rawson)①的解释就是："早期印度建筑第三种类型就是以斯屠巴为中心——由墓室演变而成的一种穹形的结构。古代的斯屠巴形成伟大的佛教朝圣地的焦点。在顶点之下数尺通常是置放佛祖的遗物或者佛教圣物的小室。正规的印度礼佛方式包括绕行圣物一周，并且将它们放在右手面。这种仪式就是所谓'Pradakshina'。最早的斯屠巴建筑的发展包括在半球体的表面砌筑石块，再加上一个有栏杆的升高的基座，以及为进行仪式所需要的梯级。在地面上则以较大的围栏封闭着有基座的圆形的斯屠巴，其中通常都有一或者四道装饰丰富的'牌门'。这类基座、栏杆、牌门在公元前120年至公元100年间完成或者分别地完成。"②至于"达高巴"(dagoba)或者"巴高达"(pagoda)就是其后在印度庙宇中发展起来的略近于三角形的尖塔，它的意义、内容和斯屠巴是大致相同的。

中国的塔本称"塔婆"，大概就是"窣屠坡"的另一称呼"图坡"(tope)的一种译法。"塔"从印度传入开始主要是由佛经带来塔的一些概念或者制度，并没有带来真正的印度建筑形式，在一千多年前，建筑形式和建筑方法是难于跑得那么远的。在"东土"上，只好根据文字带来的意念重新创造这种意念带来的形状。佛塔的形式很多，大概是不同的佛教派别有不同的经典，由此形成多种的意念，要详细将它们分清楚就是十分繁杂的另一门专门学问。《涅槃经》云："佛告阿难。佛般涅槃荼毗既讫。一切四众。收取舍利。置七宝瓶。当于拘尸那伽城内，四衢道中，起七宝塔。高十三层。上有相轮。一切妙宝。间杂庄严。一切世间。众妙花幡。而严饰之。四边栏楯。七宝合成。一切装铰。靡不周遍。其塔四面。面开一门。层层间次。窗牖相当。安置宝瓶。如来舍利。天人四众。瞻仰供养。阿难。其辟支佛塔应十一层。亦以众宝而严饰之。阿难。其阿罗汉塔成以四层。亦以众宝而严饰之。"《十二因缘经》云："八种塔并有露盘，佛塔八重，菩萨七重，支佛(缘觉)六重，四果(罗汉)五重，三果(阿那舍)四重，二果(斯陀含)三重，初果(须陀洹)二重。轮王一，凡僧但蕉叶火珠而已。"凡此等等，佛经对塔的意义和制度都有解释，得其"神"后自可领会而去创造其"形"了。至于"天竺"如何去创造他们自己的"形"当时是无须亦无法深加研究。从建筑的角度来看，中国的佛教建筑形式并不能完全说是吸收了印度的佛教建筑，经过消化而重新创造出自己的东西来。

塔在中国的发展事实上显得很复杂，基本上还可以分为两类：一类是"塔

中国的佛塔实际上存在着相当多的种类和制式，有作为多层佛寺的"塔庙"，也有作为存放舍利子的"塔坟"。

威廉·威列特斯(William Willetts)在他的《中国艺术的基础》(Foundations of Chinese Art)一书中所做出的对中国佛塔建筑来源的图解：a. 汉代的陶器望楼；b. 印度桑志(Sanchi)的斯屠巴；c. 英国博物馆所藏的3世纪时印度的斯屠巴形式的"圣骨箱"；d. 5至6世纪敦煌壁画上的印度式佛塔；e. 敦煌壁画中的佛塔。

早期的塔位于佛寺中央，或者说是佛寺中心的高层部分，二者是连作一体的。这就是所谓"浮屠寺"。

庙"，一类是"塔坟"。虽然，在形式上似乎可见有两个体系，实际上界线也并不是那么清楚的，一些塔同时兼有二者的性质。在功能上，塔这种建筑形式还有多方面的发展，宋代所建的位于河北定县的"料敌塔"就同时兼具瞭望台的军事用途，亦有作为标志性的道家的"风水塔"，最后，中国的塔成为了中国文化自己的特殊产物。

阁楼式的木塔一般都是作为多层的佛殿，也就是在中国最早发展起来的一种形式，其时称为"浮图"、"浮屠"或"佛图"。2世纪中叶汉明帝"显节陵塔"大概是中国见于记载的最早的塔。《后汉书·卷七十三·陶谦》有过大建浮屠寺的记录："司郡人笮融，聚众数百，往依于谦，谦使督广陵、下邳、彭城运粮。遂断三郡委输，大起浮屠寺。上累金盘，下为重楼，又堂阁周回，可容三千许人。作黄金涂像，衣以锦彩。每浴佛，辄多设饮饭。布席于路，其有就食及观者且万余人。""上累金盘，下为重楼"就是"塔庙"的基本形式，"堂阁周回"说明了"塔"位于建筑群的中心，或者说是视线的焦点。这时候塔和寺是连结起来的一座建筑物，其目的不在于单纯建筑塔，应该说是效法印度供佛的楼阁式的殿堂。楼阁式供佛的殿堂印度称为"精舍"(Vihara)或者"僧伽蓝"(Samhgrama)，这是包括将"舍利塔"置在殿堂中央的整座佛教寺庙。

在"风水"之说中，塔有称为"文笔"的，用以象征当地的人才辈出。

左：扬州大运河畔的文峰塔
右：河北定州瞭敌塔（开元寺塔）

佛寺名为"僧伽蓝"，因而有《洛阳伽蓝记》一书之名。此书开宗明义第一件事就谈"永宁寺"，相信永宁寺就是中国，或者可能是举世最大规模的有佛塔的佛寺，在第三章的"宗教建筑"部分中已作过了一些引述。对此寺北魏郦道元的《水经注·榖水注》有这样的评述："取法代都七级而又高广之，虽二京之盛，五都之富，利刹灵图，未有若斯之构。按释法显行传四国，有爵离浮屠其高与此相状，东都西域俱为庄妙矣。"很多人不大相信永宁寺的浮屠高达四十余丈，③"去地千尺"④就更觉是夸大之词了。假如我们以现存的辽代佛宫寺大木塔来作一比较的话，四十余丈实在是有可能的。佛宫寺塔五层，高二百二十英尺，底径约一百英尺。永宁寺塔九层，基方一百四十尺，比它高出一倍多一些应该是可信的。《魏书·艺术传》说此塔的建筑师是郭安兴，他的成绩其实可以和举世任何一位伟大的建筑师媲美。可惜这座巨大的建筑物只存在了18年，永熙三年(534年)二月就为火所焚毁。因为它存在时间过于短暂，它给世人留下的印象就不如它的规模那么大了，后世虽见于记载，问题在于它高和大得叫人不敢相信。

从建筑发展的路线来看，楼阁式的浮屠应该是汉代已经兴起的发展"高层建筑"的意图的延续，不过以佛教的内容而作再进一步的表现而已。"塔身"基本上是"阁楼"，唯一表达佛教精神的形状只是在攒尖顶上加上了"刹"(刹，Chhatra，印度式的华盖)以及象征性的"层数"。大概因为"火"的教训，木结构的高层建筑此后就没有得到很大的发展，这个问题是中国建筑之所以改变向平面上伸延的一个很主要的关键因素。

永宁寺塔是中国历史上见于记载的最高、最大的塔，它比现存的佛宫寺木塔高出一倍多，可惜只存在了18年便被火焚毁。

宋代绘画《雪晨早行图》中的寺塔。锥形的塔后世已不见，敦煌壁画中却有类近的形式。

建于辽代统和二年(984年)的蓟县独乐寺观音阁。这座阁虽然不能称之曰"塔"，但是它的实质实在是古代的楼阁式的"浮屠"之一，佛宫寺木塔或者永宁寺木塔不过是层数更多的"浮屠"而已。（何蓓洁 摄）

6世纪北魏时盛行将住宅改作佛寺，然后另行加建佛塔，于是塔和寺就开始分离，各自独立另成一体了。

佛塔独立存在后就出现砖塔，虽然它们在装饰上模仿木结构的形状，但是由于材料性能的关系表现出来的常是另外一种形体和风格。

另一方面，以浮屠为中心的"浮屠寺"形制在北魏后就瓦解，因为"朝士死者，其家多舍居宅，以施僧尼，京邑第宅略为寺矣"⑤，佛寺由住宅而成的居多，"塔"便不可能再是佛寺的中心，如果要加建佛塔也只好另找地方，于是"塔"和"寺"就开始分家，并不结合在同一座建筑物中。独立的"塔"在功能上就较少作为多层的佛殿，而主要就是置放"圣物"或"舍利"，表征佛法的"纪念性"建筑物。

非佛殿式的佛塔转为以"砖石结构"来建造，主要原因可能是与其功能目的相配合。因为塔具有"坟"的内容，中国建筑坟传统上是用砖修筑的，其次塔被视为永久性的纪念建筑物，结构材料自应与其要求相配合。北魏时代已开始建造砖塔，现在的嵩山嵩岳寺就保存有一座建于正光元年(520年)的十二角十五层砖塔，这是中国尚存的最古建筑物之一。砖塔的出现使塔的形式产生变化，因为砖是不可能像木结构那样产生很大的出檐，因此多半为"密檐"式，虽然细部常常模仿木结构，但是形式脱离不出材料性能的局限。

上图为唐代的砖塔，右图为曾经作为唐长安城一个突出标志的大雁塔。它们都表现出砖石结构所具有的体形，前者是"舍利塔"，后者的形式来自"浮屠寺"，因而产生不同的功能形状。另一值得注意的就是唐代的佛塔多半都还保持着始创时的方形平面。

左：嵩山的"塔林"（李路珂　摄）
右：五台山塔院寺内的白塔（丁垚　摄）

中国的塔是自己创造自己的形制在前，真正受到印度佛教建筑影响在后的。在漫长的十多个世纪中，由于佛教的关系，"东土"与"西域"的文化不断交流，斯屠巴、巴高达等印度"佛塔"制式是搬了不少过来，因此也出现了好些完全受外来影响的塔。塔在形式上出现比任何其他类型的中国建筑更为多姿多彩的局面，也许这就是两种不同的文化融会的结果。

　　在布局上，除了"塔庙"(浮屠寺)之外，独立的塔有以单座、双塔、塔群以至塔林出现。"双塔"是常见的形式，各地有不少"双塔寺"，在同一城市中也常出现巨大的双塔，如福建泉州建于宋代的东西石塔。云南大理和大运河上有三五成群的塔群，嵩山少林寺南面就有两百多座唐宋以来陆续建立的"塔林"。在结构上除了砖塔之外还有石塔、铜塔、琉璃塔，以及砖木混合结构的塔，杭州西湖的保俶塔和雷峰塔就属于这一类。以塔的平面形状而言，唐之前多为方塔，这是塔原始的平面形状；五代后六角形、八角形、十二角形、圆形等较流行，也许发觉这样做对结构更为有利，形式上有更多的变化。日本现存的古代佛塔多半是方的，他们一直保留着本来的形制。

　　在此不得不反过来再说一说，其实真正的印度式的"斯屠巴"在中国是另成一个体系发展，这就是"喇嘛塔"。喇嘛塔和多层的浮屠已经成为两种不同类型的建筑物，它们是"坟塔"，亦有无"舍利"置于殿堂中称为"支提"的。元以前，它们不在建筑上占什么位置，规模不大，南北朝时只作为龛顶。元人提倡喇嘛教，因而大建喇嘛塔，北京妙应寺的白塔就是其时的产物，清初喇嘛教复大盛，北京北海景色的顶点就出现了白塔。对于"斯屠巴"，李约瑟的形容就是"一种人工的半球形堆土，也是一种宇宙或者宇宙缩影的意思，因为它是整个世界的模型，或者至少也是中央的圣山，它包藏着佛教的遗物在它的内部，上面再加上代表荣耀的华盖"⑥。最后，他加上了一句，"也许就是由此最后变成多层的塔"。我们上面已经分析过，至少在中国显然多层的塔并不是由此而变成。

因为目的和用途不同，历代的塔分别有以单体、双塔、塔群以至塔林等方式出现。

中国也有真正移植印度建筑形式的塔，这就是"喇嘛塔"，它们在元代及清初时才较多地出现。

363

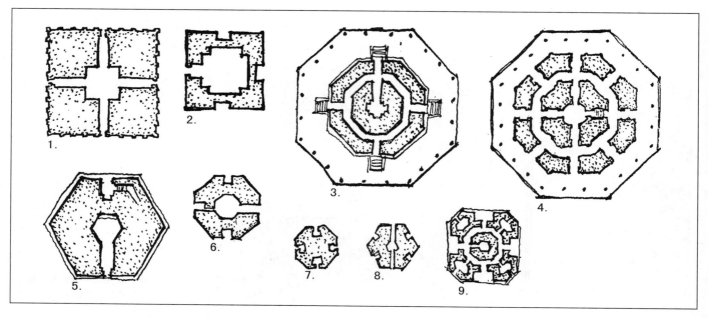

唐代之后，塔的平面形状逐渐由方形改变为多角形。

1. 唐·大雁塔；　　2. 唐·小雁塔；
3. 宋·报恩寺塔；　4. 宋·六和塔；
5. 宋·双塔；　　　6. 宋·开元寺塔；
7. 宋·祐国寺塔；　8. 宋·国宁寺塔；
9. 金·广惠寺塔。

在中国建筑中，"塔"的特点有二：其一就是较早、较普遍使用永久性的结构材料，因而今日尚存的古建筑以塔为多。唐代之前的"房屋、宫室、庙宇"均不可见，唯独塔尚存，塔成为了中国建筑历史最多的"遗物"。其二就是中国建筑独有的往高空垂直伸展的体量(也许建造它们就是有意让它们来担负这样的一个构图上的任务)，和其他建筑物形成强烈的对比，在视觉上产生令人极为深刻的印象。

除了浮屠寺之外，塔的"艺术"价值似乎任何时候都大于它的实用价值，它的形象颇能影响人的思想感情。李约瑟就这样说："每一个在中国住过的人对塔都衷心地喜爱，成为一种个人感情上的维系。我经常愉快地追忆起四川明阳城南及甘肃兰州东门展望着河流交汇点的塔……"⑦

苏州双塔寺的双塔（陈霜林　摄）

① 菲利浦·罗华生，杜尔汉(Durham)大学东方艺术博物馆管理人员。
② World Architecture,An Illustrated History.P.132.
③ 《魏书·卷一百一十四·志第二十》谓"高四十余丈"，《水经注》称"方十四丈，自金露盘下至地四十九丈"。
④ 《洛阳伽蓝记》说"合去千尺"，《内典录》卷四亦谓高九十丈。
⑤ 《沙门统惠深之条制启》。
⑥⑦Joseph Needham.Science & Civilisation in China Vol IV:3.Cambridge University Press,1971.137

　　辽代建筑的北京天宁寺砖塔，立面显著地分为三部分——塔座、塔身和十三层的密檐，高达180英尺，为北京现存的年代最古的建筑物之一。在辽代时，这座塔位于金中都的市区中心，显然就是当时城市中心的高层建筑物。它的体形对城市景色起着重大的作用。

茂陵出土的瓦当

茂陵为汉武帝刘彻的陵墓，位于今陕西兴平县，反"斗形"的"方中"边长240米，高46.5米。

陵堂与墓室

厚葬之风随奴隶社会的发展而兴起，《周礼》像制定房屋制度一样按照等级来规定陵墓的规模和形式。

虽然，我们也可以把陵墓看作是一种纪念性的建筑物，但是，它的内容和功能并不是单纯以此为目的。尤其在古代，它包括着对人死后的世界环境的安排，它反映着一定时代存在着的一种"世界观"，一种对生死问题的认识以至宗教性的对死后世界的构想。人类在开始进入文明世界之后，首先产生规模最大的建筑物就是陵墓，原因就是奴隶社会的产生，奴隶主的思想存在着生是短暂的，死才是永恒，他们要调动他们可能驱使的力量去为自己建立永恒的世界。

公元前20多个世纪，埃及人便开始一个接一个地建造规模巨大的皇"陵"——金字塔，金字塔成为了人类文明开始的一种标志。当尼罗河畔千千万万的奴隶为帝皇建立他们死后安身之所的时候，中国人厚葬之风尚未形成，《易经》说："古之葬者，厚衣之以薪，藏之中野，不封不树。""葬"字的构成就是上面是"草"，下面代表着"树枝"，中间的是尸体，表示这个样子就叫做"葬"。不过，进入了奴隶制时代，规模巨大的陵墓就产生了，不管人们反对或者赞成，厚葬之风兴起，也许这就是阶级社会的必然产物。在殷商时代，不但大贵族及奴隶主们"厚葬"，并且大量杀人殉葬。那个时候，好像奴隶主才是人，奴隶只是奴隶主所属的"物"，连同主人一起埋到地下去。

366

正如住宅的制式一样，陵墓的设计也包括在"礼制"的内容里面。《周礼》："冢人掌公墓之地，辨其兆域而为之图。先王之葬居中，以昭、穆为左右。凡诸侯居左、右以前，卿大夫士居后，各以其族，……"帝皇将相不论生前和死后都要保持严格的等级秩序。还有"凡死于兵者，不入兆域，凡有功者居前，以爵等为丘封之度与其树数"。什么叫做"丘封之度"呢？王公等人的墓称"丘"，诸臣的称为"封"，列侯则称为"坟"。坟丘的大小是按其等级加以规定的，例如列侯的坟高四丈等。此外，礼制中还包括有衣衾棺椁以及葬礼仪式等种种细节，正如房屋建筑一样，那个时候的陵墓建筑绝不会是各显特色的"自由创作"。

有一个问题应该指出的，就是坟墓除了外形依一定的制式之外，墓内开始建立墓室，将当时的生活象征性或者模拟性地搬到地下去。古代的人有这样一种观念，死去的人会和生前一样"生活"，因此在墓里要提供死人的"生活需要"。《西京杂记》说过一些古代的考古工作，汉广川王时发掘过晋灵公之冢，"晋灵公冢甚瑰壮。四角皆以石为獦犬奉烛。石人男女四十余，皆侍立。棺器无复形兆，尸犹不坏，九窍中皆有金玉"。魏哀王的冢就是"石床方四尺，上有石几，左右各三石人立侍，皆武冠带剑"。又"床左右妇人各二十，悉皆侍立。或有执巾梳镜镊之象，或有执盘奉食之形"。大概，那时活人殉葬已经不再采用了，改用石人来代替，其后的"俑"就是由这种观念演变出来的产物。

陵墓建筑对整个中国古典建筑说明了两个十分有意思的问题：其一就是显示在建筑技术上中国是同时掌握砖石构造的技术，对材料的性能和力学有深切的认识，20世纪50年代之后的大量古代墓葬的出土做出了充分的证明；其二就是因为墓室大体上是模仿当时的居室，通过对"地下宅第"的了解同时可以推断出当时的地上宅第的情况。有趣的问题在于地上的宅第已经消失，"地下的宅第"却原封不动地尚存，由"地下"可以间接地了解"地上"的情况。假如，古代的墓葬没有模拟生前生活的想法的话，10个世纪以前的中国建筑的历史很多部分都会是永远解不开的一个谜了。

《新中国的考古收获》一书中说："东汉时期，地主阶级的坟墓发展为按照生人居室的布局设计。在洛阳地区，一般设耳室、通道、前堂、后堂(主室)

古代的墓室建筑给我们说明了砖石结构在中国发展的历史，通过它们的形制同时也可以了解当时的生活情况。

墓室的石门

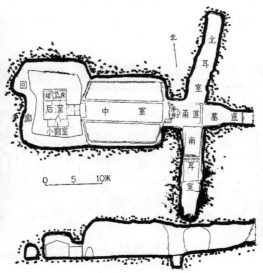

河北满城汉中山靖王刘胜墓的平面图和剖面图。墓室的平面仿照住宅的布局的关系构成，陪葬的物品说明了各室的意想中的功能。这座墓出土了大量珍贵的汉代文物，其中包括著名的"金缕玉衣"。

等四部分。随葬品的放置具有一定的意义，左耳室放灶、釜等炊具，右耳室放车马具，并置陶仓；前堂是鼎、盒、杯、案等食具，后室则为镜、剪、剑等随身用具，这种布置，分明是以墓室比居室：入门左侧是庖厨之所，右侧是车马房兼作仓廪，前堂为饮宴之处，后室则为居寝之所。"①除了住宅的平面布局原则得到了间接的证明之外，墓室内还有仿照木结构式样的石柱和斗拱，有表现当时生活情况的墓砖画像，它们都直接给我们提供许多珍贵的古代建筑真实的形象。

汉谓天子冢曰"陵"，此后"陵"就成为了皇帝的坟墓的尊称。历代的皇陵一般都规模极大，一若皇宫。

皇帝们的坟墓正如皇宫一样，它们也是当代有代表性的最大的建筑物。汉代之后，帝皇之墓就尊称为"陵"，此后就一直沿用下来了。《水经注》说："秦名天子冢曰山，汉曰陵。"所以秦始皇陵当时曰"骊山"，汉高祖冢就叫做"长陵"。秦汉时代对于陵寝的经营看作是非常重大的事情，由帝皇登基之日起，即以国库三分之一来营建陵寝，其规模和制式一如宫殿，不但城垣、角楼、官署、兵房等一应俱全，而且还有囿苑。地下部分称为"方中"，四出"羡道"(通往地下墓室之隧道，古之仙人称为"羡门")，地上部分名为"上方"，有陵垣、角楼，垣四方中央有阙。另外还以"陵"为中心而建立起一个城市，称为"陵邑"，西汉时代每当皇帝驾崩，就移天下富豪来守陵，在陵旁建立起一个为守陵的人居住的邑。据说，汉武帝的"茂陵"人口比起长安来还要多。

佛教盛行的魏晋南北朝时期却扭转了人死后还可继续享受生前的生活的想法，建立起佛教的世界观，一反"厚葬"之风，就算皇帝的陵寝也简化起来。信佛的皇帝如汉明帝，死后就只建筑一座"佛塔"便算了，此后的几个世纪都没有规模巨大的皇陵出现。

皇陵大体上由两部分组成，一部分为地下的陵寝墓室，一部分是地上的供举行祭祀之用的建筑物。

规模巨大的皇陵到了唐代又"复活"，相信和中央集权、国家统一有关，通过建陵来象征巩固统治。唐陵创造出自己特殊的形制，有所谓"上宫下宫"之分，上宫为陵寝墓室，下宫为距陵十里之地而设的"斋室"，作为遥祭之处。这两部分用"神道"连接起来，两旁分列望柱，石人、石兽等"石象生"，将陵的规模在平面上更大地展开。秦始皇的"骊山"是方形的"金字塔"，边长约两千英尺，高达二百多英尺，强调"陵"的体量。唐陵就反其道而在平面上延展，不再像汉代那样要活人来守陵，而将功臣们集中葬在一起，使功臣们生前死后都得长伴君王。"陵邑"变成了一个完全是死人们构成的"城市"。

茂陵出土的"玄武"图案的墓砖

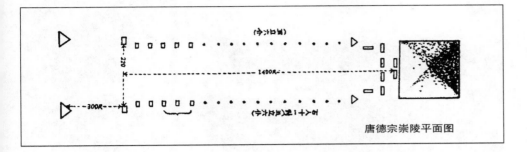

唐德宗崇陵平面图

在唐陵的制式基础上，明清时代将"陵墓建筑"的发展推往一个很高的"建筑技术和艺术"水平。虽然所有明清规模巨大的陵墓都各有其创造性的特色，但是在基本形制上是继承传统的，可以看到有其发展的源流。明清时代之所以能大搞陵墓建筑，理由之一是继承汉唐的传统，而其时的国力是可以承担这种巨大的浪费，在建筑材料和建筑技术上有了新的进步，因而就产生新的创造性的表现。北京的皇宫，从明到清一共曾为24位皇帝使用过，"使用效率"也算很高，差不多接近5个世纪一直成为中国的政治中心。而死了一个皇帝便筑一座纯粹属于他的"宫殿"。皇陵和皇宫的建筑费用大概不会差到哪里去，24座皇陵累计起来的数字就大得惊人，可见死了的皇帝比活着的皇帝更为浪费。

明太祖的孝陵在南京，花了16年时间才建成了一座地上地下一如"皇宫"的陵寝。(明成祖改建北京城也只花了16年!)地宫部分为"亚"字形的拱顶石室，石室之上就是称为"宝顶"的坟丘。这座精心构筑的孝陵成为了明清两代皇陵的"先驱"，其后皇帝们纷纷效法，形成一个特殊的皇陵建筑体系。中国皇陵建筑的高潮就是构成一个巨大的"陵群"的"明十三陵"。明成祖定都北京后，在北京以北的昌平封了一个山用来经营一个按照总体规划来建造的"皇陵区"。这座山就此称为"天寿山"，将明代的13个皇帝，自永乐(朱棣)至崇祯(朱由检)都营葬在这个地方。这组巨大的陵群以成祖的长陵为中心，形成一条十分强烈的中轴线，入口的蓝琉璃石牌坊，7公里长的神道，山口高地上作为陵区外门的大红门，长陵的主体建筑物如祾恩门、祾恩殿、内红门、方城明楼、宝顶等均在一条轴线上。这条轴线更伸延至天寿山的主峰，人工和自然环境完全无间地配合起来，整个布局思想是和北京城市设计的构图相类似。自然，地形的选择和布局思想与"风水"之说有关，但是除却了这一个内容外仍然是一种很值得研究的构图法则。

这一个"陵群"不但是世界上最大规模的陵墓建筑，它的延展深远、规模壮丽的构图更为举世的城市规划家所注视。爱蒙德·培根(Edmund N.Bacon)在他的《城市的设计》(Design of Cities)一书中就说："建筑上最宏伟的关乎'动'(movement)的例子就是北京北部明代皇帝的陵墓。在林木中穿越的长长的通道(神道)，以有节奏的距离的拱门、石像和石兽等石刻表现出来，它们面对着通道而排列。顶点(climax)就是位于山脉中心的一座有脊棱(groin-vaulted)屋顶的门楼，在山脚下有十三座大殿，后面就是十三座皇帝的坟墓。它们的气势是多么壮丽，整个山谷之内的体积都利用来作为纪念已死去的君王。"[②]

明太祖巨大的"明孝陵"是明清两代皇陵的"先驱"，此后就产生皇陵建筑的高潮——明十三陵。明清两代的"陵群"在中国建筑史上都占着极为重要的篇章。

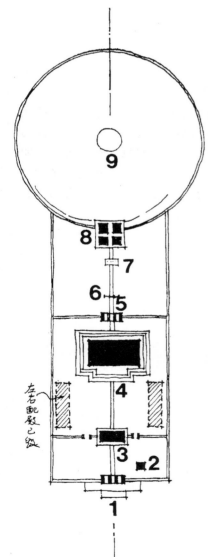

明长陵平面图：

1. 陵门；　　　2. 碑亭；　　　3. 祾恩门；

4. 祾恩殿；　　5. 内红门；　　6. 牌楼门；

7. 石五供；　　8. 方城明楼；　　9. 宝顶。

左右配殿已毁

9

8

7

6 5

4

3 2

1

上：明长陵方城明楼

下：明十三陵全景

370

明长陵位于中轴线上入口处的石牌坊。

　　值得注意的就是不论皇陵的布局和建筑群的布局在原则上仍然是完全一致的，由此说明构成极大规模统一的群体是中国古典建筑的一个相当重要的思想。到了清代，明十三陵式的"集中式陵群"仍然继续产生和出现，位于河北遵化的马兰峪山谷就是清皇室的皇陵区。这个皇陵区有长达11里的主干道——"神道"作为中轴线，然后分出支道通往诸陵。这里一共埋葬着顺治、康熙、乾隆、咸丰、同治等五帝，慈安、慈禧等十四后及一百一十七名妃嫔，一共组成了大小十五座陵园。部分清帝还葬于满族的故乡——东北，因此帝陵就不及明代那么集中。分散式的诸陵因各地有不同的地形上的特点，因而构成不同的面貌，如沈阳的"东陵"和"北陵"给人的就是两种不同的视觉印象。

　　每一座皇陵都有其地下的墓室部分，墓室的建筑华丽，被称为"地下宫殿"。20世纪50年代时中国的考古学家对明神宗的"定陵"进行了发掘工作，将地下部分达一万平方英尺的墓室真正面目重新展示了出来。明神宗朱翊钧22岁的时候就开始动员人力、物力来营建这座永久栖身之所了，据说当时的皇帝自登基之日起就着手对自己陵墓的兴建，在位愈久的皇帝就经营得愈富丽堂皇。朱翊钧在位长达48年，为明朝在位最长的一个皇帝。万历当皇帝的时候是16世纪晚期至17世纪初期(1573年—1619年)，在中国建筑史上正是一个发展的转折点。"定陵"重见其面目，除了带来一大批珍贵精美的陪葬品之外，还显示出丝毫未经改动的明代建筑技术和艺术的原貌。

　　李约瑟对中国的皇陵颇多赞叹，他说："皇陵在中国建筑形制上是一个重大的成就，假如我们深入一些论及同类的题目，这并不是故意特别重视帝皇体系来说话，而是因为它整个图案的内容也许就是整个建筑部分与风景建筑相结合的最伟大例子。在东北的沈阳，清代早期的陵庙今日仍然保存得很好，而最

在建筑史的意义上，中国巨大的皇陵不亚于同时代的欧洲大教堂。在历史上，建筑从来都是为权力拥有者们服务的艺术。

左下：清代陵群东陵的"神道"（徐广源等　摄）

明定陵"地下宫殿"——墓室的大门。这座大门深入地下二十多英尺，墓室面积约为一万平方英尺。

大的杰作肯定还是北京北部的陵墓组合——'明十三陵'。"在详加描述十三陵的布局之后，他说出了自己的体会："在门楼上可以欣赏到整个山谷的景色，在有机的平面上深思其庄严的景象，其间所有的建筑物都和风景融会在一起，一种人民的智慧由建筑师和建筑者的技巧很好地表达出来。"⑧其实，在建筑史的意义上，中国的皇陵不下于同时代的欧洲大教堂。不过后者位于城市，为人所注意，前者在郊野，能充分领略它们形象的人就不多。这种情况也说明了两种不同文化的不同"性格"。

因为地下墓室的存在，中国建筑在某种角度上来看似乎可分成两个体系：一个在地面上为活着的人服务，一个在地下面为死去的人构成一个世界。可是在今日而言，古代为活人服务的建筑大部分都"死"了，随着考古工作的发展无数为死人服务的建筑却"活"转来，作为极有价值的一种历史见证而为活人服务。古代厚葬之风也许真的存有一些想法，希望由此将当代之物安全地保存至很远很远的后世，到了有朝一日"重见天日"的时候，至少因而连自己的姓名也能在后世"活"过来。这种"心思"未见公开说出来，不过在古人心目中，有此之见实在也并不会奇怪的。

古代的墓葬为今日带来极为丰富的古代文物，图为唐墓出土的三彩鸳鸯壶。

位于西安西北的武则天的陵墓，前面两旁排列着翁仲的"神道"自然的小山丘当作墓室之上的"上方"。唐代的皇陵是习惯选取山丘凿穴纳棺的，较人工去堆积反斗形的"上方"或"宝顶"省力合理得多了。

① 中国科学院考古研究所《新中国的考古收获》文物出版社,1961年12月.85页

② Edmund N.Bacon.Design of Cities.Revised edition.London:Thames and Hudson, 1974.20

③ Joseph Needham.Science & Civilisation in China Vol IV:3.Cambridge University Press,1971.143

北齐墓葬中的武士俑（丁垚 摄）

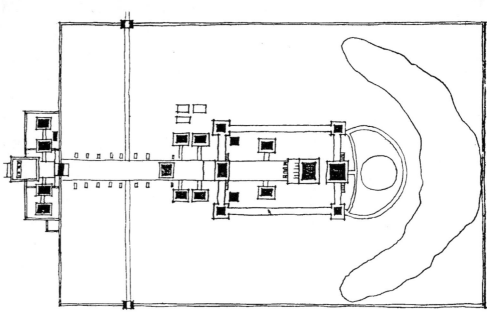

沈阳清昭陵平面图

第十一章
城市规划

- 古代的城市和规划
- 都城的盛衰和兴亡
- 城市形状的产生和变迁
- 城市的内容和组织
- 道路网和城市的布局

古代的城市和规划

  在中国的汉字中，"城"字有两种含义：其一就是"城墙"，其二就是"城市"。城市的"城"是由城墙的"城"而来的，显然因为城墙就是城市的一个主要的代表性的具体形象。到了城字已经习惯用来同时表达城市的意思之后，古代的字典《说文》就做出了"城，以盛民也""墉，城垣也"的解释。以"城墙"来代表"城市"，其中说明了几个问题：除了城市必然有城墙之外，在古代很多时候都是先修筑城墙然后才形成城市，建筑城墙是建城的一项首先和主要的工作。"它们规划成理性的防御工事图案，产生于经过地形上的小心选择。"①

  西方古代的城市也有城墙，但是 wall(城墙)并没有代表城市的含义。urban(城市、市政)来自拉丁文的 urbs，原意指城市的生活；city(城市、市镇)一字则含义为市民可以享受公民权利，过着一种公共生活的地方；相关的字如 citizenship(公民)、civil(公民的)、civic(市政的)、civilized(文明)、civilization(文化)等就是说社会组织行为处于一种高级的状态，城市就是安排和适应这种生活的一种工具②。

中国古代的城市多半是先修筑城墙后形成市区的，西方古代的城市大部是形成了市区才修筑城墙。

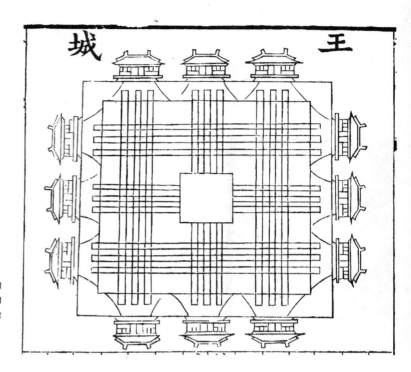

《三礼图》一书中关于"王城"的插图。就是《冬官考工记》中所说的"方九里，旁三门，九经九纬，经涂（途）九轨"的图解。

由政治或者军事需要而建立的城市并不需要经过一个长期的成长过程，它们是按照预定的计划建设而产生。

在字义上的不同便反映出中国和西方城市的发展有着不同的方式。差不多所有有关城市规划的著作都认为城市是由于地理上的原因，例如河流和道路等交通的交汇点，基于地区中经济的发展，使居民点逐渐地扩大而形成。当然，在历史上，中国也存在着这样的自发而形成的城市；但是，相反地，古代中国更多的城市是和封建的城堡合成一体，用作地区行政的中心。这类城市的兴起并不需要一个成长的过程，基于政治、经济、军事等需要，首先便有计划地将城市的外壳——城墙兴筑起来，内部的一切才继之而发展。这是一种"由外而内"的方式发展起来的城市，城市的建立基于人的主观能动性多于自发地自然地形成。

关于"中国型"和"欧洲型"的古代城市，李约瑟曾经有过这样的分析："因为中国的城市不需要成长，事实上它们的收缩常常因为它们的发展；遗留下来的城墙的外壳要重新加以整理，或者因为已经转换了一个朝代。它们的居民仅仅是每个个人的总计，他们每个人和家乡都有十分密切的关系，因为在那里先人的田园庐墓仍然存在。而欧洲的城市是从内部发展起来的，中心在于它的广场、市场、教堂、街市、市政厅和基尔特，外部的城堡才有中国城市的意义(中国的'城'字就是城墙的意思)，它们的中心点却是鼓楼、衙门——军政的办公处。"③当然，欧洲也有以军事、政治为中心堡垒型的城市；中国同样出现因商业等经济因素而自发形成的都会，不过二者显然有着不同的城市观念和建城思想。

古代中国的建城思想和建筑思想基本上是相一致的。也许，"城市规划"这门技术和学问，中国是产生和发展得最早的国家。在古代文献中，建城的理论常常和政治及军事思想联系起来，有关城市建设的观点比建筑的理论多得多。著名的《冬官考工记·匠人》所载的就是最早的有关城市规划的一个官方理想

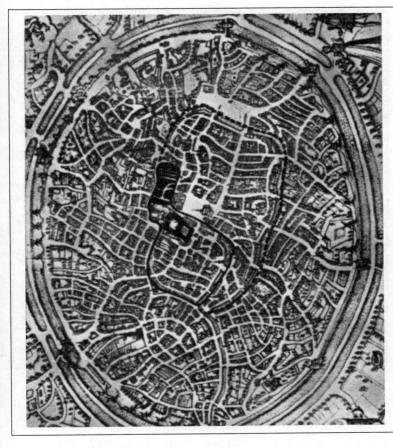

由内而外的古代"欧洲型"的城市发展。中心黑色部分为最早的市镇，粗黑线代表11世纪时的市区，虚线为12世纪时的城市范围，最后才发展成为一个有"城"的"市"。图为比利时西部古代的布鲁支 (Bruges) 市。

模式，虽然对它的内容有着种种不同的评价，但是无论如何它是人类社会早期提出和制定的当时认为最"理想"的城市规划制度。事实上也是这样，无论何时制定或提出的理想城市设计方案，包括19世纪以至近代的，它们都不可能得到完全的实现，不过，这种"意念"对城市设计就常常深具影响力。

在中国的城市设计思想中，建城就等于计划建设一座庞大的建筑物。因此，在公元前十多个世纪的时候，中国差不多就已按照一定的"城市规划"去兴筑城市。在周代，城市的大小规模及类型形式已被纳入到"礼制"中去，按照规定，天子的城方九里，公爵的城方七里，侯爵与伯爵的城方五里，子爵的城方三里。在各诸侯国中，卿大夫所建立的都邑，大的不得超过国都三分之一，中等的五分之一，小的为九分之一④。城墙的长度和高度也依照城市的规模而引申出来。《春秋公羊传》称："雉者何?五版而堵，五堵而雉，百雉而城。"古人注曰："天子之城千雉，高七雉；公侯百雉，高五雉；子男五十雉，高三雉。"⑤当然，这些不过是大致上的标准和一种构想，其目的就是要求建立起一套制度，建设一个合乎当时统治思想要求的有组织的、同时又反映出严格的等级次序的封建王国。

这些构想在具体实践上自然碰到更多的问题。在城址的选择上就必然和军事地理及人文地理联系起来考虑，标准化的城市形制在和地形、地貌相结合时肯定会出现不少矛盾。于是，一种基于实践经验而来的建城学说就出现了，例如《管子》说："凡立国都，非于大山之下，必于广川之上。高毋近旱而水用足，下毋近水而沟防省。因天材，就地利，故城郭不必中规矩，道路不必中准

有关城市规划这门学问和技术，中国可说是产生和发展得最早的国家，古代的文献和著述曾经大量记载过讨论城市规划问题的理论。

中国目前发现的最早的城市遗址——河南郑州商代城市，它是比安阳"殷墟"更早的盘庚迁殷前的遗址，存在的时期是在公元前15世纪之前。城市面积约25平方公里，城墙周长7公里，东城和南城长度相等，皆为1 700米。显然这已经是一座按计划建设起来的大城市。

古城遗址发掘出来的"玉铲"

古代对城市的形制有两种不同的主张：其一就是推行规则整齐的标准化城市计划，其二就是强调因地制宜结合客观实际而进行规划。

通过统一计划的建设，古代很多大城市都是在极短暂的时间便迅速地建立起来，它们就成为了一定时代的一定产物。

绳。"又说，"地之守在城，城之守在兵，兵之守在人，人之守在粟。故地不辟则城不固。"这就是反对套用模式去建城的理论。

一些历史学家认为，中国在历史上曾经出现过两种不同的城市规划理论，分别代表不同的政治、哲学思想：一种是主张自由布局的，一种主张规则整齐的构图。其实，从建筑以及城市建设技术角度来看，这个问题是较容易理解的。在平坦的土地上较为适合整齐的构图，不论在交通、美学，以至军事上，严格整齐的规划都是有利的。但是，对于复杂和特殊的地形，规则整齐的布局是不可能实现的，不但古代的技术力量无法实现，现代的技术力量也难于实现，于是，这一类城市不得不作因地制宜地自由布局。假如，我们将所有中国城市的构图总结一下，就可以看到，假如地形许可的话，基本上都是按照整齐规则的传统的模式来规划的，遇到了特殊的地理环境，或者城市本身是按照特殊的条件发展而成，它们就显现出一种因地制宜式的特殊布局。其实，根本问题就在于城址的选择。

自由布局很多时候都是非计划化城市发展的产物，古代欧洲的城市布局很多都不及中国城市的整齐划一，这是无规划的时代历史积累的结果。中国大概是世界上最早执行全面的城市规划而建设城市的国家。当然，古希腊和罗马也曾经有过极为出色的城市规划，他们的城市规划似乎比中国城市的形制更为主动活泼一些。但是，它们的实践是由内而外，经历了漫长的时间始行完成规划中的建设，因此，基本的规划无可避免地经历不断的修正，一个城市或者城市中的一个局部的重要地区，它们的成果就是同时反映出好几个世纪间的城市建设的意念。然而，中国古代的城市规划和建城工作并不是这样，大部分的城市在很短的时期内便迅速地建成它的骨架，全面地完成它的统一的布局。中国的

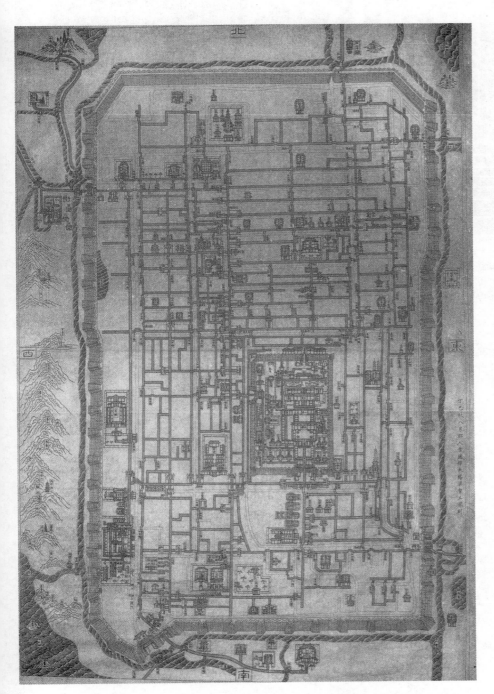

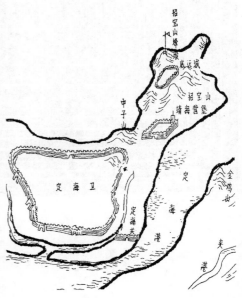

依照地形的形势而布局的宁波府定海城，除了城市构成不规则的形状之外，还按军事的要求在附近高地另筑城堡。

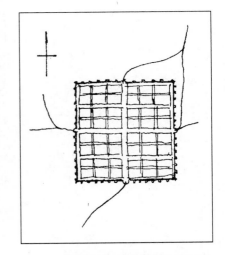

13世纪时刻于石板上的苏州城市地图。在图中北部可以看到大运河由左方上部沿西城而下，此外另有护城河环绕整个城市，再引水成为无数的城市街道。这些水道共有272道桥梁跨越，水道与街道形成两组交通网，和威尼斯的方式十分相似。左下角是太湖的一部分，西面依山，表明城市是通过精心的地形选择而有计划建设起来的。

在平原地区，依照典型的城市制式构图而建立的河北林西城。

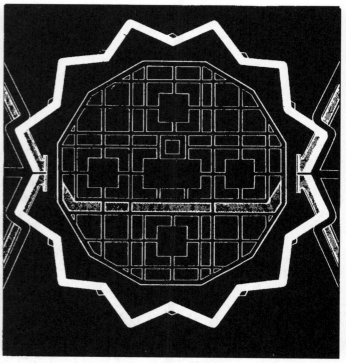

17世纪时欧洲提出的两个"理想城市"的方案，基本意念都是整齐规则的向心式几何图形，和中国古代的城市规划有很多共同的地方。不过，这在中国已经不再是处于"理想"的阶段，而成为了长期采用的城市建设方式。左图是1619年安德利侬（Andreae）提出的"迷宫"式图案，右图为斯金姆斯（Scamozzi）1605年提出的十二角星形图案。

在世界城市发展史中，中国有自己传统的独特的建城意念，两三千年来不断地努力实现早就被确认的理想模式。

古代城市，无论哪一个时代，它们都是一个反映那个时代的统一发展的整体。

在整个世界的城市发展史中，中国的城市规划是具有十分显著的成功的地位。它的成就引起了今日城市规划学家很大的注意。19世纪以来欧洲产生了有关城市规划的理论或者理想，我们不难发现其中好些原则在中国古代城市的建设中已经充分地体现出来。在世界建筑史上，直至今日为止，除了中国的城市作为一个极大面积的单体而存在之外，实在是还没有一个建筑计划延展得如此广阔深远，没有一个建筑群像中国古代城市那样完全在极有组织、层次分明的控制下构成一个无法分割的整体。英国的现代城市规划家爱蒙德·培根说："也许地球上人类最伟大的单项作品就是北京。"⑥其实，北京的出现并不是偶然，并不是14世纪之后才出现这样的创作，整个城市的规划和建设只不过是典型地反映出中国城市建设的一个个伟大的传统。

① Joseph Needham.Science & Civilisation in China Vol IV:3.Cambridge University Press,1971.71
② Frederick Gibberd.Town Design.London:Architectural Press.9
③ 同①。
④ 见《左传·隐公元年》。
⑤ 雉，长三丈；高一丈为一雉。城墙建筑在古代以"雉"为度量的单位。
⑥ Edmund N. Bacon.Design of Cities.Revised edition.London:Thames and Hudson, 1974.244

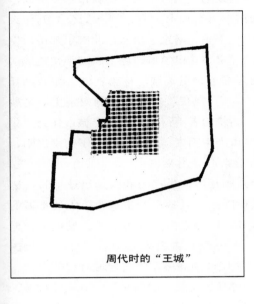

周代时的"王城"

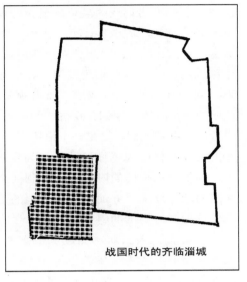

战国时代的齐临淄城

都城的盛衰和兴亡

城市是人类创造的最大、最复杂的"人工物体"(man made object)，然而，它很多地方都是异乎一般的"人工物体"的，它同时是一个有生命的有机体，它有诞生、生长、发展和变化以至死亡的规律。它为一定的时代服务，随着时代的客观条件诞生和兴起，当一个时代过去之后，假如它不产生根本性的蜕变，整个地交替而取得新的生命，它就会随着时代的过去而衰亡。

中国古代的城市不但以"城"(墙)而见称，它的诞生最初也是基于"地之守在城"的军事防御目的。天子和诸侯们建城，首要的目的就是建立一个能保卫自己的堡垒，一个控制自己统治区域的政治和军事中心，城市经济是其后才发展起来的，它必然反映奴隶制或者封建制社会结构的方式和面貌。当然，很多城市产生于地理上的如河流和主要交通道路的交汇点上的居民点自发地扩大，但是，在最早的时候，即使基于自发，最后也是出于政治权力而诞生。差不多所有的开国的中国帝皇，他们在建立自己的政治中心——皇宫和皇城的同时，都颇为醉心于建立一个完全合乎自己要求的新都城。

公元前11世纪的周代是中国城市建设第一次成熟的时期，从那个时候开始就进行总结建城的经验及制定模式。周代是将不论什么大小的事情都纳入一定制度用以为立国的标准的朝代，因这一个举动而留下来的文献对后世产生十分巨大的影响，长期地产生反对者和拥护者两个对立面。中国文化很多方面是在这种"矛盾"中成长和发展的。

古代的都城主要目的在于建立一个政治和军事的重心，因此它们多半完全跟随着王朝的兴亡而盛衰。

383

周灭商后，建国之始便驱使商代旧国的奴隶建筑一个很大的城市——成周，也许，这是见诸记载的最早、最大的城市。《逸周书》有："（周公）乃作大邑成周于中土。城方千七百二十丈，郛方七十里。南系于洛水，北因于郏山。"历史学家范文澜说："周公召集商旧属国，来替顽民筑城造屋，新城很快造成，号称成周。同时也召集周属国，在成周西三十余里筑城，称为王城。派八师兵力(一师二千五百人)驻成周，监视顽民。"①"顽民"就是商代的奴隶主，是被征服的统治阶级，他们会反抗新的王朝，新统治者不得不建筑一个城市作为"集中营"来看管他们。这是一个很特别的城市产生因素。"成周"位于河南洛阳，20世纪50年代时周王城的遗址已为考古学家追寻出来。

到了春秋战国的时代，奴隶制社会开始瓦解，生产力和人口迅速增长，诸侯国的领土逐渐兼并而扩大，强大的诸侯国家就具备了产生规模巨大的都城的条件。战国时赵国的将领赵奢说："古者，四海之内，分为万国。城虽大，无过三百丈者；人虽众，无过三千家者。……今取古之为万国者，分以为战国七……今千丈之城，万家之邑相望也。"②城市的规模是随着建城时代的政治、经济条件而决定的，城市建设是国力的一种具体反映。战国时代的齐临淄故城、燕下都等等基本形制已经初步探明，证明了那个时代已经出现相当规模而且组织完善的城市。

燕国建都于蓟，位于现在的北京，故址已难于追寻；建"下都"于河北易县，根据"燕下都"的考古调查报告③，这个战国城市东西长8 000米，南北宽4 000米，内城在城的东南部，占整个城市面积的一半。它的周长为24 600米，汉代的长安城周长为25 100米，二者的规模十分相近。齐国的临淄故城位于今山东省淄博市，东西宽8.65里，南北11.03里，宫城位于西南角，东西长3.55里，南北长5.17里，面积只是大城的1/5④。秦都咸阳是战国时代就发展起来的城市，随着秦的兴起而扩展到一个颇大的规模。根据最近的勘察调查，其城市规模约为东西12至15里，南北为15里⑤，为公元前后时期规模最大的城市。战国时代的其他国都都因被秦征服而衰亡，六国宫室被"写仿"筑于咸阳北阪之上，秦都咸阳成为了一个统一天下的象征。秦始皇花了很大的力气来建设这个统一国家的都城，毫无疑问估计它会是一个有新的意匠的很伟大的城市设计杰作。

咸阳随着秦亡而遭到根本性的毁灭，项羽一把火将咸阳的宫室房屋烧得干干净净，咸阳这个想像中的城市杰作可以算得是不幸地"早逝于英年"。项羽开了一个像消灭敌人一样消灭前朝的城市的先例，其后就成为中国城市发展的一个特殊的"传统"：新的王朝兴起就兴筑新的城市，王朝的败亡就连同作为国都的城市也一起被毁灭。这种思想使其后的很多都城都遇到同样的命运，大概这也是看作摧毁前朝统治的一种手段。有时，虽然战争中没有毁去前代的建筑物，其后也将它们全部改造过来。

因为都城和皇宫十分必要有机地组织成一体，整个都城不过被看作是宫城的外延。在战争中，宫城是最后的一个堡垒，是被重点进攻的对象，王朝败亡时宫城多半无可避免被毁于战火。开国之君要建设自己新的皇宫，连带而来也就不得不重新规划和建设一个新的都城。不在废墟上重建是一个传统，汉长安

城市的规模和数量随着政治和经济的发展而增加，从战国时代开始，很多大城市都相继出现。

项羽做出焚毁前朝都城的先例，此后很多都城都遭同一的命运。新的王朝在立国时就兴筑自己的新城市。

秦咸阳宫遗址全景

重建于咸阳之南，以秦的离宫兴乐宫为核心展开，和原秦都咸阳城就不产生承继的关系。

　　汉长安城继咸阳城为统一国家的国都，随着汉代大治而得到充分的建设。汉长安城除了是政治中心之外，也同时成为全国的一个经济中心，是一个十分繁盛热闹的城市。这个城市也不是出于自然死亡，两个世纪之后给更始军⑥、赤眉军⑦入城后尽情的破坏，长安的建设因而都给毁去了。于是，到了汉光武帝刘秀的时候，就迁都洛阳，成为后世所称的"东汉"。东汉时长安仍然维持一个城市的局面，还是一个有数十万户的大都市，到了汉末关中发生饥荒，人民都逃离这个地区，长安就成为了一个空城。虽然南北朝时期的前秦、后秦也曾以长安为国都，由于国力弱小的关系，它也再不能成为一个大都城了。

　　隋代在再次统一中国的形势下，在长安古城东南20里另外兴建一座"大兴城"。值得注意的就是隋代建都的兴趣在于这个地方，而不是意欲继承这个城市。由汉代至隋代已经过去了七八个世纪，原来的长安城自然不足再为这个新的统一的皇朝服务了。根本的问题还在于汉长安城的形制已经完全不合乎隋代的要求，因为那个时候已经产生了一种新的都城制式的观念。隋大兴城的规划规模很大，比汉长安城大上一倍。这就反映出不同的时代背景对城市的不同要求。

　　隋朝的寿命很短，一共不过存在了29年。大兴城并没有因皇朝的覆灭而毁坏，相反地，唐代继承了隋代的都城之后，改称"长安"，将它继续建设成一个极为宏伟繁盛的大都市。本来，汉继秦和唐继隋在年代时间上很相似，前朝的寿命都很短，但是由于战争进行的过程不同，作为国都的城市继承就出现了两种不同的方式，这两种方式在其后的时间就交替地出现。

　　元大都是一座新建的城市，在战争中金中都被毁灭了，主要是金中都的规模未能满足元这个大帝国建都的要求，于是元大都建城也是采取汉唐长安的模式，在故城之外另建新城。明代继承元大都建立北京城却采取另一种新的方法，就是在元大都的基础上做出根本性的重建。这种方式以前似乎较少采用的，这是一种"取其精华，弃其糟粕"的态度。明代改建北京城是十分成功的，改造

在唐代之前，都城在城市建设上很少存在继承的关系，虽然新旧都城在同一的地理位置，市区所在的地方却全不相同。

唐代继承了隋都大兴改称"长安"，在原有的基础上继续进行建设，成为了中世纪时世界上最伟大的都城。

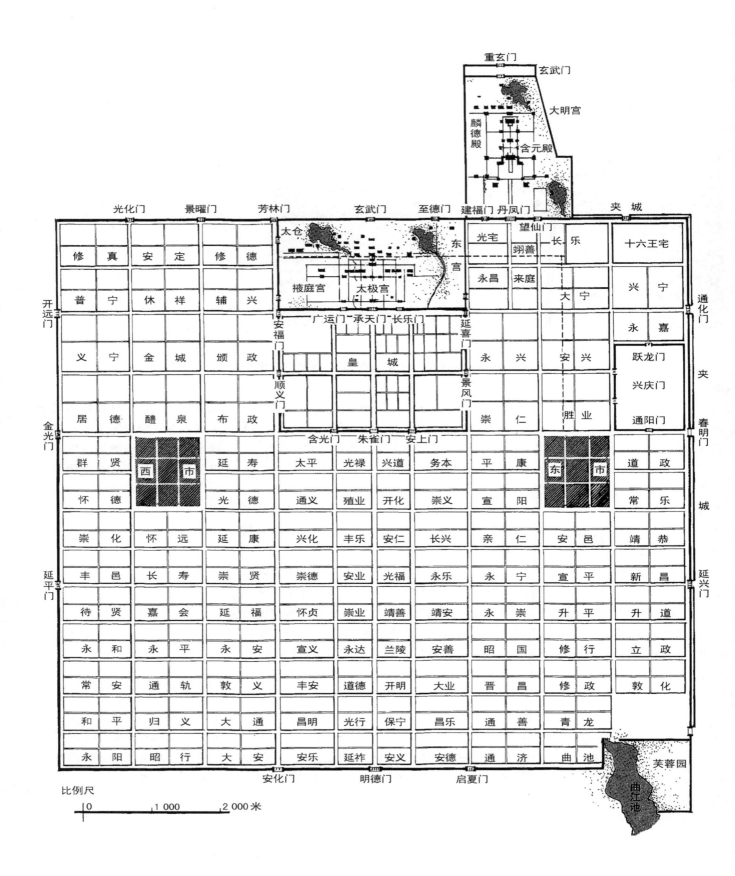

唐长安城图

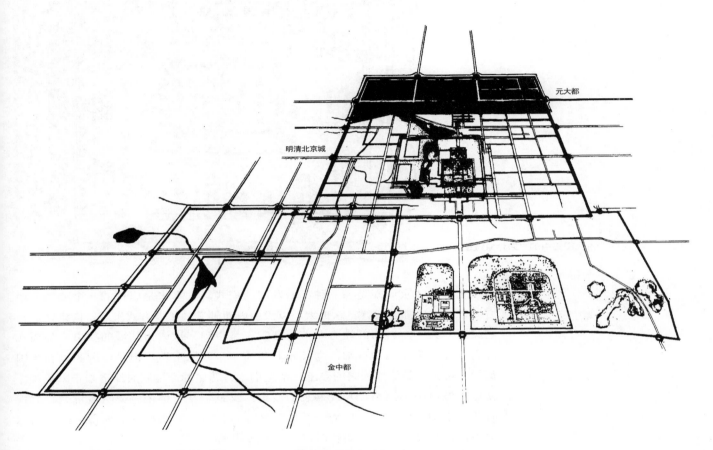

虽然北京城的历史可以远溯至公元前，但是，成为重要的城市是在作为都城的"金中都"之后，其间经历了"元大都"而变化成为明清的北京城。经过一系列的演变和发展，在地理位置上，前后已经发生了不少的变迁。

得很彻底，明北京城实在比元大都不论在哪一方面都优越得多。它的改变并不是逐渐地蜕变，而是"脱胎换骨"式的一次获得新生。改建的工作一共只花了16年，这项工作至今仍然为举世所有的城市规划家所钦佩和称善。

清代继承明代北京城的方式就是原封不动地照单全收，城市虽然局部有所兴革，但是总的来说，清王朝对明代的遗产并没有觉得有什么不合适自己使用的地方，基本上对这个都城满意得很，其后就将心思花在搞自己的园林建筑上了。北京自明代之后，就一直随着正常的新陈代谢方式持续地发展下去，因为它八个世纪来一直持续地作为国都，所以它就比任何其他的城市累积更多的文物，更能表达中国文化的传统。它的规划表现得比任何城市更为成熟和深厚，即使以现代城市规划的角度来衡量，它也不失为一个城市设计的杰作。

元大都和明清北京城之间的继承关系就是在原有的基础上进行全新的改造，结果成为一个举世公认的伟大的城市规划的杰作。

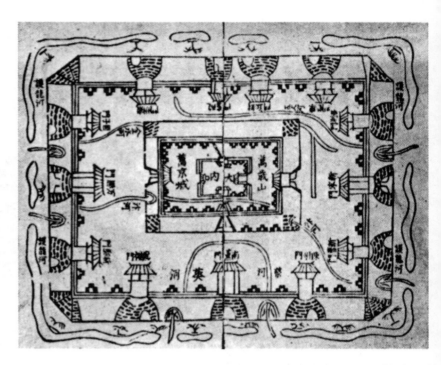

古代图籍中的"宋汴京城图"

北宋的汴京城却是另一种都城发展的模式。它本来是唐代的一个藩镇的地方城市，宋建都之后就将它扩大，以"由内而外"的扩展方式发展。南宋之后，它又回复为一个普通的地方城市。洛阳也是中国累次成为都城的城市，除周代外它曾经成为东汉的首都，与长安并称为"东西二京"。但是，因为以它为国都的皇帝并不是雄才大略的君王，帝皇们本身悲惨的命运同时给洛阳带来危难，使这个城市历尽沧桑，几经盛衰的波折，汉献帝及晋怀帝时曾两度荒芜。北魏时代的洛阳城曾经发展成为一个以宗教建筑为主、寺塔林立的城市，但最后也逃不出被焚城的命运。唐代时洛阳与长安并称为"东西二京"，"王气"似乎还在继续存在。

中世纪之后地区经济开始足以支持城市的产生和存在，不再是完全依靠政治力量而生存，此后城市就主要依从着经济的条件而发展。

作为国都的城市的盛衰兴亡自然就和朝代兴亡的命运息息相关，它们之间有如房屋和它的主人的关系。在中世纪之前，地区经济不足以支持大型城市的生存和发展，它的存在紧紧地依靠政治的背景。这是中国历史的特点，也是中国古代城市发展规律的特色。中世纪之后，地区的经济就开始足以支持工商业性的城市的产生和发展，唐宋之后，发展了沿海的对外贸易，就产生了如泉州、上海、广州等商业城市。这些城市的发展基于商业多于政治，朝代的兴亡交替并不影响它们的生存和发展。因为它们是在另一种基础上发展起来的城市，它们也自然以另一种城市的形状和面貌出现。

商业城市就不严格地按照制式规划发展，它们并不表现出一种典型的"中国式"都城的形态，自发地形成和扩展市区多于预定的计划兴建，随着经济和地理的条件各自显露自己的特色。15世纪后，这类城市有了更多的发展，传统的城市规划观念由于和自发的地区产生矛盾而未能使其套入规定的模式，这些城市的布局更多时候是基于历史发展的累积。基于地区经济发展的城市的变化是颇为迅速的，往往半个世纪至一个世纪期间，城市的结构已作根本性的改变，它们并没有像都城那样明显地显示传统的性格和面貌。

画家笔下的古泉州城。泉州是中国古代第一座对外贸易的海港城市。大概，在隋唐时它已经成为了重要的商业城市。由于对外接触频繁，因此它在古代便引进了外来的建筑形式。在图中我们可以看到回教的寺院与中国式的房屋相混在一起，成为了这个城市的一种很大的特色。

① 范文澜《中国通史简编（修订本）》第一编.人民出版社，1955年8月.132页
② 《战国策·卷二十·赵三》。
③ 中国历史博物馆.燕下都调查报告.
④ 《文物》1972年，第5期
⑤ 《文物》1976年，第11期
⑥ 反王莽的农民军，立刘玄为汉帝，号称"更始帝"，这些军队就称为"更始军"。
⑦ 反王莽的樊崇的军队，因为用赤色涂眉，作为起义的记号，因而称为"赤眉军"。

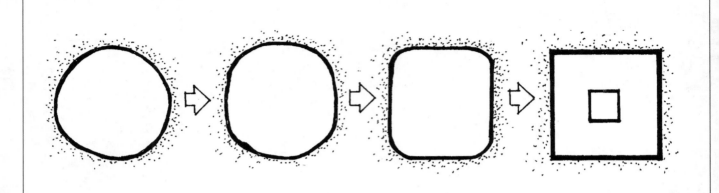

自从人类进入"群体"生活之后，首先采取的就是非几何图形的圆形聚落布局。原始城市的平面是圆形的说法是十分可信的，到了群居的方式逐渐基于理性而发展之后，"圆"就逐渐演变成为几何图形的"方形"，并且形成有其核心的"内城外廓"方式。

城市形状的产生和变迁

"圆形"是最原始的房屋和群居的布局形式，由此推论相信最早的城市也同样是采取圆形的平面形式。

中国原始房屋的平面是圆形的，也有人曾经这样提出，最原始的古代城市的平面形状也是圆的。理由就是根据甲骨文上一系列表示城市形状的符号都是圆的。例如"邑"字，它的原意是县城，甲骨文上的字形就是上面是一个代表城墙的圆圈，再加上一个人跪在下面。另外一个是"郭"字，意即外城，字形是一个圆圈，上下有两座门楼。这种单纯从字形上而做出的推论似乎未能有很大的说服力，比较确切的说明还是陕西西安半坡仰韶文化遗址所表达出来的"聚落布局"。这个聚落布局的总平面形状就是圆的，表示出原始时代一度采取过圆形作为居住区总体布局形式。

中国科学院的调查报告是这样说的："半坡遗址居住区大体上成一个不规则的圆形，里面密集地排列着许多房子。居住区的周围有一条宽、深各五至六米的防御沟围绕着，沟的北边有公共墓地，东边是烧制陶器的窑场。"[①]如果最初形成的小城市是聚落的扩大和进一步的发展，由此看来这些城市的平面仍然保留圆形的形式是极有可能的，因为向心的圆形是最早的表达出"群体"性格的一种意念。再者，"防御沟"和"城墙"的目的性是相同的，在其后的日子，"城"和"沟"都是长期地联同在一起出现。它们在技术上是否曾经分作过两个阶段发展，实在还是很值得研究的。因为在"挖沟"工程上，挖出来的土方堆在沟边的时候，只要稍加整理或有计划地堆放，土堤式的"城墙"就会联同在一起出现；假如要将土方运走，所付出的将会是更大的工作量。甚至，我们可以这样设想，半坡遗址中宽深各五六米的"防御沟"就可以推想原始型的城墙曾经会在此同时出现。也许，这个居住区说不定就是原始型的"圆形的城市"。

不过在新石器时代，房屋的平面形状已经演变成为方形了。如果真的十分肯定说圆形就是一种最早的建筑群平面布局以至原始型的城市规划方式未免过于武断。对于"圆形的城市"另一种理解可能就是在构筑城墙的时候，在转角的地方并不采用直角的交角，而是以大圆角来转接，那么在外形上即使是方形或者矩形的城市似乎也成为了圆形。这种城墙的构筑方式不但曾经存在，直至后世还使用得很普遍，尤其是小城，多半如此。不但我们可以在古代的图画中看到这种城墙的形式，今日北京北海的"团城"就是这一类的模式。这一来，以象形而产生的殷代以前的甲骨文，将代表城的符号画成"圆形"实在是真的有它的道理了。

根据《周礼·冬官考工记》"匠人营国，方九里，旁三门。国中九经九纬，经涂(途)九轨，左祖右社，面朝后市，市朝一夫"的说法[2]，理想的城市形状是"方"的。有人曾经指出，产生《周礼·冬官考工记》的那个时代没有一个城市真的如此[3]。反而，此说却对后世的城市规划有了一些影响，"隋大兴"和"元大都"都做出了一个近于正方形的城市，不能说是与此说无关。也许，当时对"方"的理解不只是"方正"，矩形亦属此列。至于城市形状的变化究竟是由圆而方，还是由圆而椭圆而矩形呢，或者根本无此变化过程，这些都是还要研究的问题。

为什么古代的城市大多数是方形或者矩形的"规矩而整齐"的图案呢?不少人解释说这是"儒家"思想的一种反映。"城市规划"是"礼制"内容之一，提起"礼"就会和"儒"联系，这是很自然的事情。假如，我们从另一方面作一些分析，城市规划之所以取法于"方正"，实在和古代城市必需构筑城墙有关，从几何图形来说，除了圆形之外，最短的周边能包围最大的面积就是方形，其他几何图形或者不规则的图案都会增加周边的长度，换句话说就要多筑城墙。因此，方形或者矩形的城市平面，在建城的工程技术观点来看是经济的，相信，古代的城市计划者或者筑城的工程师在实践中是会清楚这个道理的。而且，早在孔丘诞生之前的商代，城市也大致上是个矩形[4]。

城市规划可以有一种理想的标准的意念，但是，在具体的建城工作上是不可能按照标准化去实施的。因为城市占地广大，问题自比建屋为多；在城址选择上，合乎建城的地理位置不一定具有合乎建城要求的地形，合适的地形又不一定处于良好的地理位置中。因此，差不多所有的城市在规划工作上必然要面临如何解决与实际的地形条件相配合的问题。当理想的"方正"的城市设计模式不可能在已确定的城址上铺开的时候，城市就不得不改变成为不规则形状。明显的例子就是汉长安，它的南北两边都呈不规则的折线，北城作"北斗"形，南城作"南斗"形，因而称为"斗城"。表面上，城墙之所以作"斗形"，就是基于"体像乎天地"的意匠，事实上，有两个客观因素支配着"斗形"的产生：其一就是北城之外有一条滈河，为了与河流的流向配合，想像出一个"北斗"星座的图案来迁就它；其二就是汉长安城是先建"宫"后筑"城"的，长乐、未央二宫对峙地位于城南，南城修筑时未免不受原有的建筑物的影响。

我们可以看到，古代许多城市本来是希望规划成正方形或者矩形的，但是遇到了地形上的问题就缺了角，或者成为了斜线。这就显示出标准的模式受到了"外力"而发生了"变形"，这些"变形"只不过在实际进行建城工作时而

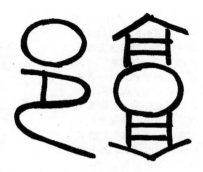

甲骨文中的"邑"字(左)和"郭"字(右)，"邑"字的构成是一个跪着的人和一个城，"郭"字是一座有门楼的城墙，其中代表城市的"象形"都是用圆圈来表示。

人类的巢穴(matrix)由圆而方是一种理性发展的结果，一些人说"方整"的形制主要是由儒家学说的影响而产生，其实在孔丘诞生之前这种形式早就被确认下来。

城市规模扩大后，很多地形条件是不容易实现"方整"的构想的，由于因地制宜的结果，它们就产生了各种的"变形"。

以"北斗"和"南斗"星座的图案而构成城市平面形状的汉长安城，因而称为"斗城"。大概，这是世界上唯一最玄妙和最有趣的城市形状，也是"象征主义"在城市规划中运用的最突出的一个实例。"斗城"过去只见于文献的记载，今日经考古实测证明完全无误。假如没有记载的说明，那些折线所构成的形状实在是难于联想到原来是"体像乎天地"的星座图案。

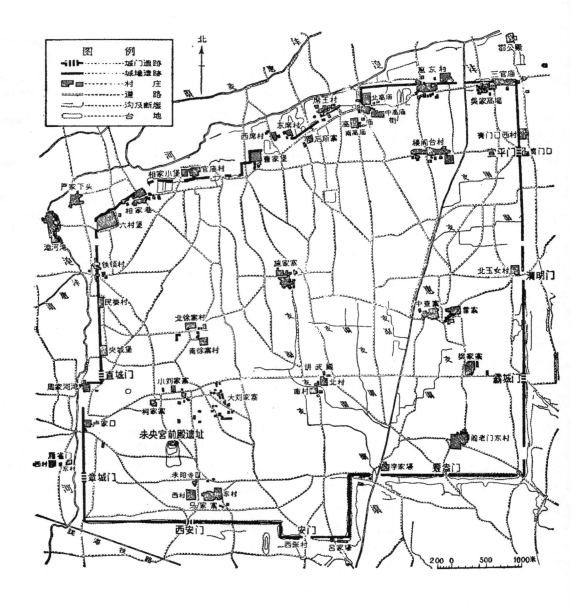

汉长安城遗址考古实测图

得出的一种结果，本身并不是一种预定的城市形制。另外一种情况就是作为核心的"内城"是方的，是最早建立的一个"行政或军事"堡垒，"外城"是根据核心建立起来之后的实际发展情况再行建设，新的城区是自发形成的，发展区分布自然不会平衡，于是新筑的外城便跟着产生不规则的外形。

又如宋代的汴京城，它本来就有一个周回五里的唐宣武军节度使治所的内城，再有一个周回二十里一百五十五步的"外城"。到了周世宗的时候，在外又加了一道周回四十八里多的"新城"，原来的"外城"——汴州城就变作了"里城"或"旧城"。到宋建都的时候，宋太祖跑到朱雀门楼上，亲自规划一个从军事防卫观点出发的城墙形式，再行将城墙增筑改造一番(这一故事在上一章"城墙和城楼"一节中已有详述)。这个时候，在方正的内核外就套上了一个不规则的外壳。到了后来，不规则的外形又回复为"方之如矩"，城市的形状和大小就是这样不断地"生长"和"改变"。

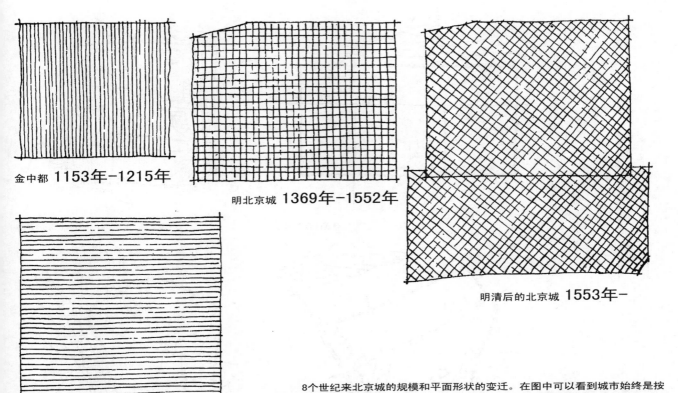

金中都 1153年-1215年

明北京城 1369年-1552年

明清后的北京城 1553年-

元大都 1276年-1368年

8个世纪来北京城的规模和平面形状的变迁。在图中可以看到城市始终是按照矩形的形状进行规划的，形状之所以变化完全是在城市发展和建设进行过程中受到客观条件的影响而产生的。元大都并不是在金中都的基础上演变，它是一个全新规划的新城，认真算起来，今日的北京城只有7个世纪的历史。在规模上并不是按照日渐增大的规律扩展的，它们会"生长"也会"消亡"。

　　由于市区是会"生长"和"消亡"的，城市的形状就会随着它们的"生长"和"消亡"情况而加以改变。北京城形状的变化就是说明这个问题的一个很有趣的实例。元大都本来是方形的，但到了明初的时候，它的北部并没有按照预定发展成为"背市"，"市"却在南部城外发展起来，计划中的"商业住宅区"却荒凉一片。为了配合实际的发展，只好将整个城市南移，明中叶的时候，城外南部已成为一片非常繁盛的市区，为了加强城市的防卫设施，便加筑了另一个南城。本来，按照计划是打算全部另筑一个外城的，后因财政困难而终止，仅仅完成南城工程便算了，于是就形成了一个"凸"字形的明清北京城。

　　影响城市"变形"的因素实在是非常多的，因为在发展过程中，它的遭遇或者说"命运"实在是千变万化，并不是规划者所能预料。除了"标准模式"式的变形之外，还有不少城市是一开始就并没有依照传统的城市规划观念去建城，它本来就是根据实际上的客观条件"成形"。有人说这是古代的城市规划两条路线斗争的结果⑤，事实上，任何时候、任何城市都并不会单纯以人的主观愿望而产生、存在和发展的，任何违反客观存在需要的形式都不可能成立，更不可能得到发展。"传统"的"方之如矩"的标准城市形制其实也是总结自客观发展规律的"模式"。

城市的发展常常会冲破作为城市界线的城墙的规限，新的城市平面形状就追随着发展的实际情况而变更。

393

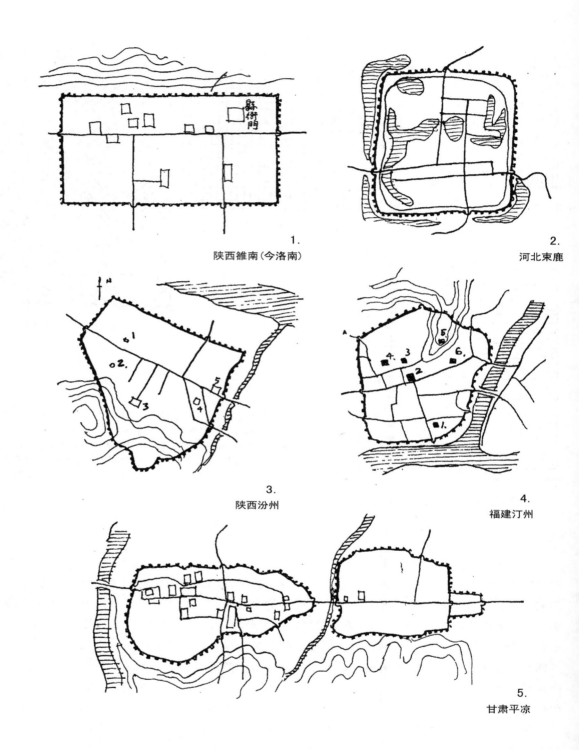

1.
陕西雒南(今洛南)

2.
河北束鹿

3.
陕西汾州

4.
福建汀州

5.
甘肃平凉

　　至今城墙尚存的中国的一些中小型城市。由图中可见，处于平原地带的多半为规则整齐的正规矩形城市，与地形相配合则形成各种不规则的形状。1.陕西雒南；2.河北束鹿；3.陕西汾州(1.文庙，2.塔，3.泰山庙，4.城隍庙，5.县衙)；4.福建汀州(1.县衙，2.司令署，3.中学校，4.府衙，5.教会，6.府学)；5.甘肃平凉(这是古代的一个"带形城市"，今日尚可见其两城并列)。

《水经注》"都野泽"条中有："凉州城有龙形，故曰卧龙城。南北七里，东西三里，本匈奴所筑也，乃张氏之世居也⑥。又张骏增筑四城厢各千步。东城殖园果，命曰讲武场；北城殖园果，命曰玄武圃，皆有宫殿。中城内作四时宫，随节游幸。并旧城为五，街衢相通，二十二门。大缮宫殿观阁，采绮妆饰，拟中夏也。"⑦这是很有意思的另一种类型的城市模式，所谓"龙形"，就是不规则的"带形"，也就是现代城市规划中所谓"带形城市"，是交通要道中一种很典型的城市"生长"方式。很明显，这是一种"由内而外"构成的城市，就是说先产生城区后加建城墙。更有趣的是这个带形城市后来发展了它的"卫星城"——"城厢"，并旧城为五而组合成为一个"城市群"。这是一种"分散式"的卫星城市发展方式，是今日城市发展的"流行模式"，不想4世纪时中国已经做出了先例。历史上，并不是仅此一例，目前江苏也存有这种"五城"组合为一体式的城镇⑧。

还有一种就是依自然条件自然形成的城市形状。三国时的吴都建业(今南京)被称为"石头城"。据古籍记载："石头城者，天生城壁，有如城然，自清凉寺北，覆舟山下，江行自北来者，循石头城转入秦淮。"当然，当南京城扩大时，自然而来的城市形状就消失，还是代之以依山背水作势的人工所规划而来的外形。不过，在中国的自然地理条件下，"石头城式"的自然形状城市是很多的，因为无论任何时代，特殊的地形条件往往都是城市发展难于逾越的规限，城区在特殊地形前停留下来，它们往往就成为了城市的边界，决定了城市的形状。

中国在历史上也曾经出现过带形城市和组合式的城群，事实上，城市除了依照正统的方式规划外，更多时候是根据客观条件的要求而出现它们自己应有的合理形式。

① 中国科学院考古研究所《新中国的考古收获》北京:文物出版社,1961.9页
② "一夫"意即百步见方，指"市"和"朝"所应占的面积。
③ 《考工记·匠人与儒法斗争》《建筑学报》1975,2:7～12
④ 河南省博物馆，郑州市博物馆《郑州商代城址试掘简报》《文物》1977,1期
⑤ 吴良镛《我国城市建设上儒法斗争的几个问题》《建筑学报》1975,4期
⑥ 张氏指4世纪五胡十六国时代前凉的建国者张轨。据《晋书》记载，惠帝末永兴中，护羌都尉、凉州刺史张轨大破入境侵掠的鲜卑人若罗拔能，威名大震，惠帝遣加安西将军，封安乐乡侯，邑千户，于是张轨大城姑臧(即卧龙城)。其次子茂代其世子寔摄事后，复大城姑臧。
⑦ 见《水经注》四十，都野泽条引王隐《晋书》。
⑧ 李约瑟的《中国科学技术史》提过这一个问题，据称该镇名称Thienshui，未知指何地？

城市的内容和组织

中国古代城市作为一种为封建社会服务的工具来说，无论在内容和组织上都是十分有效地达到所要求的目的。

不论任何时代，城市都主要是为那一个时代的社会制度服务，体现出那个时代的社会精神。一切城市规划的理论、一切城市规划的技术和艺术，无一不是在这个大前提下产生。毫无疑问，在封建社会中，中国古代城市规划的思想和目的都是作为巩固封建统治的一种手段，不论在形式和内容上都在表明强化统治秩序中的等级观念。由于这样，城市的组织显示出一种严格组织层次和上下里外有别的程序。就以城市的组织要求来说，中国古代的城市在这一方面是相当成功的，尤其是将一种原则转化为一种形式及具体的形象时，技术上的表达方法本身确实达到了一个很高的水平。

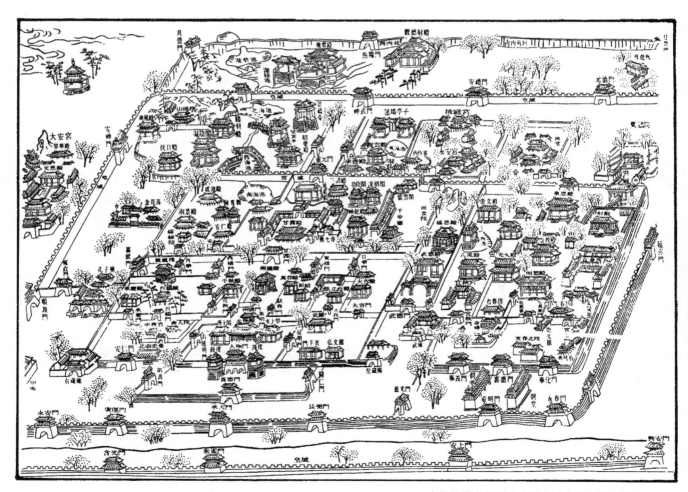

古代著作中关于"唐长安城中的皇城"插图。

很早的时候，在周代甚至周代之前，中国便确立了一个城市同时具有"内城"和"外城"的"重城制"。这就是所谓"城郭"。管子说"内之为城，外之为郭"。"郭"字在甲骨文中已经出现，由此可推论"城郭"之制可能始于商代。大概，"城郭"的形成最初的时候是一种发展的产物，一个较小的城市(在建城的时候这个规模已经十分恰当了)建立起来之后，由于人和经济的增长，一部分市区就会依附着城市周围发展，到了一定的时候，城外的市区面积已经有了很大的发展，为了使这个新的城区能够受到安全的保护，就不得不在原来的城市以外另筑新城，使新发展的第二个层次外"生长"出一个新的"外壳"，这就是城市经过"成长"之后扩大的一种正常的方式。"双重的城墙"自然构成了一个双重的防御体系，对于原来的"核心"——内城来说就更觉安全，因而就进一步将它们确定为一种标准的制式。

"内城"、"外郭"构成了古代城市一个最基本的组织总的层次。"内城"的内容是城市的主人——统治权力拥有者居住和所属的各种活动中心，假如是都城的话，就是宫城以及皇城。"皇城"是较后期产生的组织层次，它的内容是容纳所有中央的行政机构。城市的组织是首先依照皇帝或者诸侯——百官——平民等阶层次序来分区，分区的原则又以防卫上安全的程度来决定。为什么"内城"要求居中呢？我们不能将这个构想单纯看作是一种形式，因为在防卫意义上，这个位置最不容易受到直接的攻击。虽然如此，并不是所有内城都必然居中，它的位置常常决定于城市发展过程中所遇到的具体问题以及实际环境的具体情况。战国时代的齐临淄城内城位于城的西南，燕下都内城位于城的东南，"必居中土"不过是一种原则上的设想。

在汉代以至汉代之前，城市的主体基本上是皇帝、诸侯、贵族、高官们的堡垒，其他的市区只不过是依附这个堡垒的社区。属于这一种性质的宫城等所占城市面积的比例相当大，往往占据了大半个城市。汉长安城是一个很典型的例子，长乐宫、未央宫、桂宫、北宫、明光宫等宫殿以及御园等将城市南半部的地方都占据了，留下来的市区就不大了。这种情况其后在逐渐地改变，原因就是城市人口的增加和工商业发展，因此在城区的规划上就必须增大面积，以满足新的城市生活的要求。东都洛阳这种情况就有了改变，容纳市民生活的城区面积比例较大，相反地，宫城、御园等面积在比例上就缩小。到唐长安城的时候，宫城和皇城虽然很大，但是整个城市的规模也随之扩大。"紫禁城"的面积只不过占全城九分之一左右。

中国的城市很早就存在着严格的功能分区，奴隶制时代的手工业是属于"官家"的生产组织，必须纳入自己的控制地区中，因此城市中很早就出现特定的手工业作坊的工业区。进行商业活动的"市"是受官员们的管理和制约的，它们位于城市中的一个被指定的地区。《冬官考工记》的"左祖右社，面朝后市"就是要求城市作功能分区所产生的规定。"面朝后市"就是说商业地区放在行政中心的后面。在奴隶社会，针对它的经济基础性质也许这种布局次序是合适的，当私人工商业兴起之后，这个次序就有了问题。按照实际的发展情况，市改变设在"朝"之前，魏晋之后多半设"东西二市"，把市的位置放在居民区的中心，使"市"能更好地为市民服务。

汉长安城平面图

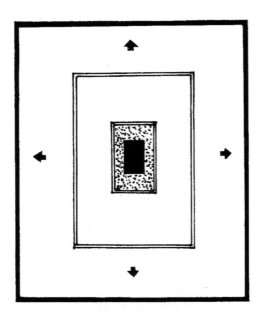

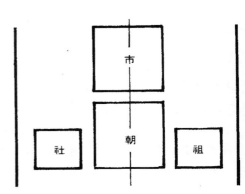

《冬官考工记》提出的城市规划分区模式

古代的城市扩大时，除了增加"内容"外，还增加一层"外壳"（城墙）。有时"内容"决定"外壳"的形状和大小，有时"外壳"决定或者说限制内容的发展。到了互相不再适应时就会产生一种根本性的改变。

"闾里"或者"城坊"是居住区的基本单位，它们不独是组成市区的单位，同时也是城市生活的基层组织。

居住区的基本单位叫做"闾里"，其后称为"城坊"。所谓"坊"和"里"是指被道路网所分割出来的"街区"，因为标准的道路网都是棋盘式的，而且主干道大都等距，切割出来的"街区"大小面积就相同。于是在城市土地的使用上就以"坊"、"里"等为基本单位，然后再加以合并或者再分割，适当调整来配合实际要求。

《周礼》有"五家为比，五比为闾"之说，可见"闾"是最古的基层组织单位。大概在人口增长了的后世，二十五户为一单位的居住区觉得太小了，到了汉代就以每一街区称为一"闾里"。《环宇记》说："长安闾里一百六十，有九市，各方二百六十六步，六市在道西，三市在道东(按此道系指朱雀大街而言)凡四里为一市，市楼皆重屋，当市楼有会署，以察商贾货财买卖之事。"这些话，大体上对汉代长安城组织情况做出了一个概括的说明。这个制度汉以后都一直被保留下来，曹魏的邺城、北魏的洛阳、东魏和北齐的邺南城都是以"闾里"或者"坊"作为居住区的基本单位①。

到了隋代，城市的功能分区、道路网布局、街区组织发展到了一个十分严密和完善的地步。隋大兴城与汉长安城虽然在地理位置上只相距二十里，但是布局和形制就已经完全不相同。有人说原因在于规划者的思想，推论出这是继承北魏太和文化的结果②，总的来说应该是社会的发展已经处于一个不同的阶段。《长安志图》称："隋氏设都，虽不能尽循先王之法，然畦分棋布，闾巷皆中绳墨，坊中有墉，墉有门，遘亡奸伪，无所容足，而朝庭宫寺，居民市区，不复相参，亦一代之精制。"无论在哪方面，一般都对隋大兴城的规划评价很高。

汉称为"闾里"的街区隋时简称为"里"，到了唐代就改称为"坊"③。韦述《两京新记》说："每坊东南西北各广三百步，开十字街，四出趋门。"唐代的坊是自成一体的。居住区房屋"内向"，坊有坊墙、坊门，坊本身其实就像一个小城市，"十字街"就是居住区的支干路。这些问题已经为考古学家

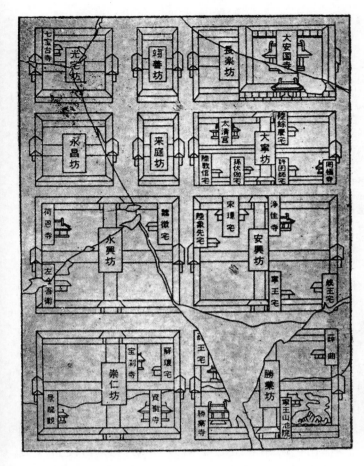

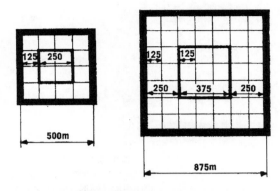

2世纪时按照标准模式建立起来的西域边陲重镇。

古代著作中有关唐长安城"城坊"的插图(重摹)。这是位于大明宫前的一些"坊"的平面图,虽然,"坊"是居住区的基本单位,但是,坊的内容并不完全是住宅,也包括寺庙以及其他公共建筑在内,图中便详细说明了这个问题。

们证实,唐长安城的勘察报告说,"朱雀大街两侧各坊面积,与文献记载是相符的。坊内有十字街,周绕坊墙,有的坊墙已被严重破坏"④。至于"市"也是有围墙的,我们可以理解有点和现代城市的"购物中心"(shopping centre)相似。报告继续说,"西市面积约1 050米见方。围墙大部残坏,市内有井字街,街两侧有明沟。市的中央部分保存较好,有地面铺砖的房屋遗迹,当是市署所在。⋯⋯市内井字形街的宽度在30米以上。南北两纵街之间,尚有一条偏东的斜街"⑤。

"城坊"之制经过了一系列发展,到了隋唐就达到了相当完善的地步,通过全新的"大兴"城的规划建设,全面实现了"理想"。隋大兴或者说唐长安其实就是一个大城再划分为一系列的"小城",以此为基础来作严格的、有秩序的功能分区。整个城市的平面形状近于正方形,根据考古的实测,东西长9 550米,南北则为8 470米,横向还比纵向长一些。东西十一街,南北十四街,这个"棋盘"本来应有一百三十个方格,因为北部中心用作宫城和皇城(亦称"子城"),大明宫前的坊作了一些局部的调整,结果中心线朱雀大街以东共有五十四坊,称为"万年县",以西有五十五坊,称为"长安县"。朱雀大街两侧的"坊"小一些,靠边的就大一些,这样在构图上就强调出中心区,其次也许另一原因是中心区用地宝贵一些。城北的坊大一些,因为那是贵族和高官们的"高级住宅区"。

唐长安城完全由面积大小相同的"坊"所构成,大概自古至今再没有一个比它组织层次更为分明的城市。

399

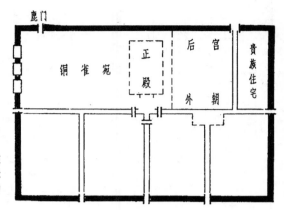

曹魏的邺都，它一反以南北为主轴的构图方式，使宫城和城市其他部分产生另一种新的关系。城市的形状也由纵向的矩形改变成为横向的矩形，显示出一种以功能为主导的城市布局。

"坊"并不是完全作为住宅区，寺庙、学校、剧院(唐代称为"教坊"，为音乐、戏剧会演的场所)等公共建筑物都设在坊内。除了唐长安之外，东都洛阳也采用城坊制，《两京新记》称城内纵横各十街，凡坊一百三十，市三，每坊东西南北各广三百步，坊的规模大小和长安大致相同。"城坊"问题曾经受到学者们注意的，19世纪初(1810年)，清代徐松就著了一本《唐两京城坊考》，对这个问题作过一番研究和考证。

"坊"的意义和现代城市规划的"小区"或者"邻里单位"(neighbourhood)®有点类近，它们都是主干道路分割成的街区，作为一个"细胞"构成城市的组织单位。唐代的"坊"干道的中距在五百至七百米左右，坊内另有自己的支路"十字街"，坊的大小正好是现代城市规划上所称的"合理的步行距离"。相信，古代的车马和现代的汽车在交通问题上原则上是相近的。

到了宋代城坊制已经解体，社会商业的发展要求另一种新的形式与之相适应，此后城市的形式更多取决于经济的发展。

"城坊"之制到宋代就解体了，大概是因商业活动的发展而自发地冲破了"坊墙"，城市的建筑形式部分改为面向街道的"沿街建筑"，主要大街改变为商店街道，集中式的购物中心——"市"虽然继续存在，但是更多为沿街的店铺所代替。城市的建筑由"内向"改变为"外向"，城市规划上是一种相当大的转变，宋代的汴京城就是我们今日常见的"通用式"(all purpose)街道所组成。城市的组织由"面"而变成"线"，因为"线"可以自由伸延，在土地使用上可能灵活方便一些，但是功能分区就较为混乱，交通体系也就不像前一个时期那么分明。

到了规划元大都的时候，我们可以看到街区的组织有综合二者之意，干道和住宅区内的支路在组织层次上依然十分分明，街道的距离大概在七十米左右，正好构成当时所要求的住宅区地段。明对元大都虽然曾经加以改建，但是住宅区地段的组织形式却保留下来。形式虽然已经有了变化，"坊"的观念大致上还保存，不过是由"面"转化成"线"而已。"坊"直至今日还作为很多城市住宅区街道的名称，明清时代住宅区的道路好些时候还有门，也就是"坊门"的遗意，"坊"内"邻里"的互相接触以及守望相助的精神还继续存在。中国城市的组织形式虽然经历着不少变化，但是无论在哪一种形式中，一种传统的城市组织精神仍然不断地保留着，它们表现出来的一切就成为了"中国式城市"的一种真正的性格。

① 隋"大兴城"式的"坊"制在魏时已形成，不过其时大小并不一致。《魏书·卷二·帝纪第二·太祖道武帝珪》记载"秋七月，迁都平城，始营宫室，建宗庙，立社稷。"《南齐书·卷五十七·列传第三十八·魏虏》有"什翼珪始都平城，……其郭城绕宫城南，悉筑为坊，坊开巷。坊大者容四五百家，小者六七十家"。

② 陈寅恪《隋唐制度渊源略论稿》香港:中华书局,1974.第62页"都城建筑"

③ "坊"者，方也，城治之区划也；地中曰"坊"，近城曰"厢"；坊与防通，亦有防卫之意也。"街区"之称为"坊"就是基于这样的解释。

④ 中国科学院考古研究所《新中国的考古收获》北京:文物出版社,1961.95~96

⑤ 同④。

⑥ 关于邻里单位的定义，Frederick Gibberd在他所著的*Town Design*一书中说："城市住宅区以邻里单位的形式安排，其目的在于家庭单位能够组合起来，如果这一个愿望能达到的话，好些家庭在一个社区之中而有一定的社会接触，而且被承认作为一个物质上的单位。"

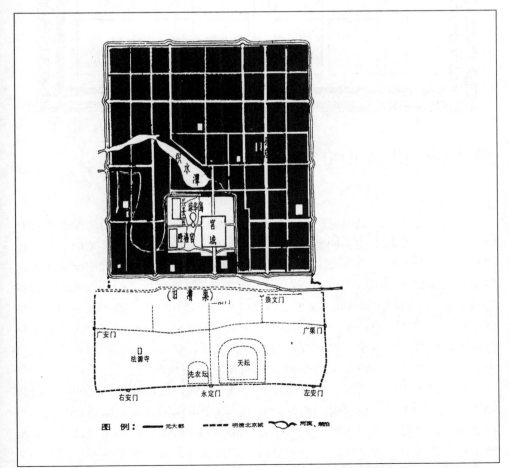

元大都的街区布局及其与明清北京城的关系。

印度河谷出土的4 500年前表达理想的城市或者建筑群的图案。它们都显示出一种向心式的分区意念，和中国古代城市规划的模式实在是十分相近的。

401

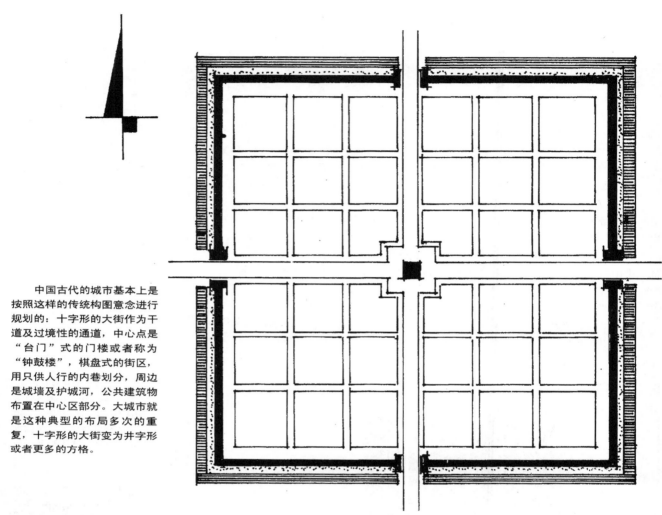

中国古代的城市基本上是按照这样的传统构图意念进行规划的：十字形的大街作为干道及过境性的通道，中心点是"台门"式的门楼或者称为"钟鼓楼"，棋盘式的街区，用只供人行的内巷划分，周边是城墙及护城河，公共建筑物布置在中心区部分。大城市就是这种典型的布局多次的重复，十字形的大街变为井字形或者更多的方格。

道路网和城市的布局

除了方格形的"棋盘式"道路网布置方式之外，在城市规划上中国似乎从未提出过采取其他的方案。

直至今日为止，道路网仍然还是构成城市的"骨架"，它们的配置形式和图案决定了整个城市整体的布局。虽然，中国古典建筑的建筑群是以"从一个空间到另一个空间"串连起来的组织方式所构成，但是，在城市平面构图上，就没有再重复地使用这个方式。西方古典的城市构图却与之相反，城市的构成喜欢用一个个空间(广场)串连起来，而建筑群的内部则较少有意识地去组织"负体形"。中国的城市很少有广场，因为这种封闭的空间已经普遍存在于建筑群的内部，广场空间似乎再没有设置的必要。此外，建筑的布局原则基本上是内向的，故此也无法构成多姿多彩的外部封闭空间的景色。

典型的中国传统式城市道路网是"棋盘式"的，道路和道路之间很多时候都等距，纵横不但互相垂直，而且原则上尽量争取构成正南北向以及与之垂直的东西向。这是自古以来的一种"制式"或者说"传统"，但是，这个传统能够一直坚持下来，并不单纯是一种形式上的主观的要求，更主要的原因就是当中包括着一个非常合理的技术内容。

对于房屋的"朝向"问题在中国古典建筑中是非常重视的，这不能看作只是一种制度，而是在中国的地理环境中正南的朝向构成室内最佳的"气候"环境。因此，"取正"(确定南北方位)是营造工作首先要进行的事情(因为古代未能建立一个测量标准点来控制城市建筑物，利用"天象"准确地定线不能不说是一个很合理、很科学的办法)。道路网的计划必须和建筑群的基址以至建筑物相配合，因此道路网的规划非同样重视或者说依靠"取正"来定线不可。"棋盘式"的方格形城市道路网的"制式"相信就是根据这一技术原则确定下来的，假如，道路网的形式改变就会引起整个建筑设计方式的改变，因此，城市的规划布局就尽量坚持保留这一原则。

由于以"定向"作为房屋布置的先决条件，街道网的布局方式就要与之相配合，同时也完全受这种观念所支配。

《周礼·地官司徒》中的"唯王建国，辨方正位"就是说建设都城的时候，首先进行的工作就是测定方位的朝向，以朝向定出城市构图的骨架。"建国"或者"营国"都是作为建设都城的意思，和我们今日所理解的"建国"含义大不相同。天文学在古代很早就发展，和建筑及城市规划构成一定的关系是很必然的。同时，也是古代测量学的基本依据，《诗经》的"定之方中，……揆之以日"(方中，昏正四方也；揆，度也)所说的就是这一问题。

至于古代城市的道路为什么最好能够"中规矩，中准绳"，相信除了和布局形式以及街区房屋建筑的地段切割有关外，铺设"车轨"也是其中的一个考虑因素；对于"铺轨"工程来说，最好的就是平直的街道。《冬官考工记》中的"九经九纬，经涂(途)九轨"就是说标准的"王城"应有九条互相垂直的道路，路宽为"九轨"。周代的轨宽为八尺，九轨就是七十二尺，七十二"周尺"大概是今日的十五米或者五十英尺左右。这种"三道九轨"之制自周至唐的一千多年间都一直在历代的王城中存在，汉的长安、魏晋的洛阳、隋的大兴都是由这类干道所构成的城市。

"车轨"是古代城市道路上的必要设施，街道布局不得不作和这种设施配合的考虑。

中国科学院考古研究所有关20世纪50年代的考古工作总结说："发掘证实，汉长安城的城门各有三个门道，每个门道各宽8米，减去两侧立柱所占的2米，实宽6米。在霸城门内发现当时的车轨，宽度1.5米，可见每个门道正好容纳四个车轨。三个门道，可容车十二。由城门通往城门内的大街，以三条并列的道路组成，宽度与门道相同。"[①]此外，北魏杨衒之的《洛阳伽蓝记》也有有关洛阳城的"一门有三道，所谓九轨"的记载[②]，可见魏晋洛阳城的干道也是同一的制式。至于唐长安城的情况在《唐代长安城明德门遗址发掘简报》一文中也有有关的记述："唐长安城的交通制度，从门址的遗迹也可窥见一斑。在五个门道中，只有东西两端的两个门道有车辙，有的车辙是从中间三个门道的前面绕至两端的门道通行的，可见当时中间的三门是不准行车。"[③]

宋聂崇义的《三礼图》对王城中的"三涂"是这样解释的："车从中央，男子从左，女子从右。"相信这是指古代仪仗的行进排列方式，并不大可能是正常的交通情况。而陆机的《洛阳记》则说："宫门及城中大道皆分作三。中央御道，两边筑土墙，高四尺余，外分之。唯公卿尚书章服道从中道，凡人皆从左右，左入右出。夹道种榆槐树。"《大唐六典》也有"凡宫殿门及城门，皆左入，右出"，可见唐代也把这种道路形式和交通制度继承了下来。

以直线的干道穿越城门来方便过境性的交通也是道路网布局的一个原则，于是十字形的骨架就难于改变。

封建城市的中心区并不成为交通的聚会点，因此就不产生放射式道路布置方式的要求。

因为城市必然是区域性的道路网交会点，会带来不少"过境性"的交通量，因此对干道就有以直线穿越相对的城门的要求。古代重要的城市交通也是繁忙的，对道路所负担的交通流量是要研究的，有直通的过境性道路和干道支路之分就表示对此问题已经有了充分的认识。我们不能孤立地来看城市之中的道路网的构成，它们是要和整个地区的交通网同时构成一个有机的整体。各个城门就是交通流量的"内聚"或者"外延"的一个起点或者终点，例如周城《宋东京考一》有："汴之外城门名，各有意义，如云郑门，以其通往郑州也，酸枣门以其通往延津，即旧酸枣县也……"由此可见，城门的设置并不是单纯地取决于制式，更主要还基于地区性交通的组织要求。基于这一点，我们对古代城市城门的位置和数量的变化就会更容易清楚地理解了。

为什么中国城市中互相垂直的经纬式道路网经历了那么长远的历史仍然不产生变化呢？古希腊和罗马也曾经有过"棋盘式"的城市规划，为什么欧洲其后却产生"放射式"的道路网呢？相信，这是和二者的城市中心性质不同有关。中国城市一般都以"宫城"、"皇城"或者"府衙"为中心，这些地方不但不是城市生活中交通汇集的中心，加之它们有宫墙或者城墙、围墙，反而成为了一个交通上的阻塞点，因此，即使它们是城市设计的一个高潮也没有必要使交通向这个地区辐合。

西方城市的市中心虽然同样是由重大的建筑物构成，但是，它们面前必然构成一个"广场"，广场是交通流通的一个转接点，交通在此集中，也在此分散。同时，广场是市民日常城市生活的中心，它们是"市"，和人民的生活密切相关，因此就要求将交通量以最便捷的方法带到这里来。于是，一种"放射式"的道路网就在这样的要求下产生。这种方式的道路网不但在有计划的城市规划下出现，在自发式的市区发展过程中也会自然产生这种布局。

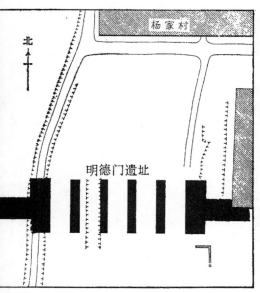

1972年—1973年间进行发掘的唐长安城明德门的遗址。明德门是唐长安城中轴线南部正中的大门，也就是说是城的正门，是这座城市给人的第一个面貌。

本来，中国古代的"市"和西方的"市"在起点上是没有太大的差异的。《史记》张守节"正义"云："古人未有市，若朝聚井汲水，便将货物于井边货卖，故言市井也。""市"和"井"之所以发生关系以及"市井"之称就是由此而来。古代城市是首先采用集中供水方式的，于是"井"或者其他方式取水的地方就成为了居民每日必到之处，买卖就趁机在此地做起来了。古罗马的城市广场很喜欢设置"泉池"或者"喷泉"，最早的时候，这就是他们的"井"——利用泉水为公共用水的供水方式。其后，市就随着"井"而来，于是就成为了"广场"，成为了四方人流汇聚的焦点。今日城市广场中好些时候也设有这些遗意的"喷泉"作为装饰，而事实上，它们本来并不是为了景色而来的，在历史的早期，它们曾经是市民生活的必要的公众设施。

　　中国的"市井"本来也是一个广场，为什么没有继续发展成为街道网的一个构成部分呢？主要就是中国很快就把"市"集中管理起来，不让它们自由发展。为了管理方便或者防卫的要求，作为市的广场就用围墙围起来，这一围就破坏了广场的存在和在道路网中作为交通聚合点的性质。广场和围墙是对立的东西，要围墙自然就不要广场了。"天安门广场"在古代是一个用围墙环绕起来的非公共性质的封闭空间，大概，在古代甚少没有围墙的开放空间。因为任何空间似乎都必有所属，既然有所属就必须用墙围绕起来，即使是市政官员大概也不惯于管理毫无范围和规限的地方。

中国城市中的"市"——商业地区因为采用内向的封闭空间的形式，所以不产生交通上的"聚焦"作用。

罗马的由"市井"而来的公共广场。

基于强调中轴线的规划观念，位于中轴线的干道就成为了整个城市的"脊椎"，整个城市的城市设计就集中到这条中心大街上，并通过强调它来产生"顶点"或"高潮"。

在"棋盘式"的道路网基础上，中国古代的城市还有一种"脊柱式"的构图意念，就是说以一条中心大道和全城的主轴结合起来。在中心的轴线上，不但重大的建筑群依此而布置，它本身同时表现为一条直通城市中心、贯穿全城要道的"脊椎"。在魏晋洛阳城、隋唐长安城、明清北京城等这些典型的中国都城中，这种意匠表现得更为突出。自汉以来，这条中心大街一般都沿称为"朱雀大街"。"朱雀"者，南也，意即城市正门所相对的大街。这条大街就是城市中最宽阔美丽的大道。唐长安城朱雀大街宽达150米，由此就可想见当时的气势了。

《东京梦华录》对宋汴京城的"御街"有过细致的景象描述，它不但成为城市构图的主干，而且也是城市设计上的焦点。"坊巷御街自宣德楼(宋宫城的正门)一直南去，约阔二百余步，两边乃御廊，旧许市人买卖于其间。自政和间官司禁止，各安立黑漆杈子，路心又按朱漆杈子两行。中心御道，不得人马行往，行人皆在廊外朱杈子之外。杈子里有砖石甃砌御沟水两道，宣和间尽植莲荷，近岸植桃李梨杏，杂花相间，春夏之间，望之如绣。"④通过这些文字的描述，我们可以想像当时的皇宫正面的大道在设计上是何等考究，并且还引来"御沟水两道"，遍植莲荷，再加上岸边的桃李梨杏，简直就是一条风光如画、美不胜收的"花园街道"了。

明清时代同样地继承了这种强调宫前御道的设计传统，而且对这个意念做出更大、更新的发展。宫前的"御道"发展成为一组组的封闭空间，使视域变得更为广阔，摆脱道路的单一景色。更主要的成就还是将"脊椎"的意念做出了最大的伸延，构成了一条无比丰富变化的中轴线。明清北京城比历代都城在设计上更为成功的地方就在于轴线的规划更进一步往"多向"方面发展，使城门——御道——宫城这一条线延展成为可见或不可见的"面"，将整个城市不论在空间组织上、体量的安排上都完全连贯起来。并且，在宫城之后还不断延续，越过了一座"景山"而至钟鼓楼才作收束，不论在平面上还是在立面上都呈现出一种极为完整的节奏感。它所得到的高度的艺术效果就完全不是过去的"铜驼大街"⑤、"朱雀大街"所能及了。

"襟掩春风"、"气含秋水"——唐长安城明德门遗址出土的两石印印文。

① 中国科学院考古研究所《新中国的考古收获》北京:文物出版社，1961.80~81
② 《洛阳伽蓝记校释》香港:中华书局版，1976.15
③ 中国科学院考古研究所西安工作队《唐长安城明德门遗址发掘简报》《考古》1974,1期
④ 宋代孟元老撰，邓之诚注《东京梦华录注》香港:商务印书馆出版,1961.52
⑤ 魏明帝迁都洛阳时将汉长安城的金人、骆驼等搬了过来，放在主干道两侧，故宣阳门内干道称为"铜驼街"。

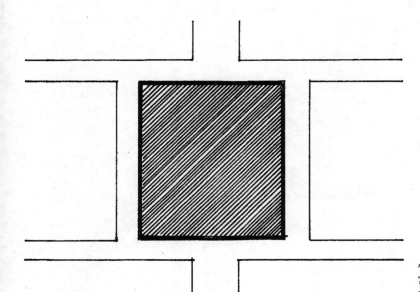

古代中国城市的"核心"或者"中心"大部分都是以围墙围起来的，如皇宫、官衙、庙宇等重大建筑物，它们面前很少有较大的公共广场，因而并不构成一个道路网的交通汇聚点。

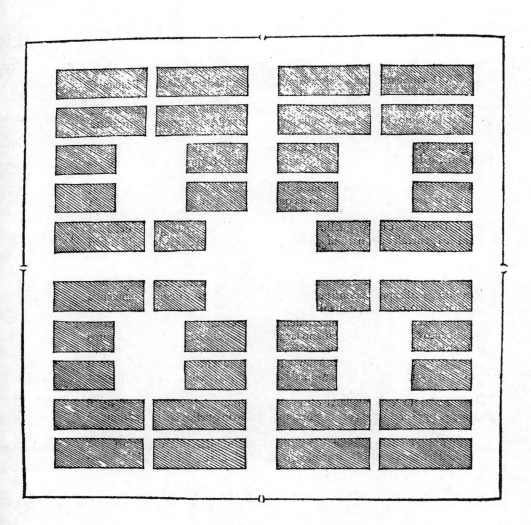

公元前1世纪时的罗马建筑师维特鲁威（Marcus Vitruvius Pollio）著名的《建筑十书》（De Architectura）中就已经提出了一个以广场为中心的城市构图方案。15世纪，此书广泛地流行，他的设计原则对后世的欧洲建筑产生了很大的影响。

长达8公里的明清北京城的脊椎——中轴线

第十二章

设计·施工·研究和著述

建筑师和城市规划家

　　严格地说，20世纪之前，中国还没有产生完全和现代的"建筑师"、"结构工程师"等性质相同的专业人员。明显的事实就是，进入现代社会之前，还没有出现与建筑师、结构工程师完全相等的名称。"大匠"、"将作"、"匠师"以及"都科匠"等其实并不能和建筑师、结构工程师等画上一个等号。当然，古代有建筑计划者、设计者、施工管理监督人员、施工组织者等等的负责人，有人负担建筑师、结构工程师等职责，除了职位之外，社会上并不普遍存在着一门"建筑设计与监理"的专业。

虽然，完全相当于现代建筑师性质的专业人员古代是不存在的，但是肯定存在具有这门专业知识的各种有关人员，他们共同负起建筑设计之责。

唐大明宫含元殿复原透视图

好些学者都认为，古代中国的建筑工程完全由"匠师"们担任，他们的技艺是依靠薪火相传地接续下来。知识分子很少插手和担任这门工作，在"雕虫小技，君子不齿"的思想支配下，没有参加推动建筑事业的发展。不过，这只是一方面的情况。虽然如此，中国建筑仍然是知识分子和工人合作下创造出来的产物，就算是知识分子并没有直接参加营建房屋的劳动，但是一切建筑计划、布局安排、式样设计等都是经过知识分子决定、参加意见以及布置各项工作的。否则中国建筑所表现出来的形式和风格、布局和构造等就和传统文化学术无关了。计划制定者和直接执行者二者之间是不能完全分割开来的。

小说《红楼梦》其中有一段是描述"大观园"的建筑过程的，虽然不是具体事实，但足以反映清代的民间大型建筑工程进行情况。为了筹建"大观园"，贾府首先请来一位名叫"山子野"的老名公来筹划以及绘出图样，看样子"山子野"应该就是建筑师了，也许，他不一定是专业建筑师，不过是对建筑见多识广，也懂得一些工程知识的那一类人。即使他是已具备真正的一个建筑师条件的人，在那个时代挂起了招牌也吃不了饭的，就是说还不成为一个行业。在"山子野"的方案制定出来之后，上上下下、清客等帮闲人物都提出意见，商量一番才决定大观园的建筑计划。由此可见，建筑设计的决定权还是控制在知识分子手上，建筑物所反映出来的还是知识分子们的意匠。清代如此，再以前的日子是否这样呢?相信情况会是差不了多少的。

见于历史记载的对建筑设计有过卓越贡献的人物大致上可分成两类，其一是工人出身的匠师，其二是建筑工程的管理官员。

大概，古代中国的建筑设计并不怎么看作是一项个人的作品，完全不同于其他方面的艺术创作，因而设计者的名字流传下来就不多，换句话说，今日所知的可以称为"建筑师"的著名的、有成就和贡献的人物就很少，不像文学艺术家们那样数之不尽。而且，出现于历史记录也很不平衡，有些时代多一些，有些时代却没有，这都说明不能全面和正确地反映整个古代建筑师的情况。

关于古代著名的建筑者的资料来源有两方面：一方面是见诸官方的记录，或者说正史；一方面是来自民间的传说或者非官方的著述。假如，我们认为"有巢氏"是中国第一个房屋建筑师的话，这不过是承认古代模拟出来的一个神话而已。"鲁班"是为中国人所熟知的建筑师，他是春秋战国时代的人。那是一个科学技术上升和发展的时代，出现鲁班这样一个建筑匠师和发明家是十分必

然的事，他被看作木匠的"先师"，或者说是"神"。但是，他的事迹也只限于一种传说，我们不能详细指出他对中国建筑技术或者艺术的学术意义上的贡献。

李春因建筑"安济桥"而著名，京剧《小放牛》一唱"赵州桥什么人修？"而使他的名字在民间便无人不知道。桥上有碑文，赞扬"隋匠李春""两涯穿四穴"设计的优越和巧妙。在结构工程上，李春的作品在世界上就占有很高的地位。宋代的喻皓因为设计了汴京城的开宝寺塔并著有《木经》而得到很高的评价，不少古代著作提及了他的事迹。历史上除了"安济桥"、"开宝寺"之外，著名的建筑物多得很，它们的设计者的名字不但不见传颂，还多半未见于任何记载。当然，历代相当于李春和喻皓的人是不少的，他们往往都有杰出的作品和贡献，例如，宋代"虹桥"的设计者据说是青州的犯人，即使不是罪犯、出身低微的人，就算有卓越的创造一般也都是难于"名垂青史"。例如中国古代最高建筑物——永宁寺塔的建筑师是郭安兴。北魏杨衒之《洛阳伽蓝记》一书记述此塔甚详，有关的人物也记载不少，唯独没有提及建筑师。可见在古代知识分子心目中，建筑师是没有地位的，似乎也无关重要。

为皇朝建筑工程服务而有过贡献的人多半都能见于"官书"的记载，他们都是建筑工程部门的主管官员。不过，对于这些皇家建筑或者城市规划的主持者，我们有时是很难定出一个标准来衡量他们是否应看作是建筑师的。汉长安城和未央宫的建筑计划者杨成延，出身于军中的"军匠"，是一个掌握技术的匠师，后来当了建筑部门的官员"将作少府"。北魏建都洛阳时"诏征司空穆亮与尚书李冲、将作大匠董爵经始洛京"①，穆亮和董爵不过是行政上的主管，真正的规划者应该是李冲②。东魏迁都于邺时，营建新宫的负责者为高隆之，《北史·卷五十四·列传第四十二》说他"又领营构大将，以十万夫彻洛阳宫殿，运于邺，构营之制，皆委隆之"。和高隆之合作还有另外一位建筑师辛术，《北齐书》谓"辛术，……与仆射高隆之共典营构邺都宫室，术有思理，百工克济"。③

关于隋大兴城的规划，《北史·卷十一·隋本纪上第十一》谓："（开皇二年）诏左仆射高颎、将作大匠刘龙、钜鹿郡公贺娄子干、太府少卿高龙叉等创造新都。""（十月）辛卯，以营新都副监贺娄子干为工部尚书。""（十二月）丙子，名新都曰大兴城。"此外，参与隋新都规划工作的还有"诏领营新都副监"的宇文恺。据《隋书》说"高颎虽总大纲，凡所规画，皆出于恺"。大概，在这些建城规划主持者中，只有刘龙和宇文恺是建筑师，其他的只不过是主管官员而已。宇文恺除了营建大兴城外，隋炀帝的东京洛阳规划也是出自于他的手笔④。

唐代的阎立德、阎立本兄弟都先后担任过唐代的"将作大匠"。立德是著名的工艺美术家，立本是大画家，在美术史上都是重要人物。他们可以说是担

李春和喻皓都是因为他们有足以流传后世的作品而著名，其实历代被埋没了姓名的巧匠实在不知还有多少的。

对皇家建筑工程有过很大贡献的官员他们的传记在史书中都可见，虽然他们都可以称为"建筑师"，但是大多数人都有其原来的身份。

今版《营造法式》一书中所附的"李诚补传"。

在建筑史上，李诚很有名，他是以编撰《营造法式》而见称。明代北京城的改造计划举世公认为成功的杰作，但是规划者阮安的名字就并不是那么为人所熟知。

任过建筑师的工作，但更主要的就是他们后来都当了大官，立德进封为公，立本官至右相。画家兼建筑师的还有宋代的郭忠恕，为宋太宗建立宫中的大图书馆——崇文院、三馆、秘阁。

以编撰《营造法式》而著名的李诚是宋代的建筑官员，他监管建造了很多政府工程，这是毫无疑问的。他是否也应算作是建筑师呢?他懂得绘画和写作，他的传记却并没有说他精于设计建筑物，不过大多数研究建筑的学者却称他为建筑师。元代建都的时候请了一位阿拉伯人黑迭儿来制定"元大都"的计划，这是中国历史上首次请了一位外国建筑师来作"技术的引进"。黑迭儿并没有按照西方的方式来规划这个都城，反而由中国官员协助来了一个按《周礼》制式的复古设计。明代改建元大都，改建北京城的计划者是阮安，他同时是一位著名的水利工程师。他的设计十分成功，城市布局直至今日仍然为举世所赞赏。

至于北京"明宫"的房屋设计建筑师却是工部侍郎吴中以及蒯祥、杨青、蔡信等。也就是说，今日我们所见到驰名于世的"故宫"最初是由他们来营造的。蒯祥是苏州人，木匠出身，据《吴县志》云："凡殿阁楼榭，以至回廊曲宇，随手图之无不中上意者。每修缮，持尺准度，若不经意，既成不失毫厘，有蒯鲁班之称。"除宫室外，明十三陵中的"长、献、景、裕四陵"也是他的作品。比他们更早一些的明代宫廷建筑师有陆祥和陆贤，他们兄弟俩是祖传的名石匠，南京的宫殿和十三陵的石刻都是其业绩。

古代的建筑"匠师"多半是世代相传的，即使已经成为了"皇家建筑师"也是如此，清代的"雷氏家族"就是一个显著的例子。清初，一位南方匠人雷发达(1619年—1693年)应征到京师参加宫室的营建工作，因才艺出众而被提升担任"样师"职责。其后他的子孙一共七代都成为了清代的"宫廷总建筑师"，主管工部营缮所的设计机构——"样房"。于是清代二百多年间的建筑设计工作都是由雷家主持，规模巨大的工程举凡圆明三园、清漪园、玉泉山、香山离宫、热河行宫、三海、昌陵、惠陵等等规划设计无一不是出自这个雷家的"样房"。相信，这个"样房"算得上是世界上成绩最大最多的一个设计机构了。除了雷发达外，他的子孙知名的还有雷金玉。民间对这个"建筑师世家"是有所称颂的，成为当时人所皆知的"样子雷"或者说"样房雷"。

在古代，分工没有那么精细，建筑设计未能成为一种专门的职业，因此一些官员、画家、工艺设计师，他们通过一些有关的理性知识的学习(如礼制和传统等)和生活的体验(包括参观各地的建筑物)，再加上自己的艺术修养和创造能力便可以担当起这项工作。另一方面，技术工人的专业队伍却是一早便存在的，通过实践经验和实验研究(如制造模型来考虑结构的安全等)，他们之中的一些杰出人物便成为了有创造能力的结构工程师，喻皓等人就是其中的一个典型的例子⑤。中国古代的建筑设计大体上就是几方面的人集体创作的成果，因此，即使是成功的作品在一般情况下也不把它归属于个人的创作。

此外，一些造园学家也可以列入建筑师的一类，因为园林建筑是中国古典建筑的一个很重要的构成部分。明代的计成、张然、张连、李渔等，他们除了对园景的布置有一定成就外，对于与园景配合的建筑构造大样也有一些研究。计成和李渔都有有关的著述，说出了他们对建筑问题的一些体会。

古代的建筑设计大概因为多数出于"集思"而较少"独断"，并不被认为是个人的艺术创作，因此甚少突出个别建筑师的设计成就。

① 参见《魏书·卷七下·帝纪第七下》、《北史·卷三·魏本纪第三》。
② 《魏书·卷五十三·列传第四十一》："冲机敏有巧思。……及洛都初基，安处郊兆，新起堂寝，皆资于冲。"
③ 《北齐书·卷三十八·列传第三十》。
④ 《隋书·卷六十八·列传第三十三》："炀帝即位，迁都洛阳，以恺为营东都副监，寻迁将作大匠。恺揣帝心在宏侈，于是东京制度穷极壮丽。"
⑤ 《皇朝类苑》和《玉壶清话》都记载有喻皓用模型来研究建筑设计结构问题的故事。

宋代的建筑画

415

古代的建筑设计工作

在结构或构造设计方面，在还没有将力学的知识总结上升为系统的理论之前，知识分子就难以有较大贡献，因为只有通过实践的体会才能取得对结构的认识。

根据流传下来的资料分析，中国历史上曾经产生两类不同出身的建筑师、专家：其一就是技术工人出身的匠师，例如李春、喻皓等；其二就是知识分子出身的建筑计划主持者。建筑部门的官员，宇文恺、李诫、阮安等就属于这一类。他们今日都被称为"建筑师"，其实他们所掌握的知识和技术，所担负的职责实在是完全不相同的。在古代并没有将他们混为一谈的，"匠师"就是"匠师"，"将作大匠"就是"大匠"。

中国建筑结构和构造技术的发展主要是由实践经验的累积而发展起来，建筑官员因为一不做试验研究，二无力学的科学理论，他们很少能在结构和构造技术上产生贡献的。鲁班、喻皓、李春等人主要在建筑结构上取得重大的成就，准确地说他们应该就是古代的结构工程师。因为古代的分工方式和现代不同，建筑设计和结构设计没有分割开来，因此这一类"匠师"就同具建筑师的性质。

中国建筑巧妙和先进的结构设计很多，但是并不就此连同带来很多著名的"匠师"。喻皓之所以能够留名实在是有点例外的，大概是宋代较为重视科学技术的缘故，好些著述中都曾提及他的事迹。同时，我们也不能够完全埋怨当时的社会对有贡献的"巧匠"重视不够，当时也曾经对某一有所创造的人做出

现存的最古、最完整的一座建筑模型——大同下华严寺薄伽教藏殿中的"天宫楼阁"。

记载，但有关的著述、文献或者碑文后世却没有保存下来。只要有一个时期将某一方面的历史中断，这一方面的历史就很容易完全消失。对于历史来说，某一个人的名字可能不重要，但他的经验却常常是十分宝贵的资料。

关于喻皓在建筑结构上的贡献，我们在第六章"结构与构造"中已经有所谈及，这里就不再重复。我们要在此补充说的就是他是怎样进行结构的设计和研究工作。喻皓是"都科匠"出身的人，盖了不少房屋，当然积累了不少经验和感性的力学知识。他是匠人，自然拿得起刀斧，不像知识分子们只懂得用纸和笔，他是通过制作具体模型来进行设计和研究工作的。据宋人笔记《玉壶清话》说，喻皓设计开宝寺塔的时候，在模型上发觉有一尺五寸的误差，因而数夕不寐去思考解决的办法。

利用模型来进行结构或者构造的设计和研究并不是始于喻皓，这是一种已经有很长远历史的方法。近年在新疆吐鲁番阿斯塔那古墓出土了一座唐代的"阙楼"木结构模型，相信就是那个时候作结构设计和研究之用的[①]。除了结构问题的考虑之外，建筑模型当然同时是表达建筑计划的一种方式。隋代的建筑师宇文恺曾经因为"明堂"的设计问题给皇帝上了一个表，表曰："（宇文恺）研究众说，总撰今图。其样以木为之……"[②]就是说用木造了一座模型，用来给皇帝批准。相信，利用模型作为设计和研究的方法，比设计图样会有更长的历史。尤其是工匠出身的设计师，他们以模型来表达自己的构想和研究其中的构造，比拿起纸笔来表现当会是容易得多。

知识分子出身的建筑师或者城市规划家，他们所担任的是计划、布局和形式等决定工作，而且同时是一位有一定地位和职权的行政官员。在古代，因当建筑师取得了成绩是可以得到更高的官职的，也许这就是当时社会的一种最高

在建筑绘图学还没有成熟发展之前，利用模型作为表达设计意图和研究的对象是十分有效的手段，也是匠师们善于使用的方法。

新疆吐鲁番阿斯塔那古墓出土的唐代"阙楼"模型在斗拱的上面本来还应有一座"楼"的。

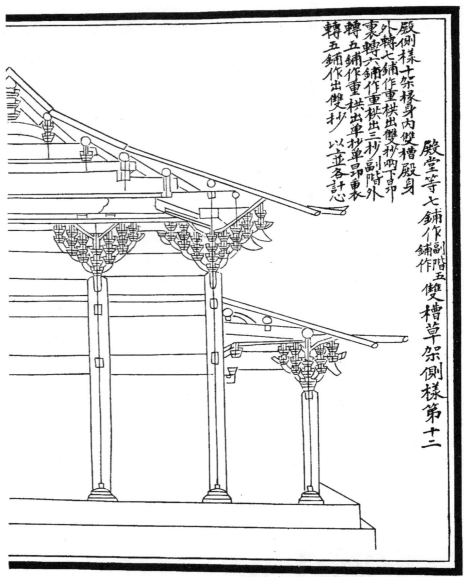

殿堂等七鋪作副階五鋪作雙槽草架側樣第十二

殿側樣十架椽身內雙槽殿身
外轉七鋪作重栱出雙杪兩下昂
裏轉六鋪作重栱出三杪副階外
轉五鋪作重栱出單杪單昂重表
轉五鋪作出雙杪
以並各計心

營造法式卷三十一 四

木刻古版《营造法式》中的
建筑图样插图

《营造法式》的插图证明了宋
代时建筑制图技术已经达到了
很高的水平，而欧洲直至文艺
复兴时代还没有产生比之更为
良好的构造图样。

的工作报酬。这一类的建筑师除了有建筑技术知识外，并且兼通文学艺术、政
治历史等学问，否则就无法主持城市规划或者巨大的建筑群计划工作。这些"将
作大匠"们除了在职位上与"匠师"有高下之分外，业务和技术也不一样，在
性质上，他们和现代的建筑师就较为类近。

　　知识分子自然有知识分子表达自己思想的方法，他们熟悉纸笔而不善于使
用刀斧，因而必然以文字和图画来表达自己的构思。毫无疑问；一些画家和工
艺设计师也曾被吸收加入建筑设计的工作，他们就在建筑制图和建筑艺术上起
了很多的推动作用。结果，相信在汉代之后，制定"建筑设计图样"和"说明
文件"已是一个较大的建筑计划不可缺少的事情了。大概，到了宋代，建筑制
图已经达到了非常成熟的地步，它们的表达能力和现代的设计图样已经差不了
多少了。李约瑟看到了宋李诚《营造法式》的插图之后，用非常惊奇的口吻说：

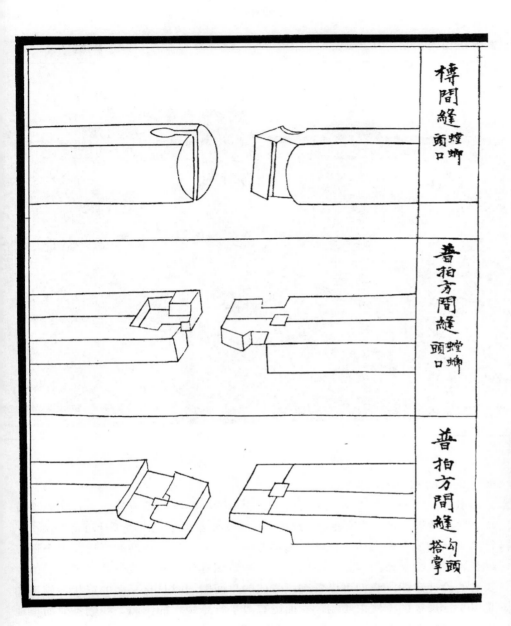

槫間縫螳螂頭口

普拍方間縫螳螂頭口

普拍方間縫搭掌頭

《营造法式》中的插图——木结构大样图

中国现存最古的木结构：
上：五台山南禅寺大殿的斗拱；（丁垚 摄）
下：五台山佛光寺的斗拱。（丁垚 摄）

　　"为什么一一〇三年的《营造法式》是历史上的一个里程碑呢？书中所出现的完善的构造图样颇显重要，实在已经和我们今日所称的'施工图'相去不远。李诫绘图室的工作人员所做出的框架组合部分的形状表示得十分清楚，我们几乎可以说这就是今日所要求的施工图——也许是任何文化中第一次出现。我们这个时代的工程师常常对古代和中世纪时候的技术图样为什么这样坏而觉得不解，而阿拉伯机械图样的含糊就是众所周知的事。中世纪的大教堂的建筑者是没有较好的制图员的，十五世纪的德国，即使是达·芬奇本人，只不过是提供较为清楚的草图，虽然有时候也是十分出色的。西方是无法可与《营造法式》相较量的，我们必须要面对阿基米德几何学的事实(欧洲有而中国无)，视觉的形象在文艺复兴时代已经发展成为光学上的透视图，作为现代实验科学兴起的基础。至少在建筑构造上，却竟然没有能力使欧洲产生超过中国的，在图

面上良好的施工图。"③

　　虽然，"图"和"画"之间由于表现目的性的不同而有异，但是在表现方式上往往是基于同一的基础。在绘画上，中国很早就创造出"平行透视"及"平行的一点透视"来表达"三维"物体的体形，并且提出运动的、连续多个视点综合表现景物形象的理论。中国古代的建筑图样就是利用这些原理来表现所要表达的设计意图。我们可以看到：古代的平面图同时具有立面的形状，施工图是以平行透视的方法来绘制，立面图有"平行透视"的图面。我们不能简单地评论这些图样是非科学的，在传达"意思"上它们似乎还具更大的能力和效果。

　　在理论上"平行透视"是无限远时所产生的形状的放大，"运动的视点"自然是比"静止的视点"表达出来的图像更为全面，具有更大、更多的表达能力。虽然，由此方法而绘画出来的图样和我们视觉上的形状有着一些差异，但是，设计图只不过是寻求意义上的最好表达方式(目前我们建筑上按比例绘制的平、立、剖面图在视觉上也不可能真正地如此出现)。"三维空间"的、"运动"的视觉形象正是我们今日所致力的新的图面表达内容，也许认真地研究一下中国传统的建筑制图学，"继承"本身可能转化成为一种全新的"突破"。

　　宋代的时候，产生了一种"界画"，意思大概是绘画的时候要依靠"界尺"的帮助，其实，这就是当时的建筑图。在美术史上，有所谓"界画画家"的出现，这些画家大概相当于今日专门绘画透视图的制图人员。宋元的时候，这类作品是很多的，但并不受到真正的画家们的重视。不过，建筑物当时常常成为绘画的主要题材，这就足以证明11世纪的时候中国的建筑图绘制已经达到相当

由平行透视所产生出来的图像比减点透视具有更全面、更大、更多的表达能力，虽然比较缺乏真实感，但作为工程图样来说更重要的是说明问题的效果。

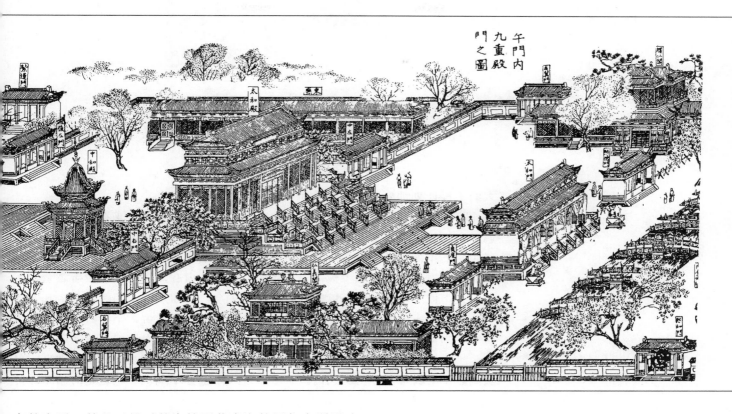

高的水平，并且已经对整个绘画艺术上的风气有所影响。

接着，我们还应该讨论一下古代建筑设计方案如何产生和决定的问题。其实，在古代文献中常常出现有关这类问题的一些有趣的记载。《南齐书》说："平城(北魏最初的首都)南有干水，出定襄界，流入海，去城五十里，世号为索干都。土气寒凝，风砂恒起，六月雨雪。议迁都洛京。（永明）九年，遣使李道固、蒋少游报使。少游有机巧，密令观京师宫殿楷式。清河崔元祖启世祖曰：'少游，臣之外甥，特有公输之思。宋世陷虏，处以大匠之官。今为副使，必欲模范宫阙。岂可令毡乡之鄙，取象天宫？臣谓且留少游，令使主反命。'世祖以非和通意，不许。少游，乐安人。房宫室制度，皆从其出。"④这段故事就是说北魏派了一位建筑师当大使到建康(南京)去，暗中考察和学习都城的规划和宫室的设计，他的舅舅知道他是一位技术人员，来意就是作技术间谍，故建议将他扣留起来。因为邦交为重，皇帝并不同意这样做。为了制定一个建设计划，特意派出专家到别国去作暗中考察，可见5世纪时的设计态度已经是十分慎重和严肃了。

对于个别建筑物设计方案的决定也常会引起一些争论。隋代的时候，因为"自永嘉之乱，明堂废绝，隋有天下，将复古制，议者纷然，皆不能决"⑤。在这种情况下，当时的"将作大匠"宇文恺就"博览群籍，参详众议"，经过了一番研究之后，写了一个申述设计理由的"表"，连同设计图及模型一并呈给皇帝。结果，帝可其奏，方案这样才得到决定。因为他对这个设计做了不少研究工作，最后，他将这个方案研究成果编撰出《明堂图议》二卷，刊行于世。宇文恺的工作可以说是一个很典型的古代中国建筑师的工作。大概历代制定重

古代重大的建筑计划同样是经过一番十分小心的调查研究然后拟订出来的，并且有过发表设计研究报告书的记录。

大的工程计划都要经历这样一个类似的过程。

除此之外，建筑师和建筑计划的主持者都十分注意当代或者前代建筑物的调查和研究，例如宇文恺的奏《明堂仪表》就说："《宋起居注》曰：'孝武帝大明五年立明堂，……'梁武即位之后，移宋时太极殿以为明堂。……平陈之后，臣得目观，遂量步数，记其尺丈。犹见基内有焚烧残柱，毁斫之余，入地一丈，俨然如旧。柱下以樟木为趺，长丈余，阔四尺许，两两相并。凡安数重。宫城处所，乃在郭内。"这就是对古建筑的现场考古。至于对现有建筑的研究，则可见陈师道的《后山谈丛》，据说"东都相国寺楼门，唐人所造，国初木工喻皓曰：他皆可能，唯不解卷檐尔。每至其下仰而观焉，立极则坐，坐极则卧，求其理而不得。门内两井亭，近代木工亦不解也"。这是对喻皓的苦学苦思精神又一生动的说明。

在制作模型、绘画图样、方案研究等已经具有很长历史经验的基础上，到了14世纪的明代，中国的建筑设计工作已经发展到了相当成熟的地步，其时已经存在着官方的专门建筑设计机构——"工部营缮所"，负责设计策划各种政府的工程。清代的"工部营缮所"进一步设立"样房"和"草房"两个部门，"样房"就是"设计绘图室"，负责拟具草图，绘画按比例的施工图，制作模型。当时的模型是用硬纸制作，不但表达了外形，还可以拆开显示内部的构造情况，直接为施工服务。这种模型称为"烫样"，到了今日还保留下来一些圆明园房屋设计的"烫样"。"算房"则负责作工料预算和估价，一如今日的"工料估算师"(quantity surveyor)的工作。

由此看来，古代的建筑设计工作很早就达到相当精细和完善的境地，即使与现代的设计机构相比较，在组织形式和工作内容上实在是相差不远的。

① 《一九七三年吐鲁番阿斯塔那古墓发掘简报》《文物》1975.7期
② 《隋书·卷六十八·列传第三十三》。
③ Joseph Needham.Science & Civilisation in China Vol IV:3.Cambridge University Press,1971.111
④ 《南齐书·卷五十七·列传第三十八》。李约瑟在他的《中国科学技术史》中曾引此文，但不知何故译文的意思和原文本来的含义距离很远。
⑤ 同②。

422

采木之图——16世纪时明代出版物《王公忠勤录》中的插图。图中表现出在官方监督之下的伐木情况，左下角坐着管理官员，众多的侍从站在两侧，一些工人跪在官员面前有所禀告，工人劳动的场面反而不大。无论如何，这说明了古代重大的建筑工程从材料的生产以至施工等等常常都全面地在官方监督和组织下进行。

古代的建筑施工工作

大约一千年前，宋李诫为自己所编的《营造法式》写了一篇《进新修营造法式序》，这是一篇"呈文"，是完成一件皇帝所交下来的任务的一个报告。文中一开头便说："臣闻上栋下宇，《易》为大壮之时；正位辨方，《礼》实太平之典。共工命于舜日，大匠始于汉朝，各有司存，按为功绪……"①他想说的话大概就是自古以来，建筑工程都是"朝廷"一项重要的工作，要搞好这项工作，就要有很好的组织，有合适的规章和制度。过去，一直都是按照这个原则去做的。

历代政府都有专司土木营造之事的部门之设，在任何时期这个部门都做了一定的工作，在建筑施工管理方面积累了极为丰富的经验，并且及时加以总结。

423

《尔雅》古代版本的插图——
"大版谓之业"，表示了"版筑"的
情况。

《营造法式》中有三分之一内
容是详述"料例"和"功
限"，十分具体地说明了其时
对施工问题已经做过极为详细
的研究和分析。

"用料标准"和"劳动定额"
是制定计划和施工组织的必要
数据，有关建筑部门自古以来
对这个问题都显得非常重视。

事实上的确是这样，两三千年来，中国一直都设有政府的建筑部门，由这个部门负责建筑设计、施工以至材料的生产和调配等工作。周代的"冬"官就是管这件事情的，其后的"将作"不论称为"寺"、"曹"、"府"以至"工部"都是各个朝代无一不设立的机构。这些负责建筑工程的官署，无论如何也做了不少工作，在担负施工任务当中，总结出很多方法和经验，就是所谓"各有司存，按为功绪"。我们不能低估这些官方机构的工作对整个中国古代建筑的发展所产生的意义和影响，除了各个时代绝大部分的重要工程都是由这些政府建筑部门来完成之外，假如没有一个中央政府部门来主理建筑工程工作的话，中国古典建筑中心内容之一的"标准化"和"模数化"便不会成立，即使有这种意念也无法实施和推广。如果我们从"国家建设"的角度来衡量和考察中国古典建筑，结合"时间"的观念来评价施工工作的效率，我们会发现这方面的成就比它的艺术和技术价值还会大得多。

只要较为细心地去翻阅"官书"或者有关著述对于著名的重大工程建设的记录，我们就会发现所有的大工程都在很短的时间内便完成。这个问题我们以前已经谈论过了，这里不再举例说明。当然，古代的官方施工工作还配合行政上的命令来执行的，我们暂且不去理会历史上对一些时代过分滥用人力、物力的批评，纯粹从施工工作的角度上来看，劳动力和材料生产运输的组织假如不处在一个很高的水平上，实际上是不能产生效率和取得成绩的。

李诫《营造法式》的内容对这个问题就给我们解答了一大半。三十六卷的《营造法式》当中，其中第十六卷至二十八卷共十三卷说的是"料例"和"功限"，事实上整部《营造法式》其实都是为"施工"需要而编订，绝不是一本谈设计和理论的书籍。其后明清的《正式》和《工部工程做法则例》都是继承这个传统的精神，主要为施工尤其是经济核算服务。由此看来，假如将"建筑工程"看作是一个整体，中国传统的精神重点就落在施工而不是落在设计上面，或者可以这样说，古代的看法是："设计"不过是为施工服务，而不是施工目的在于实现"设计"。因为时间已经过去，我们对古代施工的认识比对设计的认识更为困难一些，建筑学家和历史学家们都较少注意中国古代建筑在施工方面的经验和成就。

在《营造法式》的"诸作功限"的各卷当中，将各个工种的劳动定额称为"功"，以"功"为单位分别详细订出各种工作所需的工作量，"功"以下还再分有"分"和"厘"，可见制定的过程是十分严密仔细的。例如"筑墙"——"诸开掘墙基，每一百二十尺一功，若就土筑墙，其功加倍，诸用蒿檾就土筑墙，每五十尺一功"[②]；又如造木柱——"柱每一条，长一丈五尺，经一尺一功，穿凿功在内，若角柱每一功加一分功，如径增一寸，加一分二厘功，如一尺三寸以上每径增一寸又递加三厘功……"[③]一般来说，材料的用量是很容易计算出来的，但是劳动力的工作效率如果没有一定的标准就十分难准确地估计了。古代的建筑部门在这方面做了不少工作，因为只有在有了标准的定额后，才可以制定劳动力的使用和调配计划，使施工工作能够和谐而有效率地进行。另一方面，没有工作量标准，除了估价困难之外，还会导致主办官员的贪污和舞弊。

当然，我们不能认为只有宋代才有这种制度，我们可以设想，这种"劳动定额"的标准在宋以前早就存在。宋以后，这种制度一直都是继续受到重视和认真执行的，其实，只要是大规模的施工单位，这种制度是必然产生的，否则无法全面地加以有条理的管理和做出经济核算。

皇帝们其实并不是那么大方，任由负责施工的官员去支配人力和金钱，完成任务后还要考核一下支出的用度是否合理以及账目是否清楚。《隋书》中就记载了一段有关这个问题的故事：何稠是隋代的一位设计师，曾与宇文恺合作参典"文献皇后"的山陵制。在担任"少府卿"的官职时，"所役工十万余人，用金银钱物巨亿计。帝使兵部侍郎明雅、选部郎薛迈等勾核之，数年方竟，毫厘无舛"④。其后加上何稠能参会古今，多所改创，便升迁为"太府卿兼领少府监"。他因为领导有方，并且被证明没有贪污舞弊，最后曾当上工部尚书。唐朝时仍用为"将作少府监"，因为他的确是一位不可多得的有技术而又精于施工管理的人才。

其次，我们必须指出的就是中国古典建筑的设计和施工基本上是基于一种"预制"构件和"装配"式的工艺制作观念而来的。中国古代的建筑工程之所以能够迅速地完成，除了有良好的施工组织计划之外，"预制"和"装配"的建筑方法也是其中一个重要的原因。建筑设计之所以走向定型化，大概主要就是配合施工中的"预制"和"装配"要求，各个工种、各种构件"制度"(大小和规格)的建立，目的就是打下"大量生产"(mass production)的基础。在建筑施工工作展开后，"预制工场"因不受房屋建筑面的限制，可以投入较大的人力，使"构件"的生产能够迅速地完成，由于"规格化"使劳动易于熟练，对质量能够做出更大的保证。

中国建筑木构架梁柱间的"节点"(joint)很早就发展为"卯接"(秦汉时用金釭加固接点说明"卯接"尚未完善)，"卯口"的构造是十分精巧和复杂的，互相之间的尺寸大小必须完全吻合。这种发展可以说主要是由"装配"式的施工方法而引起，因为只要准确地装嵌进去，在高空中就不必再多造其他的工作。同时，反过来又证明了木构杆件非预制不可，因为复杂的"卯口"构造无法在高空中加工，非在地面上证明制作无误后才能使用。

因为所有的构件都采用"预制"的方法，构件的大小和长度就必须预先准确地决定，不能等待"立架"后才作修正。古代很早就懂得利用比例作图的方法来决定构件的长度，《营造法式》上"举折"之制就对这件事情做出了说明："举折之制先以尺为丈，以寸为尺，以分为寸，以厘为分，以毫为厘，侧画所建之屋于平正壁上，定其举折之峻慢，折之圆和，然后可见屋内梁柱之高下，卯眼之远近。今俗谓之定侧样⑤，点草架。"⑥

除了利用"平正"的墙壁来"侧画"施工图外，另外一个方法就是利用按比例制作的模型来辅助施工。较为复杂的非定型化的建筑设计不论设计和施工模型所起的作用都是很大的，在设计时要依靠模型来研究它的构造，或者试验它的结构上的力学性能；在施工时模型不但可以准确地预知材料的长度、大小和数量，对工人来说"模型"比图纸更为容易明白得多，按此施工自然更为方便。依照模型施工，在古代是一种颇为流行的方法，对为施工而作的模型古称

中国的营造技术是基于"预制"构件和组合"装配"的工艺概念而来的，因而定型化、标准化就随之而产生。这一切都是从施工观点出发考虑的产物。

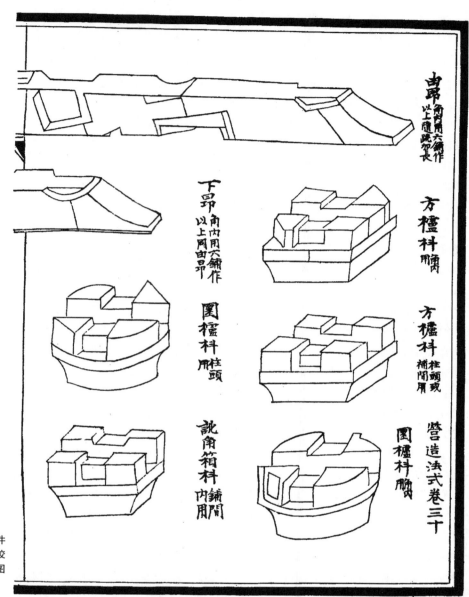

斗拱就是利用这些精巧的木制构件
装配起来的。《营造法式》卷三十"绞
割铺作栱昂科等所用卯口第五"的插图
之一。

史书中有过很多搬迁整座宫殿
到别地去的记载，这些事实有
助于我们对古代装配式房屋的
理解，也说明了另一种房屋建
筑方式的观念。

为"烫样"，意即其作用一如今日的施工图样。

在古代的文献中，我们常常可以看到有关"搬迁"宫殿的记载。前面所提
过的高隆之，就是负责搬运北魏洛阳宫殿到"邺都"去的建筑师。"搬运宫室"
在古代并不是一个什么新鲜的意念，因为房屋本身本来就是由很多部件装配而
成，将它们分拆下来重新装配自当是切实可行之法。再者木材较为轻巧，搬运
起来并没有多大的困难，因而拆迁整座房屋不但快捷而且是经济的措施。至少，
大大缩短了重新兴建新宫的时间，汉长乐宫不到两年便完工，其中一个原因就
是拆迁和利用秦宫的构件。

"分拆"和"搬运"、"重新装配"其实也是中国建筑施工的一个重要技
术内容，因为利用前代建筑物的构件并不是一件偶一为之的事。明宫也利用过
元宫的材料，宋徽宗辛辛苦苦从太湖运到汴京去修建"艮岳"的花石，其后又

给金人弄到"中都"去，今日北京北海的"假山"就是当年"青面兽杨志"一类的人负责押运之物。"官家"是这样，民间自然也如此，这是中国建筑十分特殊的"新陈代谢"、"古为今用"的方式。这些事情都十分清楚地足以说明建筑施工的"装配"和"组合"的性质。中国古代建筑之所以较少原原本本地保留下来，这种"取旧为新"的施工方式可能也是其中的原因之一，因为上了年纪的建筑物就常被"交替"去了。

此外，在施工组织计划上，历史上有过相当多十分成功的先例，说明了很早就注意到工作量的综合平衡。在宋沈括的《梦溪笔谈·补笔谈》中就记载了一段颇有意义的施工组织计划的故事："祥符(1008年—1016年)中，禁火(皇宫失火)。时丁晋公主营复宫室，患取土远，公乃令凿通衢取土，不日皆成巨堑。乃决汴水入堑中，引诸道竹木排筏及船运杂材，尽自堑中入至宫门。事毕，却以斥弃瓦砾灰壤实于堑中，复为街衢。一举而三役济，计省费以亿万计。"[7]"三役"指的是"取土"、"运输"和"清场"，用大胆地把街道掘成运河这一措施而得到全面解决。其实这个计划不但节省金钱，更重要的是大大缩短施工时间。建筑科学研究院编著的《中国古代建筑简史》一书评论此举的意义说，这显然是"运筹学"的"性线规划"的初步运用[8]。

根据历史记载，古代有过不少十分出色的施工组织计划，尤其在解决材料运输上出现过不少"巧思"。

① 宋代李诫《营造法式》"序目"。
② 同上，卷十六"壕寨功限"。
③ 同上，卷十九"大木作功限三"。
④ 《隋书·卷六十八·列传第三十三》。
⑤ 直至今日，仍然有称建筑绘图工作为"画则"的，大概是由古代的"侧画"而来。"侧画"本来是指绘在墙壁上的图样，"侧"相信是侧向墙面而作的意思。
⑥ 宋代李诫《营造法式》"序目"。
⑦ 宋代沈括《梦溪笔谈·补笔谈》卷二。胡道静校《新校正梦溪笔谈》香港:中华书局,1975.313
⑧ 建筑科学研究院《中国古代建筑简史》北京:中国工业出版社,1962.13

10世纪时画家笔下的正在研究和著述中的学者——南唐画家卫贤的《高士图》（局部）。

古代有关建筑的研究和著述

中国在历史上并没有兴起过研究建筑的学术兴趣和风气，所以在流传下来的各类古籍中论述这门学问的作品并不多见。

在中国文化学术的历史上，"建筑学"并没有占有它所应占有的地位。作为一种技术，它是受到重视的，因为它关乎国计民生；作为一门学问、一种艺术，它未免被冷落了一些。也许并不是整个中国历史各个时期对此都显得淡泊，但至少较为接近的明清时期，学术界中并没有产生研究这门学问的风气，甚至没有将它看作一门独立的专门的学问。这个问题很严重，一方面妨碍着近世的建筑的发展，另一方面中断了历史经验的传达。假如，我们较为大胆做出一个假设，在宋元以至宋元之前，历史上的确是有过很多宝贵的有关建筑问题研究的学术著作，而若有几个世纪把这门学问不当作一回事的话，这些曾经发生过的史实很可能就此而失落。

事实上当然并非完全如此，但是我们也不能完全根据尚流传下来的典籍做出总的结论和评价。目前，能够流传下来的古代对建筑的专门著述的确很少，甚至到了绝无仅有的地步，但是，我们不能就此判断，各个历史时期都同处于这样的一个状态。有人说，由于儒家思想的影响，认为"雕虫小技，君子不齿"，读书人研究科学技术的不多，因此古代就很少产生有关建筑的专著。李约瑟也抱着同样的一种看法，他说："事实上无疑是这样，对于一个孔门学者来说，并没有考虑建筑从业人员会是对自己是一项十分适合的职业，因此在中国的著述中，论述这门学问的作品是较为稀少的。"①

有些人埋怨官方出版的"正史"对科学技术的记载未予重视，提供不出所需的技术历史资料，这未免是过分要求的。事实上，以建筑而论，在一部"二十四史"当中，还是可以找出很多有用的资料。历代关于都城宫阙的兴建、重大建筑物的计划、主管官员或大匠的传记等只要细加检阅，都可以找到有关的记载。总的问题只不过是"中国自古无是学，亦无是史"②，没有编辑"建筑史"的传统，没有"现成"的、全面而系统的有关著述可供参考。不过，"有记宫室名称与工程之书"③，不能说完全是一片空白。

首先我们要讨论的是出于建筑师之手的建筑方面的专著。6世纪时隋代的宇文恺是一位有著作的建筑师和城市设计家。据《隋书》和《北史》中关于他的传记说他著有《东都图记》二十卷、《明堂图议》二卷、《释疑》一卷，这些并不只是手稿，而是"刊行于世"——出版了的书籍。宇文恺是隋炀帝时营建"东京"的副监，其时洛阳城的规划者，以所著卷籍名称而论显然就是他所主持的计划的学术性研究论文，可惜他的著作均已佚亡，不然的话相信在建筑学上会是很有价值的专著。宋代的李诚，无论出身和地位都和宇文恺有点相似，因为他的著作《营造法式》今日仍然可见，因而知道他的名字的人就比知道宇文恺的多得多。除了《营造法式》外，他还著有《续山海经》、《同姓名录》、《琵琶录》、《马经》、《博经》、《古篆说文》等④，除了不精于"城市规划"外，比起宇文恺来会是更为多才多艺一些。

李诚的《营造法式》流传至今就成为一本"世界名著"，因为今日世界上再找不出一册早于11世纪而又比他的著作更好的建筑技术文献。虽然，李诚没有"完全成功地融合学术上和技术上的传统"⑤。人们总认为一千年前有此作品已经是难能可贵了。当然，他这本著作所起的作用对今日来说确实非常之大，没有它我们对中国建筑构造的历史可能会出现更多问题，留下很大的空白。本书对李诚的作品引用也非常之多，换句话说就是与其关系也很大，没有它老实说可能真的会无法成书。

另一本已佚但为人所熟知的建筑师作品就是喻皓的《木经》，梁思成曾经说《营造法式》是依据《木经》写成的⑥，这个说法有什么根据就不知道了。《木经》成书在《营造法式》前几十年，李诚看过这本作品会是肯定的事，从沈括在他的《梦溪笔谈》所引而留下来的内容来看，二者不但文风不同，重点也不一样。《木经》带理论性，《营造法式》只不过是奉旨编修，颁行全国的"建筑规范"。"规范"是不谈道理的，让人依照去做就是了。

根据历史情况推断，像宇文恺、李诚、喻皓等人所作的研究手稿或者专著两千年来肯定还会有很多的，这并不关系到"孔门学者"不参加建筑工作的问题。今日之所以所知甚少，原因可能是所有的"孔门学者"不让它们为人所知而已。宋代为什么"出现"两本，是宋代的学者为它们做了些宣传工作，类近《梦溪笔谈》的著作在其他的时代就没有出现，或者出现了同样没有流传。

宋之后，"规范"性的建筑出版物继续存在，这项工作大概已列入政府建筑部门的计划中。元代的官方技术汇编名为《元内府宫殿制作》；明代时则产生了一部《营造正式》，还有一本类近规范性的《梓人遗制》；18世纪清代出版了一本《工部工程做法则例》。这一系列性质相同的"技术规范"大概就是

宋李诚的《营造法式》是至今尚存的世界名著，除此之外，其他有价值的专著虽在古书中曾有所提及，但多数均已亡佚。

李诚《营造法式》宋绍兴刻本的"题名"（版权页）。绍兴十五年为1145年，其时已为南宋高宗时代，距初版后四十多年。

平江府今得
绍圣营造法式旧本并目録看详共一十四册
绍兴十五年五月十一日校勘重刊
　左文林郎平江府观察推官陈纲校勘
　实文阁直学士右通奉大夫知平江军府事提举
　勾当公事闰国子食邑五百户王唤重刊

《营造法式》性质的规范性出版物在宋之后还继续出现，它们是作为建筑部门工作的依据。

宋代画家李嵩的《夜潮图》。他是南宋时代光宗、宁宗、理宗三朝的"画院待诏"之人，尤长于"界画"。宋代不论文学和绘画以建筑物为内容的颇多，可见其时是一个甚为重视建筑艺术的时代。

来自《营造法式》所建立起来的工作传统。因为时代不同，各书内容有异。这都是实用性的工作参考工具书，不能算作学术性的论文和著作，它们之所以能够流传下来正是因为它们的实用价值，因为从事实际技术工作的人很多没有研究理论的习惯和兴趣。

明代出现了几本有关园林建筑设计的著述，它们的内容其实也涉及房屋的细部处理。一本是计成的《园冶》，两本是李渔的《闲情偶寄》、《笠翁一家言》，还有一本文震亨的《长物志》。这些著作也可算得是设计人员所著的技术作品，论述他们在"造园"实践中所得到的独到之见。李渔的作品部分内容不过是"消闲"的"消闲之作"，例如他提出"把盆花栽入床帐之中，不但白昼闻香，而且能黄昏嗅味……白天能与之同堂，夜间携之共寝，则人好比蝴蝶，飞眠食宿在花间……"因此，这类作品一直很少有人将之看作建筑技术著作。

有关建筑的古代著述除了专业人员之作外我们还可以在文学中找到一些，以城市或建筑为主题的文学作品至少可以给我们传达一定的古代建筑的实况。汉代的时候兴起一种以城市或建筑物为题材称为"赋"的文学，以都城为题者例如班固的《东都赋》、《西都赋》；张衡的《东京赋》、《西京赋》；晋左思的《魏都赋》、《蜀都赋》及《吴都赋》等。在此之前，汉扬雄也有过《蜀都赋》；后汉杜笃有《论都赋》，崔骃有《反都赋》，傅毅有《洛都赋》，徐干有《齐都赋》，刘桢有《鲁都赋》，刘邵有《赵都赋》。此外，还有以建筑物为主题的"宫"、"殿"、"楼"、"台"等赋，如汉刘歆的《甘泉宫赋》、魏杨修的《许昌宫赋》、北齐邢子才的《新宫赋》、曹丕的《登台赋》、晋孙楚的《韩王台赋》、后汉王延寿的《鲁灵光殿赋》、魏何晏的《景福殿赋》、魏王粲的《登楼赋》、晋郭璞的《登百尺楼赋》等等。通过这些"赋"一方面反映出两汉至两晋三四个世纪间城市和建筑物在人们的思想中是足以自豪之物，说明其时建筑发展出现了一个高潮；另一方面，虽然"赋"本身不足以作为城市和建筑建设情况的确实的记录，但也一定程度描绘出那个时代城市和建筑的面貌。即使有些地方只不过是文学家的构想，但"想像力"绝不会超出时代的"真实"的局限。

描述都城和建筑物的文学其后转变为散文式的真实风光的记录，由单篇的"赋"改变为长篇的"图"、"记"或者"录"的著述。苗昌言编校的《三辅黄图》(汉以京兆、左冯翊、右扶风为三辅，即都城之意)⑦是汉或者3世纪时的作品，一般认为是对汉长安城的一部最详细和真实的记录。对于都城和建筑的记录来说，北魏杨衒之的《洛阳伽蓝记》已经达到了很高的水准，全书五卷，条理分明。宋代是不失为对建筑记载有兴趣的时期，宋元丰三年(1080年)有李格非的《洛阳名园记》；《东京梦华录》则刊行于1147年，是南宋时所作的"汴京回忆录"。作者孟元老久居开封，"靖康丙午之明年，出京南来，避地江左"⑧十六年后始成此集。全书八卷，对城市及建筑风貌之追述占全书一半。《洛阳伽蓝记》和《东京梦华录》性质很相近，虽然两书相隔5个世纪，书中所流露出来的感情却非常类似。记述南宋首都临安(杭州)的著作则有《都城记胜》和《梦梁录》。类近的作品宋代至少有四本，可能是风气一开便接续而来。继续出现的还有萧洵的《元故宫遗录》，明代沈穆的《宛署杂记》、刘若愚的《明宫

明代出现了一些有关园林设计的论著，部分内容只不过是帮闲人物帮闲之作，很难说它们算得上是建筑技术或者艺术的专著。

历代曾经出现过不少专门记述和描写城市和建筑物的文学名著，在对古代建筑的了解和研究上它们也产生很大的作用。

西汉及魏晋时代的"赋"所描述的建筑风格在云冈石窟中的壁画及浮雕中可大致地找寻出来。

明吴琯刻《古今逸史》本中的《洛阳伽蓝记》版本

史》。作为建筑历史资料来说，这些书都很有价值，不过在文学上，则以《洛阳伽蓝记》和《东京梦华录》多为人称道。

在典籍中有过不少有关建筑问题的资料，李诚在他的《营造法式》中就做了不少的摘录。

在典籍方面，最早的辞典——郭璞的《尔雅》就特别有"释宫"一章用以专门解释建筑名词，如果没有它我们可能对公元前的古建筑用字就不知所云了。汉刘熙的《释名》同样也有很多建筑名词的解释，又古代所编的《类书》(百科全书)也多有建筑的部分，如唐欧阳询编的《艺文类聚》中的"礼部"、"居处部"、"服饰部"便将唐代之前所有著述有关建筑的语句都做出摘录。《营造法式》卷一和卷二的总释是"考究经史群书"而来的，所谓"经史群书"就是《尔雅》、《释名》、《说文》、《冬官考工记》、《易经》、《礼记》、《史记》等等。也许是非"经典"性的著作不能在"奉旨编修"的书中引述，否则就说明了即使在宋时也再找不到宋以前还有什么今日所见不到的有"权威性"的有关建筑方面的著作了。

有关"礼"方面的研究常涉及建筑的内容，一些古代的建筑制式是通过"礼"的记录才得以流传。

关于"礼"方面的著述也应作为研究中国古典建筑的参考书籍。《周礼·冬官考工记》是最早的这一类文献⑨，包括有最早的平面图的古籍就是《三礼图》，后汉时郑玄和同代的阮谌分别撰述了两本同名的作品，后来梁正将它们辑为一册，8世纪时由夏侯伏郎加上了一系列的插图。这套书已经佚亡，但是佚亡前10世纪时聂崇义曾经引用过其中的定义和条文，聂著沈括曾有所谈及，17世纪时清代纳兰成德将它作了最后一次重版。《三礼图》中的平面图包括明堂、宫寝制、皇城等。以演释"礼"为目的而涉及建筑制式的研究著作有12世纪时南宋李如圭著的《仪礼释宫》，18世纪清代任启运撰的《宫室考》。他们都不是有兴趣于从建筑的角度来"考"都城宫室的布局，目的只是希望借此保持"礼"的传统。

关于城市和建筑具体的发展情况记录还可以见于各地的"地方志"。"地方志"是每地的历史、地理、人文等情况的记录，自然就包括城市的发展情况和重大建筑物的兴建过程等记要，一些地方志还包括地图、城市的街道图、重大建筑物的平面图等。这些地方上的"档案记录"是研究建筑历史很好的材料，当然也是研究任何一方面历史的最可靠的根据。盛唐的时候(8世纪上半叶)韦述写了一本《两京新记》(一些著述引用时称为《韦述记》)，也应算作是一种"地方志"式的记录。其后，宋敏求在11世纪时编了一本《长安志》，14世纪元代的李好文编制了一份极为精美合乎比例的《长安志图》——盛唐时的长安城市平面图。

考古对古代建筑方面也是十分感兴趣和重视的。19世纪早期徐松著有《唐两京城坊考》，顾炎武著有《历代帝王宅京记》。考古学家常常未免要做起建筑研究工作来，他们多半是历史学家，对于建筑的研究自然另有他们的观点和角度。建筑师则较少从事古代建筑考证，在古代，并没有兴起过对古建筑作实地的调查研究之风，据知只有宇文恺做过类似的事情。

城市建设和重大建筑物的修筑在各地的"地方志"都有记录，它们都是极为详尽、确实、珍贵的建筑史料。

① Joseph Needham.Science & Civilisation in China Vol IV:3.Cambridge University Press,1971.80

② 乐嘉藻.《中国建筑史》"绪论"中语。

③ 同上。

④ 见朱启钤《重刊营造法式后序》。

⑤ 李约瑟对此书的评语。见Joseph Needham.Science & Civilisation in China Vol IV:3.Cambridge University Press,1971.84

⑥ 梁思成《中国建筑与中国建筑师》《文物参考资料》1953年第十期

⑦ 同名的书有孙星衍的《三辅黄图》、毕沅的《三辅黄图补遗》以及张澍的《三辅旧事》。

⑧ 见《东京梦华录》孟元老"梦华录序"。

⑨ 《冬官考工记》有人说是汉代所作，郭沫若认为是"齐国所记录的官书"，见《沫若文集》第十六卷《冬官考工记》的年代与国别。总之，没有人认为它真的是《周礼》的一部分。

20世纪30年代时"中国营造学社"所出版的十集《建筑设计参考图集》的封套。

近代有关中国古典建筑的研究和著述

近代兴起研究传统中国建筑之风始于20世纪20至30年代，"中国营造学社"就是为此目的而建立起来的一个私人组织。

20世纪之后，中国建筑遇到了一个历史上从来没有发生过的问题，那就是"传统"和"现代化"之间的矛盾。开始的时候，问题并不是落在"新"、"旧"交替的是非，而是"中"、"西"或者说"华"、"洋"之争。四十多年前，梁思成对中国建筑发展的这个极大的"转折点"的情况作过如此的论述：

"十九世纪末叶及二十世纪初年，中国文化屡次屈辱于西方坚船利炮之下以后，中国却忽然到了'凡是西方的都是好的'段落，又因其先已有帝王骄奢好奇的游戏，如郎世宁辈在圆明园建造西洋楼等事为先驱，于是'洋式楼房''洋式门面'如雨后春笋，酝酿出光宣(光绪和宣统)以来建筑界大混乱。有许多住近通商口岸的匠人们，便盲目的被卷入到'洋式'的波涛里去。

"正在这个时期，有少数真正或略受过训练的外国建筑家，将他们的希腊、罗马、高忒(歌德)等式样，似是而非地移植过来外，同时还有早期的留学生，惊佩西洋城市间的高楼霄汉，帮助他们移植这种艺术。这可说是中国建筑术由匠人手里升到'士大夫'手里之始；但是这几位先辈留学建筑师，多数却对于中国式建筑根本鄙视。"①

其实，在这个时期，不但中国建筑产生这样的一个问题，整个中国文化都面临着同样的一个问题。一些人在走"全盘西化"的道路，其中一些人则回过头来"整理国故"，在两个极端之中有一部分人用现代的方式、方法，或者说用科学的方法来进行对民族文化"遗产"的整理和研究。朱启钤是在建筑上进行这项工作的发起人，他在20年代重版了宋李诚的《营造法式》，1930年成立了"中国营造学社"，作为重新认识中国传统建筑的一个学术研究组织。学社主要的成员有梁思成、刘致平、刘敦桢等前辈建筑学家们。

434

"中国营造学社"成立后便开始公开表现出他们的工作成绩，成员们一方面整理有关的资料，另一方面出发对现存的古代建筑做科学的实测和调查研究。出版《中国营造学社汇刊》来发表调查报告和专题研究的论文，此外，还编著了一系列较为系统性和学术资料性的图籍，如《清工程做法则例补图》、《清式营造算例及则例》、《古建筑调查报告》、《建筑设计参考图集》等。

毫无疑问，近代作为一种学术问题对中国古代的建筑以至中国建筑的整个发展史进行研究是营造学社的主要成员带领起来的。他们的确做了不少研究工作，发表了很多有学术性价值的著述，这些著述虽然未达到理想的要求，但是已经就此为研究"中国建筑"这门学问打下了基础。30年代时，朱启钤编著有《哲匠录》、《匡几图》、《牌楼算例》；梁思成在清《工部工程做法则例》的基础上整理出一本《清式营造算例及则例》；和刘致平合编了十册《建筑设计参考图集》。这套"图集"基本上都是第一手资料，是调查研究工作时所拍的照片和以现代制图方法绘制出来的构造图样。50年代后，刘致平在这些资料的基础上编写了一本《中国建筑类型及其结构》；在此之前，他还著有《中国居住建筑简史》。刘敦桢在30年代时著有《明鲁班〈营造正式〉钞本校读记》，60年代继续发表《鲁班〈营造正式〉》，此外，他还有一册资料十分丰富的《中国住宅概说》。

中国营造学社做了很多调查研究工作，同时整理了很多古代资料，出版了不少著述。

中国营造学社测绘的山西五台山佛光寺大殿立面及剖面图。因为这座大殿是中国现存最早的木结构建筑物，所以这幅实测图就为近代中外论述中国古典建筑的著述普遍引用。

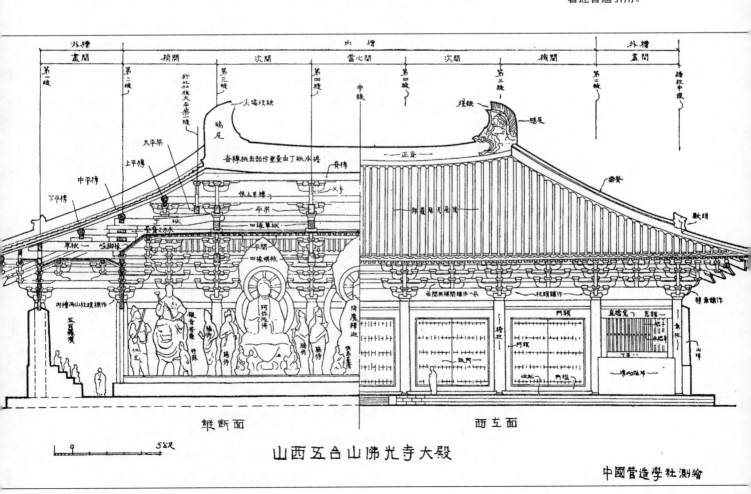

山西五台山佛光寺大殿

中國營造學社測繪

对古代建筑的调查研究工作50年代后转移由国家机构负责，二三十年间做出了前所未有的成绩和贡献。

从30年代起，有关"中国建筑"这个内容的学术论文已经在杂志上不断发表，但是更多的有关中国古代建筑的调查报告和建筑考古的论文只有在50年代《文物》和《考古》这两本学术性期刊出版后才大量地出现。50年代之后，调查研究古代建筑这项工作已经由私人团体而整个转移到国家机构去做了，自然力量就大不一样。几十年来，考古工作成为大规模的有组织、有计划的全国性的行动，所取得的成就并不是过去少数人的零碎调查工作所可以比拟的。

50年代末期，北京建筑科学研究院有过出版《中国古代建筑史》、《中国近代建筑史》及《建筑十年》的"三史"计划，由全国各大学及研究机构共同负责合作编写。结果，问世的仅见《中国古代建筑史稿》一书。该书是在1959年为前苏联建筑科学院主编的《世界建筑通史》一书编写的《中国古代建筑史》初稿的基础上进行增补工作而成，定稿于1961年，次年由中国工业出版社出版，审定为"高等教育专用书"。全书27万字，图293幅，共358页，算是至今为止最具规模的"中国建筑史"了。编辑工作由前辈建筑学家刘敦桢主持，刘致平、陈从周等负责审校。

在台北，1973年也出版了一本黄宝瑜编著的作为"部定大学用书"的《中国建筑史》。在40年代时，黄宝瑜是刘敦桢的学生，"自序"中有云："……新宁刘敦桢氏于国立中央大学授课，余首承教，此后从游七载……"。此书共15万字，插图83幅，共253页。相信，50年代后他未能见到乃师的作品，否则的话内容会较为充实一些。

目前，很多古代文献上的记录已经被实地的勘察和测量工作所进一步证实，有力地说明大部分中国古代记录的可靠性。中国过去有过"崇古派"，也有过"疑古派"，不论"崇"和"疑"都是主观的东西，只有通过实地的调查研究才能做出正确的判断。《文物》和《考古》上的论文和报告就是一点一点地将存在的问题逐步澄清起来。这是历史上任何一个时代所没有做过的事情，任何时代对文物的研究也没有出现过类似的功绩。

当然，中国的大学和科学研究机构是建筑学研究工作的一个主力，"中国传统建筑"问题也是其中的一项内容。不过，大学或者研究机构的研究成果习惯上是较少公开透露的，比方，梁思成教授在50年代间就有过《中国建筑史》和《中国城市规划史》②等著作手稿。类近的研究手稿其他的教授们也有不少，有时，一些"理论"的问题在争论中，著述就因种种原因而未能面世。无论如何，我们必须提及这方面的研究工作，到了该开花结果的时候，这方面的成果就会迅速地构成整个建筑学术的一个重要组成部分。

有一件不为人所注意的事情就是"建筑研究"也曾经成为一种"业余的嗜好"。1933年在贵州武林印行了一册《中国建筑史》，著者署名为"黄平乐嘉藻彩澄甫著"③。这是一册以古籍形式印刷的书，书中的插图是以毛笔绘画的。作者执笔著述此书时年已60，他并非专业人员，只不过是"自成童之年，即留心建筑上之得失，触处所见，觉其合者十之三四，不合者十之六七，常思改善之道"(见该书绪论)的人而已。相信，这一类"自娱式"的著述在中国历史上是有过一些的，只不过是当时就被认为价值不大而未能流传而已。

北京故宫乾隆花园楔赏亭旭辉亭正立面图　比例尺 1:40

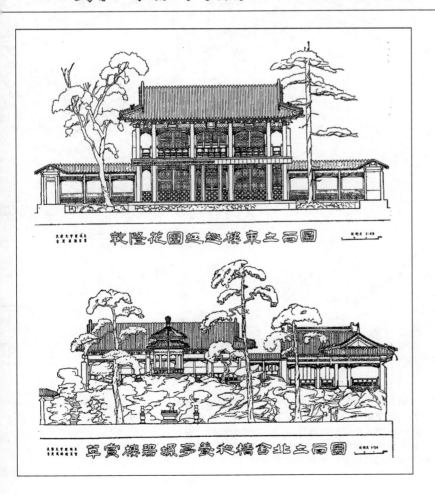

乾隆花园延趣楼东立面图　比例尺 1:50

萃赏楼碧螺亭养和精舍北立面图　比例尺 1:50

上：北京故宫乾隆花园楔赏亭、旭辉亭正立面图
左上：乾隆花园延趣楼东立面图
左下：萃赏楼、碧螺亭、养和精舍北立面图。这些
图案都是50年代时天津大学建筑系"古建筑
测绘实习"课程所做出的成果。由此说明50
年代之后中国古典建筑的调查研究工作已经
在全国各地分别由有关部门大量地全面展开
了。

437

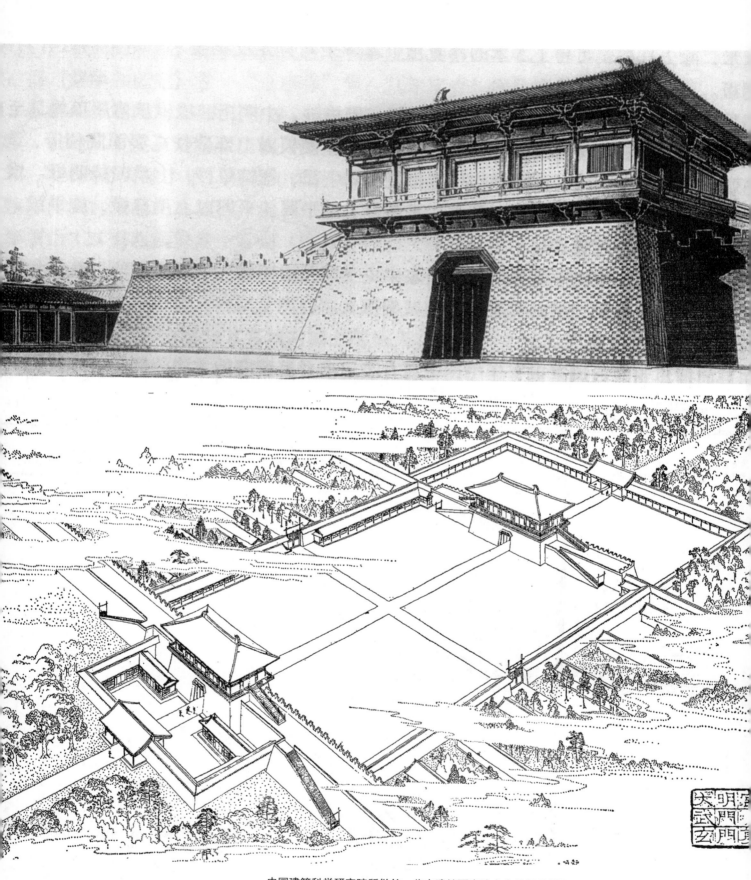

　　中国建筑科学研究院所做的一些古建筑研究论文中的部分插图。上：重玄门北面外观；下：大明宫玄武门及重玄门复原鸟瞰图。目前，中国的考古学家及建筑学家正在逐步深入地专题研究年代更早的已经不存在的中国古典建筑的具体形制、构造和外貌。相信，不久的将来，中国传统建筑真实的历史面貌将会十分清晰地展示在世人的面前。（原图见《考古学报》1977年第2期中傅熹年撰写的《唐长安大明宫玄武门及重玄门复原研究》一文。）

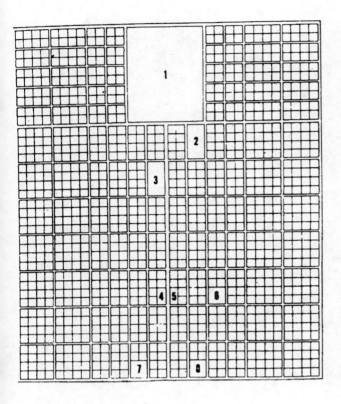

8世纪(792年)时日本仿照唐长安城的模式进行规划建筑的平安京(京都)。在图中我们可以看到无论宫城(1)的位置、正中的大街、城坊的大小疏密和唐长安城的布置原则是完全相同的。唐长安城今日已经完全消失,而日本京都虽经改变,但仍然保存至今日。事实上是这样,对于古代的建筑和城市,他们保存得比我们较为多一些和好一些。因此,在研究工作上也就较为容易和方便。

　　在前一个时期,外国人的确是比中国人自己更早更多地去从事中国建筑的研究。和"中国建筑"关系最为密切的要算"日本建筑"和"高丽建筑",这两个国家的建筑可以说得上是"中国建筑"的支流,由北魏至唐代的几个世纪期间,他们的建筑不仅是受到中国建筑的影响,甚至从都城规划以至宫室、庙宇都常常原封不动地由中国移植过去。日本的京城"平城京"(奈良)和"平安京"(京都)都是仿照唐长安城的规划而兴建的,北魏时代的佛教建筑不但是日本佛教寺庙制式的基础,其时有些寺庙的建筑计划,还是从中国请去设计师来主持的。

　　由于文化传统的关系,日本和高丽对"中国建筑"的认识自然比世界上其他国家都多得多。日本人自己说:"研究广大之中国,不论艺术,不论历史,以日本人当之,皆较适当。日本自古和中国有密切之关系,故理解中国,远胜于欧美人士。"④不过,在学术文化史上,日本和中国有些情况很相同,古代也较少有关建筑的研究和著述。反过来,由于受到近百年来西方国家对"中国建筑"研究的影响,才引起了近代的一些学者也作了不少有关"中国建筑"问题的著述。事实上,他们的成果也并未达到要求的水准,例如伊东忠太的《中国建筑史》,伊滕清造的《中国建筑》,村田治郎的《中国之塔》、《中国建筑史》,藤岛亥次郎的《中国风土与建筑》、《中国建筑史》等等都属于这一类的出版物。

　　自从18世纪时中国的文化艺术在欧洲引起了一个"中国热"(Chinoiseries)之后,西方便开始对他们来说是"耳目一新"的中国建筑发生了兴趣。可是,事情却并不是以学术研究的态度来开始的,只不过是很多到过中国的知识分子以猎奇的眼光向欧洲人做出一些报道而已。1757年,英国张伯斯勋爵(Chambers Sir

由于外国形成研究建筑的学术风气较早,因此自18世纪以来,不论西欧和日本都出现了不少论述中国建筑的著作。

439

英国出版的《插图本世界建筑史》中由博伊德所编写的"中国建筑"部分的首页。

Wm.)写了一本书名为《中国房屋、家具、衣服、机械和用具设计》(*Designs of Chinese Buildings，Furniture，Dresses，Machines and Utensils*)，16年后，又出版了一本《论东方的园林》(*A Dissertation on Oriental Gardening*)。这些书只不过是作一般的描述，并没有触及多少设计原理。

19世纪时一位在军队任职的外科医生林百利(Lamprey，J.)出版了一本和他的专业相距很远的著作——《论中国建筑》(*On Chinese Architecture*，1866年)。其后，传教士汉学家艾金斯(Edkins，J.)又有《中国建筑》(*Chinese Architecture*)和《中国的桥梁》(*Bridge in China*)之作。19世纪下半叶时，是外国人最看不起中国的时代，英国人富古逊(James Furgusson)写了一本《印度及东方建筑史》，将中国建筑评论为一文也不值的东西，显出一副"帝国主义"者的嘴脸。19世纪末英国出版的弗莱彻(Fletcher)的《比较法世界建筑史》，不但对中国建筑评价不高，并且视之为"化外"之物，称之为"非历史的式样"，直到最近的版本才修订为"东方的建筑"。

20世纪之后，西方对"中国建筑"的研究已经达到十分系统和细致的程度，开始作详细的分类论述。欧洲人对建筑的确是十分感兴趣的，最早对中国古寺庙进行实测和绘出木结构详细图样的是他们而不是中国人自己⑤。他们到中国来大量地搜集建筑及艺术的资料，弄出了好些大部头的"著作"。沙尔安(Sirén)以中国艺术为内容的作品共有十一大本⑥，分别以英、法两种文字编写，法文版的《中国古代艺术史》共分三卷，英文版的《中国早期艺术史》共分四卷，卷四就是专论建筑之作。北京的皇宫、城墙、城楼、中国的园林等等都是他分类论述的题目，从1924年到1956年，分别于伦敦、巴黎、纽约、布鲁塞尔等地出版。布尔斯支曼(Boerschmann)大部分为德文的作品，有关中国建筑的著作也达十册，书的内容包括中国建筑、中国的佛寺及宗教建筑、佛塔、园林、中国文化和中国建筑的关系等等。同时他也以英文及法文编著了一本《中国的风景和建筑——十二省游记》(China，Architecture and Landscape—a Journey through Twelve Provinces)。此外，以法文编写的康巴斯(Combaz)有关中国建筑的作品也达七本，其内容也是对皇宫、庙宇、佛塔等做专题论述。他们除了花相当多的时间搜集和整理资料外，很多时候也取得中国有关学者们的帮助。以年代而论康巴斯的作品出现得最早，第一本这类著作出版于1907年，布尔斯支曼的书最早的出现于1911年。

当然，整个西方曾经出版过的有关中国古代建筑的报道或者研究的著作是无法尽录的，以数量而论颇为洋洋大观，比起中国人自己出版的就多得多。但是，从内容上说，除了图文并茂之外，多半都是以西方建筑的观点来作一些表面的观察，做出了分离中国历史的立论。伊东忠太说："欧美学者，注目于中国建筑者，恐不出百年之上，近来之研究虽颇进步，然仍甚幼稚，而未得要领。"⑦不过以这些话作为总的评价是否合适呢?相信在未能遍览和细加分析之前，不应就此下确实的判断。

近年来出版的西方建筑著作，大部都对中国建筑作重新的评价，原因是中国本身已经能提出更多详尽的研究资料，因此看法有很大改变。60年代，美国出版了一本英国建筑师安德鲁·博伊德(Andrew Boyd)所著的《公元1500年前至1911年的中国建筑和城市规划》(Chinese Architecture and Town Planning，1500 B.C. to 1911 A.D.)。本书也引述了不少著者的话。英国70年代出版的李约瑟的《中国科学技术史》，在土木工程部分"房屋"的一章中对中国建筑做出了颇有深度的解释(其内容本书引用了不少)。自然，当中也有些问题是值得讨论和商榷的，不过，无论如何，在所有的西方有关中国建筑的著述中，它是其中达到最高学术水平之作，主要原因就是它在一个相当广阔的基础上来理解中国传统的建筑，它所达到的"深度"往往是很多书本所不能及的。

外国人也在中国出版有关中国建筑的著述，例如30年代时在北平就出版过一本格兰敦(Grantham)所著的《明十三陵》(The Ming Tombs(Shih San Ling))⑧，1940年在上海出版了一本梅林斯(Mirams D.G.)的《中国建筑简史》(A Brief History of Chinese Architecture)⑨。这些书之所以出版目的不在于建筑方面的学术研究，而是打算为到中国来的外国人提供更多的对中国文化的认识。在香港，1964年前辈的中国建筑师徐敬直用英文出版了一本《中国建筑：过去和现在》(Chinese

50年代后西方有关建筑的著述大部分都对中国建筑做出重新的评价，中国考古学的成就提供了大量的资料，使研究者能够从现象的论述进而做出本质的探讨。

Architecture, Past and Contemporary)[10]，最有史料价值的是"半殖民地时代"的一节，因为他这一辈子正好身历其境，20至40年代间的建筑发展情况都可以屈指数出来，至于古代及后期部分值得讨论的问题就很多了。

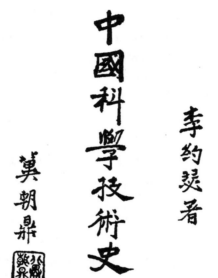

英国李约瑟所著的《中国科学技术史》第四卷土木工程部分的"扉页"。

① 梁思成,刘致平《建筑设计参考图集》"序言".北平:中国营造学社,1936.
② 初稿以油印方式作为征求意见式的流传，笔者是曾经存有过这两份初稿的。
③ 乐嘉藻是清代"戊戌维新变法"时的"维新分子"，贵州人，"戊戌维新"失败后回黔从事教育工作，着手著此书稿"凡六易始成"。
④ 伊东忠太的《中国建筑史》中第一章第二节"外人眼中之中国建筑"。
⑤ 最早进行对中国古代寺庙实测绘图的是海德伯兰特(Hildebrand)，但图上并没有标出中国的名称，其后基灵(Kelling)的专题著述对此作了补充。
⑥ 其中包括论绘画和雕塑的著作，也包括为《大英百科全书》所写的"中国建筑"。
⑦ 见伊东忠太的《中国建筑史》。
⑧ Grantham A.E.The Ming Tomb (Shih San Ling) Wu Lai-Hsi.Peking,1926
⑨ Mirams D.G.A.Brief History of Chinese Architecture.Kelly & Walsh,Shanghai,1940
⑩ Gin Djih Su .Chinese Architecture,Past & Contemporary.The Sin Poh Amalgamated (H.K.) Ltd.1964

发展的终结和传统的继承

作为一种"建筑技术和艺术"的形式和体系来说，"中国建筑"相继相承地发展到了19世纪末期后，遇到了西方文化、技术的冲击，就开始面临前无去路，不知何去何从的局面了。假如，现代的科学和技术以及工业在中国社会本身诞生，新旧之间的交替虽然同样会产生一场斗争，但是问题就简单得多，因为这是一种生产技术发展的必然。而且，通过本身的努力而创造出来的新事物，因为它是整个社会和全体人民培育出来的成果，人民就会为此而骄傲和自豪，珍惜它的意义，产生特别的感情。

在西方建筑史上，"现代建筑"的产生也并不是一帆风顺的，"传统的形式"同样是一种很大的阻力。致力于"现代建筑"的建筑师或者学者们做了不少"理论"工作，加上和技术发展的客观形势配合，"现代建筑"到了20世纪之后才逐渐地被承认下来，不过一经解脱束缚之后就得到了毫无限制的发展。

问题在于中国建筑最早受到的是突如其来的"洋"的否定，虽然，对于当时来说"洋"是前所未见的"新"，但是当时的"洋"基本内容并不是完全基于现代科技基础上的"新"，而是西方本身的"旧传统"。同时，西方的文化和科学技术最早是随着帝国主义的入侵"打"进来的，并不是由一种对等地位的文化交流而"传"入来，中国人在感到"技不如人"的情况下接受了西方文化，传统的文化面临被"取代"、"否定"以至所有的领域被"占领"的境地。无论如何，这种形势对中国人民的民族感情造成极大程度的伤害，很自然就会产生一种抗拒的心理，这种情况包括外国人在内也是了解的，因而就企图在形式问题上加以解决①。

主要矛盾既然以"形式"为问题的中心，"理论"的研究和具体的建筑"实践"就围绕着"形式"而展开。19世纪时，西方产生过"新古典主义"的建筑形式，建筑师们也有过"旧瓶装新酒"的经验，在实际的建筑设计上，中西结合的"新古典主义"或者说"中国形式"的新建筑在本世纪初就由在中国的外国建筑师首创出来。对此情况中国建筑界产生的反应主要就是议论他们学得不像，40年前，梁思成对这类建筑有过如下的论述：

> "前二十年左右，中国文化曾在西方出过健旺的风头，于是在中国的外国建筑师，也随了那时髦的潮流，将中国建筑固有的许多式样，加到他们新盖的房子上去。其中尤以教会建筑多取此式，如北平协和医院，燕京大学，济南齐鲁大学，南京金陵大学，四川华西大学等。这多处的中国式新建筑物，虽然对于中国建筑趣味精神浓淡不同，设计的优劣不等，但他们的通病则全在对于中国建筑权衡结构缺乏基本认识一点上。他们均注重外形的模仿，而不顾中外结构之异同处，所采取的四角翘起的中国式屋顶，勉强生硬的加在一座洋楼上；其上下结构划然不同旨趣，除却琉璃瓦本身显然代表中国艺术的特征外，其他可以说仍为西洋建筑。北平协和医院就是其中之尤著者。

中国传统建筑相继相承地发展到了19世纪末期就开始受到了西方文化的冲击，在此后数十年间面临一个不知何去何从的局面。

以西方的建筑方法建筑中国传统形式的建筑物是由外国建筑师在中国土地上首创出来的，它们绝不是传统的延续，只不过是外国的躯体披上中国式的外衣。

纯粹西方传统形式的建筑物在19世纪末期以后被大量移植到中国的土地上来，图为上海的一座住宅。

近代中国建筑师也曾经致力过近代民族形式建筑的创作，他们有过的成绩只不过是抄袭得更像或者使用更合乎古代形制的图案而已。

"民国十四年(1925年)，国立北平图书馆征选建筑图案，标题声明要仿宫殿式样，可以说中国人自己对于新建筑物有此种要求之始。中选者虽不是中国人，但其图案，却明显表示对于中国建筑方法的认识已较前进步；所设计梁柱的分配，均按近代最新材料所取方式，而又适应与近代最新原则相同的原来构架；其外部外形之所以能适当的表现中国固有精神而不觉其过于勉强者，就在此点。可惜作者对中国建筑各详部缺乏研究，所以这座建筑物，亦只宜于远观了。"②

根据徐敬直的《中国建筑：过去和现在》一书说，外国建筑师是在1894年(清光绪二十年)开始来华"执业"的③。由于香港的关系，他们之中以英国建筑师为最多，这些建筑师带来了一大批"洋式楼房"。关于"中式洋楼"的设计，徐著也有类似梁思成的评述："应用钢筋混凝土及其他现代材料的中国式建筑始于教会的教堂和大学，例如北京协和医学院，金陵，南京，圣约翰等大学，这是由摩尔菲(Murphy)④，戴诺(Danno)，古烈治(Coolidge)，萨特治(Shattuch)及斯菲尔(Shephy)等美国人所提倡的。可惜因为他们缺乏中国文献和构件模数单位的权衡以及如何取得屋面曲线等的知识，结果就是在西方的建筑物上戴上一顶中国式屋顶的帽子，看起来不怎么叫人舒服。此外，关颂声，朱彬和杨廷宝(当时称做基泰工程司——译注)，范文照，及吕彦直的设计事务所也是中国文艺复兴运动的先驱者"⑤。

其实，外国建筑师来华建筑房屋最早的应该是澳门的葡萄牙建筑师，在澳门有很多用中国式的构造或结构方法来建筑西方古典形式的房屋，其中一些西方形式的石雕，显然是中国工匠的手法。那个时候可以说是"中为洋用"。可惜注意这些史实的人不多，关于这个问题，著者就曾经在《广角镜》作过专文论述。

从20世纪早期开始，以现代的建筑材料和结构方法来模仿古代形式的建筑物逐渐在各地流行，不少现代建筑师致力于这些"民族形式"的建筑创作。部分建筑师如梁思成、刘敦桢等人则致力于"理论"的探索。开始的时候，他们的动机至少有一部分完全是直接为了上述的设计实践而服务，希望新的"古典主义"不要过分地离开传统的"法式"。除此之外，当时世界上建筑发展的动向、现代建筑的理论和实践也为中国建筑师们所注意，他们希望"现代"和"传统"能充分地结合起来，这就是当时认为最理想不过的中国建筑发展的道路和方向。

梁思成很早就有过这种"两相结合"的想法，他说："……对于新建筑有真正认识的人，都应该知道现代最新的构架法，与中国固有建筑的构架法，所用材料虽不同，基本原则却一样——都是先立骨架，次加墙壁的。因为原则的相同，'国际式'建筑有许多部分便酷类中国(或东方)形式。这并不是他们故意抄袭我们的形式，乃因结构使然。同时我们若是回顾到我们的古代遗物，它们的每一部分莫不是内部结构坦率的表现，正合乎今日建筑设计人所崇尚的途径。这样两种不同时代不同文化的艺术，竟融洽相类似，在文化史确实是有趣的现象；这正该是中国建筑因新科学，材料结构，而又强旺更生时期，值得很多建筑家注意"⑥。

梁思成在中国建筑史的研究上有过相当大的贡献，通过他所支持的工作弄清楚了不少古代建筑的具体的形制问题。但是，现代和传统究竟如何结合?在他所实际指导的建筑设计工作上并不像他的"理论"一样得到令人满意的解决，他是有过一些建筑作品的，但是他的作品就不像他的著述那样为人知悉和重视。不过，他对中国建筑设计的影响力是不小的，目前，我们暂不讨论他的影响是好是坏，至少他把中国建筑上的很多问题很早就一一引发了出来。

产业革命之后，欧洲的现代科学技术已经开始兴起，到了19世纪，钢铁的生产有了很大的进展，这种新的高强度的材料开始大量地为建筑所应用。1831年约瑟非·巴萨敦(Joseph Paxton)在伦敦所建的水晶宫(Crystal Palace)和埃菲尔(Gustave Eiffel)设计的巴黎铁塔就是现代材料和技术在建筑上应用起点的标志，但是，并不是由此马上引起了建筑形式的根本性变革。整整一个19世纪是一个

梁思成的理论对近代的中国建筑设计产生过一定的影响。他是一位建筑师，但是他没有成功的建筑作品作为他的理论的具体说明。

建筑师吕彦直设计的南京中山陵就是30年代以现代建筑材料和方法表现传统建筑形式的一个重要实例。这是一个经过公开征图而得到入选的设计图案，连同其他应征的优秀设计曾经汇编成为一本建筑图案集出版。

30年代时设计的表现传统形式的建筑图案

民族形式的现代建筑设计问题也可以说是同时受西方建筑设计观念的影响而产生，因为提出这个问题的时候西方建筑还没有完全摆脱传统形式的影响。

中国建筑设计意匠的本质和现代建筑设计的理论基础有很多共同的地方，因为物体的基本形状取决于其功能、材料和构成方法等本身就是一种客观的规律。

"没有它自己的建筑风格的一个时代"⑦，它只是重现过去各个时代的各种风格，成为"文艺复兴的文艺复兴"(renaissance of the renaissance)，即使19世纪末期，已经懂得利用钢铁来建造摩天大厦，建筑物的外形还是十分小心地披上一件"传统形式"的外衣，已经不再具力学功能意义的希腊罗马式"柱范"和各种古典建筑的标准构件仍然在新建筑物中到处可见。20世纪的一二十年代，这种保持着西方传统的建筑形式仍然是当时建筑设计的主流，虽然，新的建筑形式已经在酝酿中，但是第一代的现代建筑大师如柯布西埃等人的影响力还没有普及开来。

在当时的世界建筑发展情况下，中国第一代的新建筑师(主要是20世纪初留学欧美的人)以及在中国的外国建筑师，他们觉得在建筑物上与其披上一件西方传统形式的外衣，倒不如披上一件中国传统形式的外衣对中国还会更为合适一些。以其时而论，这就是一种大胆的新的创造，也应该算得上是一种追求新的形式的一种尝试。第一代在西方接受建筑教育的人，他们是经历过极为严格的西方传统形式的学习和表现方法的训练的，有此经历他们就很容易想到在中国应该就是代之以中国的传统。

可是，有趣的事实却是当他们仔细地回过头来研究中国建筑的传统的时候，却发觉中国建筑的传统处理手法是材料、结构和功能与形式高度的统一，在中国古典建筑中是没有毫无实用意义(象征性也包括在内)的装饰构造，于是就发觉虽然是披上中国传统形式外衣的建筑物，它们并不表达出就是一种真正的中国建筑设计。形式和内容的分离，本身就不是中国建筑的传统设计精神，反过来，与西方传统作过斗争而取得胜利的现代建筑，它们所提出来的建筑设计原则却与中国传统的方式却有点相同，矛盾于是又重新展开了。长远地说，"中"、"洋"的问题究竟不是主要的矛盾，在历史上，哪一个民族的文化不受过外来的影响呢？

事实曾经告诉我们：为传统而去继承传统是一个失败的经验，离开传统而去盲目地创新也是一个失败的经验。建筑是有它共同的发展规律的，中国建筑同时有它自己的特殊发展规律。时代永远是形式和内容主要的决定因素。建筑的历史清楚地告诉我们，一个伟大的时代，它所表现出来的文化艺术，包括建筑在内，很自然就会表现出一种伟大的时代的风格。一个时代有一个时代的艺术语言，"新"、"旧"的矛盾是永远存在的，它们永远在斗争。事物的发展永远不会停留在一定的范围之内。

① 中式洋房是外国教会先建筑起来的。经过"义和团"的教训后，他们就觉得利用中国的形式就会和中国人更能接近，以免因"形式"问题而刺激中国人的感情。
② 文中所说的"图书馆"方案中选者为英国建筑师，见梁思成、刘致平的《建筑设计参考图集》梁思成序。
③ 见徐敬直的《中国建筑：过去和现在》第132页。这时建筑师有Messrs Athinson & Dallas，Palmer & Turner，Leigh & Orange，Spence & Robinson等；后三者至今仍然在香港开业。
④ 摩尔菲在中国除设计有金陵大学、金陵女子大学、南京阵亡将士墓等建筑物外，还在美国出版有〔Chinese〕Architecture in China.University Calif Press，Barkerey & Los Angeles 1946.
⑤ Gin-Djih Sǖ.Chinese Architecture, Past and Contemporary.Hong Kong 1964.P.135.
⑥ 梁思成，刘致平《建筑设计参考图集》梁思成序.北平:中国营造学社,1936.
⑦ Jǖrgen Joedicke在他所写的《现代建筑史》(*A History of Modern Architecture*) 一书引言中有此语。

责编后记

　　新版《华夏意匠》初版时是没有这则后记的。第一印出版后读者争相购阅，许多读者朋友非常希望了解新版书的出版经过，以及新书的特点。

　　四年前我在北京图书馆第一次读到《华夏意匠》的繁体影印本，书虽显得有些老旧，但论著独特的视角、渊博的知识、广泛的涉猎、严谨的治学、质朴的语言，立刻令人眼前一亮。 该书虽已历经近二十载，读起来仍然令人饶有兴味，给人清新亲切的感觉。

　　简体版的《华夏意匠》内容忠实依照1982年香港广角镜出版社的原始版本，又对文字重新编校。对书中涉及的时间、人物、数据、典籍引文等均一一核准，名词、术语全书实现统一，对存在差错及质量较差的图片进行了替换。同时，约请著名图书装帧设计家吕敬人先生重新设计了封面。全部工作历时两年半，书稿才终于得以付梓，其间辛苦，难以尽言。工作之余，唯一感到遗憾的是，李先生已谢世多年，后生晚辈无缘结识。每每想到这些都会有扼腕叹息之感，只有倾心于案头，精益求精，将这部经典之作流传后人，才能告慰先生在天之灵。

　　在本书的编辑、出版过程中，我得到了很多老师、挚友、同行的鼎力支持与无私帮助。著名书评撰稿人蔡友老师多次向我提出出版建议；天津大学建筑学院王其亨教授、丁垚老师给我提供了许多珍贵的资料照片；出版社的领导也非常重视，并大力支持本书的出版。对他们由衷的感谢，自己乏言可陈。

　　最后再次感谢李允鉌先生为我们留下了这部珍贵的建筑文化著作。

刘大馨　2005年10月30日